21世纪应用型本科系列教材

数字电子技术基础

主　编　申忠如
副主编　谭亚丽

西安交通大学出版社
XI'AN JIAOTONG UNIVERSITY PRESS
·西安·

内容简介

本书是作者多年从事数字电子技术基础方面的教学与科研工作实践，参照应用型本科人才培养要求，注重专业基础与专业应用的时代改革要求，突出因材施教的教学法研究的需要而编写的。内容包括：数制与码制、数字逻辑基础、集成门电路及其参数、组合逻辑电路分析与设计、集成触发器、时序逻辑电路的分析与设计、脉冲的产生与整形电路、数/模转换和模/数转换和半导体储存器。本书可作为高等学校电气信息类、仪器仪表类、电子信息学科类及其相近专业，本、专科学生“数字电子技术基础”教材和教学参考书，也可作为相关工程技术人员的参考书。

图书在版编目(CIP)数据

数字电子技术基础/申忠如主编. —西安：西安交通大学出版社，2010.8(2016.2 重印)

ISBN 978-7-5605-3440-4

Ⅰ.①数… Ⅱ.①申… Ⅲ.①数字电路-电子技术 Ⅳ.①TN79

中国版本图书馆 CIP 数据核字(2010)第 024073 号

书　　名　数字电子技术基础
主　　编　申忠如
责任编辑　任振国　王　欣

出版发行　西安交通大学出版社
　　　　　　(西安市兴庆南路 10 号　邮政编码 710049)
网　　址　http://www.xjtupress.com
电　　话　(029)82668357　82667874(发行中心)
　　　　　　(029)82668315(总编办)
传　　真　(029)82668280
印　　刷　陕西奇彩印务有限责任公司

开　　本　787mm×1092mm　1/16　**印张**　17.25　**字数**　413 千字
版次印次　2010 年 8 月第 1 版　2016 年 2 月第 3 次印刷
书　　号　ISBN 978-7-5605-3440-4/TN·119
定　　价　28.00 元

读者购书、书店添货、如发现印装质量问题，请与本社发行中心联系、调换。
订购热线：(029)82665248　(029)82665249
投稿热线：(029)82664954
读者信箱：jdlgy@yahoo.cn

前　言

近年来，电子技术的飞速发展，新器件的不断涌现，促使教学内容必须不断更新和增加，然而由于课时有限，不可能面面俱到。为了保证重点，学有所得，各高校经过几十年的努力，出版了不少的优秀教材，这些教材使用广泛且经过数次修订不断完善，深受广大师生的欢迎。西安交通大学城市学院是应用型“三本”独立院校。近年来一直选用上述教材，发现对三本院校来说，应该有更适合自己的教材，为此，学院教学指导委员会在认真学习教育部的相关文件和调研的基础上，对课程设置和课程大纲的整合进行了专门教改立项。在此基础上，组织了以专业教师和教电子技术的基础课教师相结合的编写小组，确立了编写本书的基本思路。

1. 保证本科的人才培养规格；突出应用型人才的培养特色：“保证基础，突出实践，加强能力。”

2. 鉴于在现代工程应用系统设计中，大都是使用集成化的各种功能模块通过接口组成系统的设计，在教材的内容选取上，对功能模块的原理采用简单的电路予以实现，并由此引出外特性。重点引导学生掌握使用功能模块的功能表，通过接口组成应用系统的设计方法。

3. 为了突出应用型人才的培养特色，在各章中，前有内容提要，后有小结并配有难易程度和数量均适中的思考题和习题；在保证基础够用的前提下，增加了功能模块的使用实例。

4. 在附录 A 中，简单地介绍了半导体二极管、三极管和增强型 MOS 管，使得该教材既可采用“先数字后模拟”，又可采用“先模拟后数字”的教学体系。

5. 在配套的实验指导书中，除了验证性的基本实验外，增加了设计性实践环节，从而培养学生发现问题和解决问题的能力。在课程设计中引入 CPLD 的应用设计，引导学生了解电子技术的新发展。在附录 B 中介绍了在 CPLD 设计中，常用的硬件描述语言 VHDL 基础。

本书的编写工作具体分工如下：谭亚丽编写第 1、3、4 章和附录 A，郭华编写第 7 章和附录 B，谢榛编写第 6、8、9 章，申忠如编写第 2、5 章。全书由申忠如主编，谭亚丽为副主编并协助主编负责编写提纲和统稿工作。在编写过程中，西安交通大学城市学院电气与信息工程系全体教师参与了讨论并提出了宝贵意见。西安交通大学张彦斌教授认真审阅了全稿，并提出了许多修改意见，西安交通大学出版社和学院领导给予了莫大的支持，在此，编者谨向他们致以衷心的感谢。

由于水平有限，一定存在许多不足之处，恳请读者批评指正。

编　者

2010 年 2 月于西安交通大学

目　录

第1章 数制、数的表示和编码

二进制是数字电子电路的基础，而十进制是日常生活中人们习惯的计数制。本章首先介绍几种常用的数制及它们之间的相互转换，然后介绍在数字系统中数的几种表示形式——原码、反码和补码，以及补码运算，最后介绍几种常用的数字编码。

1.1 概 述

所谓数制就是指计数体制。在数制中，数字符号、位权和基数称为数制的三要素。其中，数字符号指明不同的数字用不同的符号表示；位权指出了每个数字符号所代表的量值是由符号本身和该符号所处的位置共同决定的；基数是数制的根本，它决定了数字符号的个数、位权的大小以及计数时所遵循进位和借位的规则。在日常生活中，人们习惯用十进制进行计数，而在计时中对分、秒的计数采用六十进制，一天 24 小时即按二十四进制计数，一年 12 个月即按十二进制计数。

在数字电路中常采用二进制计数。为了让机器能识别二进制数的正负，规定符号位为负号"－"时用"1"来表示，为正号"＋"时用"0"来表示，这样表示的数就变成了所谓数的原码。在数码的表示中，常用到原码、反码、补码及其相互之间的转换和运算法则等。另外也常用到其他的编码，例如有权码，8421BCD 码；无权码，格雷码等。这些内容将在本章中一一介绍。

1.2 几种常用的计数制

1.2.1 十进制

用 0、1、2、3、4、5、6、7、8、9 十个数字符号的不同组合，根据"逢十进一"的进位方式来表示一个数的方法，称为十进制计数制，简称十进制(Decimal)。如：333.33 和 271.59 等都是十进制数。

它的三个基本要素分别为：

(1)数符：十进制有十个数字符号，简称数符，分别用 0、1、2、3、4、5、6、7、8、9 表示。

(2)位权：位权(Weight)为 $10^i(i=\cdots-2,-1,0,1,2,\cdots)$，数字符号的不同排列组合构成一个数，每个数符由于所在位置的不同而代表不同的值。

(3)基数：基数(Radix)为 10，表示十进制允许选用基本数字符号的个数是十个，决定了十进制的计数所遵循进位和借位的规则是逢十进一，即每位计满 10 时向高位进一；在减法中不够减的位向高位借一当十。

例如：十进制数字 333.33 中各个位置上的 3 所表示的大小就各不相同，最左边的 3 表示

3×10^2，而最右边的 3 表示的大小为 3×10^{-2}。该十进制数按位权可写成如下多项式和的形式

$$(333.33)_{10}=3\times10^2+3\times10^1+3\times10^0+3\times10^{-1}+3\times10^{-2}$$

从上式可以看出，每个数字符号所表示的数值等于该数字符号值乘以一个与数码所在位有关的常数，这个常数即为“位权”，简称“权”。位权的大小是以基数为底，数码所在位置的序号 i 为指数的整数次幂，整数部分为正幂、小数部分为负幂。例如十进制数码的权为 10^i。在此要注意数码整数部分的位置是从 $i=0$ 开始计算的。

由上例可推广到 N 进制计数制的概念：基数为 N 的计数制叫做 N 进制计数制，它包含 0～$N-1$，共 N 个不同的数字符号，每个数位计满 N 就向高位进一，即“逢 N 进一”。

它的三个基本要素分别为：

(1)数符：0、1、2、…、$N-1$。

(2)位权：$N^i(i=\cdots,-2,-1,0,1,2,\cdots)$。

(3)基数：N，表示 N 进制允许选用基本数字符号的个数为 N 个，决定了 N 进制在计数时所遵循进位和借位的规则是逢 N 进一，即每位计满 N 时向高位进一；借一当 N，即在减法中不够减的位向高位借一当 N。

在进位计数制中，不同数字符号所表示的大小不仅取决于它本身的大小，还与它所处的位置有关，相同的数字符号在不同位置表示不同的值，所以实际上进位计数制采用的是位置表示法。

为了区分各种不同进制的数，一般在该数的右下角写上基数的阿拉伯数字或者用它们英文单词的第一个字母表示。例如，十进制数 271.59 可表示为 $(271.59)_{10}$、$(271.59)_D$ 或 271.59D。

任何一个 N 进制数都可以按位权展开的方式写成多项式和的形式，一个 N 进制数 $(R)_N$ 按权展开的多项式和的一般表达式为：

$$(R)_N=K_{n-1}N^{n-1}+K_{n-2}N^{n-2}+\cdots+K_1N^1+K_0N^0+K_{-1}N^{-1}+K_{-2}N^{-2}+\cdots$$

其中：K_i 为第 i 位的数码，也称系数，它的取值为数码 0～$N-1$ 其中之一；N 为基数，N^i 为位权。

1.2.2 二进制

(1)数符：二进制(Binary)有两个数符，分别用 0、1 表示。

(2)位权：如 1101.101，最左边的 1 表示 1×2^3，而最右边的 1 则表示 1×2^{-3}，二进制的位权为 $2^i(i=\cdots,-2,-1,0,1,2,\cdots)$。可将任何一个二进制数展开成多项式和的形式。例如：

$$\begin{aligned}(1001.101)_2&=(1001.101)_B=1001.101B\\&=1\times2^3+0\times2^2+0\times2^1+1\times2^0+1\times2^{-1}+0\times2^{-2}+1\times2^{-3}\\&=8+0+0+1+0.5+0+0.125=(9.625)_{10}=9.625D\end{aligned}$$

(3)基数：二进制的基数为 2，表示二进制数字符号有两个，决定了二进制在计数时所遵循的进位规则是逢二进一，即在做加法计数时每位计满二时向高位进一；在做减法计数时不够减的位向高位借一当二。

1.2.3 十六进制

凡是基数为 2^i 的计数制，从本质上来看都可以认为是二进制计数制，所以 2^4 即十六进制从本质上讲也是二进制。

(1)数符：十六进制(Hexadecimal)有16个数符，分别用0、1、2、3、4、5、6、7、8、9、A、B、C、D、E、F表示。

(2)位权：如C07. A4H，最左边的C表示12×16^2，而最右边的4则表示4×16^{-2}。十六进制的位权为$16^i(i=\cdots,-2,-1,0,1,2,\cdots)$。可将任何一个十六进制数展开成多项式和的形式。例如

$$
\begin{aligned}
(C07.A4)_{16} &= (C07.A4)_H = C07.A4H \\
&= 12\times16^2+0\times16^1+7\times16^0+10\times16^{-1}+4\times16^{-2} \\
&= 3072+0+7+0.625+0.015625 \\
&= (3079.640625)_{10} = 3079.640625D
\end{aligned}
$$

(3)基数：十六进制的基数为16，表示十六进制的数字符号有16个，决定了十六进制在计数时所遵循的进位规则是逢十六进一，即在做加法计数时每位计满十六时向高位进一；在做减法计数时不够减的位向高位借一当十六。

在数字电路中，也常用十六进制数来表示二进制数。表1-1给出了几种进制间的对应关系。

表1-1　常用数制对照表

十进制(D)	二进制(B)	十六进制(H)
0	0000	0
1	0001	1
2	0010	2
3	0011	3
4	0100	4
5	0101	5
6	0110	6
7	0111	7
8	1000	8
9	1001	9
10	1010	A
11	1011	B
12	1100	C
13	1101	D
14	1110	E
15	1111	F

1.3　数制之间的转换

同一个数可以用不同的计数体制来表示，根据需要在各种数制之间进行转换。例如在数

字计算机中，它的基本运算和操作可执行代码都是以二进制为基础的，而在日常生活中，多使用十进制，所以各种各样的数据、操作命令等在进入计算机之前必须转化成二进制代码，同时计算机处理完的结果也有必要转换成人们所熟悉的十进制数或是各种文字信息。

1.3.1　二进制数、十六进制数转换为十进制数

任何一个 N 进制数都可以按位权展开的方式写成多项式和的形式，在此，若基数和位权已知，则多项式的和即为该 N 进制数所对应的十进制数。因此将这种转换方法称为多项式求和法。

例 1-1　将二进制数$(10011.01)_2$转换为对应的十进制数。

解

$$(10011.01)_2 = 1\times2^4+0\times2^3+0\times2^2+1\times2^1+1\times2^0+0\times2^{-1}+1\times2^{-2}$$
$$=16+0+0+2+1+0+0.25$$
$$=(19.25)_{10}$$

例 1-2　将十六进制数$(3B.D)_{16}$转换为对应的十进制数。

解

$$(3B.D)_{16} = 3\times16^1+11\times16^0+13\times16^{-1}$$
$$=48+11+0.8125=(59.8125)_{10}$$

由此可将该方法推广到任意非十进制数到十进制数的转换，即要将一个非十进制数转换成十进制数，只需将该非十进制数按位权展开为多项式，然后求和即可。

1.3.2　十进制数转换为二进制数、十六进制数

十进制数转换为二进制数或十六进制数时，需要将被转换的十进制数分为整数部分和小数部分来分别转换。

1. 整数部分的转换

十进制数转换为二进制数时，因为转换前和转换后的数值必然是相等的，而转换后的二进制数表达式是：

$$b_{n-1}2^{n-1}+b_{n-2}2^{n-2}+\cdots+b_2 2^2+b_1 2^1+b_0 2^0$$

可见只要确定系数 b_i 就可求出转换后的数值，所以对整数部分的转换采用除基数 2 取余数的方法，从低位到高位依次获得各位数码的值，直到商等于 0 为止。具体过程是：将整数部分除以基数，取此时的余数作为二进制数的最低位 b_0，再将商除以基数，取余数作为二进制数的次低位 b_1，依此类推，直到商为 0 时，这时的余数作为二进制数的最高位 b_{n-1}，这样由余数所构成的序列 $b_{n-1}\cdots b_2 b_1 b_0$ 便是转换成的二进制数。

例 1-3　求$(25)_{10}=(\qquad)_2$

解

	余数	二进制数
2|25		
2|12 …………	余 1	最低位b_0
2|6 …………	余 0	b_1
2|3 …………	余 0	b_2
2|1 …………	余 1	b_3
0 …………	余 1	最高位b_4

$(25)_{10}=(11001)_2$

同理，十进制整数部分转换为十六进制数时采用除基数 16 取余数的方法，从低位到高位依次获得各数码的值，直到商为 0 为止，此时得到的余数序列 $h_{n-1}\cdots h_2h_1h_0$ 便是转换成的十六进制数。

例 1-4　求$(46)_{10}=(\quad)_{16}$。

解

16|46	余数	十六进制数
16|2	………余 14	最低位 h_0
0	………余 2	最高位 h_1

$(46)_{10}=(2E)_{16}$

在此要注意第一个余数 14 是十进制数，在写结果时要用相对应的十六进制数 E 来代替。

2. 小数部分的转换

对小数部分的转换采用乘基数取整数的方法，从高位到低位依次获得各位数的值，直到小数部分为 0 或满足有效数字（仅最后一位数字是不确定值）时为止。具体方法是将小数部分乘以基数，取此时乘积的整数部分作为二进制数小数部分的最高位 b_{-1}，再将乘积的小数部分乘以基数，取乘积的整数部分作为二进制数小数部分的次高位 b_{-2}，依此类推，直到乘积的小数部分为 0 或满足有效数字为止，这时乘积的整数部分作为二进制数小数部分的最低位 b_{-n}，这样由乘积的整数部分所构成的序列 $b_{-1}b_{-2}\cdots b_{-n}$就是转换成的二进制数。

例 1-5　求$(0.3125)_{10}=(\quad)_2$

解

$0.3125\times2=0.625$ ……… 整数为 0　最高位b_{-1}

$0.625\times2=1.25$ ……… 整数为 1　b_{-2}

$0.25\times2=0.5$ ……… 整数为 0　b_{-3}

$0.5\times2=1.0$ ……… 整数为 1　最低位b_{-4}

$(0.3125)_{10}=(0.0101)_2$

用同样的方法即乘基数 16 取整数的方法可得到十进制小数部分转换成的十六进制数。

例 1-6　求$(0.3125)_{10}=(\quad)_{16}$

解

$0.3125\times16=5.0$ …………整数为 5

$(0.3125)_{10}=(0.5)_{16}$

乘积的小数部分可能无法得到 0 的结果，这时应根据有效数字的要求取一定的有效位数。

例 1-7　求$(0.314)_{10}=(\quad)_2$，要求保留 6 位二进制有效数字。

解

$0.314\times2=0.628$ …………整数为 0

$0.628\times2=1.256$ …………整数为 1

$0.256\times2=0.512$ …………整数为 0

$0.512\times2=1.024$ …………整数为 1

$0.024\times2=0.048$ …………整数为 0

$0.048\times2=0.096$ …………整数为 0

$(0.314)_{10}=(0.010100)_2$

如果一个要转换的十进制数既有整数又有小数，则应该将整数部分和小数部分分别转换，然后再将转换结果相加得到最终的结果。

例 1-8　求$(12.625)_{10}=(\quad)_2$

解　将整数部分 12 按照除基数取余数的方法进行转换。

$$
\begin{array}{lll}
2\,|\,\underline{12} & & \\
\quad 2\,|\,\underline{6} & \cdots\cdots\cdots\text{余 } 0 & b_1 \\
\quad 2\,|\,\underline{3} & \cdots\cdots\cdots\text{余 } 0 & b_2 \\
\quad 2\,|\,\underline{1} & \cdots\cdots\cdots\text{余 } 1 & b_3 \\
\qquad 0 & \cdots\cdots\cdots\text{余 } 1 & b_4
\end{array}
$$

$(12)_{10}=(1100)_2$

将小数部分 0.625 按照乘基数取整数的方法进行转换。

$0.625\times 2=1.25$ …………整数为 1 b_{-1}

$0.25\times 2=0.5$ …………整数为 0 b_{-2}

$0.5\times 2=1.0$ …………整数为 1 b_{-3}

$(0.625)_{10}=(0.101)_2$

所以，$(12.625)_{10}=(1100.101)_2$

由此可将整数部分“除基数取余法”和小数部分“乘基数取整法”应用到十进制数到任意非十进制数的转换中。

1.3.3 二进制数与十六进制数之间的转换

1. 二进制数转换为十六进制数

十六进制数的基数 16 正好是二进制数基数 2 的 4 次幂，从表 1－1 也可看出，4 位二进制数的 16 种组合和十六进制数的 16 个数码是一一对应的关系，由此很容易得到二进制数转换为十六进制数的方法，即用 4 位二进制数表示 1 位十六进制数。具体方法为：将被转换的二进制数以小数点为界，整数部分由右向左按 4 位一组划分，不够 4 位的在高位补 0；小数部分由左向右 4 位一组划分，数位不够 4 位者在低位用 0 补齐，然后将每组二进制数用相应的十六进制数代替即可。

例 1－9 求$(101110.101101)_2=(\qquad)_{16}$

解 $(101110.101101)_2=(0010,1110.1011,0100)_2$

$=(2E.B4)_{16}$

上述方法可以推广到二进制数和基数为 2^n 的 2^n 进制数的转换，即用 n 位二进制数表示一位 2^n 进制数。

例 1－10 求$(101011.100101)_2=(\qquad)_8$

解 $(101011.100101)_2=(101,011.100,101)_2$

$=(53.45)_8$

例 1－11 $(26)_D$ 需要用几位二进制数表示？

解 因 $2^4<26<2^5$，所以需要用 5 位二进制数表示。

也可以理解为：要想表示 26 种不同的状态或事件，必须用 5 位二进制数的不同组合才能将其区分开来，但其中还有 6 种组合是没有用到的。

2. 十六进制数转换为二进制数

十六进制数转换为二进制数实际上就是上述过程的逆过程，即将被转换的十六进制数中的每个数码都用对应的 4 位二进制数表示即可。

例 1-12　求$(9A7E)_{16}=(\quad)_2$

解　$(9A7E)_{16}=(1001,1010,0111,1110)_2$

$=(1001101001111110)_2$

上述方法可以推广到基数为 2^n 的 2^n 进制数和二进制数的转换，即将被转换的 2^n 进制数中的每个数码都用对应的 n 位二进制数表示即可。

例 1-13　求$(6574)_8=(\quad)_2$

解　$(6574)_8=(110,101,111,100)_2$

$=(110101111100)_2$

1.4* 计算机中数的表示与运算

1.4.1 数的原码、反码和补码

前面所提到的二进制数及其运算都没有涉及对负数的运算，为了解决负数的运算，引出数的原码、反码和补码的概念。

1. 原码

因为在数字电路中仅能识别"0"和"1"，而不能识别"−"和"+"符号，所以规定数中的"+"用"0"表示，"−"用"1"表示，一般将数的最高位设为符号位，数的绝对值按照数制间的转换方法转换为对应的二进制数，这种用"0"和"1"表示符号的数的形式，称为原码，也称为数的机器码。

数 X 的原码定义式：

$$[X]_{原}=\begin{cases}X & (X\text{为正数})\\ 2^{n-1}+|X| & (X\text{为负数})\end{cases}$$

其中，n 为数 X 转换为机器码的位数。

例 1-14　在 8 位机中，将+1、−1 和−9 分别用原码的形式表示出来。

解　+1 的原码为：00000001

−1 的原码为：10000001

−9 的原码为：10001001。

例 1-15　在 8 位机中，将+0 和−0 分别用原码的形式表示出来。

解　+0 的原码为：00000000

−0 的原码为：10000000。

设两个正数 X 和 Y，那么它们之间的运算就有$(\pm X)\pm(\pm Y)$8 种情况。用数的原码进行两个正数的加法运算即 $X+Y$ 时，比较直观，且容易转换。但在进行两个异号数的加、减法运算时，直接按照常规的原码进行计算就行不通了。这时必须通过比较这两个数的绝对值大小来确定减数和被减数及结果的符号，因此完成该功能的电路将会相当复杂，另外如判断、比较等又会使运算速度变慢，为此引出数的反码和补码。

2. 反码

数 X 的反码定义式：

$$[X]_{反}=\begin{cases}X & (X\text{为正数})\\(2^n-1)-|X| & (X\text{为负数})\end{cases}$$

其中，n 为数 X 转换为机器码的位数。

反码的求法：从反码的定义可以看出，正数的反码和原码相同。对于负数，反码可由公式得到，或保持原码的符号位不变，其他数位逐位取反得到。后一种方法因为简单明了而被广泛使用。例如：将原码$[X]_{原}$＝$\underline{1}$0000101 的符号位保持不变，其他数位取反得到反码为：$[X]_{反}$＝$\underline{1}$1111010。

一般反码的引出仅是为了方便求取补码，所以在这里不再赘述。

3. 补码

数 X 的补码定义式：

$$[X]_{补}=\begin{cases}X & (X\text{为正数})\\2^n-|X| & (X\text{为负数})\end{cases}$$

其中，n 为数 X 转换为机器码的位数。

补码的求法：从补码的定义可以看出，正数的补码和它的原码、反码相同。从这一点可以认为数的原码、反码和补码只有对负数才有意义。负数的补码可以通过两种方法得到，由公式得到或先求出该数的反码，再将反码加 1 得到。另外，当使用硬件求补时，常用从该数原码的最低位开始，保留所有低位的 0 不变，遇到第一个 1 时，保持这个 1 不变，以后各高位均逐位取反而符号位不变的方法来求补码。

例 1－16 在 8 位机中求＋5 和－5 的 8 位补码形式。

解 1 ＋5 的原码＝反码＝补码＝00000101

－5 的原码为：10000101

－5 的反码为：11111010

则它的补码为：11111010＋1＝11111011

解 2 从－5 原码 1000010$\underline{1}$ 的最低位开始，保留所有低位的 0 不变，遇到第一个 1 时，保持这个 1 不变，以后各高位均逐位取反(符号位不变)，即 11111011。

例 1－17 在 8 位机中，求＋0 和－0 的补码形式。

解 ＋0 的原码＝反码＝补码＝00000000

－0 的原码为：10000000，则它的反码为 11111111

所以按照补码的求法它的补码应为：11111111＋1＝100000000，这时数位变为 9 位，但当所用系统为 8 位时，最高位的 1 将自动丢失，将其余的 8 位保留下来，因此$[+0]_{补}=[-0]_{补}$＝00000000。

4. 模的概念

当二进制数 X 为负数时，它的补码公式可以改写为：$[X]_{补}+X=2^n$，其中 n 为二进制数的位数，2^n 叫做 n 位二进制数的模。

由此推广：i 位 N 进制数的模为 N^i。

例如：一位十进制数的模为 10，2 位十进制数的模为 100，由此可知，“模”是指一个计量系统的计数范围。它实质上是计量器产生“溢出”的量，它的值在计量器上表示不出来，只能表示出其余数。比如指针式时钟的小时计量范围是 1～12，模＝12，当计到 12 点时指针指示到 0 点。

若 $A+B=N^i$，则 A 和 B 互补，且 $[A]_{补}=B=N^i-A$。

例如：假设当前时针指向 8 点，而准确时间是 5 点，调整时间可有以下两种方法：一种是倒拨 3 小时，即：8－3＝5。另一种是顺拨 9 小时：8＋9＝12＋5＝5(12 自动丢失)。

从上例可知，在以 12 为模的系统中，加 9 和减 3 效果是一样的，因此，凡是减 3 运算，都可以用加 9 来代替。因为 9＋3＝12，即 9 和 3 互为补数。实际上在以 12 为模的系统中，11 和 1，10 和 2，8 和 4，7 和 5，6 和 6 都是互补的，因为它们两者相加等于模。

几乎所有计算机中的数都是用补码表示的，因此计算机中完成的运算也都是补码的运算。

1.4.2　补码的运算

1. 补码的加法运算

补码加法的运算规则为：$[Z]_{补}=[X]_{补}+[Y]_{补}=[X+Y]_{补}$，$[[Z]_{补}]_{补}=Z$，$Z=X+Y$。

例 1－18　用补码加法求下列式子的和。

(1)(＋18)＋(＋15)；　　(2)(＋18)＋(－15)；

(3)(－18)＋(＋15)；　　(4)(－18)＋(－15)。

解　(1)$[18]_{补}=[18]_{原}=00010010$，$[15]_{补}=[15]_{原}=00001111$

$$\begin{array}{r} 00010010 \\ +00001111 \\ \hline 00100001 \end{array} \qquad \begin{array}{r} (+18) \\ +(+15) \\ \hline 33 \end{array}$$

(2)$[-15]_{补}=11110001$

$$\begin{array}{r} 00010010 \\ +11110001 \\ \hline \boxed{1}\ 00000011 \end{array} \qquad \begin{array}{r} (+18) \\ +(-15) \\ \hline 3 \end{array}$$

自动丢失

(3)$[-18]_{补}=11101110$

$$\begin{array}{r} 11101110 \\ +00001111 \\ \hline 11111101 \end{array} \qquad \begin{array}{r} (-18) \\ +(+15) \\ \hline -3 \end{array}$$

由于运算结果是负数的补码表示，所以实际的差值应再取补变为原码表示，即

$[[11111101]_{补}]_{补}=[10000011]_{原}=(-3)_{10}$

(4)

$$\begin{array}{r} 11101110 \\ +11110001 \\ \hline \boxed{1}\ 11011111 \end{array} \qquad \begin{array}{r} (-18) \\ +(-15) \\ \hline -33 \end{array}$$

自动丢失

运算结果为负，所以 $[[11011111]_{补}]_{补}=[10100001]_{原}=(-33)_{10}$

2. 补码的减法运算

补码减法的运算规则为：$[Z]_{补}=[X]_{补}-[Y]_{补}=[X]_{补}+\{-[Y]_{补}\}_{变补}$，$[[Z]_{补}]_{补}=Z$，$Z=X-Y$。

其中，已知$[Y]_{补}$，求$[-Y]_{补}$的过程称为变补。求变补的方法为：将$[Y]_{补}$中所有的数位(包括符号位)取反加 1。例如：已知$[11101111]_{补}$，则$\{-[11101111]_{补}\}_{变补}=00010001$。

只有变补才真正地解决了减法问题，即将减法变为加法。在计算机进行减法运算时，必须执行减法指令将减数的补码变补，使之变为加法运算。

例 1-19 用补码减法求下列式子的差。

(1)(+96)-(+19)； (2)(+96)-(-19)；

(3)(-96)-(+19)； (4)(-96)-(-19)。

解 (1)$[96]_{补}=[96]_{原}=01100000$，$[19]_{补}=[19]_{原}=00010011$

$\{-[+19]_{补}\}_{变补}=11101101$

$[+96]_{补}-[+19]_{补}=[+96]_{补}+\{-[+19]_{补}\}_{变补}$

$$\begin{array}{r} 01100000 \\ +11101101 \\ \hline \boxed{1}\ 01001101 \end{array} \qquad \begin{array}{r} (+96) \\ -(+19) \\ \hline 77 \end{array}$$

自动丢失（最高位的 1）

(2)$[-19]_{补}=11101101$，$\{-[-19]_{补}\}_{变补}=00010011$

$[+96]_{补}-[-19]_{补}=[+96]_{补}+\{-[-19]_{补}\}_{变补}$

$$\begin{array}{r} 01100000 \\ +00010011 \\ \hline 01110011 \end{array} \qquad \begin{array}{r} (+96) \\ -(-19) \\ \hline 115 \end{array}$$

(3)$[-96]_{补}=10100000$，$[-96]_{补}-[+19]_{补}=[-96]_{补}+\{-[+19]_{补}\}_{变补}$

$$\begin{array}{r} 10100000 \\ +11101101 \\ \hline \boxed{1}\ 10001101 \end{array} \qquad \begin{array}{r} (-96) \\ -(+19) \\ \hline -115 \end{array}$$

自动丢失（最高位的 1）

$[[10001101]_{补}]_{补}=[11110011]_{原}=(-115)_{10}$

(4)$[-96]_{补}-[-19]_{补}=[-96]_{补}+\{-[-19]_{补}\}_{变补}$

$$\begin{array}{r} 10100000 \\ +00010011 \\ \hline 10110011 \end{array} \qquad \begin{array}{r} (-96) \\ -(-19) \\ \hline -77 \end{array}$$

$[[10110011]_{补}]_{补}=[11001101]_{原}=(-77)_{10}$

3. 溢出判断

位数一定的数字设备所能表示的数的范围是一定的，当两个数的运算结果超过数字设备所能表示的数的最大范围时就会产生溢出。如果产生溢出将必然导致出错，机器将按错误处理。

比如对于 8 位计算机，它能表示的无符号数的范围为：0～255，即 00000000～11111111；而它能表示的有符号数原码的范围为：11111111～01111111，即-127～+127；反码范围为：10000000～01111111，即-127～+127；补码范围为：10000000～01111111，即-128～+127。

注意：因为原码和反码中的+0 和-0 不同，而补码中相同，所以补码中的 10000000 表示

—128。

如果运算结果产生进位，且超出了以上范围，则产生溢出，结果错误。在例 1－18 和例 1－19 的运算中也有进位产生，但这个进位却是自动丢失，属于正常进位，所以结果正确。那么在数字系统中如何区分或判断当结果产生进位时是溢出错误还是正常进位呢？

实际上，我们不难理解，同号两数相加时才可能出现溢出，异号两数相加时不可能产生溢出；同理，异号两数相减可能产生溢出，而同号两数相减不可能产生溢出。在数字系统中，主要是通过判断两数相加过程中最高位和次高位的进位情况来区分溢出和正常进位的。若最高位和次高位同时产生或同时不产生进位时，为正常进位，进位自动丢失，结果正确；若只有其中一位产生进位时，认为结果产生溢出。在硬件上可以通过后面将要学到的异或门来完成对是否产生溢出的判断。

例 1－20　在 8 位的数字设备中，求下列式子的和。

(1)(＋120)＋(－15)；　(2)(＋120)＋(＋15)；

(3)(－120)＋(＋15)；　(4)(－120)＋(－15)。

解　$[120]_{补}=[120]_{原}=01111000$，$[15]_{补}=[15]_{原}=00001111$

$[-120]_{补}=10001000$，　$[-15]_{补}=11110001$

(1)

$$\begin{array}{r} 01111000 \\ +11110001 \\ \hline \boxed{1}\ 01101001 \end{array} \qquad \begin{array}{r} (+120) \\ +(-15) \\ \hline 105 \end{array}$$

自动丢失

最高位和次高位都产生了进位，最高位进位自动丢失，$01101001=(105)_{10}$，结果正确。

(2)

$$\begin{array}{r} 01111000 \\ +00001111 \\ \hline 10000111 \end{array} \qquad \begin{array}{r} (+120) \\ +(+15) \\ \hline 135 \end{array}$$

次高位有进位，最高位无进位，产生溢出，$[[10000111]_{补}]_{补}=[11111001]_{原}=-(121)_{10}$，结果错误。

(3)

$$\begin{array}{r} 10001000 \\ +00001111 \\ \hline 10010111 \end{array} \qquad \begin{array}{r} (-120) \\ +(+15) \\ \hline -105 \end{array}$$

最高位和次高位均无进位产生，$[[10010111]_{补}]_{补}=[11101001]_{原}=(-105)_{10}$，结果正确。

(4)

$$\begin{array}{r} 10001000 \\ +11110001 \\ \hline \boxed{1}\ 01111001 \end{array} \qquad \begin{array}{r} (-120) \\ +(-15) \\ \hline -135 \end{array}$$

溢出

最高位产生进位，次高位无进位，产生溢出，$01111001=(121)_{10}$，结果错误。

例 1－21　在 8 位的数字设备中，求下列式子的差。

(1)(＋120)－(－15)；　　(2)(＋120)－(＋15)；

(3)(－120)－(＋15)。　　(4)(－120)－(－15)。

解　$\{-[+15]_{补}\}_{变补}=11110001$，$\{-[-15]_{补}\}_{变补}=00001111$

(1)

$$\begin{array}{r} 01111000 \\ +00001111 \\ \hline 10000111 \end{array} \qquad \begin{array}{r} (+120) \\ -(-15) \\ \hline 135 \end{array}$$

次高位有进位，最高位无进位，产生溢出，$[[10000111]_{补}]_{补}=[11111001]_{原}=(-121)_{10}$，结果错误。

(2)

$$\begin{array}{r} 01111000 \\ +11110001 \\ \hline \boxed{1}\ 01101001 \end{array} \qquad \begin{array}{r} (+120) \\ -(+15) \\ \hline 105 \end{array}$$

自动丢失

最高位和次高位都产生了进位，最高位进位自动丢失，$01101001=(105)_{10}$，结果正确。

(3)

$$\begin{array}{r} 10001000 \\ +11110001 \\ \hline \boxed{1}\ 01111001 \end{array} \qquad \begin{array}{r} (-120) \\ -(+15) \\ \hline -135 \end{array}$$

溢出

最高位产生进位，次高位无进位，产生溢出，$01111001=(121)_{10}$，结果错误。

(4)

$$\begin{array}{r} 10001000 \\ +00001111 \\ \hline 10010111 \end{array} \qquad \begin{array}{r} (-120) \\ -(-15) \\ \hline -105 \end{array}$$

最高位和次高位均无进位产生，$[[10010111]_{补}]_{补}=[11101001]_{原}=(-105)_{10}$，结果正确。

4. 算术移位

对二进制数可以进行逐位向右或向左移操作，从位权的角度分析可知，右移一位相当于对原数进行除 2 运算，左移一位相当于对原数进行乘 2 运算。

对于无符号的二进制数而言，进行移位运算较简单，只要将移出的位舍弃，空位用 0 补齐即可。

例 1－22　求对 10 和 130 分别进行右移一位和左移一位操作后的值。

解　$10_{10}=(00001010)_2$

向右移一位后得：$(00000101)_2=(5)_{10}$；

向左移一位后得：$(00010100)_2=(20)_{10}$。

　$132_{10}=(10000100)_2$

向右移一位后得：$(01000010)_2=(66)_{10}$；

向左移一位后得：$(00001000)_2=(8)_{10}$，错误。

在上例中，用 8 位二进制来表示一个无符号数，则它能表示的数的范围为 0～255。对 10 进行右移和左移一位后，变为 5 和 20，均在这个范围之内；对 132 进行右移和左移一位后，本应该变为 66 和 264，但实际中左移后变为 8，这是因为 264 超出了数的范围，从而产生了溢出，导致结果错误。所以在对数进行左移操作时要避免出现溢出。

对正的二进制数进行的移位操作和无符号数相同，在此不再赘述。

对负的二进制数的移位操作是按补码进行的，即先将该数写成补码的形式，在左移时给空位补 0，右移时给空位补 1。

例 1-23　求对 −76 分别进行右移一位和左移一位操作后的值。

解　$-76_{10}=[10110100]_{补}$

向右移一位后得：$[1\ 1011010]_{补}=10100110=(-38)_{10}$，正确。

向左移一位后得：$[0110100\ 0]_{补}=(104)_{10}$，错误。

在上例中，用 8 位二进制来表示带符号数的补码，则它能表示的数的范围为 −128～+127。对 −76 进行右移和左移一位后，本应该变为 −38 和 −152，但实际中左移后变为 104，这是因为 −152 超出了数的范围，从而产生了溢出，导致结果错误。所以在对有符号数的补码进行左移操作时同样要避免出现溢出。

1.5　数字系统的编码

在数字系统中，不仅要处理数值信息，还要处理文字和符号等非数值信息，对于数值信息可以按照前面所学习的数制的知识将其转换为二进制数，那么非数值信息如何转换为二进制数呢？

实际上，它同样是将多位二进制数按一定规则排列起来组成一定的代码，用这些代码来表示特定的对象。这里的对象可以是数值，也可以是非数值。那么形成这种代码的规则就叫做码制，给代码赋以特定含义的过程叫做编码。

在战争中，为了通讯的保密性，都有电台密码，就是用几个数字的组合表示一个汉字或者单词；在数字系统中，是用多位二进制数的组合表示另外一种数制的某个数或者是字母、符号和汉字等。

常用的码制有：二-十进制(8421BCD)码、格雷码、奇偶校验码、字符码、汉字编码等。

1.5.1　二-十进制码

用 4 位二进制数来表示一位十进制数的码叫二-十进制码，简称 BCD 码。这种码是专门用来表示数字信息的，它在形式上为二进制数，数值上却是十进制数的大小，因此可以很方便地作为人机对话的接口，比如数字键盘的输入为十进制，输出是用二进制编码的 BCD 码。

4 位二进制数有 16 种组合，可以表示 16 个数，而一位十进制数只有 0～9 共 10 个数，也就是说只要从这 16 种组合中选 10 种即可，当然这样可以有多种选法和编码方式，最常用的 BCD 码有 8421 码、5421 码等，具体见表 1-2。

表 1-2　常见的几种编码与十进制数的对照

十进制数	有权码		无权码	
	8421	5421	余 3 码	循环码
0	0000	0000	0011	0010
1	0001	0001	0100	0110
2	0010	0010	0101	0111
3	0011	0011	0110	0101
4	0100	0100	0111	0100
5	0101	1000	1000	1100
6	0110	1001	1001	1101
7	0111	1010	1010	1111
8	1000	1011	1011	1110
9	1001	1100	1100	1010

从表 1-2 可以看出，同一组代码在不同的编码方式下表示不同的对象，并且每种编码中都有 6 种没用的代码，比如：8421BCD 码中的 1010～1111，这 6 种没用的代码叫做伪码，在 BCD 码中对它们的使用是非法的。

BCD 码分为有权码和无权码两种。

有权码是指 4 位二进制代码中的每一位都有固定的位权值，可以按权展开求多项式的和得到它所表示的十进制数。8421 码、5421 码都属于有权码。对于 8421 码，4 位二进制代码从高位到低位的权值分别为：8、4、2、1，8421 码也因此而得名。因为 8421 码的位权和自然二进制数的位权相同，因此它是最常用的一种 BCD 码。

例 1-24　将 $(1001)_{8421BCD}$ 表示为十进制数。

解　　$(1001)_{8421BCD}=1\times8+0\times4+0\times2+1\times1=(9)_{10}$

多位十进制数 BCD 码的表示方法：将每位十进制数用对应的 BCD 码代替即可。

例 1-25　将 $(3687)_{10}$ 表示为 8421BCD 码。

解　　$(3687)_{10}=(0011\ 0110\ 1000\ 0111)_{8421BCD}$

8421BCD 码表示为十进制数的方法：从最右边的一位开始，将编码每 4 位分成一组，然后写出每组对应的十进制数即可。

例 1-26　将 $(10000110)_{8421BCD}$ 码转换为十进制数

解　　$(\underline{1000}\ \underline{0110})_{8421BCD}=(86)_{10}$

注意：8421BCD 码的位数一定是 4 的整数倍。

例 1-27　用 8421BCD 码表示 2009。

解　　$2009=(0010\ 0000\ 0000\ 1001)_{8421BCD}$

无权码与有权码相对应，它的代码没有固定的权值，每组代码的含义由人为规定。余 3 码属于无权码。从表 1-2 中可知，每组代码都是由它所表示的十进制数对应的二进制数加 3(0011) 得到的，余 3 码也因此而得名。循环码的构成特点是在 0～9 中每两个相邻数之间仅有 1 位变化。

1.5.2 可靠性编码

代码在形成和传输的过程中可能会因干扰而不可避免地产生错误，为了尽量减少错误的发生，可以在编码过程中采用一些特殊的技术，这样产生的编码叫做可靠性编码。最常用的可靠性编码为：格雷码和奇偶校验码。

1. 格雷(Gray)码

格雷码可以表示十进制数也可以表示其他信息，它可以由任意位的二进制数组成。4位格雷码与自然二进制码的关系见表1-3。

格雷码可以由它所对应的二进制数通过运算规则得到，即：从自然二进制码最低位开始，相邻的两位相加，但不进位，其结果作为格雷码的最低位，依此类推，一直加到最高位，格雷码的最高位与二进制码的最高位相同。

从表1-3可知格雷码具有以下特点：

(1)任意两组相邻码之间只有一位不同，可靠性较高。

(2)n位典型格雷码可分成对称的两部分，每部分对应的码组只有最高位不同，具有对称反射性，即具有循环邻接特性，因此格雷码也叫循环码。

(3)格雷码最高位和二进制最高位相同。

表1-3 自然二进制码和格雷码

自然二进制码				格雷码			
B_3	B_2	B_1	B_0	G_3	G_2	G_1	G_0
0	0	0	0	0	0	0	0
0	0	0	1	0	0	0	1
0	0	1	0	0	0	1	1
0	0	1	1	0	0	1	0
0	1	0	0	0	1	1	0
0	1	0	1	0	1	1	1
0	1	1	0	0	1	0	1
0	1	1	1	0	1	0	0
1	0	0	0	1	1	0	0
1	0	0	1	1	1	0	1
1	0	1	0	1	1	1	1
1	0	1	1	1	1	1	0
1	1	0	0	1	0	1	0
1	1	0	1	1	0	1	1
1	1	1	0	1	0	0	1
1	1	1	1	1	0	0	0

例1-28 将二进制数11000101变换为格雷码。

解 $(11000101)_B=(10100111)_G$

利用两组相邻格雷码之间只有一位不同的特点，可以方便地将它用在一些容易混淆的场合。最典型的应用是用数字量(格雷码)来表示机械位置，即制造数字编码盘。

例如，设电机的转子在某一位置时用7的二进制码0111表示，当转子旋转到7的相邻位置8时用1000表示。此时表示转子位置的4位二进制码中4位均发生了变化，而在实际中机械位置很难做到4位同时改变，这样在确定转子位置时就会产生很大的误差。如果改用格雷码表示,则 7 为 0100,8 为 1100,只有一位发生变化,产生的误差较小。

2. 奇偶校验码

代码在传输中可能会出现将 1 传为 0 或将 0 传为 1 的错误,奇偶校验码就是为了检查是否发生这种错误而设计的。它由信息位及校验位组成,信息位可以是任一种 n 位二进制代码,它是要传输的原始信息;校验位只有一位,或者为 0,或者为 1,它的作用是决定整个奇偶校验码中含有奇数个 1 或偶数个 1。

奇偶校验分为奇校验和偶校验两种。奇校验是通过设置校验位的值使整个码组中含有奇数个 1;偶校验是通过设置校验位的值使整个码组中含有偶数个 1(**注意**:全 0 时规定按偶数算)。奇偶由于校验位在编码的最高位还是最低位由具体的系统决定,但同一系统只能用一种校验。

由于奇偶校验码仅能发现奇数个代码位同时出错的情况,所以奇偶校验虽能改善机器的检错率,但不能完全解决传输中出错的问题。接收方通过检查代码中 1 的个数的奇偶性来判断所传输的信息是否发生错误。

例 1-29　一个 7 位二进制数 1000101,最低位为奇偶校验位,试表示出该数判奇的校验码。

解　因为在原码中已经含有奇数个 1,所以只需在最低位加 0 就可得到 1000101 的奇校验码为:1000101$\underline{0}$。

同理,如果题目要求判偶的校验,则因为原码中只有奇数个 1,所以应在最低位加 1,得到 1000101 的偶校验码为 1000101$\underline{1}$。

带有奇偶校验位的 8421BCD 码见表 1-4。

表 1-4　8421BCD 码的奇偶校验码

十进制数	奇校验码		偶校验码	
	信息位	校验位	信息位	校验位
0	0000	1	0000	0
1	0001	0	0001	1
2	0010	0	0010	1
3	0011	1	0011	0
4	0100	0	0100	1
5	0101	1	0101	0
6	0110	1	0110	0
7	0111	0	0111	1
8	1000	0	1000	1
9	1001	1	1001	0

1.5.3　字符码与汉字编码

1. 字符码

最常用的字符码为美国标准信息交换码,见表 1-5,控制字含义见表 1-6。

表 1－5　美国标准信息交换码(ASCII 码)

$b_6b_5b_4$ \ $b_3b_2b_1b_0$		0 000	1 001	2 010	3 011	4 100	5 101	6 110	7 111
0	0000	NUL	DLE	SP	0	@	P	、	p
1	0001	SOH	DC1	!	1	A	Q	a	q
2	0010	STX	DC2	"	2	B	R	b	r
3	0011	ETX	DC3	#	3	C	S	c	s
4	0100	EOT	DC4	$	4	D	T	d	t
5	0101	ENQ	NAK	%	5	E	U	e	u
6	0110	ACK	SYN	&	6	F	V	f	v
7	0111	BEL	ETB	′	7	G	W	g	w
8	1000	BS	CAN	(	8	H	X	h	x
9	1001	HT	EM	)	9	I	Y	i	y
A	1010	LF	SUB	*	:	J	Z	j	z
B	1011	VT	ESC	+	;	K	[	k	{
C	1100	FF	FS	,	<	L	\	l	|
D	1101	CR	GS	−	=	M	]	m	}
E	1110	SO	RS	.	>	N	^	n	~
F	1111	SI	US	/	?	O	—	o	DEL

表 1－6　ASCII 码控制字含义

控制字	含义	控制字	含义
NUL	空	DLE	数据链换码
SOH	标题开始	DC1	设备控制 1
STX	正文结束	DC2	设备控制 2
ETX	本文结束	DC3	设备控制 3
EOT	传输结束	DC4	设备控制 4
ENQ	询问	NAK	否认
ACK	确认	SYN	空转同步
BEL	报警	ETB	信息组传送结束
BS	退一格	CAN	取消
HT	横向列表	EM	媒体结束
LF	换行	SUB	置换
VT	纵向列表	DEL	删除
FF	换页	ESC	退出
CR	回车	FS	文件分隔符
SO	移位输出	GS	组分隔符
SI	移位输入	RS	记录分隔符
SP	空格	US	单元分隔符

它用7位二进制数码来表示128个不同字符，每个字符都是由 $b_6b_5b_4b_3b_2b_1b_0$ 组成的。例如，大写字母A的ASCII码为：1000001＝41H。我们所用的计算机键盘就是利用ASCII码和计算机进行通信的。在此要注意：当计算机处理的均为8位字节信息码时，ASCII码可认为是最高位恒为0的8位二进制码，即00000000～01111111。当然也可以将ASCII码的最高位恒置为1，此时得到的128个8位二进制码10000000～11111111可以作为ASCII码的扩展用来表示希腊字母或数学符号等。

2. 汉字编码

在数字系统和计算机中，常用若干位二进制编码来表示一个汉字。我国制定了许多处理汉字的编码标准，如国标GB2312—80中规定每个汉字和图形符号用两个字节表示，每个字节的高位均恒为1，以区别ASCII码。

本章小结

本章主要介绍了几种常用的数制、数字系统中数的几种表示形式和几种常用的编码。

1. 二进制是数字系统的基础，人们习惯使用的是十进制，十六进制用来表示多位二进制，因此必须熟练掌握这三种常用的数制及它们之间的相互关系。其中二进制计数制是核心内容，除了进位和借位规则外，它和十进制数遵循同样的算术运算法则。

2. 现实中的数有正有负，在数字系统中，为了表示这种带符号的数，引入了数的几种表示形式，即原码、反码和补码。计算机中的数多数是用补码表示的，补码加法运算比较容易，而变补才真正地解决了计算机中的减法问题。

3. 二进制数码的组合不仅能表示数字，还能表示字母、符号、汉字等，可以按照不同的编码方式用二进制数码来表示不同的对象。本章所介绍的8421BCD码、格雷码、奇偶校验码、ASCII码、汉字编码都是比较常用的编码。

习　题

1.1　将下列二进制数变换为相对应的十进制数。

(1)1011；　(2)1000；　(3)1101；　(4)11111111；

(5)101101；　(6)10001100；(7)1101.1011；(8)10101000.01。

1.2　将下列十进制数变换为相对应的二进制数。

(1)5；　(2)9；　(3)15；　(4)16；

(5)52；　(6)0.5625；　(7)125.6875；(8)0.32(保留5位)。

1.3　将下列二进制数变换为相对应的十六进制数。

(1)011；　(2)1010；　(3)1101；　(4)1111110；

(5)101101；　(6)100001100；(7)1101.011；(8)100.0101011。

1.4　将下列十六进制数变换为相对应的二进制数。

(1)C；　(2)6F；　(3)2B4；　(4)508；

(5)A76；　(6)9D3；　(7)3A.E；　(8)89.0F。

1.5　写出下列十进制数的8位原码、反码和补码形式。

(1)＋7；　(2)－7；　(3)＋23；　(4)－23；

(5)＋96；　(6)－96；　(7)－100；　(8)－120。

1.6 写出8位二进制数所能表示的无符号数、原码、补码的最大范围。

1.7 用补码加法求下列式子的和(用8位二进制表示)。

(1)(＋23)＋(＋19)；　(2)(＋23)＋(－19)；

(3)(－23)＋(＋19)；　(4)(－23)＋(－19)。

1.8 用补码减法求下列式子的和(用8位二进制表示)。

(1)(＋35)－(＋13)；　(2)(＋35)－(－13)；

(3)(－35)－(＋13)；　(4)(－35)－(－13)。

1.9 在8位机的计算中试判断下列各式是否会溢出。

(1)(＋100)＋(＋20)；　(2)(－100)＋(－45)；

(3)(＋118)－(－14)；　(4)(－118)－(－14)。

1.10 求分别对下列各数进行右移一位和左移一位后的值，并分析运算结果。

(1)＋5；　(2)－5；　(3)＋12；　(4)－12；

(5)＋76；　(6)－76；　(7)＋52；　(8)－52。

1.11 将下列十进制数变换为相对应的8421BCD码。

(1)10；　(2)21；　(3)56；

(4)468；　(5)9532；　(6)10285。

1.12 将下列8421BCD码变换为相对应的十进制数。

(1)01011000；　(2)100100010111；

(3)0010001110000110；　(4)0011011001010111。

1.13 写出下列二进制数判奇的奇校验码(最低位为奇校验位)。

(1)01011000；　(2)100100010111；

(3)0010001110000110；　(4)0011011001010111。

第2章 数字逻辑基础

在数字系统中，用二进制数的0或1表示数量信息、进行数值运算的电路称为数字电路；用0或1表示逻辑变量信息、进行逻辑运算的电路称为逻辑电路。而所有的数字电路都是利用逻辑电路设计的方法实现的，因此常把数字电路称作数字逻辑电路。本章简要介绍数字逻辑电路的数字理论基础、逻辑代数的基本运算、复合运算、逻辑函数的简化方法、多种表示方式及表示方式之间的转换。

2.1 概 述

在哲学上，逻辑是指客观事物发展的规律，它研究的是客观事物原因和结果的关系。在数字逻辑中，变量仅有两种取值1或0，当用它来表示某事物的逻辑状态时，该变量称为逻辑变量。逻辑变量常表示某一事物的真与假、是与非、有与无，电平的高与低，电灯的亮与灭及电路开关的通与断等两个相互对立的逻辑状态，这时的1和0仅表示一种变量状态的概念，而无数量大小的概念。

与算术运算类似，逻辑变量之间也可以按照指定的某种因果关系进行逻辑运算。当因果逻辑关系复杂时，人们难以用简单的逻辑思维判断其结果。采用逻辑代数，人们就可以通过逻辑运算较容易地获得其结果。由于逻辑代数是1845年由英国数学家G. Boole首先提出的，所以也称为布尔代数，又因为这种数学方法广泛用于开关电路和数字逻辑电路中，所以又称为开关代数或逻辑代数。

数字系统的主体是数字电路。在所有的数字电路中，变量的状态都是用电平的高或低表示的。当将高电平规定为逻辑1，将低电平规定为逻辑0时，称为正逻辑；反之称为负逻辑。对于同一电路，可用正逻辑表示也可用负逻辑表示，但在同一系统中，只能采用一种逻辑体制。若无特别说明，本书一般采用正逻辑。

2.2 逻辑运算和逻辑门

逻辑代数中用字母来表示逻辑变量，这种变量取值只有0和1两种可能，所以也常称其为二值变量。常把原因变量称为输入逻辑变量，把结果变量称为输出逻辑变量。在逻辑代数中，有与、或和非三种基本逻辑运算，以及由它们组成的复合逻辑运算。

2.2.1 基本逻辑运算和基本逻辑门

逻辑代数中有与、或和非三种基本逻辑运算，对应的实现其逻辑功能的硬件有与门、或门和非门。

1. 逻辑与运算和与门

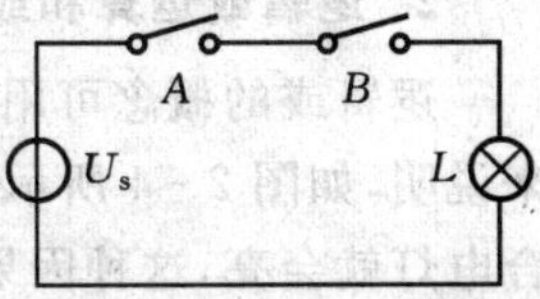

图 2-1　逻辑与电路

逻辑与的概念可用两个串联的开关控制一个电灯的亮与灭来说明，如图 2-1 所示。显然，只有两个串联的开关全闭合时电灯才能亮，这种因果关系称为逻辑与。

(1)假设两个开关(输入逻辑变量)用 A 和 B 表示，且规定 1 表示开关闭合，0 表示开关断开；电灯(输出逻辑变量)用 L 表示，且规定 1 表示电灯亮，0 表示电灯灭。那么只有 A 和 B 同时为 1 时 L 才为 1。

(2)两变量逻辑与运算的逻辑函数或逻辑表达式为 $L=A\cdot B$，它表示 A 和 B 之间的与运算，也叫逻辑乘。为了书写方便，常将"·"省略。由逻辑表达式可以看出：$0\cdot 0=0$，$0\cdot 1=0$，$1\cdot 0=0$，$1\cdot 1=1$，$0\cdot A=0$，$1\cdot A=A$，$A\cdot A=A$。

(3)能实现与运算的硬件逻辑电路称为与门，可用图 2-2 中的与门符号表示，它和逻辑表达式的功能一样能表示逻辑与的运算。其中"与"表示逻辑关系，门表示控制状态。例如，$L=A\cdot B$ 表示 A 和 B 之间的与运算，当与门的输入 $A=0$ 时 $L=0$，表示当前该与门被封死，逻辑输出与 B 无关；当与门的输入 $A=1$ 时 $L=B$，表示当前该与门处于开门状态，逻辑输出 $L=B$。

(4)按照逻辑关系采用列表方式也可以表示逻辑运算，称为真值表。表 2-1 是与逻辑真值表，其中左边各列为逻辑输入，右边为逻辑输出，横向左边表明逻辑输入的取值，右边表明逻辑输出的结果。

表 2-1　与逻辑真值表

A	B	L
0	0	0
0	1	0
1	0	0
1	1	1

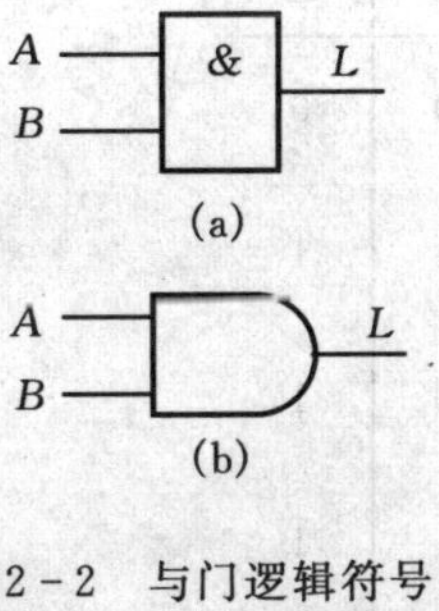

图 2-2　与门逻辑符号
(a)国标符号；(b)国际流行符号

(5)逻辑与的几何意义。图 2-3 是 AB 相与的维恩图，图中 A 圆和 B 圆分别代表两逻辑变量不同的逻辑取值范围，阴影部分就是 AB 的逻辑与的输出结果。

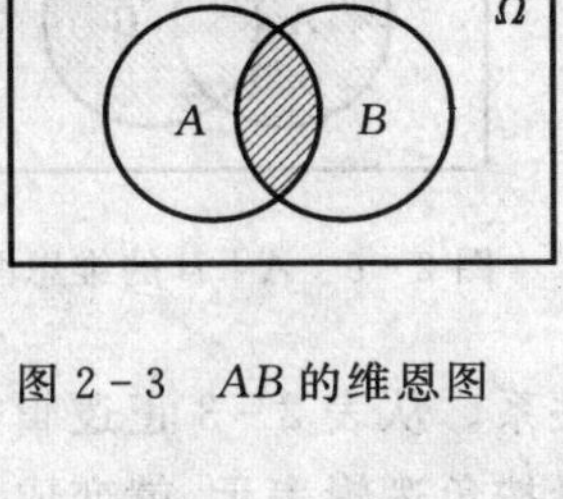

图 2-3　AB 的维恩图

2. 逻辑或运算和或门

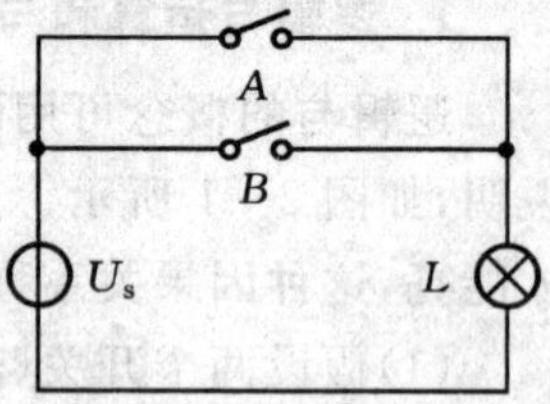

图 2-4　逻辑或电路

逻辑或的概念可用两个并联的开关控制一个电灯的亮与灭来说明，如图 2-4 所示。显然，两个并联的开关只要有任一个闭合电灯就会亮，这种因果关系称之为逻辑或。

(1)假设两个开关(输入逻辑变量)用 A 和 B，表示且规定 1 表示开关闭合，0 表示开关断开；电灯(输出逻辑变量)用 L 表示，且规定 1 表示电灯亮，0 表示电灯灭。那么只要 A 或 B 有一个为 1，L 就为 1。

(2)两变量的逻辑或运算的逻辑函数即逻辑表达式为 $L = A+B$，它表示 A 和 B 之间的或运算，也叫逻辑加。由逻辑表达式可以看出：$0+0=0$，$0+1=1$，$1+0=1$，$1+1=1$，$0+A=A$，$1+A=1$，$A+A=A$。

(3)能实现或运算的硬件逻辑器件称为或门，可用图 2-5 中的或门符号表示，它和逻辑表达式的功能一样能表示逻辑或的运算。其中“或”表示逻辑关系，门表示控制状态。例如，当或门的一个输入 $A=0$ 时 $L=B$，表示当前该或门被打开，逻辑输出 $L=B$；当或门的一个输入 $A=1$ 时，表示当前该或门被封死，逻辑输出 $L=1$，逻辑输出与 B 无关。

(4)真值表。表 2-2 是或逻辑真值表，其中左边各列为逻辑输入，右边为逻辑输出，横向左边表明逻辑输入的取值，右边表明逻辑输出的结果。

表 2-2　与逻辑真值表

A	B	L
0	0	0
0	1	1
1	0	1
1	1	1

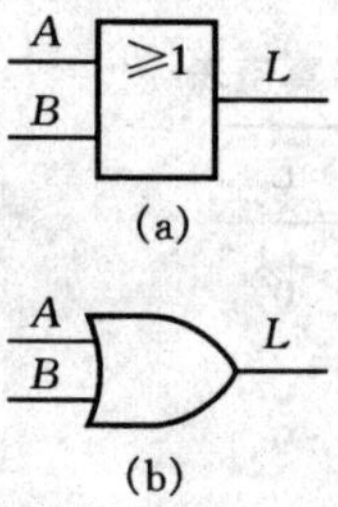

图 2-5　或门逻辑符号

(a)国标符号；(b)国际流行符号

(5)逻辑或的几何意义。图 2-6 是 $A+B$ 的维恩图，其中，A 圆、B 圆分别代表两逻辑变量不同的逻辑取值范围，阴影部分就是 $A+B$ 的逻辑输出结果。

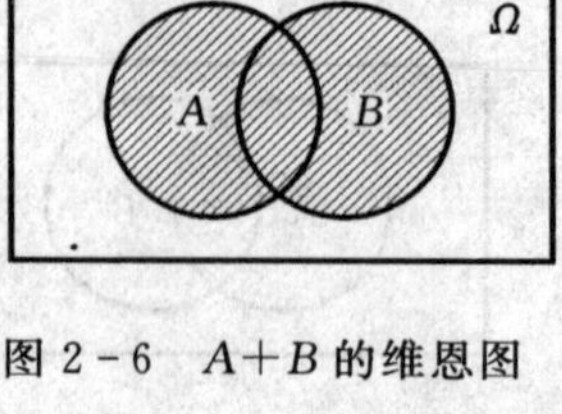

图 2-6　$A+B$ 的维恩图

(6)逻辑与和逻辑或的对偶关系。从表 2-3 正逻辑与和表 2-4 负逻辑或的真值表可以看出，如果把逻辑与中的逻辑变量按负逻辑表示，就变成负逻辑或的关系。所以正逻辑的与用负逻辑表示就变成或的关系，同理正逻辑的或用负逻辑表示就变成与的关系。这里必须注意，一般使用正逻辑，负逻辑不常用。

表 2-3　正逻辑与真值表

A	B	L
0	0	0
0	1	0
1	0	0
1	1	1

表 2-4　负逻辑或真值表

A	B	L
1	1	1
1	0	1
0	1	1
0	0	0

3. 非运算和非门

逻辑非的概念可用一个开关和一个电灯并联控制灯亮与灭来说明，如图 2-7 所示。

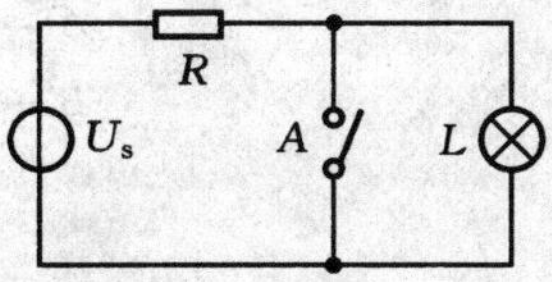

图 2-7　逻辑非电路

(1)假设开关(输入逻辑变量)用 A 表示，且规定 1 表示开关闭合，0 表示开关断开；电灯(输出逻辑变量)用 L 表示，且规定 1 表示电灯亮，0 表示电灯灭；那么当 A 为 1 时 L 反而为 0，非门也称为反相器。

(2)反相器的逻辑函数或逻辑表达式为 $L=\overline{A}$，在变量上加一横线，即表示该变量的非。由逻辑表达式可以看出：$\overline{0}=1$。$\overline{1}=0$，$\overline{\overline{A}}=A$。

(3)能实现非运算的硬件逻辑器件称为非门，可用图 2-8 中的非门符号表示，表 2-5 是非逻辑的真值表。

表 2-5　逻辑非真值表

A	L
0	1
1	0

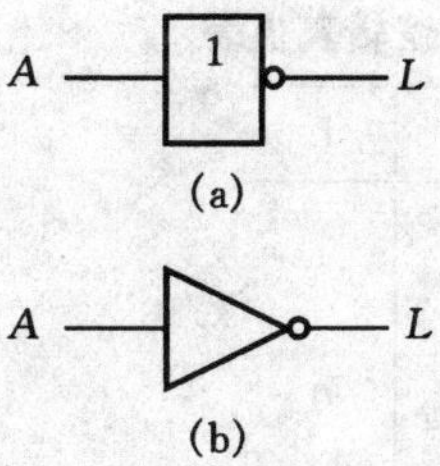

图 2-8　非门逻辑符号

(a)国标符号；(b)国际流行符号

(4)逻辑非的几何意义。图 2—9 是 $\overline{A}$ 的维恩图，其中，A 圆代表逻辑变量取值范围，阴影部分就是 $\overline{A}$ 的逻辑输出结果。

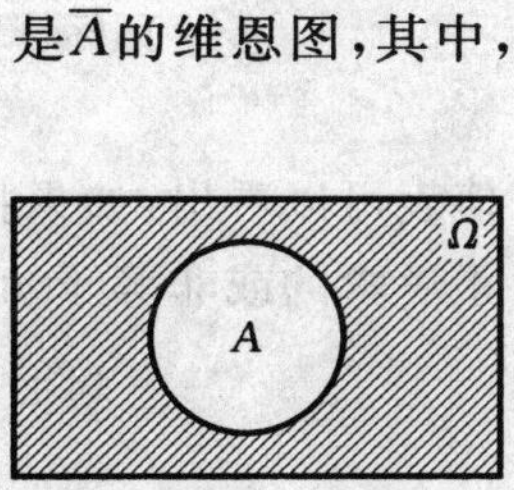

图 2-9　$\overline{A}$的维恩图

2.2.2 复合逻辑运算和复合门

以上介绍了逻辑代数中最基本的与、或和非逻辑运算。用与、或和非运算的组合可以实现任何复杂的逻辑函数运算，这就是所谓的复合逻辑运算。

最常用的复合逻辑运算有与非、或非、与或非、同或和异或等，它们都有相应的门电路与其对应。

1. 与非运算和与非门

与非运算为逻辑与和逻辑非两种运算的复合，其逻辑符号如图 2－10 所示，逻辑表达式为 $L=\overline{AB}$，函数式上的横线"$\bar{\ }$"及对应的符号图中的小圆圈都表示了非运算。根据逻辑函数表达式可以列出如表 2－6 所示的真值表。

表 2－6 与非逻辑真值表

A	B	L
0	0	1
0	1	1
1	0	1
1	1	0

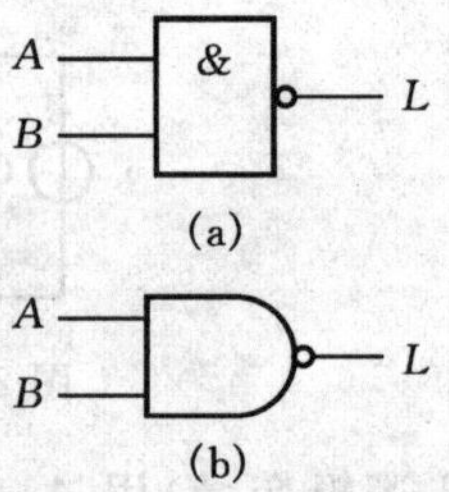

图 2－10 与非逻辑符号

(a)国标符号；(b)国际流行符号

2. 或非运算和或非门

或非运算是或和非两种运算的复合，其逻辑符号如图 2－11 所示，逻辑表达式为 $L=\overline{A+B}$，同前所述，函数式上的横线"$\bar{\ }$"以及对应的符号图中的小圆圈都表示了非运算。从逻辑函数表达式可以列出如表 2－7 所示的真值表。

表 2－7 或非逻辑真值表

A	B	L
0	0	1
0	1	0
1	0	0
1	1	0

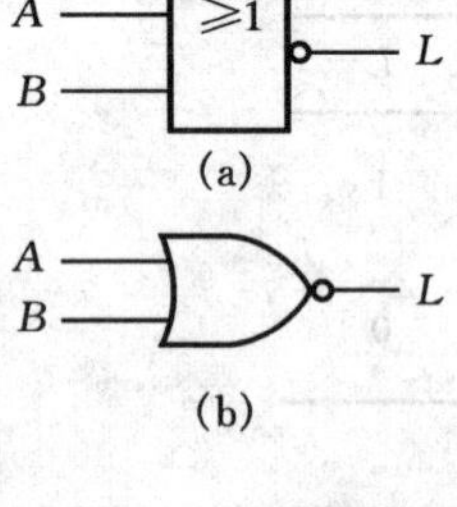

图 2－11 或非逻辑符号

(a)国标符号；(b)国际流行符号

比较与非运算和或非运算的真值表可以看出：如果把逻辑或非中的逻辑变量按负逻辑表示，就变成了逻辑与非的关系，所以正逻辑的或非等于负逻辑与非，同理正逻辑的与非等于负逻辑的或非。

3. 与或非运算和与或非门

与或非运算为与、或和非三种运算的复合，其逻辑符号如图 2－12 所示，逻辑表达式为

$L=\overline{AB+CD}$，从逻辑函数表达式可以列出如表 2-8 所示的真值表。

表 2-8　与或非逻辑真值表

A	B	C	D	L
0	0	0	0	1
0	0	0	1	1
0	0	1	0	1
0	0	1	1	0
0	1	0	0	1
0	1	0	1	1
0	1	1	0	1
0	1	1	1	0
1	0	0	0	1
1	0	0	1	1
1	0	1	0	1
1	0	1	1	0
1	1	0	0	0
1	1	0	1	0
1	1	1	0	0
1	1	1	1	0

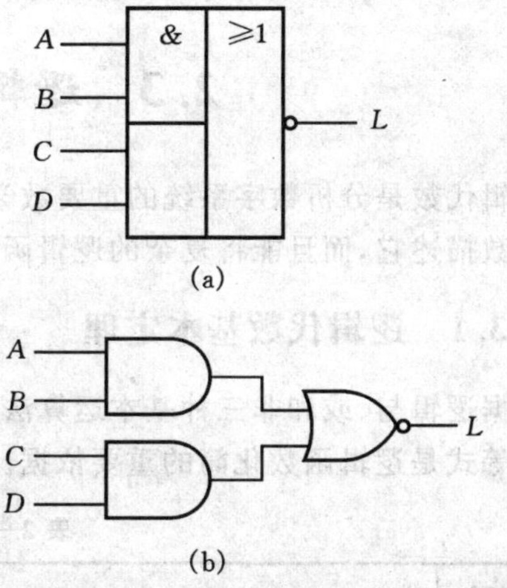

图 2-12　与或非逻辑符号

(a)国标符号；(b)国际流行符号

4. 异或运算和同或运算

异或运算的符号如图 2-13 所示，逻辑表达式为 $L=A\oplus B=\overline{A}B+A\overline{B}$，从逻辑函数表达式可以列出如表 2-9 所示的真值表

表 2-9　异或逻辑真值表

A	B	L
0	0	0
0	1	1
1	0	1
1	1	0

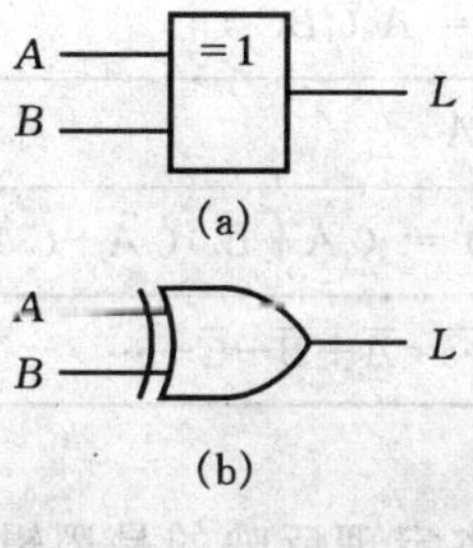

图 2-13　异或逻辑符号

(a)国标符号；(b)国际流行符号

同或运算的符号如图 2-14 所示，逻辑表达式为 $L=A\odot B=\overline{A}\,\overline{B}+AB$，从逻辑函数表达式可以列出如表 2-10 所示的真值表。

表 2-10　同或逻辑真值表

A	B	L
0	0	1
0	1	0
1	0	0
1	1	1

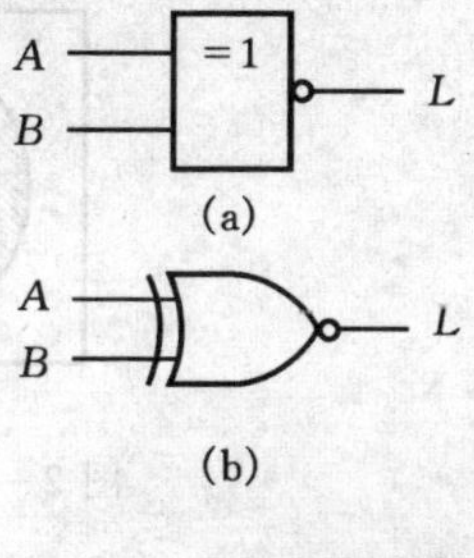

图 2-14　同或逻辑符号

(a)国标符号；(b)国际流行符号

同或运算和异或运算的展开式都可以看成是与、或和非三种基本运算的复合。同时从真值表可以看出，同或运算和异或运算互为反逻辑，即同或非＝异或，反之亦然。

2.3 逻辑代数的基本定理

逻辑代数是分析数字系统的重要数学工具，它不仅能分析给定逻辑电路的工作状态并用逻辑函数描述它，而且能将复杂的逻辑函数式化简，从而用较简单的逻辑电路实现其功能。

2.3.1 逻辑代数基本定理

根据逻辑与、或和非三种基本运算法则可推导出逻辑运算的基本定律，如表 2-11 所示。这些恒等式是逻辑函数化简的重要依据。

表 2-11 逻辑代数定律

基本定理	与	或	非
	$A\cdot 0=0$	$A+0=A$	$\overline{\overline{A}}=A$
	$A\cdot 1=A$	$A+1=1$	
	$A\cdot A=A$	$A+A=A$	
	$A\cdot\overline{A}=0$	$A+\overline{A}=1$	
结合律	$(AB)C=A(BC)$	$(A+B)+C=A+(B+C)$	
交换律	$AB=BA$	$A+B=B+A$	
分配律	$A+(BC)=(A+B)(A+C)$	$A(B+C)=AB+AC$	
反演律	$\overline{A\cdot B\cdot C\cdots}=\overline{A}+\overline{B}+\overline{C}+\cdots$	$\overline{A+B+C\cdots}=\overline{A}\cdot\overline{B}\cdot\overline{C}\cdots$	

本节所列出的基本定理反映的是逻辑关系，在运算中不能简单套用初等代数的运算规则。比如，初等代数中的移项规则就不能用于逻辑代数，这是因为逻辑代数中没有减法和除法的缘故。但是逻辑减的概念还是有用的，例如，要从逻辑 B 中去掉逻辑 A，就可以写成 $B\overline{A}$，即欲去之，先非后与之，其逻辑减的几何意义如图 2-15 所示。要从逻辑 B 圆中减 A 圆，先将 A 取非后再和 B 相与，就可得到图中阴影部分的输出结果。

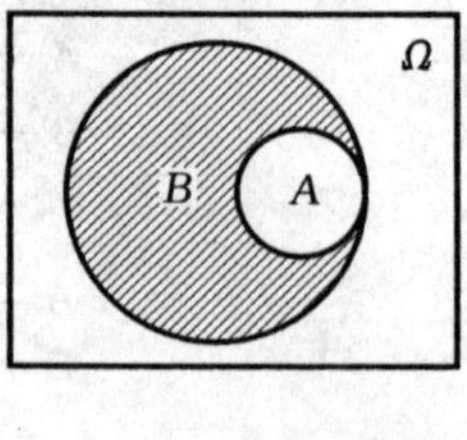

图 2-15　$B\overline{A}$的维恩图

2.3.2 逻辑代数的三条重要规则

1. 代入规则

在逻辑等式中，将所有出现某一逻辑变量的位置都用另一个逻辑等式替代，则等式仍成立，这个规则称为代入规则。例如，在 $B(A+C)=BA+BC$ 中，若 $A=E+D$，则将所有出现 A 的地方都代以 $E+D$，则等式仍成立，即得 $B[(E+D)+C]=B(E+D)+BC$。

2. 反演规则

根据反演律，求一个逻辑函数 L 的非函数$\overline{L}$时，可以将 L 中的与(·)换成或(+)，或(+)换成与(·)；再将原变量换为非变量(如 A 换为 $\overline{A}$)，非变量换为原变量；将 1 换成 0，0 换成 1；那么所得到的逻辑函数式就是$\overline{L}$，这个规则称为反演规则，例如

$$L=AB,\ \overline{L}=\overline{A}+\overline{B},\ \overline{\overline{L}}=\overline{\overline{A}+\overline{B}},\ L=\overline{\overline{A}+\overline{B}}$$

利用反演规则，不仅可求出一个函数的非函数，更重要的是利用它变换逻辑函数表达式，使之与选定的门电路相对应而画出逻辑图。以下 4 个等式及其口诀使用非常频繁，应牢记。

$$L=AB=\overline{\overline{A}+\overline{B}}，\text{即与}=\text{非或非}$$

$$L=\overline{AB}=\overline{A}+\overline{B}，\text{即与非}=\text{非或}$$

$$L=A+B=\overline{\overline{A}\,\overline{B}}，\text{即或}=\text{非与非}$$

$$L=\overline{A+B}=\overline{A}\cdot\overline{B}，\text{即或非}=\text{非与}$$

3. 对偶规则

对任何一个逻辑式 L，若把其中所有的与(·)换成或(+)，或(+)换成与(·)；将 1 换成 0，0 换成为 1；而变量本身保持不变，就可以得到一个新的逻辑表达式 L'，这个 L'与 L 互为对偶式。

例：若 $L=(A+B)C$，则 $L'=AB+C$。

例：若 $L=\overline{AB+\overline{A}\,\overline{B}}$，则 $L'=\overline{(A+B)\cdot(\overline{A}+\overline{B})}$。

如果两个逻辑函数 L_1 和 L_2 相等，则它们的对偶式 $L_1{}'$和 $L_2{}'$也相等，称为对偶规则。对偶规则常用在证明逻辑等式中。

例：因为 $A+\overline{A}B=A+B$，所以 $A\cdot(\overline{A}+B)=A\cdot B$ 成立。

2.4 逻辑函数及其表示方法

2.4.1 逻辑函数

1. 逻辑函数的定义

描述输入逻辑变量和输出逻辑变量之间对应关系的等式称为逻辑函数，记作 $L=F(A,B,C,\cdots)$。前面讲到的各种逻辑运算都是最简单的逻辑函数，任何复杂逻辑函数都是这些简单逻辑函数的组合。

假如我们已经建立了一个逻辑函数，为了得到最简单的表达式，就必须对它进行简化。其简化的主要方法有代数法和卡诺图法。

2. 逻辑函数的建立

在规定逻辑变量取值含义后，根据逻辑要求列出输入输出真值表，从而写出逻辑函数表达式。

例如，有一座二层楼房，为了方便夜间照明在楼梯上安装了一盏灯 L，并在楼上和楼下各安装一个单刀双掷开关，如图 2－16 所示。

(1)设 A 或 B 开关向上拨为逻辑“1”，向下拨为逻辑“0”。灯泡 L 点亮为逻辑“1”，灯灭为逻辑“0”。

(2)列出电路的真值表见表 2－12，则控制灯亮的表达式为 $L=\overline{A}\,\overline{B}+AB$。

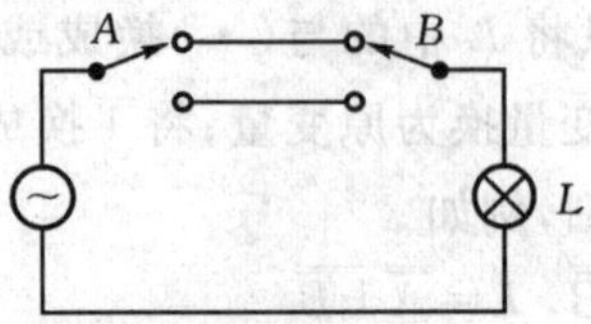

图 2－16

表 2－12

A	B	L
0	0	1
0	1	0
1	0	0
1	1	1

2.4.2 逻辑函数常用表示方式

真值表、逻辑函数表达式、逻辑图是常用的逻辑函数表达方式。

1. 真值表

真值表是描述逻辑函数输入变量的取值和输出变量取值的对应关系的表格。因为逻辑变量的取值为“0”或“1”，所以对于 n 个输入变量的取值为 2^n。

例如，表 2－12 的四种组合完全准确地表达了输入变量和输出变量取值的对应逻辑关系。

2. 逻辑函数式

用与、或、非等逻辑运算的组合表示逻辑函数的输入与输出之间逻辑关系的逻辑代数称为逻辑函数式。

例如，表 2－12 写成逻辑表达式的方法是：取输出 $L=1$ 的项对应的输入变量为与项，输入变量 A 或 B 对应“1”时取原变量，对应“0”时取反变量，所有输出 $L=1$ 的与项相或，得到逻辑表达式。所以表 2－12 的逻辑表达式为：$L=\overline{A}\,\overline{B}+AB$。

3. 逻辑图

如图 2－14 所示。

2.4.3 逻辑函数的两种标准形式

1. 最小项

(1)最小项的定义。在 n 变量逻辑函数中，若每个乘积项都包含有这 n 个变量，而且这 n 个变量都是以原变量或反变量形式在各乘积项中仅出现一次，则称这些乘积项为 n 变量逻辑函数的最小项。例如：三变量逻辑函数 $L=F(A,B,C)$ 中，有 $8(2^3)$ 个最小项，即 $\overline{A}\,\overline{B}\,\overline{C}$、$\overline{A}\,\overline{B}C$、$\overline{A}B\overline{C}$、$\overline{A}BC$、$A\overline{B}\,\overline{C}$、$A\overline{B}C$、$AB\overline{C}$、$ABC$，而 A、AB 等都不是最小项；同理，四变量逻辑函数有 2^4 个最小项。依此类推，n 变量逻辑函数有 2^n 个最小项。

(2)最小项的编号。最小项通常用 m_i 表示，下标 i 是与最小项二进制编码相对应的十进制数。将最小项中原变量表示为 1,反变量表示为 0,当变量顺序确定后,用 1 和 0 按变量顺序排列成一个二进制数,它对应的十进制数即为该最小项的下标 i。例如,三变量函数 $L(A,B,C)$ 中,一般以 ABC 为由高到低的顺序,如最小项 $A\overline{B}C$ 相应的二进制编码为 $(101)_B$,所以其编号 m_i 的下标 $i=(101)_B=(5)_D$,故将 $A\overline{B}C$ 用 m_5 表示。同理 $\overline{A}\,\overline{B}\,\overline{C}=m_0$,$\overline{A}\,\overline{B}C=m_1$,…,$ABC=m_7$。由此可得出三变量逻辑函数 $L=F(A,B,C)$ 的最小项编号如表 2-13 所示。同理,四变量的 16 个最小项分别记作 $m_0 \sim m_{15}$。

表 2-13　三变量的最小项及其编号

最小项	使最小项为 1 的变量取值			对应十进制数	最小项编号
	A	B	C		
$\overline{A}\,\overline{B}\,\overline{C}$	0	0	0	0	m_0
$\overline{A}\,\overline{B}C$	0	0	1	1	m_1
$\overline{A}B\overline{C}$	0	1	0	2	m_2
$\overline{A}BC$	0	1	1	3	m_3
$A\overline{B}\,\overline{C}$	1	0	0	4	m_4
$A\overline{B}C$	1	0	1	5	m_5
$AB\overline{C}$	1	1	0	6	m_6
ABC	1	1	1	7	m_7

(3)最小项的性质。从最小项的定义出发可以证明它有如下重要性质:

①变量的任何一个取值,仅有一个最小项与之对应,即该最小项为 1,其余的最小项都等于 0,全体最小项之和为 1;

②任何两个不同最小项之逻辑乘恒为 0;

③当两个最小项之间仅有一个变量互非,其余的变量相同时称为逻辑相邻,具有逻辑相邻的两个最小项可以合并成一项,并消去一个取值不同变量因子($A+\overline{A}=1$);

例如,两个最小项 ABC 和 $\overline{A}BC$ 只有第一个变量互非,其余变量都相同,所以它们具有逻辑相邻性。这两个最小项之和可以合并,并消去一个变量,即

$$\overline{A}BC + ABC = (\overline{A}+A)BC = BC$$

④如果要化简的逻辑函数不是最小项之和的形式,就可以利用逻辑代数基本定理把任何逻辑函数化成最小项之和形式,这种表达式是逻辑函数的一种标准形式,称为最小项之和表达式。任何一个逻辑函数都只有唯一的最小项之和表达式。

例 2-1　将逻辑函数 $L=A\overline{B}+B\overline{C}$ 化为最小项之和表达式。

解　三变量逻辑函数的最小项表达式应由三变量积项构成。利用基本定理 $A+\overline{A}=1$,将逻辑函数中的每项都化为含有三变量 A、B、C 或 $\overline{A}$、$\overline{B}$、$\overline{C}$ 的积项。即

$$\begin{aligned} L &= A\overline{B}(C+\overline{C}) + B\overline{C}(A+\overline{A}) \\ &= A\overline{B}C + A\overline{B}\,\overline{C} + AB\overline{C} + \overline{A}B\overline{C} \\ &= m_5 + m_4 + m_6 + m_2 \end{aligned}$$

也可表示为 $\sum m(2,4,5,6)$ 或 $\sum(2,4,5,6)$ 的形式。

当函数是最小项之和表达式时,单个最小项直接使用与门逻辑图表示,而"之和"直接使用或门逻辑图表示。

例如,函数表达式 $L=AB+\overline{A}\,\overline{B}$ 已经是最小项之和表达式,它的逻辑图就可以直接使用

与门和或门画出，如图 2 - 17 所示。

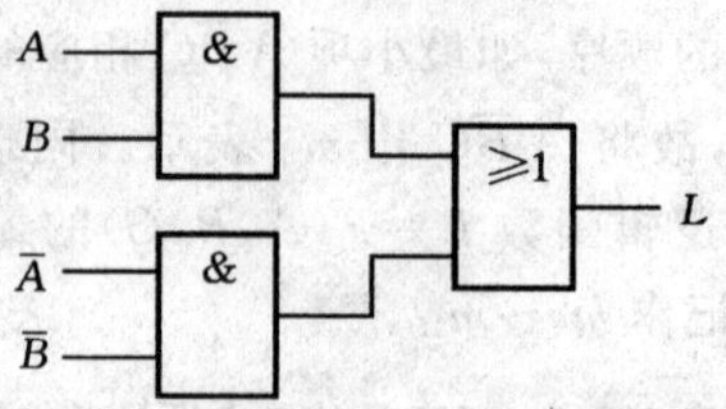

图 2 - 17　表达式 $L=AB+\bar{A}\bar{B}$ 的逻辑图

当使用与非门来实现函数表达式时 $L=AB+\bar{A}\bar{B}$，就应使用反演规则对逻辑函数进行变换，使之变换为“与非-与非”的表达式，然后用与非门画出逻辑图。

例如，$L=AB+\bar{A}\bar{B}=\overline{\overline{AB}\cdot\overline{\bar{A}\cdot\bar{B}}}$的逻辑图如图 2 - 18 所示。

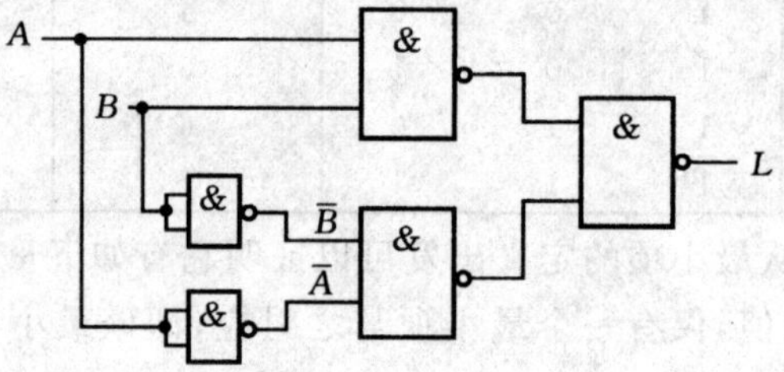

图 2 - 18　表达式 $L=AB+\bar{A}\bar{B}=\overline{\overline{A\cdot B}\cdot\overline{\bar{A}\cdot\bar{B}}}$的逻辑图

若使用或非门来实现函数表达式 $L=AB+\bar{A}\bar{B}$，就应使用反演规则对逻辑函数进行变换，使之成为“或非-或非”表达式。

例如，$L=AB+\bar{A}\bar{B}=\overline{\overline{\overline{\bar{A}+\bar{B}}+\overline{A+B}}}$逻辑图如图 2 - 19 所示。

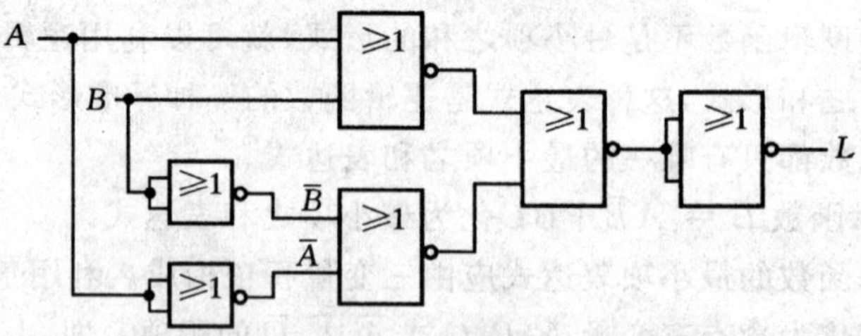

图 2 - 19　表达式 $L=AB+\bar{A}\bar{B}=\overline{\overline{\overline{\bar{A}+\bar{B}}+\overline{A+B}}}$的逻辑图

2. 最大项

(1)最大项的定义。最小项的非就称为最大项。例如，三变量的最小项 ABC 对应的最大项为 $\bar{A}+\bar{B}+\bar{C}$；而最小项 $\bar{A}\bar{B}\bar{C}$ 对应的最大项为 $A+B+C$。

(2)最大项和最小项的关系。由最大项的定义可知：最小项＋对应的最大项≡1。

2.5　逻辑函数的化简

通常根据逻辑要求列出真值表进而得到的逻辑函数往往是“与-或”表达式，而逻辑代数基本定理和常用公式也多以“与-或”表达式给出，化简“与-或”表达式也比较方便，因此，实际化简时，一般把逻辑函数化为最简的“与-或”表达式。

逻辑函数化简的目的之一是使函数的表达式最简，即函数中“与项”的个数最少，与项中变量的个数最少。与项个数最少意味着用电路实现时使用门的个数最少，变量个数最少意味着使用门的输入端数最少。对应的逻辑电路图可用逻辑符号直接画出。

化简的目的之二，在设计实际电路时，除考虑逻辑要求外，往往还需考虑成本低、门电路种类少等因素。通常用最简“与-或”表达式来实现逻辑功能，如果想用与非门实现，就需通过公式变换为“与非-与非”表达式；同理“或非-或非”表达式对应用或非门实现逻辑功能；与或非表达式对应用与或非门实现逻辑功能等。

以下介绍化简的代数法和卡诺图方法。

2.5.1　代数法

代数化简法就是利用逻辑代数的基本定理和常用公式，将给定的逻辑函数式进行恒等变换，消去多余的与项及各与项中多余的因子，使其成为最简的方法。逻辑代数的基本定理见表 2-11，常用公式如下：

(1)$A+AB=A(1+B)=A$

(2)$AB+A\overline{B}=A(B+\overline{B})=A$

(3)$A+\overline{A}B=A+B$

(4)$AB+\overline{A}C+BCD=AB+\overline{A}C$

因为　$$\begin{aligned} AB+\overline{A}C+BCD &= AB+\overline{A}C+BCD(A+\overline{A}) \\ &= AB+\overline{A}C+BCDA+BCD\overline{A} \\ &= AB(1+CD)+\overline{A}C(1+BD) \\ &= AB+\overline{A}C \end{aligned}$$

下面介绍几种常用的化简方法。

1. 并项法

利用公式 $AB+A\overline{B}=A(B+\overline{B})=A$，可以把两个与项合并成一项，并消去 B 和 $\overline{B}$ 这两个因子。根据代入规则，公式中的 A 和 B 可以是任何复杂的逻辑函数表达式。

例如：$L=AB\overline{C}D+AB\overline{\overline{C}D}=AB$。

例如：$L=\overline{A}B+\overline{A}C+\overline{A}\,\overline{B+C}=\overline{A}(B+C)+\overline{A}\,\overline{B+C}=\overline{A}$。

例如：$L=ABC+AB\overline{C}+A\overline{B}C+A\overline{B}\,\overline{C}=A(BC+\overline{B}\,\overline{C})+A(B\overline{C}+\overline{B}C)$
$=A[(B\odot C)+(B\oplus C)]=A$。

2. 吸收法

利用定理 $A+AB=A(1+B)=A$，消去多余的与项 AB。

例如：$L=A\overline{C}+AB\overline{C}D=A\overline{C}(1+BD)=A\overline{C}$。

例如：$L=AB\overline{C}+AB\overline{C}(D+E\overline{F+G})=AB\overline{C}[1+(D+E\overline{F+G})]=AB\overline{C}$。

3. 消去因子法

利用 $A+\overline{A}B=A+B$，消去多余的与项中的多余因子。

例如：$L=A+\overline{A}BC=A+BC$。

例如：$L=AB+\overline{A}C+\overline{B}C=AB+C(\overline{A}+\overline{B})=AB+\overline{AB}C=AB+C$。

4. 消去冗余项法

利用 $AB+\overline{A}C+BC=AB+\overline{A}C$，消去冗余项 BC。

例如：$L=A\overline{C}+\overline{A}D+B\overline{C}D=A\overline{C}+\overline{A}D$。

例如：$L=AB\overline{C}+\overline{A}D+B\overline{C}D(E+F)=AB\overline{C}+\overline{A}D$。

5. 添项法

利用定理 $A+A=A$，在函数式中重写某一项，以便把函数式化简。

例如：
$$L=ABC+AB\overline{C}+A\overline{B}C=ABC+AB\overline{C}+A\overline{B}C+ABC$$
$$=AB(C+\overline{C})+AC(\overline{B}+B)=AB+AC$$

6. 配项法

利用 $A+\overline{A}=1$，将某个与项乘以 $(A+\overline{A})$，将其拆成两项，以便与其他项配合化简。

例如：
$$L=\overline{A}\,\overline{B}+BC+AB+\overline{B}C$$
$$=\overline{A}\,\overline{B}+BC+AB(C+\overline{C})+(A+\overline{A})\overline{B}C$$
$$=\overline{A}\,\overline{B}+BC+ABC+AB\overline{C}+A\overline{B}\,\overline{C}+\overline{A}\,\overline{B}\,\overline{C}$$
$$=(ABC+BC)+(AB\overline{C}+A\overline{B}\,\overline{C})+(\overline{A}\,\overline{B}+\overline{A}\,\overline{B}\,\overline{C})$$
$$=BC+A\overline{C}+\overline{A}\,\overline{B}$$

代数化简法的优点是不受任何条件的限制，但代数化简法没有固定的步骤可循，在化简较为复杂的逻辑函数时，不仅需要熟练运用各种公式和定理，而且需要一定的运算技巧和经验。代数法化简的结果是否为最简，也没有判断依据和肯定的答案。

2.5.2　卡诺图法

为了更方便地进行逻辑函数的化简，人们创造了许多系统的、有简单规则可循的简化方法，卡诺图化简法就是其中最常用的一种。利用这种方法，不需特殊技巧，只需按简单的规则进行化简就能得到最简结果。

1. 卡诺图的构成

卡诺图是一种用方格表示的特殊表格，每个方格代表逻辑函数的一个最小项。其构成原则如下：

将 n 变量逻辑函数的全部最小项各用一个小方格表示，并使任何在逻辑上相邻的最小项在几何位置上也相邻，得到的这种方格图就叫 n 变量的卡诺图。为了保证在逻辑上相邻的最小项在几何位置上也相邻，变量取值顺序按格雷码排列。

对于二变量的逻辑函数，由于太简单，一般用代数法简化即可，而五变量以上的又太复杂，不宜采用卡诺图法，所以下面仅介绍三变量、四变量和五变量卡诺图的常用画法。

(1)三变量按 ABC 顺序排列的卡诺图如图 2-20 所示，图中小方格数为 2^3，其中 3 为变量数。

A \ BC	00	01	11	10
0	m_0	m_1	m_3	m_2
1	m_4	m_5	m_7	m_6

图 2-20　三变量卡诺图

在三变量卡诺图中，有 8 个最小项，其中 m_1 与 m_0、m_3 及 m_5 相邻，m_2 与 m_3、m_6 及 m_0 相邻，即两个最小项之间仅有一个变量互非，其余的变量相同。

(2)四变量卡诺图如图 2-21 所示，在四变量按 $ABCD$ 顺序排列的卡诺图中，有 16 个最小项，其中 m_1 与 m_0、m_3、m_5 及 m_9 相邻，m_{10} 与 m_2、m_{14}、m_{11} 及 m_8 相邻。

AB \ CD	00	01	11	10
00	m_0	m_1	m_3	m_2
01	m_4	m_5	m_7	m_6
11	m_{12}	m_{13}	m_{15}	m_{14}
10	m_8	m_9	m_{11}	m_{10}

图 2-21　四变量卡诺图

(3)* 五变量卡诺图如图 2-22 所示，在五变量按 $ABCDE$ 顺序排列的卡诺图中，有 32 个最小项，其中 m_1 与 m_0、m_3、m_9、m_{17} 及 m_5 相邻；m_{10} 与 m_2、m_{26}、m_{11}、m_{14} 及 m_8 相邻。

AB \ CDE	000	001	011	010	110	111	101	100
00	m_0	m_1	m_3	m_2	m_6	m_7	m_5	m_4
01	m_8	m_9	m_{11}	m_{10}	m_{14}	m_{15}	m_{13}	m_{12}
11	m_{24}	m_{25}	m_{27}	m_{26}	m_{30}	m_{31}	m_{29}	m_{28}
10	m_{16}	m_{17}	m_{19}	m_{18}	m_{22}	m_{23}	m_{21}	m_{20}

图 2-22　五变量卡诺图

2. 逻辑函数的卡诺图表示

根据逻辑函数所包含的变量数画出相应的卡诺图，然后将函数式中所包含的各最小项对应的小方格中填 1，其余小方格中填入 0，这样所得的方格图即为逻辑函数的卡诺图。

例 2-2　用卡诺图表示逻辑函数 $L=\sum m(0,1,2,5,7,8,10,11,13,15)$。

解　逻辑函数以最小项编号的形式给出，由最大编号为 m_{15} 可以看出，它是一个四变量的逻辑函数，设其变量分别为 A、B、C、D，所画卡诺图应有 $2^4=16$ 个小方格。对应函数式中的最小项，在图中相应位置填 1，其余位置填 0，如图 2-23 所示。

AB \ CD	00	01	11	10
00	1	1	0	1
01	0	1	1	0
11	0	1	1	0
10	1	0	1	1

图 2-23　$L=\sum m(0,1,2,5,7,8,10,11,13,15)$的卡诺图

例 2-3　用卡诺图表示逻辑函数：$L=BC+AB\overline{C}$。

解　逻辑函数以与或形式给出，应先将函数式化为最小项之和的形式：

$L=(A+\overline{A})BC+AB\overline{C}=ABC+\overline{A}BC+AB\overline{C}=m_7+m_3+m_6$。

这是一个三变量逻辑函数，所画卡诺图的小方格数应为 $2^3=8$ 个。将该函数各最小项填入相应位置，其余位置填 0，如图 2-24 所示。

A \ BC	00	01	11	10
0	0	0	1	0
1	0	0	1	1

图 2-24　$L=BC+AB\overline{C}$的卡诺图

例 2-4　用卡诺图表示逻辑函数 $L=AB+\overline{A}C\overline{D}+ABD+AC$。

解　从表达式中可看出该函数是四变量逻辑函数。按基本方法需将其化为最小项之和的形式表示在卡诺图上，显然这种作法比较麻烦。实际对于以与或式给出的逻辑函数，可以直接填入卡诺图中，以式中第一项 AB 为例，它包含了所有含有 AB 因子的最小项，与另外两个因子 C 或 D 无关。因此，可以直接在卡诺图上所有对应 $AB=11$ 的方格 m_{12}、m_{13}、m_{15}、m_{14} 里全填入 1，对应 $AC=11$ 的方格 m_{10}、m_{11}、m_{14}、m_{15} 里全填入 1。当遇到其他与项，例如本例中 ABD 项填入卡诺图中时，又会重复出现了 m_{13}、m_{15}，这时由于在小方格中已经填入了 1，所以后出现的 1 就不再填入。用同样的方法可填入其他与项，填入的结果如图 2-25 所示。

AB \ CD	00	01	11	10
00	0	0	0	1
01	0	0	0	1
11	1	1	1	1
10	0	0	1	1

图 2-25　$L=AB+\overline{A}C\overline{D}+ABD+AC$ 的卡诺图

3. 卡诺图化简函数

(1)卡诺图化简函数的过程

①将逻辑函数化为最小项之和的形式；

②画出表示该逻辑函数的卡诺图；

③按照合并规律(画包围圈)合并最小项；

④写出最简与或表达式。

(2)画包围圈的原则

①包围圈所含小方格数必须为 2^i 个($i=0,1,2,\cdots$)。图 2－26 为错误圈法，图 2－27 为正确圈法。

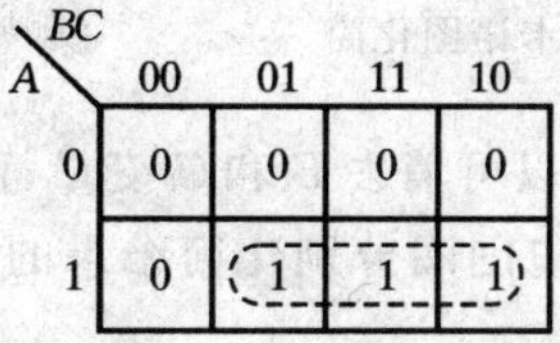

图 2－26　错误圈法(不符合 2^i)

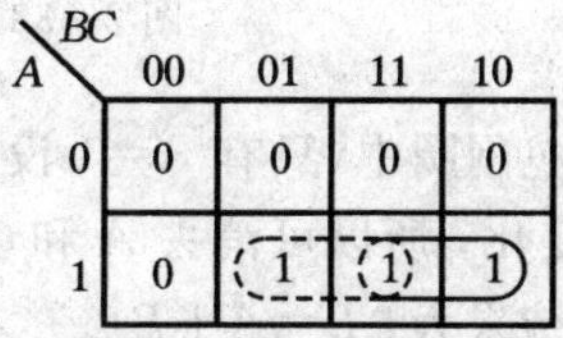

图 2－27　正确圈法

②包围圈尽可能大，这样化简后的与项、变量个数最少；包围圈的个数尽可能少，这样简化后的与项的个数最少，且用过的最小项可重复使用。图 2－28 为错误圈法，图 2－29 为正确圈法。

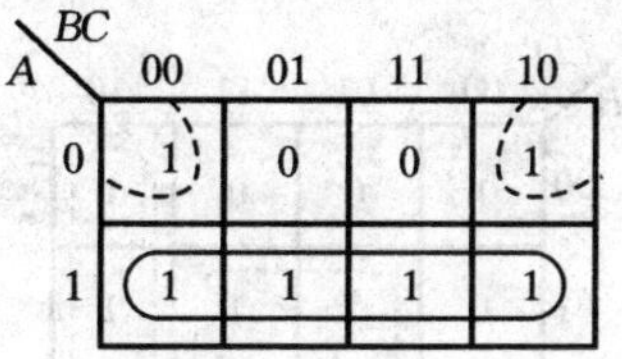

图 2－28　虚线包围圈不是最大

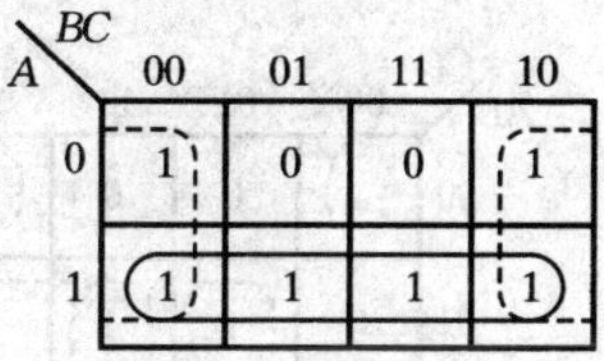

图 2－29　正确画包围圈法

③允许重复圈，但每个包围圈至少应有一个未被其他圈包围过的最小项。图 2－30 为错误圈法，图 2－31 为正确圈法。

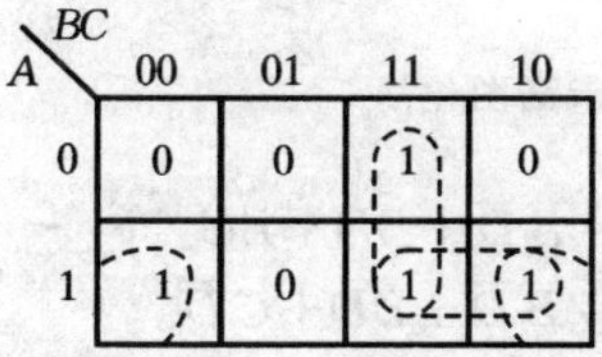

图 2－30　包围圈不是最少

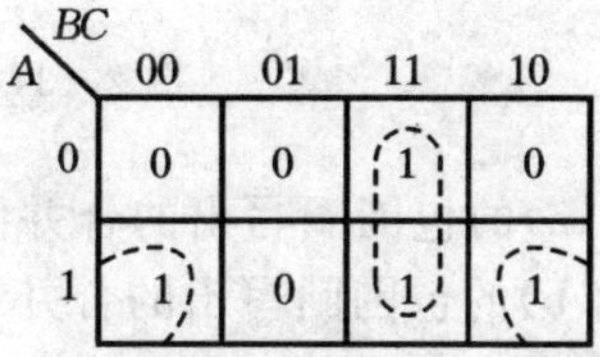

图 2－31　正确画包围圈法

④孤立(无相邻项)的最小项单独画圈，如图 2－32 所示。

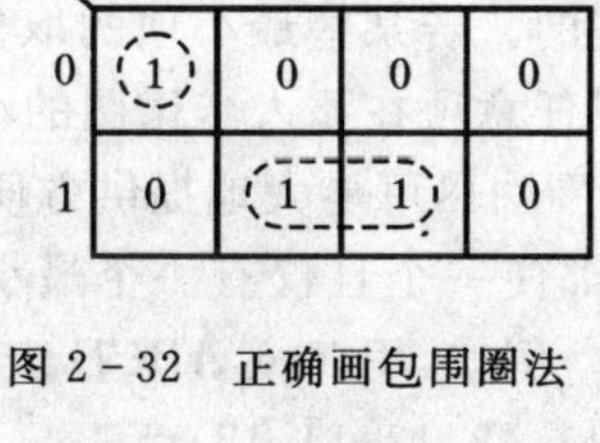

图 2－32　正确画包围圈法

例 2－5　用卡诺图法化简逻辑函数：$L=\overline{A}B+A\overline{B}+BC+AB\overline{C}$。

解 将逻辑函数填入卡诺图并画出包围圈，如图 2-33 所示。

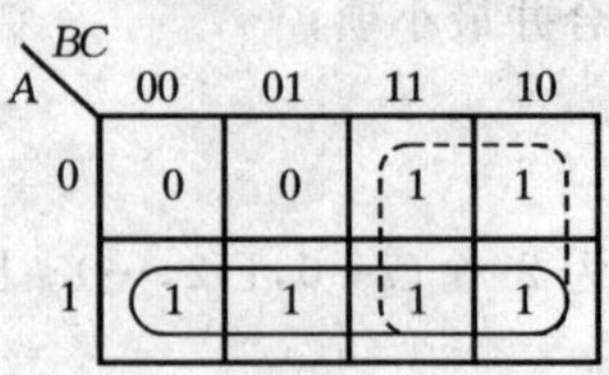

图 2-33 例 2-5 的卡诺图化简

因为在实线包围圈中，只有 $A=1$ 没有变化，所以可消去 B 和 C 变量，而在虚线包围圈中，只有 $B=1$ 没有变化，所以可消去 A 和 C 变量，两包围圈分别化简结果的"或"就是该函数的最终结果。化简结果为：$L=A+B$

例 2-6 用卡诺图法化简逻辑函数：$L=\overline{A}\,\overline{B}\,\overline{D}+B\overline{C}D+BC+C\overline{D}+\overline{B}\,\overline{C}\,\overline{D}$。

解 首先画出逻辑函数 L 的卡诺图，再根据画包围圈的原则，包围可合并的最小项。该例有两种包围方法，如图中 2-34(a)、(b)所示。最后对每个包围圈写出合并结果即为最简逻辑函数表达式。

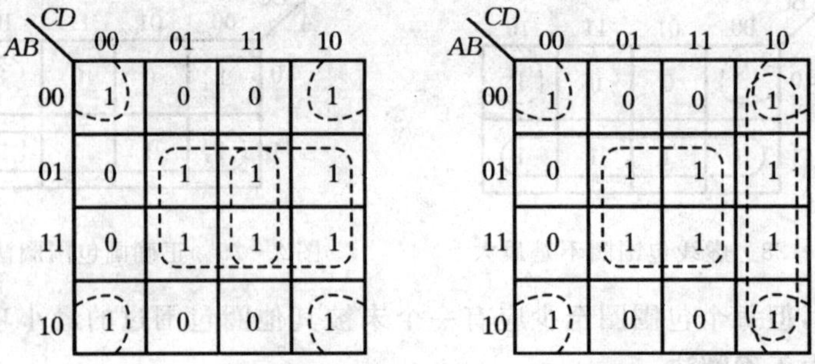

(a)第一种包围方法　　(b)第二种包围方法

图 2-34 两种不同卡诺图化简

按图 2-34(a)的包围圈写出的合并结果为：$L=\overline{B}\,\overline{D}+BD+BC$。

按图 2-34(b)的包围圈写出的合并结果为：$L=\overline{B}\,\overline{D}+BD+C\overline{D}$。

两个化简结果都为最简与或表达式。本例说明，有的逻辑函数最简表达式不是唯一的，一般只需要写出一种即可。

4. 具有无关项的逻辑函数的化简

无关项是指在函数中某些最小项的取值根本就不会出现，例如，用 8421BCD 码表示十进制数时，后 6 个最小项是不会出现的。若某些最小项的取值是 1 或是 0 对逻辑函数值没有影响，则称为任意项。这些无关项或任意项在添入卡诺图的小方格时用"×"表示，根据化简需要可以取"×"为 0 或者为 1，为画包围圈尽可能大地提供方便。

由于每一组输入变量的取值都使一个且仅有一个最小项的值为 1，所以无关项可以用它们对应的最小项恒等于 0 来表示。例如，用四位 $ABCD$ 表示 8421BCD 码时，约束条件可以表示为：$d=(A,B,C,D)=\sum d(10,11,12,13,14,15)=0$。

例 2-7 某逻辑电路的输入信号 $ABCD$ 是 8421BCD 码。当输入 $ABCD$ 取值为 0 和偶数时，输出逻辑函数 $L=1$，否则 $L=0$。求逻辑函数式 L。

解　根据题意，可列逻辑函数 L 的真值表如表 2-14 所示。由于输入组合 1010、1011、…、1111 不会出现，因此，对应的最小项为无关项，相应函数值用“×”表示。由于无关项的取值可以是 0，也可以是 1，所以在本例中，为了得到最简结果，应将无关项 m_{10}、m_{12}、m_{14} 与填 1 的小方格一起包围，如图 2-35 中实线包围圈所示，合并最小项后，则得 $L=\overline{D}$。也可以采用虚线包围圈即圈 0 法，$\overline{L}=D$。

表 2-14　逻辑函数 L 的真值表

A	B	C	D	L
0	0	0	0	1
0	0	0	1	0
0	0	1	0	1
0	0	1	1	0
0	1	0	0	1
0	1	0	1	0
0	1	1	0	1
0	1	1	1	0
1	0	0	0	1
1	0	0	1	0
1	0	1	0	×
⋮	⋮	⋮	⋮	⋮
1	1	1	1	×

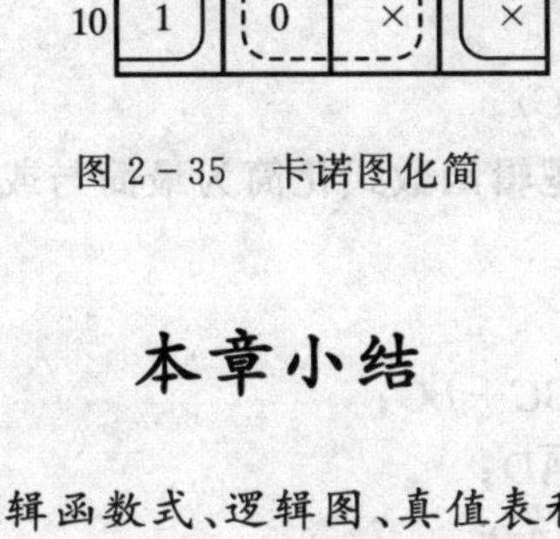

图 2-35　卡诺图化简

本章小结

1. 逻辑函数的表示方式有逻辑函数式、逻辑图、真值表和卡诺图等，它们之间可以相互转换。

2. 逻辑函数的化简有两种方法，即代数法和卡诺图法。代数化简法的优点是不受任何条件的限制，但这种方法没有固定的步骤可循，在化简较为复杂的逻辑函数时不仅需要熟练运用各种公式和定理，而且需要有一定的运算技巧和经验。基本运算法则、逻辑运算的基本定律必须熟记。代数化简法的最常用公式是：

$A+AB=A$

$AB+A\overline{B}=A$

$A+\overline{A}B=A+B$

$AB+\overline{A}C+BC=AB+\overline{A}C$

随着可编程器件的出现，对于较复杂的逻辑函数不一定要求化得最简。

3. 卡诺图化简法的优点是简单、直观，又有一定的化简步骤可循，容易掌握。然而卡诺图化简法只适合于逻辑变量较少的函数化简。若能合理地利用无关项，一般能得到更简单的逻辑函数表达式。

4. 逻辑函数的化简目的是为了获得在函数的与或表达式中包含的或项最少，在与项中，包含的变量最少。但很多情况下，要根据设计电路将使用什么样的芯片来决定逻辑函数的最后表达式。例如，要求使用与非门实现电路设计时，就应该把化简后的逻辑函数转换为"与非-与非"的表达式；如果想用或非门实现，就应该把化简后的逻辑函数转换为"或非-或非"的表达式。

5. 本章要求在已知逻辑函数式、逻辑图、真值表或卡诺图中任何一种表达方式的情况下，能熟练地将其转换为其他任何一种表达方式。

习 题

2.1 判断以下表达方式是否正确，为什么？

(1)因为 $ABB=AAB$，那么 $(AB)B=(AB)A$，所以 $B=A$ 成立；

(2)因为 $A+A+B=A+B+B$，那 $A+(A+B)=(A+B)+B$，所以 $A=B$ 成立。

2.2 证明下列异或运算公式：

(1) $A\oplus 0=A$；

(2) $A\oplus 1=\overline{A}$；

(3) $A\oplus A=0$；

(4) $A\oplus \overline{A}=1$；

(5) $A\oplus B=\overline{A}\oplus\overline{B}$；

(6) $(A\oplus B)\oplus C=A\oplus(B\oplus C)$。

2.3 用逻辑代数法将下列逻辑函数式化简为最简与或表达式：

(1) $L=AB(BC+A)$；

(2) $L=A\overline{B}+\overline{A}B+B$；

(3) $L=A+ABC+A\overline{BC}+BC+\overline{B}C$；

(4) $L=A\overline{B}+BD+DCE+\overline{A}D$；

(5) $L=(A\oplus B)\overline{AB+\overline{A}\,\overline{B}}+AB$；

(6) $L=\overline{(\overline{A}+\overline{B}+\overline{C})\cdot(\overline{D}+\overline{E})}(\overline{A}+\overline{B}+\overline{C}+DE)$。

2.4 已知函数 $L(A,B,C)=\overline{A}B\,\overline{C}+AB\overline{C}+ABC$。

(1) 化简逻辑函数为最简与或表达式；

(2) 画出函数 L 的逻辑电路图；

(3) 试用与非门画出函数 L 的逻辑电路图；

(4) 试用或非门画出函数 L 的逻辑电路图。

2.5　证明下列恒等式：

(1) $A\overline{B}+BD+DCE+D\overline{A}=A\overline{B}+D$；

(2) $A+\overline{\overline{A}(B+C)}=A+\overline{B}\,\overline{C}$；

(3) $\overline{AB+\overline{A}\,\overline{B}+\overline{C}}=(A\oplus B)C$；

(4) $A\oplus B\oplus C=ABC+(A+B+C)\overline{AB+BC+CA}$；

(5) $ABC+A\overline{B}\,\overline{C}+\overline{A}B\overline{C}+\overline{A}\,\overline{B}C=A\oplus B\oplus C$；

(6) $\overline{A}(C\oplus D)+B\overline{C}D+AC\overline{D}+A\overline{B}\,\overline{C}D=C\oplus D$。

2.6　根据对偶规则，求出下列逻辑函数的对偶式：

(1) $L=A(\overline{B}+\overline{C})+\overline{A}(B+C)$；

(2) $L=A(B+\overline{C})+\overline{A}B(C+\overline{D})+A\overline{B}C+D$；

(3) $L=\overline{A\overline{B}+B\overline{C}+\overline{C}A}$；

(4) $L=\overline{(A+C)(\overline{A}+B+C)(\overline{B}+C)}(A+B+\overline{C})$。

2.7　根据反演规则，求出下列逻辑函数的反函数：

(1) $L=(A+BC)DE$；

(2) $L=[A+(B\overline{C}+CD)E]F$；

(3) $L=\overline{\overline{A+B}+CD}+\overline{\overline{C+D}+AB}$；

(4) $L=\overline{\overline{AB}+ABC}(A+BC)$。

2.8　将下列逻辑函数变换为最小项之和的表达式：

(1) $L=AB+AC+BC$；

(2) $L=BC+\overline{A}\,\overline{B}+A\overline{C}$；

(3) $L=(A+B)\overline{AB+B\overline{C}}$；

(4) $L=(A+B+C)+\overline{\overline{\overline{A}+\overline{B}}+\overline{C}}$。

2.9　用卡诺图化简下列逻辑函数为最简与或表达式。

(1) $L=\overline{A}\,\overline{B}+\overline{B}\,\overline{C}+AC+\overline{B}C$；

(2) $L=A\overline{C}+\overline{A}C+B\overline{C}+\overline{B}C$；

(3) $L=A\overline{B}+BD+BC\overline{D}+\overline{A}B\overline{C}D$；

(4) $L=A\overline{C}\,\overline{D}+BCD+\overline{B}D+A\overline{B}+B\overline{C}D$；

(5) $L=\overline{AC+\overline{A}BC+\overline{B}C}+AB\overline{C}$；

(6) $L=\overline{ABC+BD(\overline{A}+C)+(B+D)AC}$；

(7) $L=\overline{\overline{A}\,\overline{B}+ABD}(B+\overline{C}D)$；

(8) $L=\overline{(A+B)CD+\overline{A}CD+AC(\overline{A}+D)}$。

2.10　用卡诺图化简下列逻辑函数为最简与或表达式：

(1) $L(A,B,C)=\sum m(0,1,2,5)$；

(2) $L(A,B,C,D)=\sum m(0,1,2,3,4,9,10,12,13,14,15)$；

(3) $L(A,B,C,D)=\sum m(0,1,2,3,4,6,8,9,10,11,12,14)$；

(4) $L(A,B,C,D)=\sum m(1,3,8,9,10,11,14,15)$。

2.11　将下列具有约束条件的函数化简为最简或与式：

(1) $L(A,B,C)=\sum m(3,4,5)+\sum d(1,6)$；

(2) $L(A,B,C)=\sum m(1,3,7)+\sum d(2,4)$；

(3) $L(A,B,C,D)=\sum m(0,1,3,4,6,7,15)+\sum d(2,8,10)$；

(4) $L(A,B,C,D)=\sum m(1,3,4,5,13)+\sum d(7,11,12)$。

第 3 章　集成逻辑门电路

本章将从 TTL 逻辑门电路的基本组成原理入手，重点分析它们的外特性、参数及其应用。随着 CMOS 集成工艺不断发展，有取代 TTL 的趋势，CMOS 构成的门电路的应用特性和相关参数基本上和 TTL 相同，仅仅是电平的高低、速度的快慢、负载能力的大小等参数有所不同。最后对其他集成逻辑门做了简单的介绍。

3.1　二极管、三极管开关特性

3.1.1　二极管的开关特性

1. 二极管的静态开关特性

从二极管的伏安特性曲线可知，二极管正向导通时，当 i_D 较大，即二极管工作在伏安特性的上部时，若电流 i_D继续上升，二极管的端电压 U_D基本不变。也就是说，此时的二极管可以看做一个恒压源，该恒定电压叫做二极管的导通电压 U_{on}，通常硅管的 $U_{on}\approx 0.7$ V，锗管的 $U_{on}\approx 0.3$ V。当二极管的导通电压与外加的电源电压相比不能忽略时，可以用图 3－1(a)所示的模型来代替二极管的特性；相反，当二极管的导通电压与外加的电源电压相比可以忽略时，可以用图 3－1(b)所示的模型来代替二极管的特性，此时的模型为二极管的理想模型。

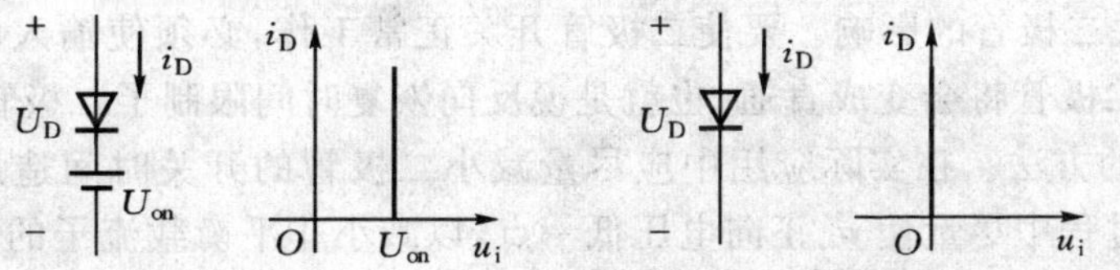

图 3－1　二极管的模型

(a)不忽略导通电压；(b)忽略导通电压

通过以上分析，可以将二极管看成是一个受电压控制的开关。对于理想二极管而言，当 $u_i>0$时，相当于开关接通，导通电阻为零；当 $u_i<0$ 时，相当于开关断开，导通电阻可认为无穷大。

2. 二极管的动态开关特性

动态开关特性是指二极管作为开关，在导通状态和截止状态之间转换时瞬间表现出来的特性，一般用开关时间、开关速度或开关频率来描述。

(1)反向恢复时间 t_{re}。对二极管静态开关特性的分析是在假设当外加电压发生变化时，二极管的端电压和电流便立即发生相应变化的前提下进行的，但在实际中，二极管的端电压和电流的变化是需要一定时间的，也就是说，二极管从开到关需要一定的时间。图 3－2 给出了一个具体电路以及输入电压与电路中电流的对比波形。

从波形图可以看出，当输入电压 u_i 从负变正，即二极管从关到开，几乎是瞬时完成的，也就是说它的导通时间很短，一般可以忽略不计；但当 u_i 从正变负时，实际电路中的电流并不是立即变为 0，即二极管没有立即由导通状态变为关断状态，而是经过了时间 t_{re} 后才关断，这个时间叫做二极管的反向恢复时间。

二极管的开关时间就是导通时间与反向恢复时间之和，但由于导通时间与反向恢复时间相比较短，所以影响二极管开关速度的主要因素是反向恢复时间。

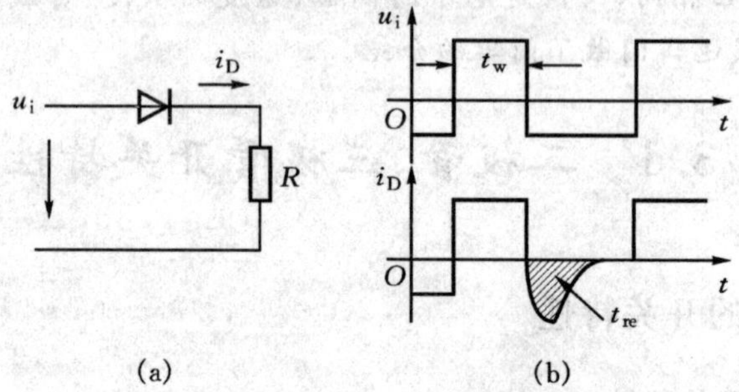

图 3－2　二极管开关电路

(a)试验电路；(b)反向恢复时间

(2)反向恢复时间 t_{re} 产生的原因。二极管的核心为 PN 结，由于在导通过程中，P 区的多子扩散到 N 区变为少子，该少子称为非平衡载流子，并形成电荷积累。若此时在 PN 结两端加上反偏电压，那么它便要消除正偏时非平衡载流子的积累，并使 PN 结变宽，阻止多子的扩散，使二极管变为截止状态，完成该过程所需的时间为 t_{re}。

(3)t_{re} 对开关二极管的影响。要使二极管开关正常工作，必须使输入电压 u_i 的周期 T 大于 t_w+t_{re}，否则二极管将会变成直通，也就是说反向恢复时间限制了二极管的开关应用。

(4)减小 t_{re} 的方法。在实际应用中应尽量减小二极管的开关时间造成的影响，主要的方法是：在设计的过程中尽量使 u_i 正向电压低一点，以减小非平衡载流子的积累；使反向电压高一点，以增强消除非平衡载流子积累的能力。

这里要注意，上述措施旨在让读者了解一种分析和解决问题的方法，在实际中并不常用，因为二极管的生产厂家通过特殊工艺制造了各种具有不同开关速度的二极管供使用者选择，所以设计者只要直接购买满足要求的开关二极管即可。

3. 二极管组成的逻辑电路

由开关二极管构成的逻辑电路叫做二极管门电路。

(1)与门电路。由二极管构成的两输入与门电路的电路图如图 3－3 所示，设所用二极管为锗二极管。

①当 $U_{IA}=0V$，$U_{IB}=0V$ 时，二极管 D_A、D_B 均导通，则 $U_O=0.3V$；

②当 $U_{IA}=0V$，$U_{IB}=+V_{CC}$ 时，二极管 D_A 导通，D_B 截止，则 $U_O=0.3V$；

③当 $U_{IA}=+V_{CC}$，$U_{IB}=0V$ 时，二极管 D_A 截止，D_B 导通，则 $U_O=0.3V$；

④当 $U_{IA}=+V_{CC}$，$U_{IB}=+V_{CC}$ 时，二极管 D_A、D_B 均截止，则 $U_O=+V_{CC}$。

在②、③两种情况中，只要有一个二极管导通，输出就被钳在 0.3V，这种现象叫钳位。若将 0～0.4V 的电压称为低电平，将接近于 $+V_{CC}$ 的电压称为高电平，可将上述 4 种状态用表 3-1表示出来。若按正逻辑表示，可将表 3-1 转换为真值表的形式，见表 3-2。

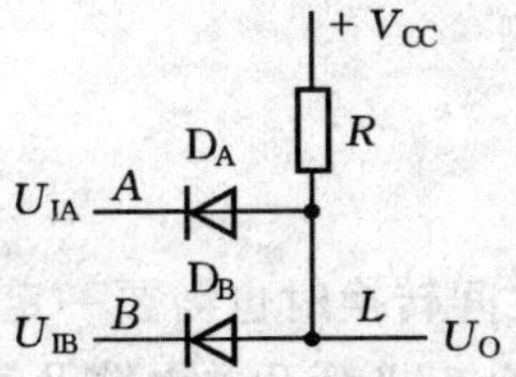

图 3-3　二极管构成的与门

表 3-1　状态表

输入		输出
U_{IA}	U_{IB}	U_O
低	低	低
低	高	低
高	低	低
高	高	高

表 3-2　真值表

输入		输出
A	B	L
0	0	0
0	1	0
1	0	0
1	1	1

(2)或门电路。由二极管构成的两输入或门电路如图 3-4 所示，设所用二极管为锗二极管。

①当 $U_{IA}=U_{IB}$为低电平时，二极管 D_A、D_B均截止，则 U_O为低电平；

②当 U_{IA}为低电平，U_{IB}为高电平时，二极管 D_A截止，D_B导通，则 U_O为高电平；

③当 U_{IA}为高电平，U_{IB}为低电平时，二极管 D_A导通，D_B截止，则 U_O为高电平；

④当 $U_{IA}=U_{IB}$为高电平时，二极管 D_A、D_B均导通，则 U_O为高电平。

同理可得到该电路的状态表和用正逻辑表示的真值表，见表 3-3 和表 3-4。

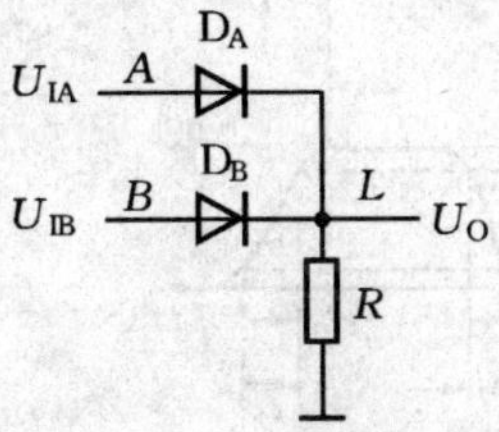

图 3-4　二极管构成的或门

表 3-3　状态表

输入		输出
U_{IA}	U_{IB}	U_O
低	低	低
低	高	高
高	低	高
高	高	高

表 3-4　真值表

输入		输出
A	B	L
0	0	0
0	1	1
1	0	1
1	1	1

3.1.2　三极管的开关特性

1. 三极管的静态开关特性

从三极管的输出特性可知，当三极管工作在截止区时，$I_B=0$，$I_{CEO}\approx 0$，基本上没有电流流过，这就相当于开关的断开状态；当三极管工作在饱和区时，$U_{CE}<0.7$ V，$I_B>0$，I_C 很大且受 I_B 和 U_{CE}的影响很小，相当于开关的闭合状态。三极管的饱和和截止等效模型如图 3-5 所示。

若通过合理的电路设计，使三极管主要工作在截止和饱和状态，那么它就可以作为开关使用。

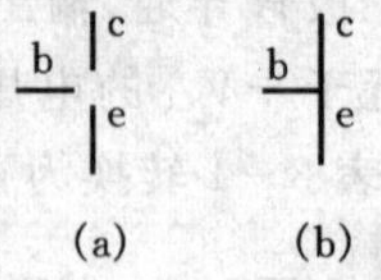

图 3-5　三极管的模型

(a)截止状态模型;(b)饱和状态模型

2. 三极管的动态开关特性

同二极管一样,三极管作为开关在导通状态和截止状态之间转换时也需要一定的时间,常用开关时间、开关速度或开关频率来描述。图 3-6 给出了一个三极管开关电路及其输入电压 u_i 与实际的集电极电流 i_C 的对比波形。从波形图可以看出,描述三极管开关时间的参数有:

延迟时间 t_d:i_C 由 0 上升到 $0.1I_{CS}$所需的时间;

上升时间 t_r:i_C 由 $0.1I_{CS}$上升到 $0.9I_{CS}$所需的时间;

接通时间 $t_{on}=t_d+t_r$;

存储时间 t_s:i_C 由 I_{CS}下降到 $0.9I_{CS}$所需的时间;

下降时间 t_f:i_C由 $0.9I_{CS}$下降到 $0.1I_{CS}$所需的时间;

关断时间 $t_{off}=t_s+t_f$。

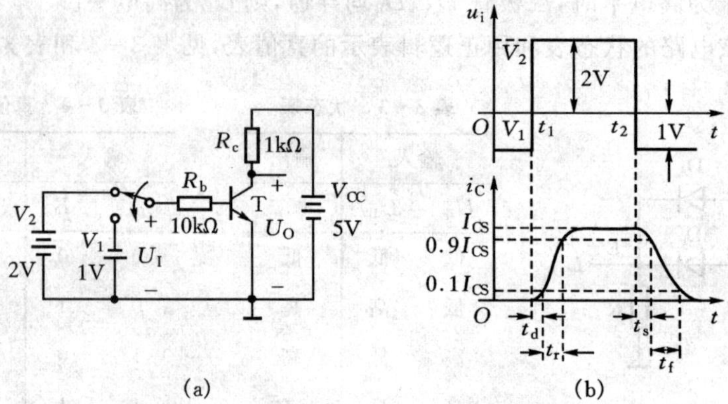

图 3-6　三极管开关电路及波形图

(a)开关电路;(b)波形图

(1)开关时间的产生原因。当输入电压由负变正,即开关由 V_1 打向 V_2 时,由于要使 PN 结由宽变窄,使得三极管导通,此时所需时间称为 t_d;i_C 从 $0.1I_{CS}$逐步上升到 $0.9I_{CS}$的过程所需时间称为 t_r;在实际应用中,无需再进一步区分 t_d 和 t_r,所以手册中只给出导通时间 t_{on}。

当输入电压由正变负,即开关由 V_2 打向 V_1 时,t_s 主要是消除正偏时非平衡载流子的积累所需的时间;t_f 主要是使 PN 结变宽、阻止多子的扩散使之变为截止状态所需时间,同前,手册上也只给出完成该过程所需的总时间 t_{off}。这里要注意,t_s 是影响开关速度的主要时间,它与三极管的饱和深度有直接的关系,当三极管处于临界饱和状态时,$t_s=0$。

(2)开关时间对三极管的影响。由于开关时间的存在,影响了三极管在实际电路中的开关速度。

(3)减小开关时间的方法。在实际应用中应尽量减小三极管的开关时间造成的影响,主要的方法是：在导通的初期，应使 u_i 正向电压高一点，使之尽快导通；导通后应使正向电压低一点，尽量防止三极管处于过饱和状态，以减小存储时间的影响；当使三极管由饱和变为截止时，所加基极反向电压的绝对值应尽量大，以加大反向电流而减少存储时间。也就是说，当输入电压 u_i 波形如图 3-7(a)中实线所示时，希望加在三极管 U_B 的波形如图 3-7(a)中虚线所示。在实际电路设计中，常将电路改进为如图 3-7(b)所示的形式。在 R_1 两端并接了一个电容 C_1，该电容称为加速电容。因为电容两端电压不能突变，所以在正向电压加入的瞬间，电容两端电压等于 0，使得瞬时输入电压直接加到三极管的基极，加快了三极管的导通。随着电容的不断充电，加到三极管基极的电压不断降低，防止了过饱和。另外，当输入反向时，加到三极管基极的反向电压为输入反向电压与电容两端电压之和，加速了三极管的截止，如图 3-7(c)所示，与图 3-7(a)中虚线表示的理想波形相比，近似地满足了设计要求。

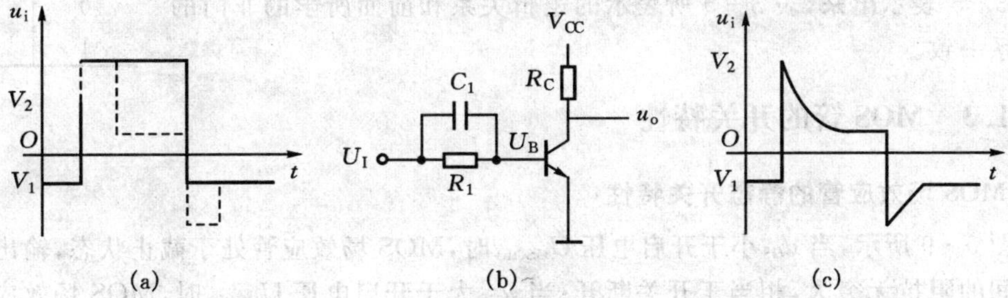

图 3-7　三极管开关电路的改进及波形

(a)理想输入电压波形；(b)改进的开关电路；(c)实际输入电压波形

上述措施是早期用分立元件设计开关电路的一种解决问题的方法，目前并不常用。由于三极管作为开关在实际中的应用非常广泛，三极管的生产厂家便通过特殊工艺制造了各种具有不同开关速度的三极管供使用者选择，所以设计者只须直接购买满足要求的开关三极管即可。

3. 三极管组成的逻辑电路

由三极管构成的非门电路(常称为反相器)如图 3-8 所示。

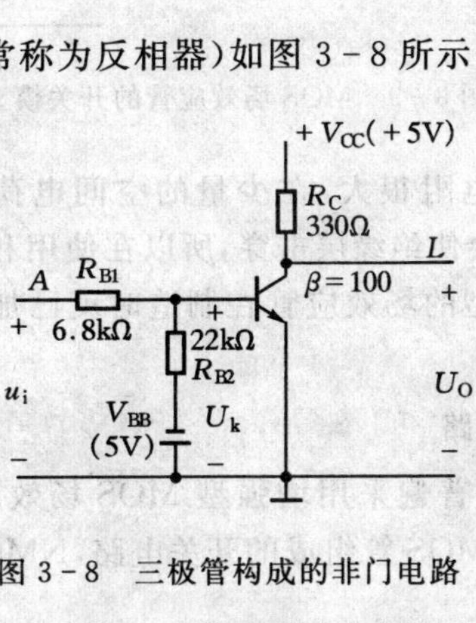

图 3-8　三极管构成的非门电路

(1)当 $u_i = 0V$ 时，$u_{be} < 0$，则三极管处于截止状态，当忽略 I_{CEO} 时，$U_O = 5V$；

(2)当 $u_i = 5V$ 时，三极管输入端 b 点的等效开路电压 U_k 按戴维南原理可得，

$$U_k = u_i - \frac{u_i - V_{BB}}{R_{B1} + R_{B2}} \cdot R_{B1} = 5\ V - \frac{10\ V}{6.8\ k\Omega + 22\ k\Omega} 6.8\ k\Omega = 2.64\ V$$

输入等效内阻为：$R_k = \frac{R_{B1}R_{B2}}{R_{B1}+R_{B2}} = 5.2\ k\Omega$

输入端电流为：$I_B = \frac{2.64\ V - 0.7\ V}{5.2\ k\Omega} = 0.37\ mA$

集电极临界饱和电流：$I_{CS} = \frac{V_{CC} - U_{CES}}{R_C} = \frac{5V - 0.7V}{330\Omega} \approx 15\ mA$

所以基极临界饱和电流为：$I_{BS} = \frac{I_{CS}}{\beta} = \frac{15\ mA}{100} = 0.15\ mA$

由于 $I_B \geqslant I_{BS}$，故三极管工作在饱和状态。若三极管为锗管，$U_O \leqslant$ 0.3 V。若将接近于 0 V 的电压称为低电平，将接近于 $+V_{CC}$ 的电压称为高电平，并将低电平用逻辑 0 表示，高电平用逻辑 1 表示，可将上述关系通过表 3－5 表示出来，表 3－5 所表示的逻辑关系和前面所学的非门的逻辑关系一致。

表 3－5　真值表

输入	输出
A	L
0	1
1	0

3.1.3　MOS 管的开关特性

1. MOS 场效应管的静态开关特性

如图 3－9 所示，当 u_{GS} 小于开启电压 $U_{GS(th)}$ 时，MOS 场效应管处于截止状态，输出漏极和栅极之间的阻抗无穷大，相当于开关断开；当 u_{GS} 大于开启电压 $U_{GS(th)}$ 时，MOS 场效应管处于变阻状态，相当于开关导通。

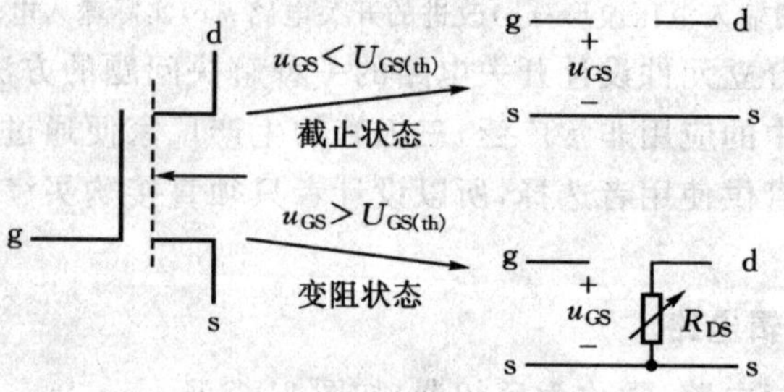

图 3－9　MOS 场效应管的开关模型

由于 MOS 管栅极的输入电阻很大，在少量的空间电荷感应下，就会形成极高的电压，甚至会使绝缘层击穿，所以在使用和保管过程中就需要加以保护。改进型的场效应管在制造时就已加入了如图 3－10 所示的保护电路。

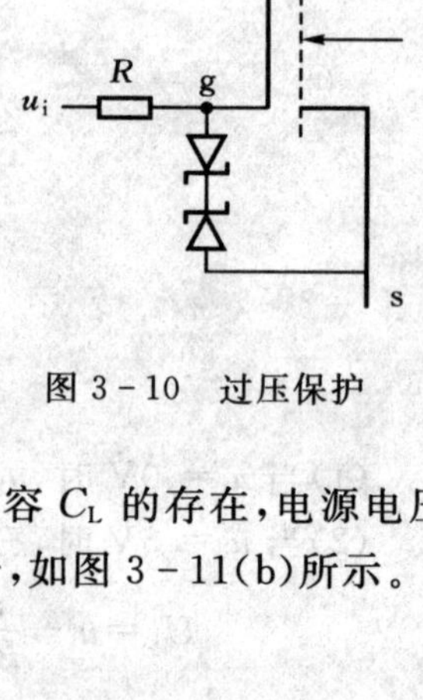

图 3－10　过压保护

2. MOS 场效应管的开关电路

MOS 场效应管的开关电路普遍采用增强型 MOS 场效应管。图 3－11(a)所示为由增强型 NMOS 管组成的开关电路，NMOS 管的开启电压为 $u_{GS} = U_{GS(th)}$。

当 u_i 小于 $U_{GS(th)}$ 时，NMOS 管截止，漏极电流 $i_d = 0$，由于分布电容 C_L 的存在，电源电压通过电阻向 C_L 充电，使输出电压 $u_O = V_{DD}$，NMOS 管相当于开关断开，如图 3－11(b)所示。

当 u_i 大于 $U_{GS(th)}$ 时，NMOS 管导通，漏极电流 $i_d=\frac{V_{DD}}{R_D+R_{ON}}$（式中 R_{ON} 为导通电阻），输出电压 $u_O=i_dR_{ON}=\frac{V_{DD}}{R_D+R_{ON}}R_{ON}$。通常在选择电路参数时使得 $R_D\gg R_{ON}$，所以 $u_O\approx 0$ V，NMOS 管相当于开关导通，如图 3-11(c)所示。

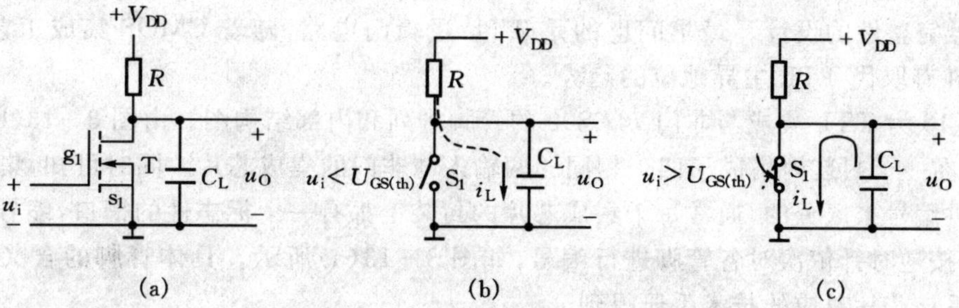

图 3-11　MOS 管开关等效电路

(a)开关电路；(b)截止状态；(c)导通状态

3. MOS 管的动态开关特性

MOS 管的动态开关特性如图 3-12 所示，可以看出，MOS 管的动态开关特性和三极管相似。这里要注意，一般 MOS 管的动态开关时间大于三极管，但经过工艺改造后 MOS 管的开关时间已接近于三极管。电流从 $0.1I_{DS}$ 上升到 $0.9I_{DS}$ 所需的时间为导通时间 t_{on}，从 $0.9I_{DS}$ 下降到 $0.1I_{DS}$ 所需的时间为关断时间 t_{off}。

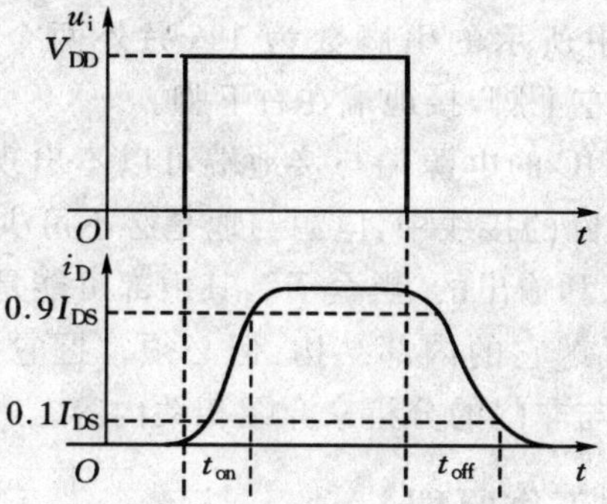

图 3-12　MOS 管的动态开关特性

3.2　TTL 集成逻辑门

通过半导体制造工艺将组成特定功能电路的分立器件和导线集成在一块半导体基片上，并封装在一个壳体内，这样构成的电路叫做集成电路(Integrated Circuit)，简称 IC。

集成电路按照集成度(所包含器件的数量)的不同可分为小规模(SSI)、中规模(MSI)、大规模(LSI)和超大规模集成电路(VLSI)。按照它所包含的半导体器件的不同可将集成电路分为双极型数字集成电路和单极型数字集成电路两种。常见的双极型 IC 为晶体管-晶体管逻辑

TTL(Transistor-Transistor Logic)，常见的单极型 IC 为互补金属氧化物半导体逻辑 CMOS (Complementary Metal-Oxide Semiconductor)。

集成电路的封装形式主要有两种：一种是双列直插式，通常双列直插式器件与管座大小一致，可先将管座与焊盘焊接到 PCB 板上，然后插入器件，也可以直接焊接在 PCB 板上；另一种是贴片式，它只能直接焊接在 PCB 板上。前者调试电路方便，后者由于体积小，更适合于系统集成和信号完整性的设计。最早问世的是 TTL 逻辑门电路，随着 CMOS 集成工艺的发展，CMOS 器件有取代 TTL 主导地位的趋势。

图 3－13 为 TTL 集成与非门 74LS00 的管脚排列和内部结构图。由图 3－13(b)可看出，74LS00 是在一个封装内集成了四个相同的两输入与非门的集成芯片。同时可知，集成芯片的管脚是通过编号来区分的，通常每个集成芯片的封装上都有一个标志性的槽口，编号时将芯片槽口朝上，按逆时针依次对各管脚进行编号，如图 3－13(a)所示。具体管脚的含义和功能都可通过查看该芯片对应的技术手册得到。

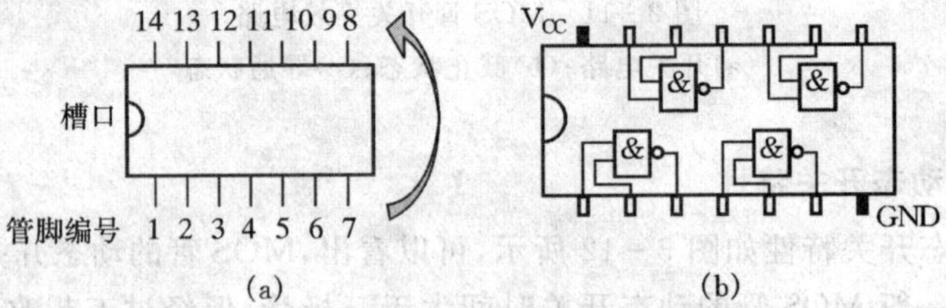

图 3－13　74LS00 的管脚排列及内部结构
(a)74LS00 的管脚排列；(b)74LS00 的内部结构

在此我们注意到，一个两输入与非门有两个输入端和一个输出端共 3 个引脚，则 4 个两输入与非门共 12 个引脚，而图中所示的引脚数为 14，另外两个引脚为电源端 V_{CC} 和接地端 GND。一般情况下，电源端在左上脚，接地端在右下脚。

注意：在原理图的绘制中，IC 的电源端与接地端可以不出现，即可以不画出连接线，但在印制板(PCB)的绘制中或在实际的接线中，电源与地是必不可少的。

集成芯片就像确定了输入和输出的"黑盒子"，其内部可能是非常复杂的电路，尽管在学习和使用集成电路时一般无需了解它的内部结构，但必须掌握它的逻辑功能、外特性及相关参数。本章将通过对常用 TTL 与非门的分析来介绍相关内容。

3.2.1　TTL 与非门的工作原理

TTL 集成与非门中可能集成了若干个结构相同的的单元电路，下面仅以基本单元电路两输入与非门为例来分析 TTL 门的原理，电路原理如图 3－14 所示。

1. TTL 与非门的结构分析

从图 3－14 可看出，该电路有输入端 A、B 和输出端 L，从结构上可分成三部分：

(1)输入级：由 T_1 和 R_1 组成。T_1 是多发射极三极管，通过两个(或两个以上)发射极 A、B 作为输入端实现与逻辑。

(2)中间级：由 T_2 和 R_2、R_3 组成。由于当 U_{B2} 有信号输入使 T_2 导通时，U_{E2} 跟随，而 U_{C2} 反向输出，即集电极和发射极同时输出相位相反的信号，分别用来驱动三极管 T_3、T_4，所以中间级也叫倒相级。当 T_2 截止时，U_{E2} 无驱动输出，使得 T_3 截止，而 U_{C2} 接近于 V_{CC}。

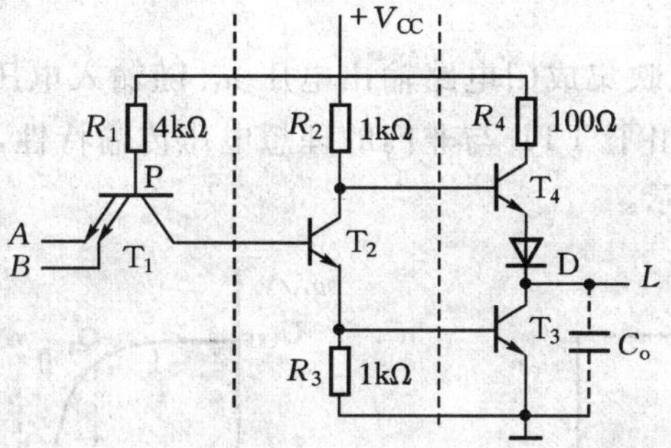

图 3-14　与非门电路图

(3)输出级：由 T_3、T_4、D 和 R_4 组成推拉式输出结构。例如，在 T_2 截止的情况下，T_3 截止，T_4 导通，而在 T_2 饱和导通的情况下，T_3 导通，T_4 截止。这种在输入信号作用下，总是能轮流导通的电路结构称为推拉式输出结构。其优点是可使输出阻抗降低，并能减小静态功耗、提高负载能力。二极管 D 的作用是电平平移。

2. TTL 与非门的功能分析

(1)当输入端 A、B 都为低电平，即 $U_A = 0.3V$，$U_B = 0.3V$ 时，三极管 T_1 的两个发射结均导通，则 $U_P = 0.3V + 0.7V = 1V$；该电压无法使 T_2、T_3 导通。此时电源 V_{CC} 通过电阻 R_2 向 T_4 提供基极驱动电流，使 T_4 和 D 导通，所以输出端的电压为 $U_L \approx V_{CC} - U_{BE4} - U_D \approx 5V - 0.7V - 0.7V = 3.6V$，即输出高电平。

(2)当两个输入端电压 $U_A = 0.3V$，$U_B = 3.6V$ 或 $U_A = 3.6V$，$U_B = 0.3V$ 时，T_1 发射结均导通。此时由于二极管的钳位作用而使 U_P 被钳制在 1V，在该输入情况下，电路的工作原理同(1)，输出高电平 $U_L = 3.6V$。

(3)当两个输入端都为高电平，即 $U_A = 3.6V$，$U_B = 3.6V$ 时，假设三极管 T_1 的两个发射结均导通，则 $U_P = 3.6V + 0.7V = 4.3V$，该电压必然使 T_1 的集电结、T_2、T_3 都导通，那么此时的 U_P 不可能为 4.3V，而是被钳制在了 $3\times0.7V = 2.1V$，$U_{C1} = 1.4V$，$U_{E1} = 3.6V$。这时，T_1 管工作在倒置状态，通常在倒置状态下的 β_1 为 0.01～0.02，因为 $I_{B1} = \frac{5V-2.1V}{4k\Omega} \approx 0.7mA$，$I_{C1} = I_{B2} = (1+\beta_1)I_{B1} \approx I_{B1} \approx 0.7mA$，只要 β_2 大于 7 就足以使 T_2 饱和，这在工艺上可以得到满足，则 $U_{C2} = 0.3V + 0.7V = 1V$，该电压无法使 T_4 和 D 导通、T_3 饱和，所以此时输出端的电压为 $U_L = U_{CES} \leqslant 0.3V$，即输出低电平。

可见，该电路实现了与非的逻辑功能。

3.2.2　TTL 与非门的外特性及其参数

在实际的电路中，任何器件相对于其他器件来说都属于外部器件，它所表现出来的特性就叫做外特性。比如所用器件的输入输出信号的高低电平范围、带负载能力及多余输入端该如何处理等都是由它的外特性决定的，只有了解了它的外部特性才能很好地使用它。

TTL 与非门的外特性通常用静态特性和动态特性来描述。其中，电压传输特性、输入特性、输出特性等称为静态特性，传输时间 t_{pd} 称为动态特性。

1. 静态特性

(1)电压传输特性。反映集成门电路输出电压 u_O 随输入电压 u_i 变化规律的特性叫电压传输特性。图 3-15(a)给出了 TTL 与非门的理想电压传输特性,但在实际电路中,它的电压传输特性如图 3-15(b)所示。

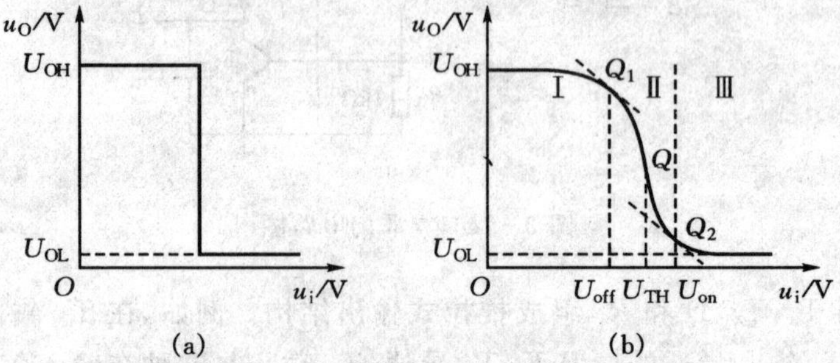

图 3-15　与非门的电压传输特性
(a)理想特性;(b)实际特性

在图 3-15(b)中,Q_1 和 Q_2 是电压传输特性曲线的转折点。以这两个转折点为界,可将该曲线分为三个区域:在区域Ⅰ中,输出总是高电平 U_{OH};在区域Ⅲ中,输出总是低电平 U_{OL};而在区域Ⅱ中,u_O 急剧地随 u_i 变化,称为过渡区。从电压传输特性中,可获得以下几个主要参数:

①输入低电平的最大值 U_{ILmax}。输入低电平的最大值 U_{ILmax} 常被形象地称为关门电平 U_{off},它意味着当输入电平 $u_i \geqslant U_{off}$ 时,TTL 电路的输出已不能够可靠截止,在图中对应 Q_1 点的横坐标,它的典型值为 0.8V。

②输入高电平的最小值 U_{IHmin}。输入高电平时电压的最小值 U_{IHmin} 常被形象地称为开门电平 U_{on},它意味着当输入电平 $u_i \geqslant U_{on}$ 时,TTL 电路的输出为低电平,在图中对应 Q_2 点的横坐标,它的典型值为 2V。

③阈值电压 U_{TH}。在理想的传输特性下,$U_{off}=U_{on}$,此时用 U_{TH} 表示,称为阈值电压,在图中对应 Q 点的横坐标,它的典型值为 1.4V。

④输出高电平下限值 U_{OHmin} 和输出低电平上限值 U_{OLmax}。数字电路中的高低电平指的是在一定范围内的电压值,当 $u_O > U_{OHmin}$ 时,输出为高电平,图中为 Q_1 点对应的纵坐标,它的典型值为 2.4V;同理,当 $u_O < U_{OLmax}$ 时,输出为低电平,图中为 Q_2 点对应的纵坐标,它的典型值为 0.4V;当 $U_{OHmin} > u_O > U_{OLmax}$ 时,输出将出现逻辑混乱。

⑤噪声容限(U_{NL} 和 U_{NH})。噪声容限是用来描述 TTL 集成逻辑门抗干扰能力的参数,它反映了门电路在多大的干扰电压下仍能正常工作,即在输入或输出信号中叠加干扰信号时,电路是否还能满足输入、输出关系。如图 3-16 所示,G_1、G_2 为两个类型相同的门电路,并且 G_2 为 G_1 的负载,即 G_1 的输出作为 G_2 的输入。若在传输通道上叠加噪声后还能满足图 3-17 所示的逻辑关系,则可以把这类型门的抗干扰能力进行量化,并用高电平噪声容限 U_{NH} 和低电平噪声容限 U_{NL} 来描述。

从图 3-16 和图 3-17 可以看出:

$$U_{NH}=U_{OHmin}-U_{IHmin}=U_{OHmin}-U_{on}$$

$$U_{NL}=U_{ILmax}-U_{OLmax}=U_{off}-U_{OLmax}$$

3-16　两个与非门的连接示意

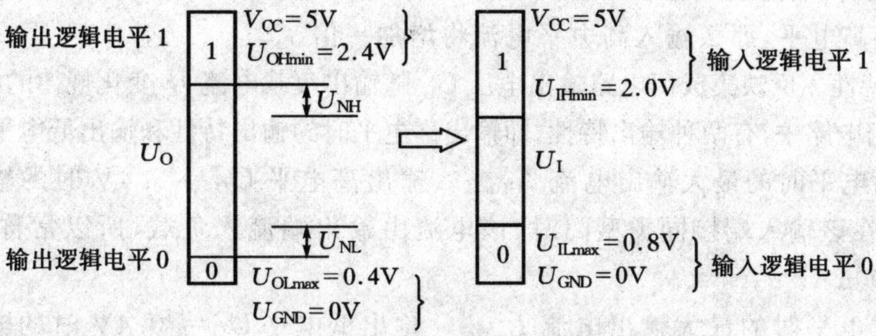

图 3-17　加入噪声的信号逻辑

所以，TTL 与非门的噪声容限为：

$U_{NH}=2.4V-2.0V=0.4V$，该式表明，当 G_1 输出为高电平的下限值时，叠加一个大于 0.4V 的负向干扰，G_1 的输出将低于开门电平，会使 G_2 输出不为逻辑 0；

$U_{NL}=0.8V-0.4V=0.4V$，该式表明，当 G_1 输出为低电平的上限值时，叠加一个大于 0.4V 的正向干扰，G_1 的输出将高于关门电平，会使 G_2 输出不为逻辑 1。

显然，U_{NH} 和 U_{NL} 越大，抗干扰能力就越强。

注意：以上分析是在假设电路中均为同类型逻辑门的前提下进行的，实际上，不同类型的逻辑门具有不同的参数。

(2)输入特性。描述集成门电路输入电流 i_I 和输入电压 u_i 之间关系的曲线称为输入特性曲线。图 3-18(a)所示为 TTL 与非门的输入特性测试电路，由它得到的集成门电路输入特性曲线如图 3-18(b)所示。

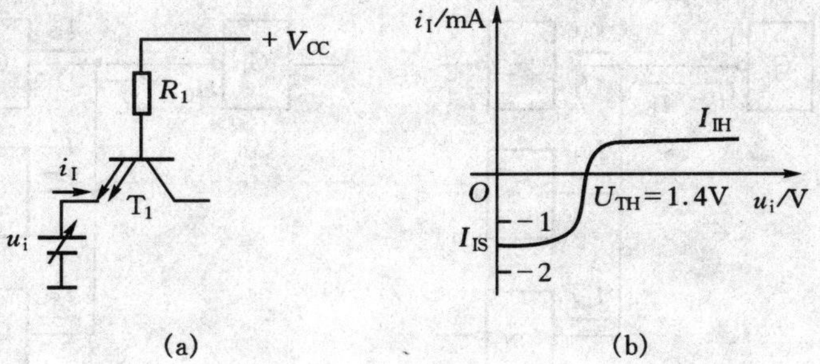

图 3-18　TTL 与非门输入特性
(a)测试电路；(b)特性曲线

从图 3-18(b)可得到以下三个参数：

①输入短路电流 I_{IS}。输入短路电流是指输入电压为 0V 时的输入电流。在 TTL 门电路中，该电流最大值为 1.6mA。

②低电平输入电流 I_{IL}。低电平输入电流是指输入电压 $0<u_i<1.4V$ 时的输入电流。通常在逻辑电路中，输入电压接近于 0V，所以 I_{IL} 一般按输入短路电流 I_{IS} 计算。

③高电平输入电流 I_{IH}。若将与非门输入端接高电平，则此时得到的输入电流即为 I_{IH}。由于高电平输入时，三极管的发射极处于反偏状态，所以该电流就相当于二极管的反向饱和电流 I_S（少子形成），电流曲线比较平直。若多发射极输入端都接高电平，例如将图 3-18 中的两输入端同时接高电平，那么输入高电平电流将增加一倍。

(3)输出特性。反映集成门电路输出电压 U_O 随输出负载电流 I_L 变化规律的特性叫输出特性。在 TTL 与非门电路中，有两种输出特性，即输出高电平时的输出特性和输出低电平时的输出特性。

①输出高电平时的最大输出电流 I_{OHmax}。输出高电平 $U_O=2.4V$ 时的输出负载电流 I_L 为 I_{OHmax}。若在该输入端接同类型门时，该电流由输出端流入负载，所以常称为"拉电流"，一般 $I_{OHmax}\leqslant 400\mu A$。

②输出低电平时的最大输出电流 I_{OLmax}。输出低电平 $U_O=0.4V$ 时的输出负载电流 I_L 为 I_{OLmax}。若在该输入端接同类型门时，该电流由负载流入输出端，常称为"灌电流"，一般 $I_{OLmax}\leqslant 16mA$。

(4)TTL 与非门的扇出系数 N。TTL 与非门的扇出系数是指一个 TTL 与非门的输出能同时驱动同类门的个数，根据驱动门输出电平的不同可将 N 分为 N_L（输出低电平时的扇出系数）和 N_H（输出高电平时的扇出系数）。

当 G_1 输出高电平时，输出负载电流 I_L 流入 G_2，此时 G_2 的输入端从前级 G_1 输出门拉出电流 I_{IH}（拉电流），若此时有 N 个与 G_2 相同的门并联作为 G_1 的负载（如图 3-19(a)），则这 N 个门所需要的电流 $I_L=NI_{IH}$，由于 $I_L\leqslant I_{OHmax}$，所以接入 G_1 的负载个数 N 必须满足：

$$N_H=\mathrm{ent}(I_{OHmax}/I_{IH})\text{（去尾取整）}$$

当 G_1 输出低电平时，输出负载电流 I_L 流入 G_1，此时 G_2 的输入端向 G_1 输出端灌入电流 I_{IS}（灌电流），同理，若此时有 N 个与 G_2 相同的门并联作为 G_1 的负载（如图 3-19(b)所示），则这 N 个门所需要的电流 $I_L=NI_{IS}$，由于 $I_L\leqslant I_{OLmax}$，所以接入 G_1 的负载个数 N 必须满足：

$$N_L=\mathrm{ent}(I_{OLmax}/I_{IS})\text{（去尾取整）}$$

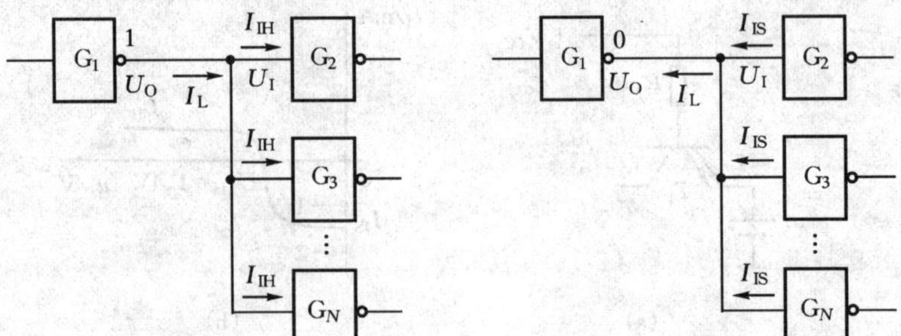

图 3-19　TTL 门驱动 N 个同类门电路

(a)输出为高电平时；(b)输出为低电平时

因此，TTL 与非门的总扇出系数为：$N = \min\{N_L, N_H\}$。通常，尽管 TTL 的灌电流负载电流 I_{OLmax} 比拉电流负载电流 I_{OHmax} 大得多，但由于输入短路电流 I_{IS} 也比高电平输入电流大得多，所以 N_L 远小于 N_H，即扇出系数按 $N = N_L$ 计算。在手册中给出的标准 TTL 与非门的扇出系数 $N \geqslant 8$，这意味着用户在使用时不能超过 8，尽管有个别芯片的扇出系数可能是 9、10 等等，但为了归一化替代方便，设计时都按 $N \leqslant 8$ 考虑。

对于功率驱动门，它的扇出系数通常由产品手册给出，扇出系数可以远大于 8，即灌电流负载电流可达数十毫安。

这里应注意：当用门电路输出带动其他负载，例如带动发光二极管或小型继电器时，就必须考虑它的实际负载能力。对于 TTL 门电路一般采用灌电流负载方式，当负载需要电流更大时，必须加驱动电路。另外 TTL 门电路的负载电压一定不能超过输出端的耐压，否则必须采取隔离措施。

2. 动态响应特性

当 TTL 门输入端的电压由高电平跳变至到低电平或由低电平跳变至高电平时，它的输出端在稳定之前所表现出来的特性叫做动态特性。图 3-20 显示了一个非门的动态特性。显然，输入信号变化时输出信号没有立即发生变化，而是经过了一定的时延。

从输入信号下降至 50% 到输出信号上升至 50% 所需的时间，称为门电路的输出由低电平变为高电平的时延 t_{PLH}；从输入信号上升至 50% 到输出信号下降至 50% 所需的时间，称为门电路的输出由高电平变为低电平的时延 t_{PHL}。通常在逻辑电路组成的系统中，导通和截止出现的概率几乎各占 50%，所以对动态特性的描述一般采用平均时延 t_{pd} 即 $t_{pd} = \frac{(t_{PLH} + t_{PHL})}{2}$。

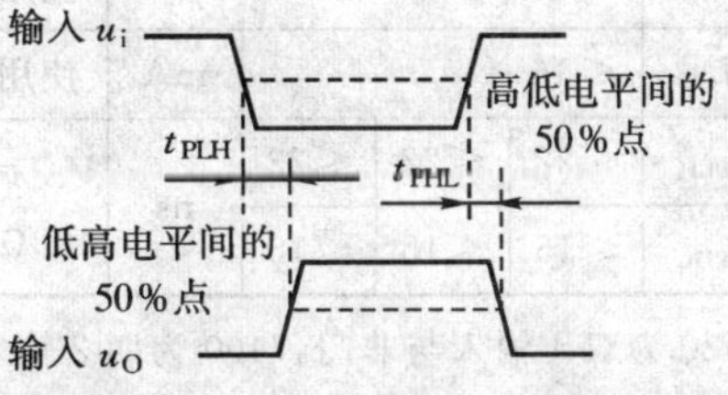

图 3-20　TTL 非门的动态特性

典型 TTL 与非门的平均传输时延 t_{pd} 为 10～20 ns。

3. 电源电流

(1)输出高电平时电源电流 I_{EH}。门电路在输出高电平，供电电源 V_{CC} 为 +5.5V 时，V_{CC} 供给的电流为 I_{EH}。

(2)输出低电平时电源电流 I_{EL}。门电路在输出低电平，供电电源 V_{CC} 为 +5.5V 时，V_{CC} 供给的电流为 I_{EL}。

(3)电源电流的平均值 I_E。由于在逻辑电路组成的系统中，导通和截止出现的概率几乎各占 50%，所以在估算电源电流 I_E 时，一般取 $I_E = \frac{(I_{EL} + I_{EH})}{2}$。组件工作时消耗的功率叫做功耗 P，它等于电源电压 V_{CC} 与电源电流 I_E 之积。

在实际应用中，一般较少考虑功耗问题。但在低功耗设计中，例如系统采用干电池供电时，就必须想尽一切办法降低功耗。

表 3－6 列出了 TTL 中速与非门电参数规范和测试条件，以供参考。

表 3－6 TTL 中速与非门参数规范和测试条件

参数名称和符号		规范值			单位	参数及测试条件
		7430	7420	7400		
输出低电平电源电流	I_{EL}	≤6	≤11	≤22	mA	$V_{CC}=5.5V$，被测输入端悬空，输出端空载
输出高电平电源电流	I_{EH}	≤2	≤4	≤8	mA	$V_{CC}=5.5V$，被测输入端接地，输出端空载
输出高电平电压	U_{OH}	≥2.4			V	$V_{CC}=4.5V$，被测输入端 $U_{1}=0.8V$，其他输入端悬空 $I_{OH}=400\mu A$
输出低电平电压	U_{OL}	≤0.4			V	$V_{CC}=4.5V$，各输入端并联 $U_{1}=2.0V$，$I_{OL}=16mA$
输入低电平电压	U_{IL}	≤0.8			V	使用参数
输入高电平电压	U_{IH}	≥2.0			V	使用参数
输入低电平电流	I_{IL}	≤1.6			mA	$V_{CC}=5.0V$，被测输入端 $U_{1}=0.4V$，其他输入端悬空，输出端空载
输入高电平电流	I_{IH}	≤40			μA	$V_{CC}=5.0V$，被测输入端 $U_{1}=2.4V$，其他输入端接地，输出端空载
输出高电平电流	I_{OH}	≤400			μA	使用参数
输出低电平电压	I_{OL}	≤16			mA	使用参数
传输延迟时间	t_{PLH}	≤22	≤22	≤22	ns	$V_{CC}=5.0V$，被测输入端接输入信号，$R_{L}=400\Omega$，$C_{L}=15pF$
	t_{PHL}	≤15	≤15	≤15		

注：7430 为 8 输入与非门，7420 为双 4 输入与非门，7400 为四 2 输入与非门。

4. 各种 TTL 门

常用的 TTL 门主要为 74 系列，该系列集成电路又可分为以下 7 大类：

74××(标准型)；74L××(低功耗型)；74LS××(低功耗肖特基型)；74S××(肖特基型)；74ALS××(改进低功耗肖特基型)；74AS××(改进肖特基型)；74F××和 74H××(高速型)。

对于同一功能(即××相同)的器件，其引脚排列、逻辑功能完全一致，仅仅在功耗、时延及个别电压电流参数上有所不同。比如，7400、74LS00、74F00、74ALS00 都为四 2 输入与非门芯片，且引脚图完全相同。

3.3 其他 TTL 集成门电路

前面以 TTL 与非门为例详细介绍了 TTL 类型门的各种技术参数，在实际应用中，还会用到其他功能的 TTL 集成门电路，如与门、非门、或门、或非门等等，它们的分析方法与与非门的分析方法相似,在此不再赘述。本节着重介绍另外两种 TTL 门——集电极开路门和三态门。

3.3.1　集电极开路门和输出"线与"

集电极开路(Open Collector,简称 OC)门也有各种不同的功能,下面以集电极开路与非门为例来学习相关内容。

1. 集电极开路与非门

与 TTL 与非门的电路(图 3-14)相比,集电极开路与非门省略了 T_4、D 和 R_4,具体电路如图 3-21(a)所示,它的逻辑符号如图 3-21(b)、(c)所示。

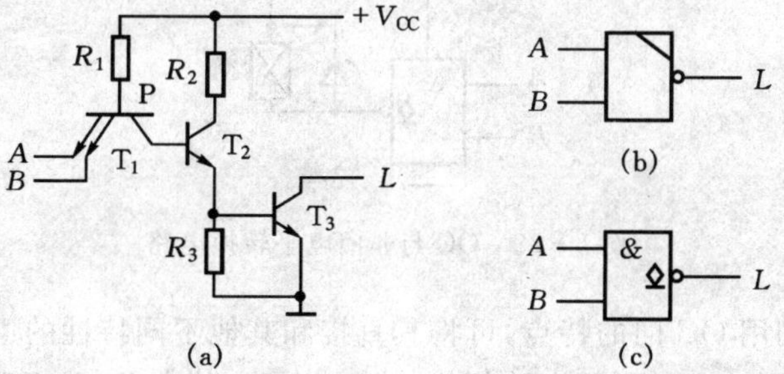

图 3-21　集电极开路与非门

(a)集电极开路与非门原理图;(b)曾用符号;(c)国标符号

这里必须注意:由于集电极开路门的输出端是悬空的,所以在实际的电路连接中必须在其输出端与电源间外接一只上拉电阻 R_C 作为 T_3 管的集电极负载,否则不会输出正确的逻辑。

2. 集电极开路门的应用

(1)输出线与。图 3-22 所示为 3 个 OC 与非门输出线与的电路图,该电路完成的逻辑功能为:$L=L_1 \cdot L_2 \cdot L_3$。

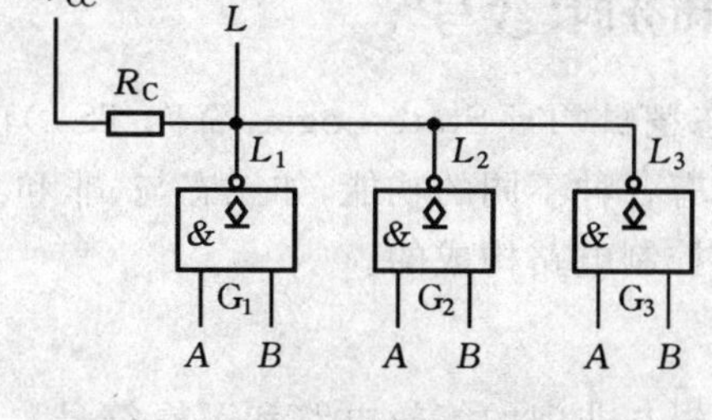

图 3-22　OC 与非门的输出线与电路图

注意 1:TTL 集成门不能实现线与功能,否则会破坏原来的逻辑甚至可将芯片烧坏。

注意 2:电阻 R_C 的大小会对电路的技术参数如时延、功耗和扇出系数等产生影响,所以在设计过程中应合理选择。

假设有 n 个 OC 门线与连接,其输出驱动 m 个 TTL 门,与 OC 门线与输出端相连的 TTL 门的输入端数为 k。选择 R_C 的原则是应保证输出电压不超过允许电平范围,即保证 OC 门输出高电平大于 U_{OHmin},低电平小于 U_{OLmax},即

$$R_{Cmin}=\frac{V_{CC}-U_{OLmax}}{I_{OL}-mI_{IS}},\ R_{Cmax}=\frac{V_{CC}-U_{OHmin}}{nI_{OH}+kI_{IH}}$$

式中，I_{OH}为 OC 门输出高电平时内部 T_3 管的穿透电流 I_{CEO}。因此对 R_C 的选择原则是

$$R_{Cmin}\leqslant R_C\leqslant R_{Cmax}$$

通常，为了减少负载电容的影响，R_C 应选取接近 R_{Cmin}的标称值为宜。

(2)电平转换。由于与 R_C 连接的电源电平可以与原来相同也可以不同，所以可以用来进行逻辑电平的转换。图 3-23 所示电路中，OC 门可以以＋5V 作为电源，也可通过继电器 M 的控制以＋12V 作为电源，此时 OC 门输出的高电平将接近 12V，实现了逻辑电平的转换。

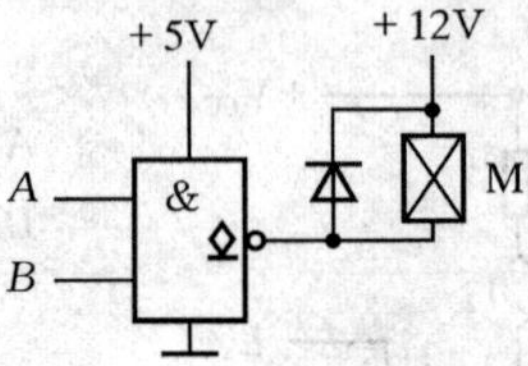

图 3-23　OC 与非门电平转换电路

(3)接口电路。利用 OC 门的特点，可将其直接和其他不同特性的逻辑电路或外部电路相连接构成接口电路。图 3-24 所示电路便为一接口电路，其中 G_1 为 TTLOC 门，G_2 为 CMOS 门。不难看出，接口电路的核心仍然是不同逻辑电平的转换。

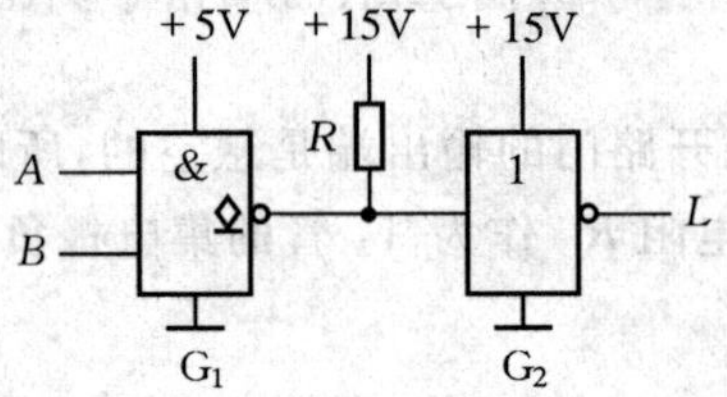

图 3-24　OC 门与 CMOS 门的接口

3.3.2　三态逻辑门和分时"线与"

与其他逻辑门相比，三态逻辑(Tri-State Logic，简称 TSL)门的输出有三种状态：逻辑 0、逻辑 1 和高阻抗状态。它也有各种不同的功能，如三态与、非和与非等逻辑门。三态输出门是在普通门电路的基础上附加控制电路构成的。

1. 三态逻辑与非门

图 3-25 所示为三态逻辑与非门的等效电路和逻辑符号。从图 3-25 可看出，与普通的两输入与非门相比，三态逻辑与非门除了两个输入端 A、B 和一个输出端 L 外，还有一个控制信号$\overline{EN}$的输入端，该信号又称为使能信号。

注意：使能信号的符号$\overline{EN}$上的横杠与逻辑符号图中的小圆圈相对应，表示低电平有效。即当$\overline{EN}=0$ 时，$L=\overline{AB}$；当$\overline{EN}=1$ 时，门输出为高阻状态，通常用逻辑函数 $L=Z$ 表示。

同理，若使能信号为高电平有效，则用符号 EN 表示，同时所对应的逻辑符号图(图 3-21(c))中的输入端无小圆圈，即当 $EN=1$ 时，$L=\overline{AB}$；当 $EN=0$ 时，门输出为高阻状态，通常用逻辑函数 $L=Z$ 表示。该逻辑关系可以通过真值表 3-7 和 3-8 直观地表示出来。

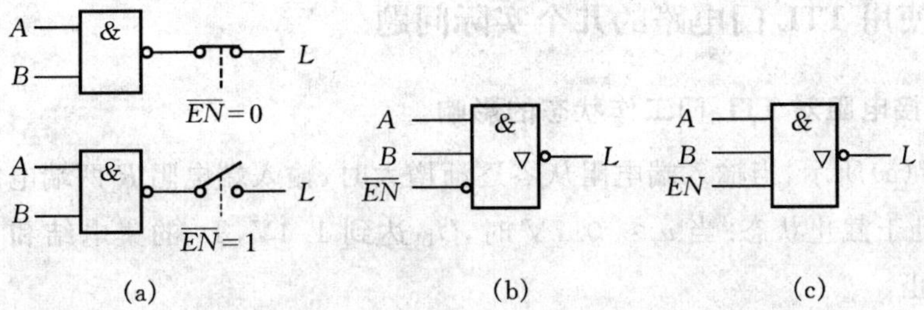

图 3-25　三态输出与非门

(a)三态输出与非门的等效；(b)低电平使能；(c)高电平使能

表 3-7　真值表

输入			输出
$\overline{EN}$	A	B	L
1	×	×	Z
0	0	0	1
0	0	1	1
0	1	0	1
0	1	1	0

表 3-8　真值表

输入			输出
EN	A	B	L
0	×	×	Z
1	0	0	1
1	0	1	1
1	1	0	1
1	1	1	0

2. 三态逻辑门的应用

当三态门输出高阻状态(即电阻很大，相当于开路)时，就可以认为该逻辑门与它相连接的电路断开。

利用三态门可以输出高阻的特点，可将其应用于在一条传输总线上分时传送不同器件的信号。为了与 OC 门的输出“线与”区分开来，通常将三态门的这种应用称为“分时线与”或“广义线与”。

所谓总线就是信息传输的公共通道，所有设备可以共享，但在任一时刻只允许两个设备之间进行信息交换，其他设备都必须与总线断开，因此要求接入总线的电路都必须具有三态特性，否则将引起总线竞争。

图 3-26 为多个三态与非门接入总线的电路示意图。每个器件均通过使能信号 EN_i 选通，且在任何时刻只能有一个门被选通，即要求各门的控制端 EN 轮流为高电平，没有选通的器件都处于高阻态，相当于和总线断开。

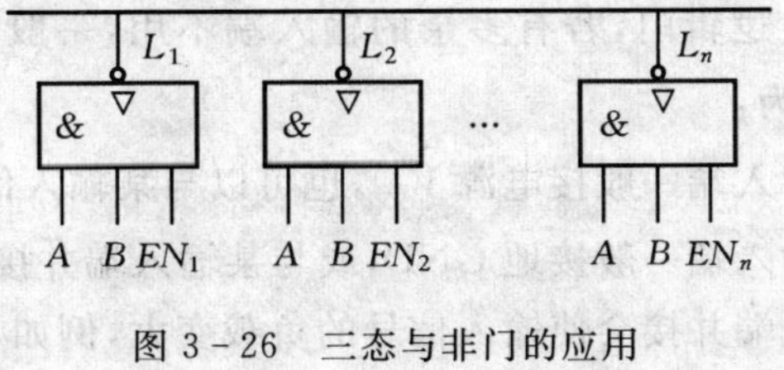

图 3-26　三态与非门的应用

3.3.3　使用TTL门电路的几个实际问题

1. 输入端接电阻对TTL门工作状态的影响

如图3－27(a)所示，当输入端电阻从零逐渐增大时，输入端电阻R两端电压u_i和U_{BI}随之增加，T_2一直处于截止状态. 当$u_i \approx 0.7V$时，U_{BI}达到1.4V，T_1的集电结和T_2的发射结导通，但T_3仍截止。

当R继续增加，且使$u_i \geqslant 1.4V$时，T_3导通，输出低电平，这时U_{BI}被钳制在2.1V，它反过来使u_i也限制在约1.4V。此时若再增加R，则u_i基本上维持在1.4V不变，这时I_R将随R的增加而相应减小。u_i和u_O随输入端所接电阻R变化的曲线如图3－27(b)所示。

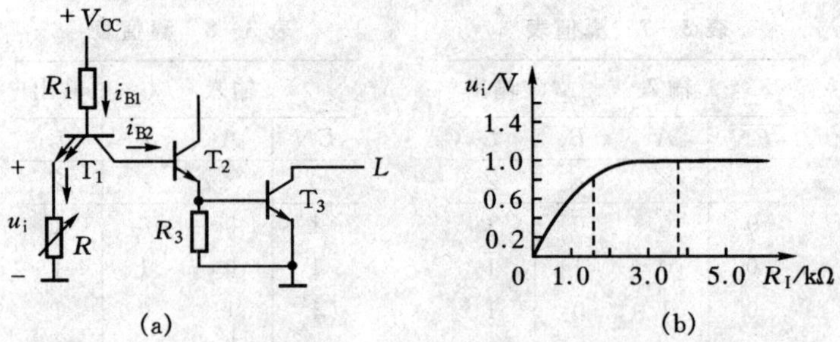

图3－27　TTL与非门输入端接电阻的电路及电压波形

(a)TTL与非门端接输入电阻的电路；(b)电压波形

综上所述，输入端接电阻的大小影响了门电路的工作状态，与传输特性中的U_{off}和U_{on}相对应有R_{off}和R_{on}。一般，关门电阻R_{off}小于0.8kΩ，开门电阻R_{on}大于2kΩ。当传输特性曲线理想时，有$R_{off}=R_{on}=R_{th}$称为门限电阻。

2. 电源尖峰电流的影响

当TTL门输出由高变低或由低变高时，电源供给该门电路的电流并不稳定，而是会产生短暂的、但幅值较大的脉冲，该电流称为尖峰电流，具体波形如图3－28所示。

尖峰电流的存在会使电路间相互影响，严重时可导致逻辑上出错。同时它也使电源的平均电流增加，从而显著增加了门的平均功耗。因此，在使用的过程中必须尽量减小尖峰电流，从而抑制其影响。常用的办法是在靠近门电路的电源与地之间接尖锋滤波小电容。

3. 不使用输入端的处理

对于多输入端的TTL逻辑门，若有多余的输入端不用，一般不应悬空，以防止外部信号的干扰。常用的处理方法为：

(1)与逻辑的不使用输入端一般接电源V_{CC}，也可以与某输入信号并接，如图3－29所示。

(2)或逻辑的不使用输入端一般接地GND，或与某输入端并接，如图3－30所示。

在此应注意，多个输入端并接会使输入信号的负载变大，例如，对于与非门来说，输入低电平时负载电流不变，但输入信号为高电平时，负载变大。同时并接后负载结电容由于并联而变大，从而影响TTL门的频率特性。

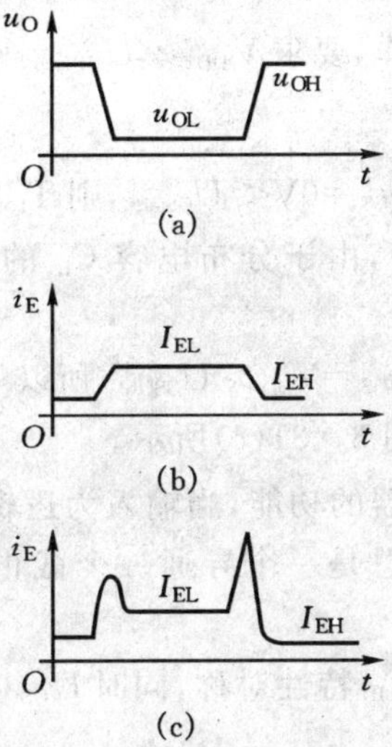

图 3-28　电源的尖峰电流

(a)电压波形;(b)理想电流曲线;(c)电流尖峰曲线

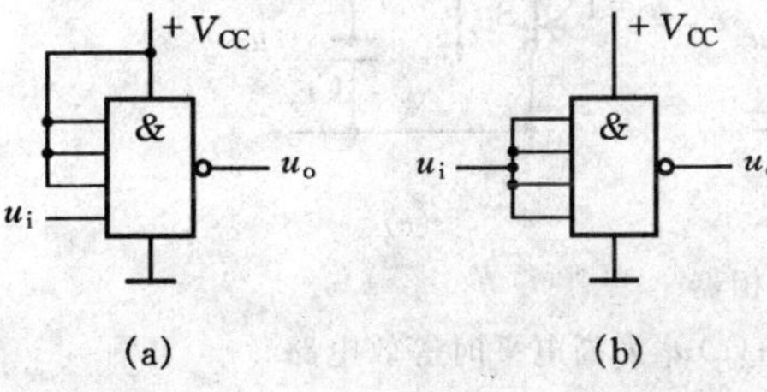

图 3-29　与非门多余输入端的接法

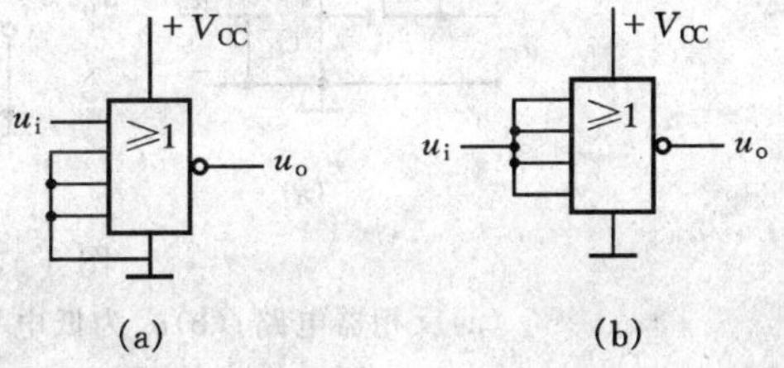

图 3-30　或非门多余输入端的接法

3.4　CMOS 门电路与传输门

前面介绍了双极型 TTL 系列逻辑门电路的原理、符号、功能和相关特性参数，随着门电路制造工艺的不同及不断的改进，又出现单极型的 NMOS、PMOS 和由 NMOS、PMOS 组成的结构互补的 CMOS 逻辑器件。目前 CMOS 电路的应用非常广泛。

3.4.1　CMOS 反相器

1. CMOS 反相器电路组成

CMOS 反相器的电路如图 3-31(a)所示。图中，T_1(NMOS)为驱动管，T_2(PMOS)为负载管，两个管的栅极相连接作为反相器的输入端，两个管的漏极相连作为输出端，PMOS 的源极接正电压 V_{DD}，NMOS 的源极接地。由于 PMOS 和 NMOS 在电气和逻辑特性上互补，即 PMOS 的电压极性以及电流方向都与 NMOS 相反，所以该电路叫做互补 MOS 反相器电路，也称为 CMOS 反相器电路。

为了使 CMOS 反相器正常工作，要求 $V_{DD} \geqslant (U_{GS(th)} + |U_{GS(off)}|)$，且 $U_{GS(th)} = |U_{GS(off)}|$。

2. CMOS 反相器工作原理

(1)当输入 $u_i=0V$ 时，T_1 管的 $u_{GS}=0V<U_{GS(th)}$，则 T_1 管截止；T_2 管的 $u_{GS}=V_{DD}>|U_{GS(off)}|$，则 T_2 管导通(导通电阻几百欧姆)，由于分布电容 C_L 的存在，所以稳态输出 $u_O=V_{DD}$，如图 3-31(b)所示。

(2)当输入 $u_i=V_{DD}$ 时，T_1 管的 $u_{GS}=V_{DD}>U_{GS(th)}$，所以 T_1 管导通；T_2 的 $u_{GS}=0V<|U_{GS(off)}|$，所以 T_2 管截止，输出 $u_O=0V$，如图 3-31(c)所示。

综上所述，该电路实现了反相器的功能，当输入为逻辑变量 A 时，输出为 $\overline{A}$。且由于无论输入高电平还是低电平，两个管子总是一个导通一个截止，所以 CMOS 反相器的静态功耗极低。

由于该电路中的 $U_{GS(th)}$ 和 $U_{GS(off)}$ 特性对称，同时 $U_{GS(th)}=|U_{GS(off)}|=V_{DD}/2$，所以其过渡区很窄，具有很高的噪声容限。

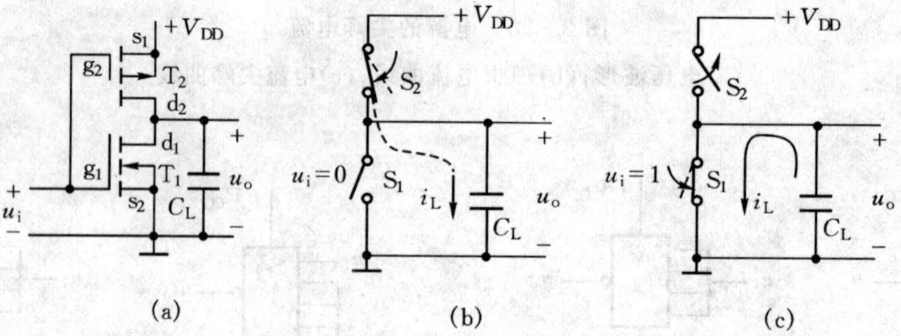

图 3-31 CMOS 反相器

(a)反相器电路；(b)u_i 为低电平时等效电路；(c)u_i 为高电平时等效电路

3.4.2 CMOS 与非门和或非门

1. CMOS 与非门

CMOS 与非门电路如图 3-32 所示。两个串联的增强型 NMOS 管 T_1 和 T_2 为驱动管，两个并联的增强型 PMOS 管 T_3 和 T_4 为负载管。从本章引入门电路概念的过程可知，两个串联的开关实现的是逻辑与的功能，两个并联的开关实现的是逻辑或的功能。其工作原理分析如下：

当 $A=B=0$ 时，T_1、T_2 都截止，T_3、T_4 都导通，输出 $L=1$；

当 $A=0, B=1$ 时，T_1 截止，而 T_1 和 T_2 为串联关系，所以 T_2 可以不考虑；T_3 导通，T_4 截止，由于 T_3、T_4 为并联关系，所以 T_4 可以不考虑，输出 $L=1$；

当 $A=1, B=0$ 时，T_2 截止，而 T_1 和 T_2 为串联关系，所以 T_1 可以不考虑；T_4 导通，T_3 截止，由于 T_3、T_4 为并联关系，所以 T_3 可以不考虑，输出 $L=1$；

当输入 $A=B=1$ 时，T_1、T_2 都导通，T_3、T_4 都截止，输出 $L=0$。

综上所述，该电路实现了与非的功能，当输入为逻辑变量 A 和 B 时，输出为 $\overline{AB}$。

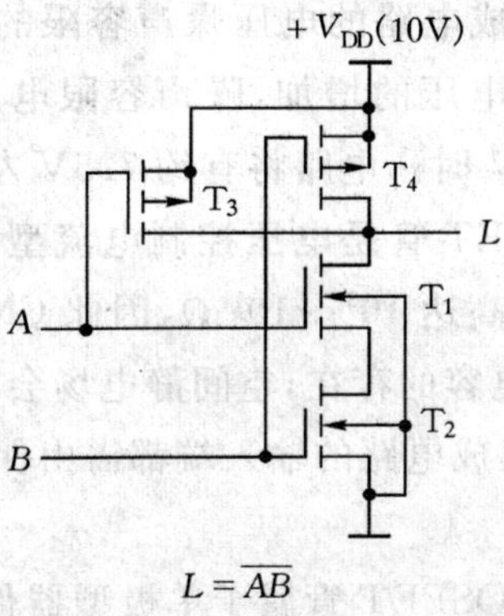

图 3-32　CMOS 与非门电路

2. CMOS 或非门

CMOS 或非门电路如图 3-33 所示，其工作原理分析如下：

当输入 $A=B=0$ 时，T_1、T_2 都截止，T_3、T_4 都导通，输出 $L=1$；

当输入 $A=0$，$B=1$ 时，T_1 截止，T_2 导通，T_4 截止，输出 $L=0$；

当输入 $A=1$，$B=0$ 时，T_2 截止，T_1 导通，T_3 截止，输出 $L=0$；

当输入 $A=B=1$ 时，T_1、T_2 都导通，T_3、T_4 都截止，输出 $L=0$。

综上所述，该电路实现了或非的功能，当输入为逻辑变量 A 和 B 时，输出为 $\overline{A+B}$。

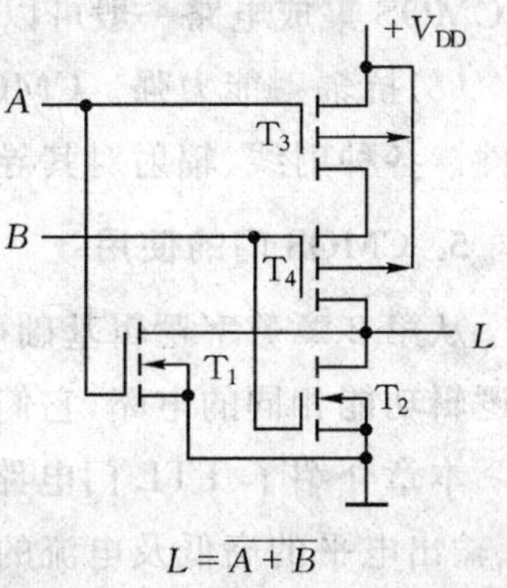

图 3-33　CMOS 或非门电路

3. CMOS 复合门电路

从前面相关知识可知，只要有反相器、与非门、或非门就可以构成任意逻辑门电路。例如，在与非门的输出端接入反相器就变成为与门，依此类推。

4. CMOS 门电路的特点

综合前述可知，CMOS 门电路和 TTL 门电路相比，有如下特点。

(1)功耗低。CMOS 集成电路互补的结构特点决定了工作时两个串联的场效应管总是处于一个管导通、另一个管截止的状态，电路静态功耗理论上为零。实际上，由于存在漏电流，CMOS 电路尚有微量静态功耗。单个门电路的功耗典型值仅为 20mW，动态功耗(在 1MHz 工作频率时)也仅为几毫瓦。

(2)工作电压范围宽。CMOS 集成电路供电简单，供电电源体积小，基本上不需稳压。国产 CC4000 系列的集成电路可在 ±3～±18V 电压下正常工作，在管脚图上正电源用 V_{DD}、负电源用 V_{SS} 表示。而 TTL 电路的工作电源固定为正电源 5V，用 V_{CC} 表示电源端，GND 表示接地端。

(3)逻辑摆幅大。CMOS 集成电路的逻辑高电平和逻辑低电平分别接近于电源的高电位 V_{DD} 及低电位 V_{SS}。当 $V_{DD}=15V$，$V_{SS}=0V$ 时，输出逻辑摆幅近似 15V。

(4)抗干扰能力强。CMOS集成电路的电压噪声容限的典型值为电源电压的45%,保证值为电源电压的30%。随着电源电压的增加,噪声容限电压的绝对值将成比例增加。对于V_{DD}=15V的供电电压(当V_{SS}=0V时),电路将有约7.5V左右的噪声容限。

(5)输入阻抗高。由于MOSFET管是电压控制电流型,绝缘栅极仅需加控制电压,而不取电流,所以呈现出等效输入阻抗高达$10^3 \sim 10^{11}\Omega$,因此CMOS集成电路几乎不消耗驱动电路的功率。但由于栅极对地分布电容的存在,空间静电场会在分布电容上产生极高的电压,为了防止栅极被击穿,通常CMOS集成电路的输入端都需由保护反向二极管和串联电阻构成保护网络。

(6)温度稳定性能好。由于MOSFET管属于单极型器件,所以它仅有多数载流子导电而没有少数载流子。由半导体知识可知,多子的浓度与掺杂有关,少子的浓度与温度有关,因而CMOS集成电路的温度特性非常好。一般陶瓷金属封装的电路工作温度为$-55 \sim +125$℃;塑料封装的电路工作温度范围为$-45 \sim +85$℃。

(7)扇出系数大。由于CMOS集成电路的输入阻抗极高,负载几乎不取用信号源电流,所以CMOS集成电路一般可以驱动多达50个以上的同类型门输入端。

(8)抗辐射能力强。CMOS集成电路中的基本器件是MOS晶体管,属于多数载流子导电器件。各种射线、辐射对其导电性能的影响都有限,因此特别适用于航天及核实验设备。

5. CMOS门的使用

从第2章数字逻辑基础可知,不管是用硬件开关、双极型器件还是用其他形式的器件构成的逻辑功能相同的电路,它们的逻辑符号都是相同的。

本章介绍了TTL门电路,目的是为了通过分析电路结构获得它的外特性参数,例如输入、输出电平的高低及电流的大小等。对于CMOS门来说,特性参数的定义与TTL门相似,只是具体的参数值有所不同,在使用的过程中直接参考器件的数据手册即可,在此不再赘述。

对各种功能的CMOS器件而言,主要是了解它的外特性及逻辑功能,而具体电路的内部结构和工作原理不作为学习重点,因此对于CMOS逻辑电路的内部结构在此不再介绍。

(1)CMOS门的输入端不能悬空

①CMOS电路是电压控制器件,它的输入阻抗很大,易接受干扰信号,所以不用的管脚不能悬空。如果输入端为与逻辑关系,要接上拉电阻,即输入端和正电源之间接电阻;如果输入端为或逻辑关系,接下拉电阻,即输入端和地之间接电阻,通常拉电阻值取10kΩ。

②当输入端接低内阻的信号源时,要在输入端和信号源之间串联限流电阻,使输入电流限制在1mA之内。若CMOS的输入电流超过1mA就有可能被烧坏。

③当接长信号传输线时,需在CMOS电路中端接匹配电阻。

④当输入端接大电容时,应在输入端和电容间接保护电阻。电阻值为$R=\frac{U_O}{1mA}$,U_O是外接电容上的电压。

(2)TTL和CMOS电路性能比较。TTL和CMOS电路性能比较见表3-9,通过比较可以掌握CMOS的应用特性。

表 3-9　TTL 门与 CMOS 门的技术参数

参数名称 \ 类别		TTL			CMOS		
		74	74LS	74ALS	74HC	74HCT	4000
输入和输出电流	$I_{IH(max)}$/mA	0.04	0.02	0.02	0.001	0.001	0.1
	$I_{IL(max)}$/mA	1.6	0.4	0.1	0.001	0.001	0.001
	$I_{OH(max)}$/mA	0.4	0.4	0.4	4	4	0.51
	$I_{OL(max)}$/mA	16	8	8	4	4	0.51
输入和输出电压	$U_{IH(min)}$/V	2.0	2.0	2.0	3.5	2.0	3.5
	$U_{IL(max)}$/V	0.8	0.8	0.8	1.0	0.8	1.5
	$U_{OH(min)}$/V	2.4	2.7	2.7	4.9	4.9	4.6
	$U_{OL(max)}$/V	0.4	0.5	0.4	0.1	0.1	0.05
电源电压	V_{CC}或V_{DD}/V	4.75～5.25			2.0～6.0		±3.0～±18.0
平均传输延迟时间	t_{pd}/ns	9.5	8	2.5	10	13	45
功耗	P_D/mW	10	4	2.0	0.8	0.5	0.005
扇出系数	N_O	10	20	20	4000	4000	4000
噪声容限	U_{NL}/V	0.4	0.3	0.4	0.9	0.7	
	U_{NH}/V	0.4	0.7	0.7	1.4	2.9	

注：测试条件为：$V_{CC}=5V$，$C_L=15pF$，$R_L=500\Omega$，$T_a=25℃$；对于 74HC 和 74HCT，测试频率为 1MHz；

$P_D=\frac{(P_{D(静)}+P_{D(动)})}{2}$；$N_O$ 是指带同类门的扇出系数。

综上所述，TTL 器件的工作电压范围是 4.75～5.25V，74HC、74HCT 的工作范围是 2～6V，所以 TTL 器件和 74HC、74HCT 系列器件可以无缝接口。当 TTL 器件驱动 CMOS 器件时，由于 TTL 门输出电流大，而 CMOS 输入阻抗又很高，所以扇出系数很大；当 CMOS 门驱动 TTL 门时，扇出系数很小。

4000 系列的工作电压范围是±3～±18V，当 TTL 器件与 4000 系列器件接口时，如果 4000 系列器件的电源电压为 $V_{DD}=5V$，$V_{SS}=0V$ 时也可无缝接口；但当 4000 系列器件电源电压取其他值如 $V_{DD}=15V$，$V_{SS}=0V$ 时，就必须将 TTL 电路通过特殊电路（例如三态门）进行电平平移后才能相连。

3.4.3　CMOS 传输门

1. CMOS 传输门原理

CMOS 传输门实际上是一种可传输模拟信号的可控开关电路。它的原理及逻辑符号如图 3-34 所示。图中的 MOS 管都是增强型的，PMOS 管的源、漏极和 NMOS 管的漏、源极分别并联，构成传输门的输入端和输出端。由于它们的源极(s)和漏极(d)可以互换，因此传输门是双向的。

当 $C=1$（即 V_{DD}）时，$\overline{C}=0$（即 0V），无论输入信号 u_i 取 0～V_{DD}中的任何值，NMOS 管和

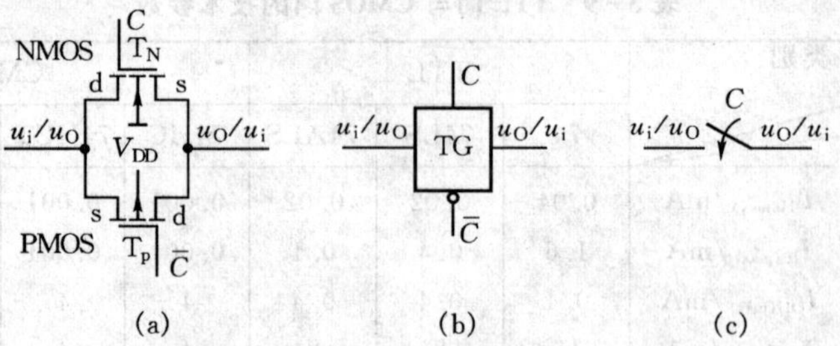

图 3-34　CMOS 传输门

(a)原理图;(b)符号;(c)等效图

PMOS 管中将至少有一个导通,输入与输出端之间呈现低阻,则输入信号被传送到输出端。

当 $C=0$(即 0 V)时,$\overline{C}=1$(即 V_{DD}),两个管子都不会导通,所以输入端与输出端被隔断。

由于 MOS 管具有低导通电阻(约几百欧姆)和很高的截止电阻(大于 10GΩ),同时 MOS 管的漏、源极对栅极具有完全对称的特点,利用这些特性可以做出接近理想的模拟开关。这种传输门既能用于传输模拟信号,也能传输数字信号。

2. CMOS 传输门的使用

(1)CMOS 传输门的特性参数。CC4066 芯片的主要特性参数如下:

①传输信号的上限频率 $f_{Imax}<$ 40MHz;

②静态功耗低,典型值为 0.1μW;

③$V_{DD}=+15$V 时,导通电阻 $R_{ON}\leqslant 240\Omega$;

④负载电阻 $R_L>100\Omega$ 时有良好的传输特性;

⑤平均传输时间在 15～40ns 之间,$V_{DD}=5$V 时,$\bar{t}_{pd}=40$ns,$V_{DD}=15$V 时,$\bar{t}_{pd}=15$ns。

(2)CMOS 传输门的应用

图 3-35(a)所示为 CMOS 传输门的基本电路,其特点是将 C 和 $\overline{C}$ 控制端经反相器变为一个控制端 C,被传输的模拟信号幅值的最大值应小于 C 的逻辑高电平。图 3-35(b)为 CMOS 模拟开关的符号,图 3-35(c)为应用电路。这里应注意,该模拟开关导通时存在导通电阻,所以,要求负载电阻 R_L 越大越好。在传输模拟信号时,尽管手册中介绍说,当负载电阻 $R_L>100\Omega$ 时有良好的传输特性,但在实际使用中常常加入输入阻抗高的电压跟随器。

当模拟开关作为多路选择开关接入 A/D 转换器的输入端时,应查看该 A/D 转换的输入阻抗是否为高输入阻抗,如果是可省去电压跟随器。

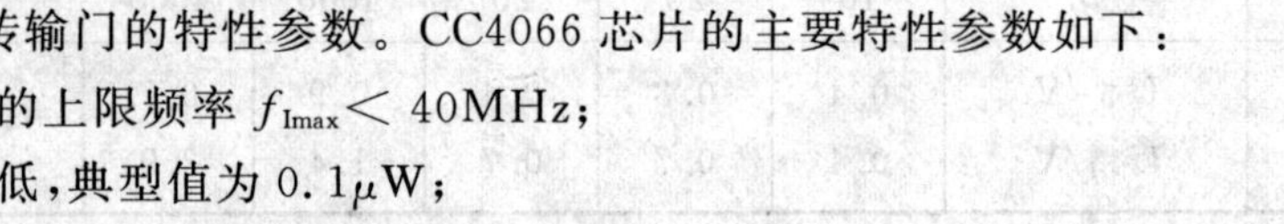

图 3-35　CMOS 传输门的应用

(a)原理图;(b)符号;(c)等效图

本章小结

1. 本章详细分析了 TTL 门电路的工作原理，目的是为了使学生掌握集成门电路外特性参数的定义和应用特点。

2. 从电压传输特性中可获得以下参数：

(1)输入低电平的最大值 $U_{\mathrm{ILmax}}=$ 关门电平 U_{off}，它意味着当输入电平 $u_{\mathrm{i}}\geqslant U_{\mathrm{off}}$ 时，TTL 电路的输出已不能够可靠截止，它的典型值为 0.8V。而对于 CMOS 来说最大值 $U_{\mathrm{ILmax}}\geqslant\frac{V_{\mathrm{DD}}}{2}$。

(2)输入高电平的最小值 $U_{\mathrm{IHmin}}=$ 开门电平 U_{on}，它意味着当输入电平 $u_{\mathrm{i}}\geqslant U_{\mathrm{on}}$ 时，TTL 电路的输出为低电平，它的典型值为 2V。而在 CMOS 中最大值 $U_{\mathrm{IHmax}}\geqslant\frac{V_{\mathrm{DD}}}{2}$。

(3)输出高电平下限值 U_{OHmin} 和输出低电平上限值 U_{OLmax}，当 $U_{\mathrm{O}}>U_{\mathrm{OHmin}}$ 时，输出为高电平，TTL 的典型值为 2.4V；当 $U_{\mathrm{O}}<U_{\mathrm{OLmax}}$ 时，输出为低电平，典型值为 0.4V。而对于 CMOS 来说 $U_{\mathrm{OLmax}}=U_{\mathrm{OHmin}}=\frac{V_{\mathrm{DD}}}{2}$。

3. 从输入特性中可获得以下参数：

(1)低电平输入电流 I_{IL}，在 TTL 中，该电流最大值为 1.6mA，而 CMOS 几乎为零。

(2)高电平输入电流 I_{IH}，在 TTL 中，该电流最大值为 1.6μA，而 CMOS 几乎为零。

4. 从输出特性中可获得以下参数：

(1)输出高电平时的最大输出电流 I_{OHmax}，当输出高电平 $U_{\mathrm{O}}=2.4$V 时输出负载电流 I_{L} 为 I_{OHmax}。该电流由输出端流入负载，称为"拉电流"，一般 $I_{\mathrm{OHmax}}\leqslant 400\mu$A。

(2)输出低电平时的最大输出电流 I_{OLmax}，当输出低电平时 $U_{\mathrm{O}}=0.4$V 的输出负载电流 I_{L} 为 I_{OLmax}。该电流由负载流入输出端，称为"灌电流"，该电流一般 $I_{\mathrm{OLmax}}\leqslant 16$mA。而在 CMOS 中，$I_{\mathrm{OLmax}}=I_{\mathrm{OHmax}}$。

(3)TTL 与非门的扇出系数 $N=N_{\mathrm{L}}=\mathrm{ent}\left(\frac{I_{\mathrm{OLmax}}}{I_{\mathrm{IS}}}\right)\geqslant 8$(去尾取整)，而 CMOS 的扇出系数 N 高达数千。

5. 动态响应特性和功耗。

典型 TTL 与非门的平均传输时延 t_{pd} 为 10 ～ 20ns。CMOS 的平均传输时延稍大一点。TTL 与非门的功耗远大于 CMOS 与非门的功耗。

6. 集电极开路门主要应用于输出线与、电平转换和可将其直接和其他不同特性的逻辑电路或外部电路相连接构成的接口电路。

7. 利用三态门可输出高阻的特点，可将其用于在一条传输总线上分时传送不同器件的信号。

8. CMOS 集成器件具有功耗低、扇出系数大、电压范围宽等优点，其工作速度和 TTL 相近，在使用中不必掌握它的内部结构，只需了解它的外特性即可。

9. CMOS 传输门在应用时应注意，实际上模拟开关的导通电阻一般为 300Ω 左右，所以，要求负载电阻 R_{L} 越大越好，在传输模拟信号时，通常应加入输入阻抗高的电压跟随器。当模拟开关作为多路选择开关接入 A/D 转换器的输入端时，如果该 A/D 转换器的输入电阻很大，可省去电压跟随器。

10. 使用集成芯片的关键是了解它的功能、符号、电源工作范围、输入输出电平的高低、负载能力和传输速度等参数，要学会通过查阅产品手册获得所需要的相关参数。

习　题

3.1　电路如图 3－36 所示，试找出电路中的错误，并说明原因。

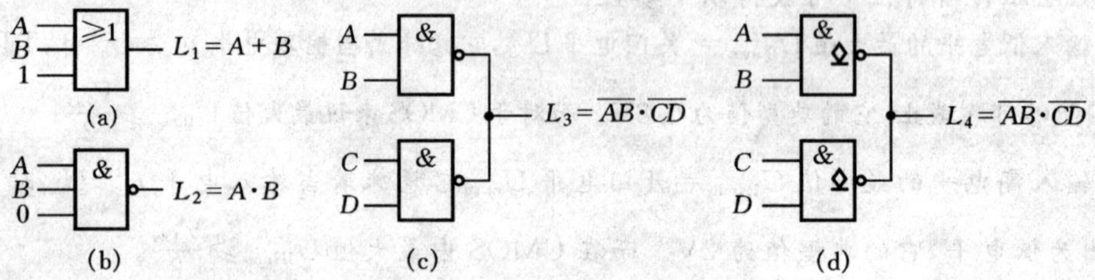

图 3－36

3.2　试写出下面各电路所实现的逻辑功能表达式。

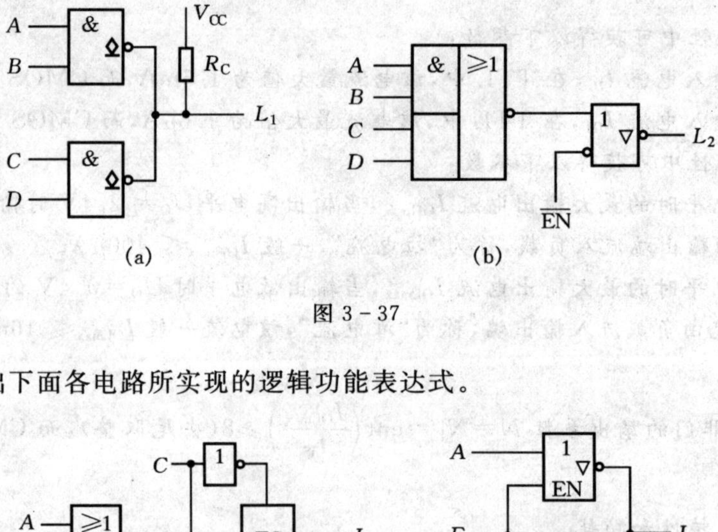

图 3－37

3.3　试写出下面各电路所实现的逻辑功能表达式。

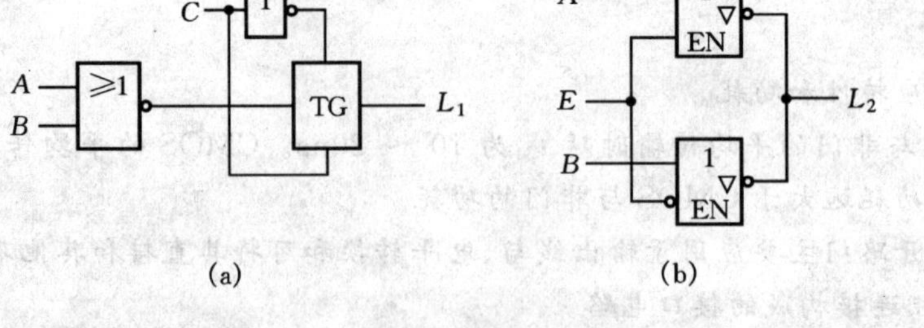

图 3－38

3.4　使用 TTL 门电路设计一个发光二极管(LED)驱动电路，设 LED 的 $U_F=2.2V$，$I_D=10mA$，若 $V_{CC}=5V$，当 LED 发光时，电路输出低电平。

3.5　画出用两只 OC 门实现 $F=\overline{AB}\cdot\overline{CD}$ 的电路图。

3.6　某一 74 系列与非门输出低电平时，最大允许的灌电流 $I_{OLmax}=16mA$，输出为高电平时的最大允许输出电流 $I_{OHmax}=400\mu A$，测得其输入低电平电流 $I_{IL}=0.8\ mA$，输入高电平电流 $I_{IH}=1.5\mu A$，若不考虑裕量，此门的实际扇出系数为多少？

3.7　试画出图 3-39 所示电路输出端 L_1、L_2 的波形。

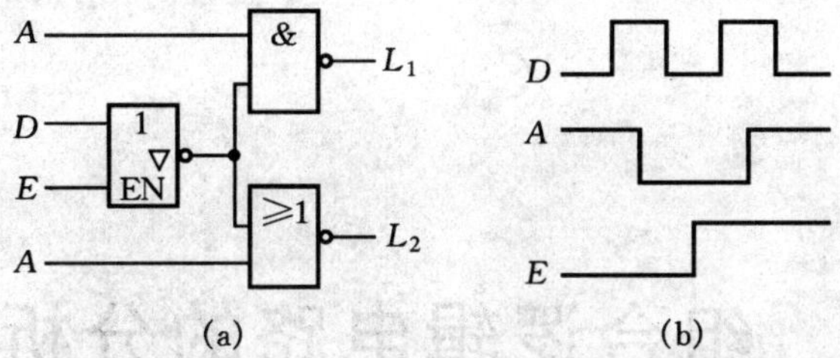

(a)　(b)

图 3-39

3.8　在 TTL74 系列电路中，试确定图 3-40 中各门电路的输出是什么状态？

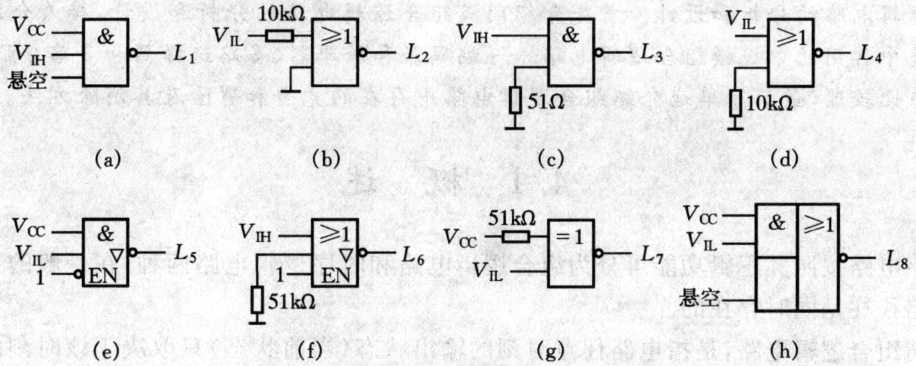

(a)　(b)　(c)　(d)　(e)　(f)　(g)　(h)

图 3-40

3.9　试说明图 3-41 所示各个 CMOS 门电路输出端的逻辑状态，写出相应信号的逻辑表达式。

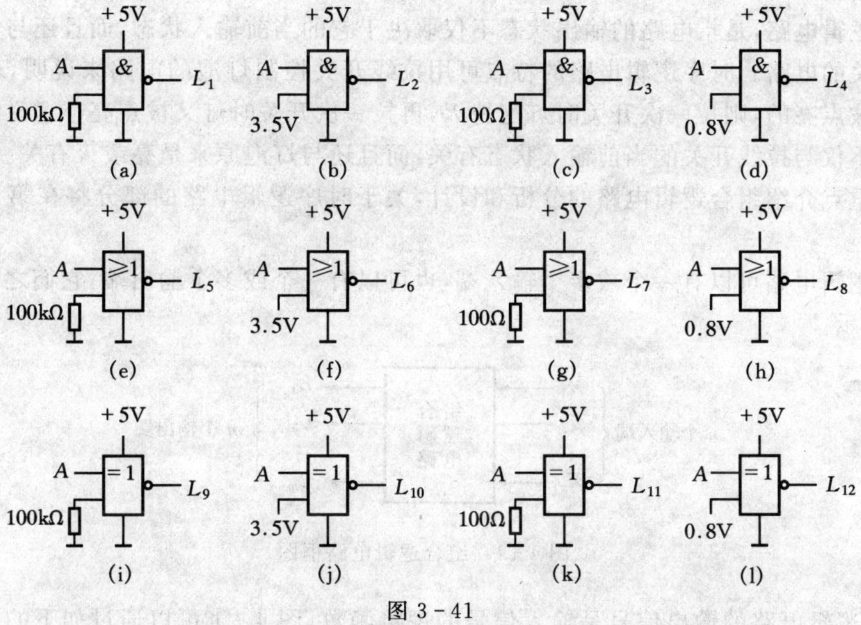

(a)　(b)　(c)　(d)　(e)　(f)　(g)　(h)　(i)　(j)　(k)　(l)

图 3-41

第4章　组合逻辑电路的分析和设计

数字电路按照其逻辑功能的不同可分为组合逻辑电路和时序逻辑电路两种，本章重点介绍组合逻辑电路的分析和设计。首先介绍门级组合逻辑电路的分析和设计，接着介绍几种在数字系统中常用的中规模组合逻辑电路——编码器和译码器、多路选择器和多路分配器、加法器和数值比较器，最后简单地介绍组合逻辑电路中存在的竞争和冒险及其消除方法。

4.1　概　述

数字电路按照其逻辑功能可分为组合逻辑电路和时序逻辑电路两种，在一般的系统中这两种电路往往是同时存在的。

所谓组合逻辑电路，是指电路任意时刻的输出状态（当前状态）只取决于该时刻的输入状态，而与该时刻之前电路的输出状态（历史状态）无关的电路。例如，用串联弹簧式按钮开关来控制灯泡的电路就具有组合逻辑的特点，当按下开关时灯亮，开关弹起时灯灭，说明灯泡的点亮和熄灭只与弹簧开关的当前状态（是按下或弹起）有关，而与灯泡原来是亮或是灭无关。组合逻辑电路在结构上的特点是：不具有存储（记忆）功能，即不含从输出端到输入端的反馈线。

时序逻辑电路，是指电路的输出状态不仅取决于它的当前输入状态，而且还与它的历史输出状态有关的电路。时序逻辑电路的特点可用拉线开关控制灯泡的电路来说明，若灯泡的原始状态是被点亮的，则拉一次开关时灯泡熄灭，再拉一次开关时灯又被点亮。这说明灯泡的点亮和熄灭不仅与拉线开关的当前输入状态有关，而且还与灯泡原来是亮或灭有关。

本章重点介绍组合逻辑电路的分析和设计，关于时序逻辑电路的部分将在第7章中详细介绍。

组合逻辑电路可以有一个或多个输入端，也可以有一个或多个输出端，它们之间的关系如图4-1所示。

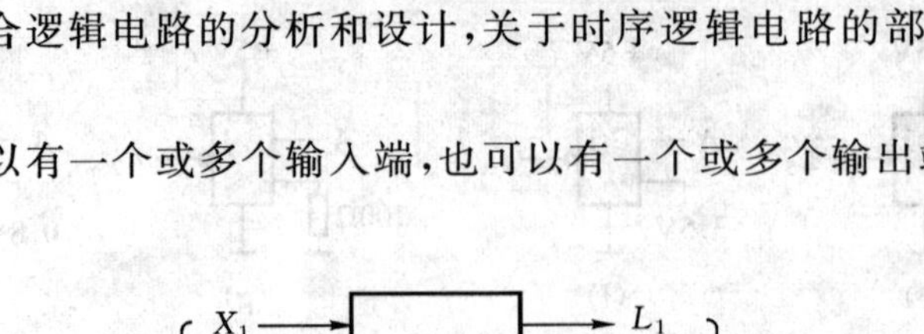

图4-1　组合逻辑电路框图

组合逻辑电路的输出信号是输入信号的逻辑函数，图4-1可以通过如下的逻辑函数来描述，也可以用和它对应的真值表、卡诺图和逻辑电路图来表示。

$$\begin{cases} L_1 = f_1(X_1, X_2 \cdots X_n) \\ L_2 = f_2(X_1, X_2 \cdots X_n) \\ \cdots \\ L_m = f_m(X_1, X_2 \cdots X_n) \end{cases}$$

组合逻辑电路可以由基本逻辑门电路构成，也可以由集成的组合逻辑电路构成。集成组合逻辑电路是人们为了使用方便将实践中大量的、经常使用的逻辑电路制成的标准集成芯片，常用的中规模集成(MSI，medium scale integration)电路有：编码器与译码器、多路选择器与多路分配器、加法器和数值比较器等。同时这些集成电路又可以作为构成复杂组合逻辑电路的基本单元。

4.2　组合逻辑电路的分析

4.2.1　组合逻辑电路分析的一般步骤

所谓组合逻辑电路的分析，就是根据给定的逻辑电路，求出它所对应的逻辑函数表达式，通过分析得出电路的逻辑功能或检验所设计电路的正确性和合理性。其一般步骤为：

(1)根据逻辑图写出输出逻辑函数表达式，以从输入端逐级到输出端(或从输出端到输入端)的顺序，先用不同符号标示出电路中各个逻辑门的输出，并写出每个门的输出逻辑函数表达式，然后写出组合电路的输出与输入之间的逻辑表达式；

(2)对逻辑函数式有时要进行适当的化简或变换；

(3)列出真值表；

(4)根据逻辑表达式或真值表确定电路的逻辑功能。

4.2.2　组合逻辑电路的分析举例

例 4-1　分析如图 4-2 所示逻辑电路的逻辑功能。

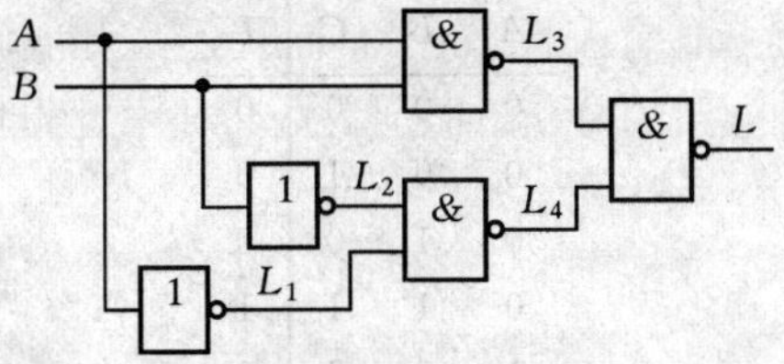

图 4-2　逻辑图

解　(1)从输入端到输出端依次标出各个逻辑门的输出 L_1、L_2、L_3、L_4，并写出各个逻辑门的输出函数为：$L_1=\overline{A}$，$L_2=\overline{B}$，$L_3=\overline{AB}$，$L_4=\overline{\overline{A}\,\overline{B}}$，该电路的输出逻辑函数为

$$L=\overline{L_3 L_4}=\overline{\overline{AB}\cdot\overline{\overline{A}\,\overline{B}}}$$

(2)通过反演规则变换后的逻辑表示式为

$$L=AB+\overline{A}\,\overline{B}$$

(3)根据 L 的表达式列出对应的真值表见表 4-1。

表 4-1

A	B	L
0	0	1
0	1	0
1	0	0
1	1	1

(4)从以上分析可知，当两个输入都为高或都为低时输出为高电平，说明该电路实现了同或的功能。

注意：当逻辑表达式比较简单时，可以省去第(3)步——列对应的真值表。

例 4-2　分析如图 4-3 所示逻辑电路的逻辑功能。

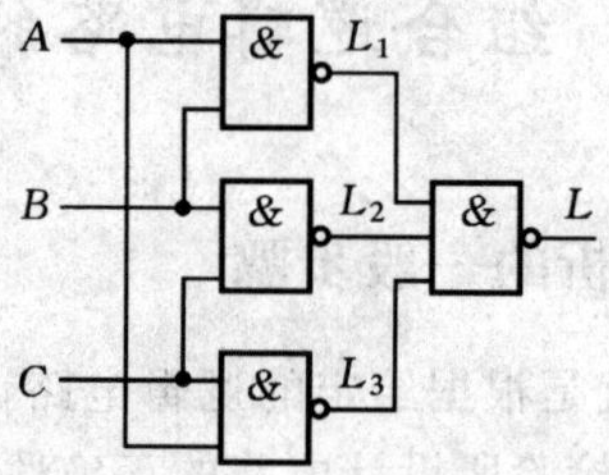

图 4-3　逻辑电路

解　(1)从输入端到输出端依次标出各个逻辑门的输出 L_1、L_2、L_3，并写出各个逻辑门的输出函数为：$L_1=\overline{AB}$，$L_2=\overline{BC}$，$L_3=\overline{AC}$。该电路的输出逻辑函数为

$$L=\overline{L_1L_2L_3}=\overline{\overline{AB}\cdot\overline{BC}\cdot\overline{AC}}$$

(2)通过反演规则变换后的表示式为

$$L=AB+BC+AC$$

(3)根据 L 的表达式列出对应的真值表见表 4-2。

表 4-2

A	B	C	L
0	0	0	0
0	0	1	0
0	1	0	0
0	1	1	1
1	0	0	0
1	0	1	1
1	1	0	1
1	1	1	1

(4)从以上分析可知，当三个输入中有两个或两个以上为高电平时输出为高电平，说明该电路实现了多数表决电路的功能。

例 4-3　分析如图 4-4 所示逻辑电路的逻辑功能。

解　(1)从输入端到输出端依次标出各个逻辑门的输出 L_1、L_2、L_3，并写出各个逻辑门的输出函数为：$L_1=\overline{AB}$，$L_2=\overline{A\,\overline{AB}}$，$L_3=\overline{B\,\overline{AB}}$，该电路的输出逻辑函数为

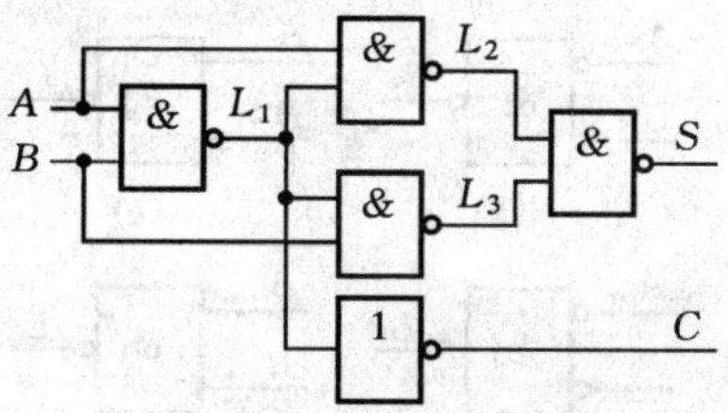

图 4-4　逻辑电路

$$S=\overline{L_2 L_3}=\overline{\overline{A\,\overline{AB}}\cdot\overline{B\,\overline{AB}}}$$

$$C=\overline{L_1}=\overline{\overline{AB}}=AB$$

(2)通过反演规则变换后 S 的表示式为：

$$S=A\oplus B$$

(3)根据 S 和 C 的表达式列出对应的真值表见表 4-3。

(4)从以上分析可知，该电路实现了两个一位二进制数的加法运算。其中，A、B 为两个加数，S 为和，C 为进位。

从上例中化简后的 S 和 C 的逻辑函数表达式可知，该功能还可以由一个异或门和一个与门构成的电路实现，如图 4-5 所示，与原电路（图 4-4）相比，所用的逻辑门的个数少，逻辑图简单明了。这说明同一逻辑功能可以由不同的逻辑门电路来实现。

表 4-3　半加器真值表

A	B	S	C
0	0	0	0
0	1	1	0
1	0	1	0
1	1	0	1

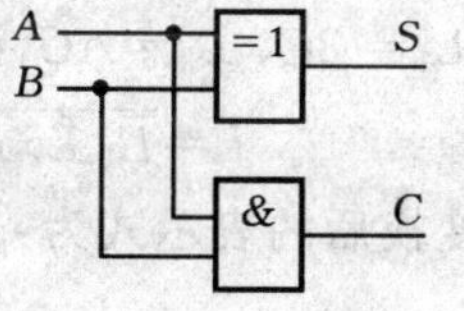

图 4-5　半加器

另外，上例中，两个一位二进制数 A 和 B 相加时没有考虑低位的进位，这种加法运算叫做半加运算，专门实现该功能的电路称为半加器。如果两个一位二进制数相加时考虑了低位的进位，则称为全加器。

4.2.3* 带有负逻辑符号的组合逻辑电路的分析

在组合逻辑电路分析中，常遇到正负逻辑符号混合组成的逻辑电路图，尤其是在国外产品手册中更为常见。在第 2 章中曾经提到正逻辑的与按负逻辑定义就变为负逻辑的或，反之，正逻辑的或按负逻辑定义就变为负逻辑的与，如图 4-6 所示，图(a)表示正逻辑的或，图(b)是用负逻辑符号表示的与门；同理，图(c)表示正逻辑的或非门，图(d)是用负逻辑符号表示的与非门；图(e)表示正逻辑的与，图(f)是用负逻辑符号表示的或门；图(g)表示正逻辑的与非门，图(h)是用负逻辑符号表示的或非门。

当一个逻辑图中既有正逻辑符号，又有负逻辑符号时，可以将其均按正逻辑来分析。由图 4-6(a)、(b)可以看出，或相当于非与非，因此，图(b)可以直接表示为 $L=\overline{\overline{A}\,\overline{B}}$。同理，图(d)可以表示为 $L=\overline{A}\,\overline{B}$，图(f)可以表示为 $L=\overline{\overline{A}+\overline{B}}$，图(h)可以表示为 $L=\overline{A}+\overline{B}$。

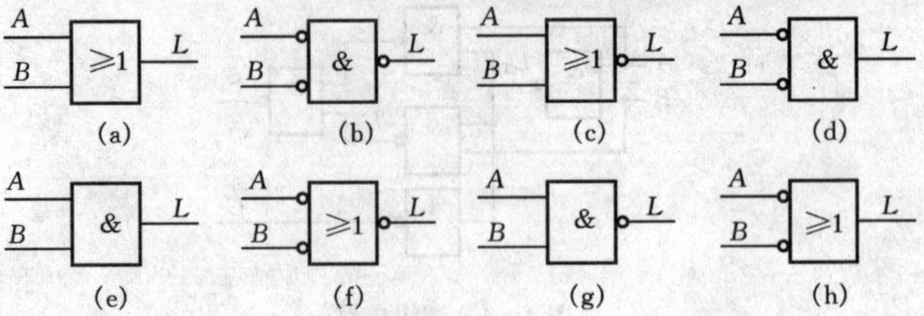

图 4-6　分别用正、负逻辑符号表示的逻辑门

例 4-4　分析如图 4-7 所示逻辑电路的逻辑功能。

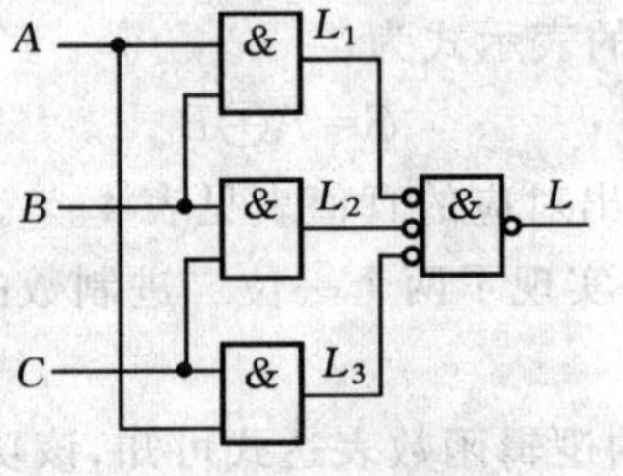

图 4-7　逻辑电路

解　(1)从输入端到输出端依次标出各个逻辑门的输出 L_1、L_2、L_3，并写出各个逻辑门的输出函数为：$L_1=AB$，$L_2=BC$，$L_3=AC$，该电路的输出逻辑函数为：

$$L=\overline{\overline{L_1}\ \overline{L_2}\ \overline{L_3}}=\overline{\overline{AB}\cdot\overline{BC}\cdot\overline{AC}}$$

(2)通过反演规则变换后的表示式为：

$$L=AB+BC+AC$$

(3)根据 L 的表达式列出对应的真值表见表 4-4。

表 4-4

A	B	C	L
0	0	0	0
0	0	1	0
0	1	0	0
0	1	1	1
1	0	0	0
1	0	1	1
1	1	0	1
1	1	1	1

(4)从以上分析可知，当三个输入中有两个或两个以上为高电平时输出为高电平，说明该电路实现了多数表决电路的功能。

该例题实际上是给出了例 4-2 电路图按照正负逻辑混合表示的逻辑图，对照可知，按照正逻辑的分析方法也可以得出同样的结果。

4.3　组合逻辑电路的设计

4.3.1　组合逻辑电路设计的一般步骤

组合逻辑电路的设计是逻辑电路分析的逆过程，即已知逻辑功能要求，求出它所对应的组合逻辑函数的与或表达式，然后经化简和变换，画出满足设计要求的逻辑电路图。组合逻辑电路设计的一般步骤如下：

(1)根据设计要求，通过分析事件的因果关系，确定输入与输出逻辑变量的个数并规定其符号。一般采用正逻辑定义变量取 1 或 0 的含义，即为逻辑状态赋值。

(2)根据输入、输出之间的因果关系列出真值表(或直接填入卡诺图化简)并写出逻辑函数表达式。一般将输出逻辑函数式化简为最简与或表达式，如要求用指定的门电路或集成电路实现，则需将逻辑表达式变换为相应的表达形式。

(3)根据逻辑函数表达式画出逻辑图。

4.3.2　组合逻辑电路的设计举例

例 4-5　设计一个交通灯的故障检测电路，要求 R、G、Y 三灯同时刻有且只有一灯亮时为正常状态，无灯亮或有两灯以上亮时表明出现故障。

解　(1)根据题意可知，实现该逻辑功能需要三个指示灯即三个输入变量 R、G、Y 和一个输出变量 L 来显示故障，并规定当灯亮时为 1，反之为 0，输出正常时为 0，出现故障时为 1。

(2)由题意列真值表见表 4-5。

表 4-5　交通灯故障真值表

输入	Y	0	1	0	1	0	1	0	1
	G	0	0	1	1	0	0	1	1
	R	0	0	0	0	1	1	1	1
输出	L	1	0	0	1	0	1	1	1

由真值表写出逻辑函数表达式为：$L=\overline{R}GY+R\overline{G}Y+RG\overline{Y}+RGY+\overline{R}\,\overline{G}\,\overline{Y}$

(3)化简上面的函数表达式，因为根据真值表可以很容易地得到它所对应的卡诺图，因此一般都通过卡诺图来化简所得到的逻辑函数表达式。本例所对应的卡诺图如图 4-8 所示。化简卡诺图得到逻辑函数的最简与或式为

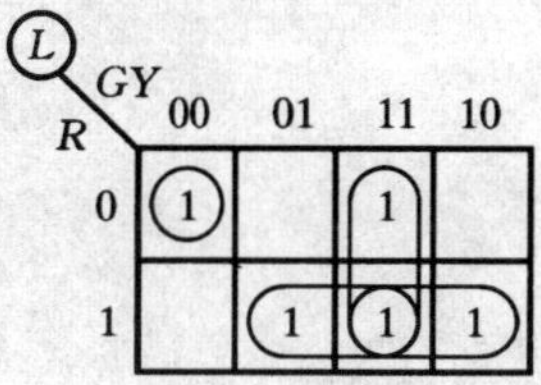

图 4-8

$$L=RY+GY+RG+\overline{R}\,\overline{G}\,\overline{Y}$$
$$=RY+GY+RG+\overline{R+G+Y}$$

(4)根据逻辑函数表达式画出对应的逻辑电路如图 4-9 所示。

若题目中要求用与非门来实现该逻辑功能，则需要将(3)中的逻辑函数表达式等效变换为与非-与非表达式，即：

$$L=\overline{\overline{RY}\cdot\overline{GY}\cdot\overline{RG}\cdot\overline{\overline{R}\cdot\overline{G}\cdot\overline{Y}}}$$

$$=\overline{\overline{RY}\cdot\overline{GY}\cdot\overline{RG}\cdot\overline{\overline{R\cdot 1}\cdot\overline{G\cdot 1}\cdot\overline{Y\cdot 1}}}$$

该表达式所对应的逻辑图如图 4-10 所示。

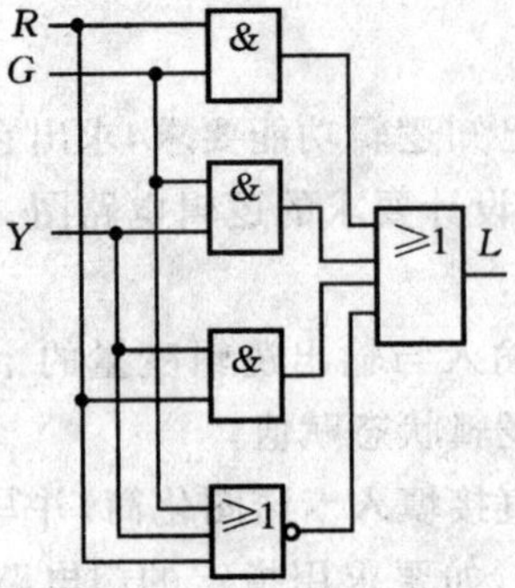

图 4-9 逻辑电路图

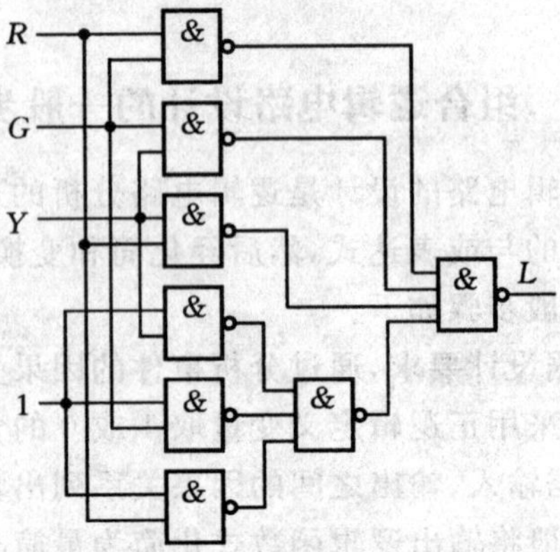

图 4-10 用与非门实现的逻辑电路图

例 4-6 试设计一个三变量 A、B、C 偶校验电路，要求当输入信号中含偶数个 1(含 0 个 1)时输出信号 L 为 1，否则为 0。

解 (1)根据题意列真值表见表 4-6。

表 4-6 三变量偶校验真值表

输入	C	0	1	0	1	0	1	0	1
	B	0	0	1	1	0	0	1	1
	A	0	0	0	0	1	1	1	1
输出	L	1	0	0	1	0	1	1	0

(2)由真值表写出逻辑函数表达式为：$L=\overline{A}\,\overline{B}\,\overline{C}+\overline{A}\,B\,C+A\,\overline{B}\,C+A\,B\,\overline{C}$。

(3)将函数表达式变换为如下形式

$$\begin{aligned}L&=\overline{A}(B\odot C)+A(B\oplus C)\\&=\overline{A}\;\overline{(B\oplus C)}+A(B\oplus C)\\&=\overline{A\oplus(B\oplus C)}\end{aligned}$$

(4)根据逻辑函数得到的电路图如图 4-11 所示。

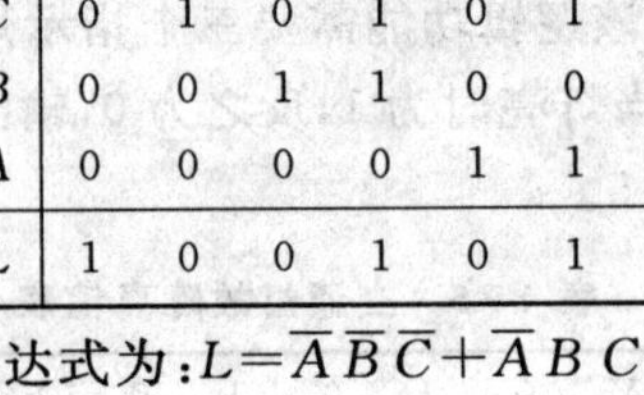

图 4-11 三变量偶校验电路

例 4-7 设计一个将 8421BCD 码转换为格雷码的电路。

解 1 (1)根据题意，输入为 A、B、C、D 表示的 8421BCD 码，输出为 L_1、L_2、L_3、L_4 表示的格雷码，且由码制的相关知识可知，8421BCD 码和格雷码的对应关系见表 4-7。

表 4-7　8421BCD 码和格雷码的对应关系

8421BCD 码				格雷码			
A	B	C	D	L_1	L_2	L_3	L_4
0	0	0	0	0	0	0	0
0	0	0	1	0	0	0	1
0	0	1	0	0	0	1	1
0	0	1	1	0	0	1	0
0	1	0	0	0	1	1	0
0	1	0	1	0	1	1	1
0	1	1	0	0	1	0	1
0	1	1	1	0	1	0	0
1	0	0	0	1	1	0	0
1	0	0	1	1	1	0	1

(2)由上面的对应关系写出输出的逻辑函数表达式为：

$$L_1=A\,\overline{B}\,\overline{C}\,\overline{D}+A\,\overline{B}\,\overline{C}D$$

$$L_2=\overline{A}B\,\overline{C}\,\overline{D}+\overline{A}B\,\overline{C}D+\overline{A}BC\,\overline{D}+\overline{A}BCD+A\,\overline{B}\,\overline{C}\,\overline{D}+A\,\overline{B}\,\overline{C}D$$

$$L_3=\overline{A}\,\overline{B}C\,\overline{D}+\overline{A}\,\overline{B}CD+\overline{A}B\,\overline{C}\,\overline{D}+\overline{A}B\,\overline{C}D$$

$$L_4=\overline{A}\,\overline{B}\,\overline{C}D+\overline{A}\,\overline{B}C\,\overline{D}+\overline{A}B\,\overline{C}D+\overline{A}BC\,\overline{D}+A\,\overline{B}\,\overline{C}D$$

(3)将真值表转换为卡诺图并对输出变量进行化简，如图 4-12(a)所示。

(4)根据逻辑函数得到的电路图如图 4-12(b)所示。

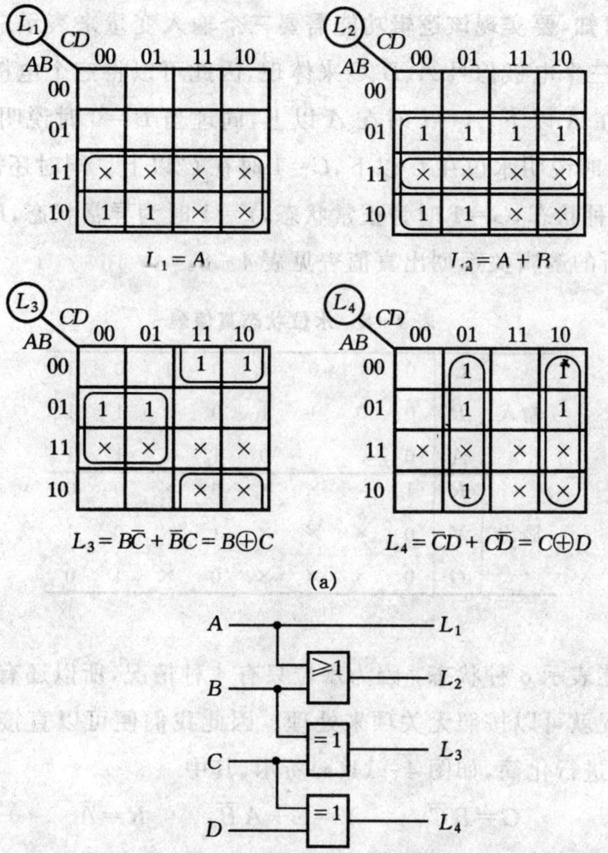

图 4-12　将 8421BCD 码转换为格雷码

(a)卡诺图；(b)逻辑电路

解 2 在多路输入和多路输出的情况下，如果发现某列的输入和输出的某列是相等的，或者通过输入列的简单逻辑关系可以直接写出输出列的表达式，这时可用观察法直接写出输出端的逻辑函数，例如：输入的 A 列和输出的 L_1 列相等，则可直接写出 L_1 的表达式为：

$$L_1=A,\ 同理,\ L_2=A+B,\ L_3=B\oplus C,\ L_4=C\oplus D$$

例 4-8 一热水器的示意图如图 4-13 所示，图中虚线表示水位；A、B、C 电极被水浸没时会有信号输出。水面在 C、B 间时为正常状态，绿灯 G 亮；水面在 B、A 间或在 C 以上时为异常状态，黄灯 Y 亮；水面在 A 以下时为危险状态红灯 R 亮；试设计该检测水位的组合逻辑电路。

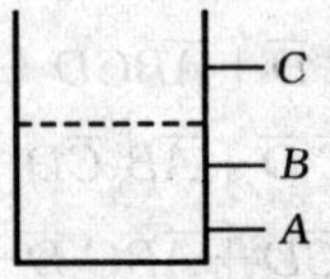

图 4-13

解 (1)从题意可知，要实现该逻辑功能需要三个输入变量来表示三种不同的水位，而这三种水位又可以通过三个电极信号 A、B、C 来体现，因此可以将三个电极信号作为输入变量。当 $A=0$ 时说明水位在 A 以下，$A=1$ 时在 A 以上，同理当 $B=0$ 时说明水位在 B 以下，$B=1$ 时在 B 以上；当 $C=0$ 时说明水位在 C 以下，$C=1$ 时在 C 以上。同时还需要三个输出信号 G、Y、R 来表示水位的三种状态，$G=1$ 时为正常状态，$Y=1$ 时为异常状态，$R=1$ 时为危险状态。

(2)按照上面分析的逻辑关系列出真值表见表 4-8。

表 4-8 水位状态真值表

输入	C	0	1	0	1	0	1	0	1
	B	0	0	1	1	0	0	1	1
	A	0	0	0	0	1	1	1	1
输出	R	1	×	×	×	0	×	0	0
	Y	0	×	×	×	1	×	0	1
	G	0	×	×	×	0	×	1	0

(3)三变量输入能表示 8 种状态，因为水位只有 4 种情况，所以还有 4 种输入是不可能出现的，那么这 4 种情况就可以按照无关项来处理。因此我们便可以直接将真值表转换为卡诺图并对三个输出变量进行化简，如图 4-14(a)所示，其中

$$G=B\overline{C},\qquad Y=C+A\overline{B},\qquad R=\overline{A}$$

(4)根据逻辑函数表达式画出逻辑电路图如图 4-14(b)所示。

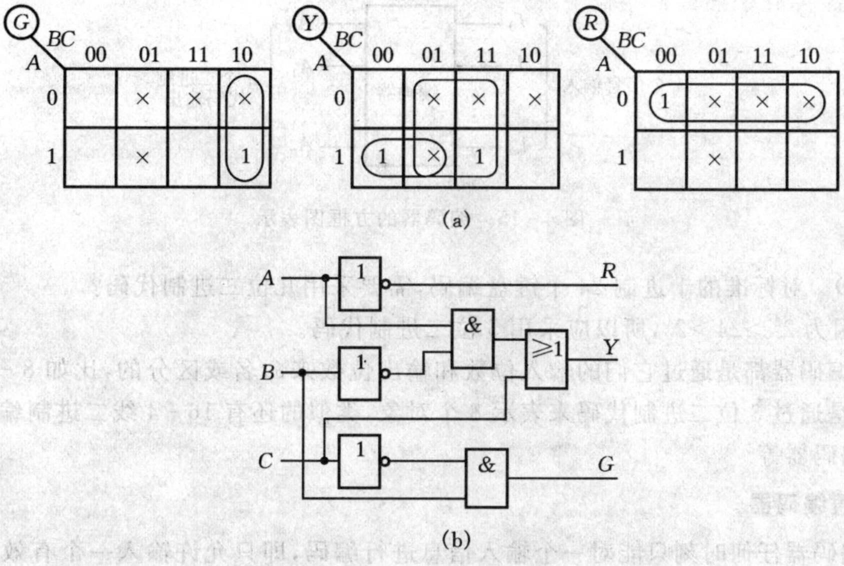

图 4-14　水位检测

(a)卡诺图；(b)逻辑电路

4.4　常用中规模集成组合逻辑电路

常用的中规模集成电路有：编码器与译码器、多路选择器与多路分配器、加法器和数值比较器等。对集成组合逻辑电路的学习不同于门级组合逻辑电路，它不要求了解芯片内部的具体结构，而只要求掌握符号图、功能表、逻辑表达式和逻辑功能等，并能通过这些特性正确地使用它完成所需的逻辑功能。

为了便于理解，本节先从基本门电路入手，通过分析简单的电路说明其功能和原理，然后引出对应的中规模集成电路及其应用电路的分析与应用设计方法。

4.4.1　编码器

将一定位数的数码按一定的规则排列起来表示特定对象的过程，称为编码。这里的特定对象可以表示具体的数值也可以表示具有实际意义的特定事件。如邮政编码、宿舍房间编码或计算机的键盘编码等。

将二进制数码 0 或 1 按一定规则组成代码表示一个特定对象的过程叫做二进制编码。本书介绍的均为二进制编码。

实现编码功能的电路称为编码电路，而相应的 MSI 芯片称为编码器(Encoder)。按照被编码对象的特点和编码要求，有各种不同的编码器，如普通编码器(二进制编码器)、优先编码器和 BCD 编码器等。编码器的功能还可以用方框图 4-15 形象地展现出来。

在二进制编码器中，输出端的 n 位二进制数最多可对 2^n 个对象进行编码，若要对 m 个对象编码，则所选用的编码器输出端的位数 n 必须满足 $2^n \geqslant m$。

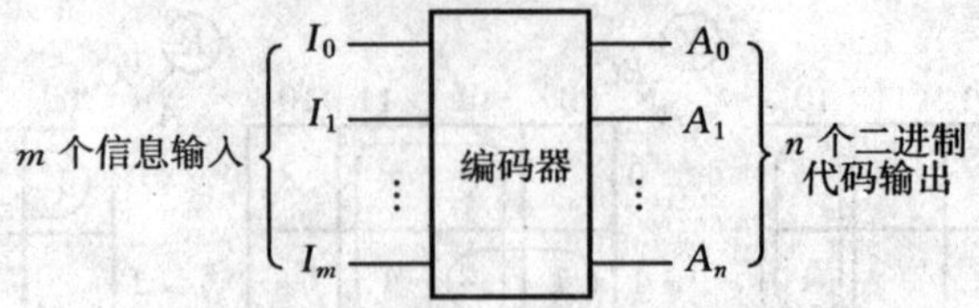

图 4-15 编码器的方框图表示

例 4-9 对标准的十进制 24 个键盘编码，需要采用几位二进制代码？

解 因为 $2^5>24>2^4$，所以应采用 5 位二进制代码。

通常，编码器都是通过它们的输入位数和输出位数来命名或区分的，比如 8-3 线二进制编码器，它是通过 3 位二进制代码来表示 8 个对象，类似的还有 16-4 线二进制编码器，2^n-n 线二进制编码器等。

1. 普通编码器

普通编码器任何时刻只能对一个输入信息进行编码，即只允许输入一个有效编码请求信号，否则输出将发生混乱。图 4-16 给出了 8-3 线编码器的逻辑图。

从图 4-16 可知，当多路选择开关打到 $I_1 \sim I_7$ 中的任一个输入端时，该输入端为高电平“1”，且与其相关的或门输出也为高电平“1”，其他输入端和不相关或门输出均为低电平“0”。当多路选择开关没有打到 $I_1 \sim I_7$ 中的任一个输入端时，所有输入端均为低电平“0”，即所有或门输出为低电平“0”，相当于输入端 I_0 输入高电平，因此 I_0 不需接入电路。我们可以将这种逻辑关系写成如表 4-9 所示的形式，在中规模组合逻辑电路里将该表叫做功能表，功能表是简化了的真值表，因为它没有列出输入变量的所有取值的组合，而只列出了有效的取值组合。

图 4-16 8-3 线编码器的逻辑图

表 4-9 8-3 线编码器的功能表

I_0	I_1	I_2	I_3	I_4	I_5	I_6	I_7	A_2	A_1	A_0
1	0	0	0	0	0	0	0	0	0	0
0	1	0	0	0	0	0	0	0	0	1
0	0	1	0	0	0	0	0	0	1	0
0	0	0	1	0	0	0	0	0	1	1
0	0	0	0	1	0	0	0	1	0	0
0	0	0	0	0	1	0	0	1	0	1
0	0	0	0	0	0	1	0	1	1	0
0	0	0	0	0	0	0	1	1	1	1

根据功能表可以得到该 8－3 线编码器的逻辑函数表达式为

$$A_2=I_4+I_5+I_6+I_7,\quad A_1=I_2+I_3+I_6+I_7,\quad A_1=I_1+I_3+I_5+I_7$$

当我们在实际中需要用到编码器时，一般不需要用逻辑门去搭建如图 4－16 所示的电路，因为市场上有各种不同功能的编码器集成芯片，这些不同功能的芯片是通过型号来区分的，比如：10 线－4 线 BCD 优先编码器 74LS147、8－3 线优先编码器 74LS148、8－8 线优先编码器 74HC149、输出为三态门的 8－3 线优先编码器 74LS348 等。

上面所提到的 8－3 线编码器就是将图 4－16 所示的电路都集成到一个芯片上，并将它的输入端和输出端保留下来，作为与外部电路的连接引脚。这样便得到如图 4－17 所示 8－3 线编码器的逻辑符号图。用户在使用集成电路的过程中只要按照自己的要求去选择合适型号的芯片，并根据该芯片的逻辑功能、符号图、功能表和逻辑函数表达式正确地使用即可。

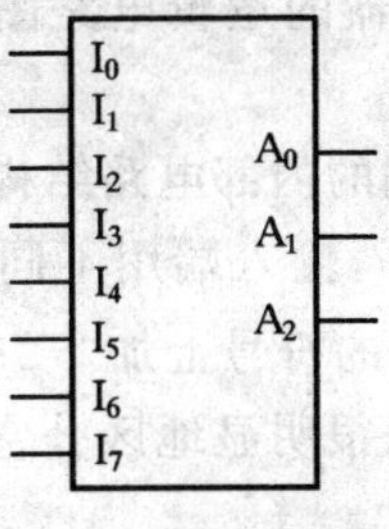

图 4－17　8－3 线编码器的符号图

8－3 线编码器是对取值为高电平的输入端进行编码的，也就是说其输入端是高电平有效的输入端。为了满足实际应用中的各种需要，还有一种编码器被设计为低电平有效的输入端，即当输入端为低电平时进行编码。这种编码器的逻辑电路如图 4－18 所示。

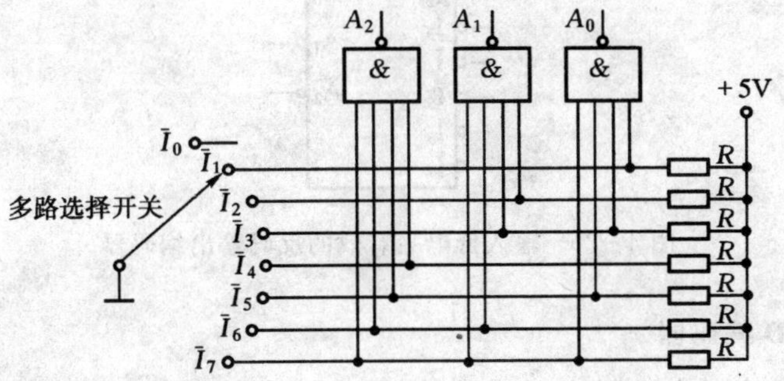

图 4－18　输入低电平有效 8－3 线编码器的逻辑图

与图 4－18 相对应的功能表见表 4－10，它所对应的符号图如图 4－19 所示。

表 4-10　8-3 线编码器(输入低电平有效)的功能表

$\overline{I}_0$	$\overline{I}_1$	$\overline{I}_2$	$\overline{I}_3$	$\overline{I}_4$	$\overline{I}_5$	$\overline{I}_6$	$\overline{I}_7$	A_2	A_1	A_0
0	1	1	1	1	1	1	1	0	0	0
1	0	1	1	1	1	1	1	0	0	1
1	1	0	1	1	1	1	1	0	1	0
1	1	1	0	1	1	1	1	0	1	1
1	1	1	1	0	1	1	1	1	0	0
1	1	1	1	1	0	1	1	1	0	1
1	1	1	1	1	1	0	1	1	1	0
1	1	1	1	1	1	1	0	1	1	1

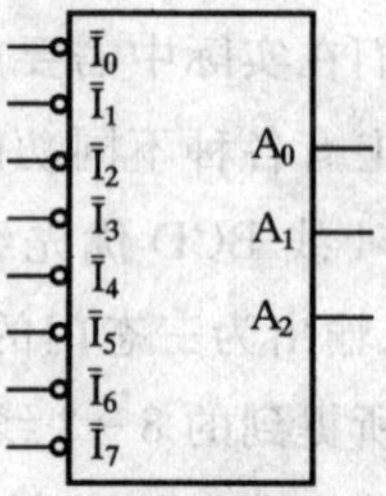

图 4-19　8-3 线编码器的符号图

根据功能表 4-10 可以得到该 8-3 线编码器的逻辑函数表达式为

$$A_2=\overline{\overline{I}_4\cdot\overline{I}_5\cdot\overline{I}_6\cdot\overline{I}_7},\quad A_1=\overline{\overline{I}_2\cdot\overline{I}_3\cdot\overline{I}_6\cdot\overline{I}_7},A_0=\overline{\overline{I}_1\cdot\overline{I}_3\cdot\overline{I}_5\cdot\overline{I}_7}$$

通过比较不同有效输入电平编码器的逻辑电路图、功能表、逻辑符号图可以得到以下结论：

(1)由于有效电平不同决定了它们的内部电路结构不同。

(2)为了区分两种不同的有效电平，输入端用不同的逻辑符号表示。高电平有效用 I_0～I_7，低电平有效的逻辑符号是在高电平的符号上加"¯"得到的，即 $\overline{I}_0$～$\overline{I}_7$。

(3)从逻辑符号图中的引脚也可以很明显地区分它们。低电平有效的引脚是在高电平引脚上加"小圆圈"得到的。

总之，用户可以通过表示输入、输出端子的逻辑符号中有无"¯"、符号图中输入和输出引脚中有无"小圆圈"来判断各个端的有效电平。例如，从图 4-20 的符号图中我们就可以得到以下信息：图中所示的 8-3 线编码器输入端为低电平有效，输出端也为低电平有效，也可以理解为反码输出。

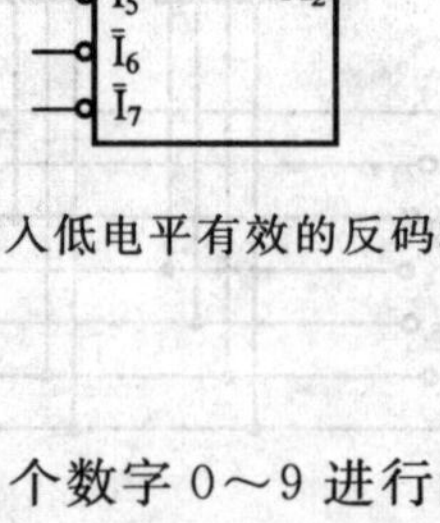

图 4-20　输入低电平有效的反码输出编码器

2. 十进制-BCD 编码器

用 4 位二进制输出对十进制的 10 个数字 0～9 进行编码的电路称为 10-4 线 BCD 编码器，常用的是 8421BCD 码。输入是代表 10 个有效数字 0～9 的有效电平，输出是 10 组 4 位二进制代码 0000～1001。根据 BCD 编码器的概念可以写出它的功能表见表 4-11。

表 4 - 11　8421BCD 编码器的功能表

I_0	I_1	I_2	I_3	I_4	I_5	I_6	I_7	I_8	I_9	A_3	A_2	A_1	A_0
1	0	0	0	0	0	0	0	0	0	0	0	0	0
0	1	0	0	0	0	0	0	0	0	0	0	0	1
0	0	1	0	0	0	0	0	0	0	0	0	1	0
0	0	0	1	0	0	0	0	0	0	0	0	1	1
0	0	0	0	1	0	0	0	0	0	0	1	0	0
0	0	0	0	0	1	0	0	0	0	0	1	0	1
0	0	0	0	0	0	1	0	0	0	0	1	1	0
0	0	0	0	0	0	0	1	0	0	0	1	1	1
0	0	0	0	0	0	0	0	1	0	1	0	0	0
0	0	0	0	0	0	0	0	0	1	1	0	0	1

根据功能表 4 - 11 可以得到该 8421BCD 编码器的逻辑函数表达式为

$$A_3=I_8+I_9,\quad A_2=I_4+I_5+I_6+I_7,\quad A_1=I_2+I_3+I_6+I_7,\quad A_0=I_1+I_3+I_5+I_7+I_9$$

从而得到它的逻辑电路图如图 4 - 21 所示。

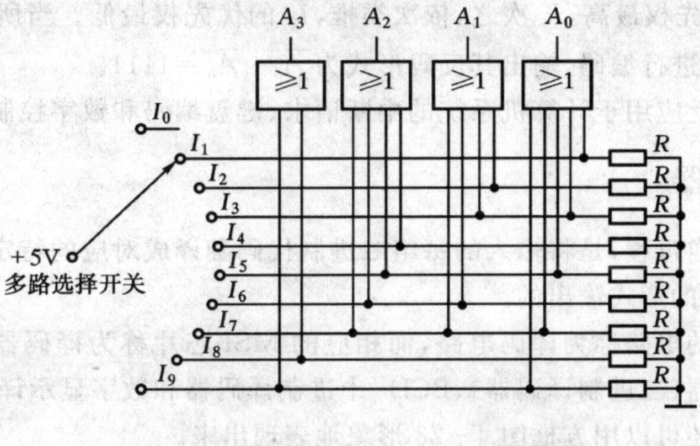

图 4 - 21　8421BCD 编码器的逻辑电路图

3. 优先编码器

在普通编码器中，任何时刻只能对一个输入信息进行编码，即只允许输入一个有效编码请求信号，当两个以上信号同时输入编码器时将产生错误输出，但在实际中常常会同时输入多路信号，比如医院的应急呼叫系统。当同时有两个或两个以上的呼叫时，医生可根据病人病情的轻重缓急来决定首先要处理的对象，这时就需要用到优先编码器。

所谓优先编码器就是对输入信号依照规定的先后顺序进行编码。这种先后顺序称为优先权。该编码器允许同时输入多路编码信号，但编码电路只对其中优先权最高的一个输入信号进行编码。

下面通过对具体的中规模集成电路 10 线 - 4 线优先编码器即 8421BCD 优先编码器 74LS147 的功能分析来进一步学习优先编码器。

(1)74LS147 的逻辑符号如图 4 - 22 所示。从该符号图可知，此编码器的输入端和输出端均为低电平有效。

(2)74LS147 的功能表见表 4 - 12。

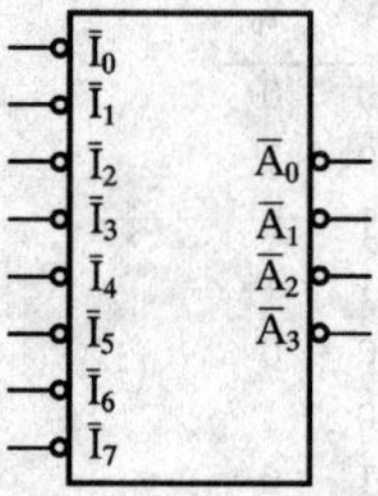

图 4－22　74LS147 的逻辑符号图

表 4－12　74LS147 的功能表

$\overline{I}_1$	$\overline{I}_2$	$\overline{I}_3$	$\overline{I}_4$	$\overline{I}_5$	$\overline{I}_6$	$\overline{I}_7$	$\overline{I}_8$	$\overline{I}_9$	$\overline{A}_0$	$\overline{A}_1$	$\overline{A}_2$	$\overline{A}_3$
×	×	×	×	×	×	×	×	0	0	1	1	0
×	×	×	×	×	×	×	0	1	0	1	1	1
×	×	×	×	×	×	0	1	1	1	0	0	0
×	×	×	×	×	0	1	1	1	1	0	0	1
×	×	×	×	0	1	1	1	1	1	0	1	0
×	×	×	0	1	1	1	1	1	1	0	1	1
×	×	0	1	1	1	1	1	1	1	1	0	0
×	0	1	1	1	1	1	1	1	1	1	0	1
0	1	1	1	1	1	1	1	1	1	1	1	0
1	1	1	1	1	1	1	1	1	1	1	1	1

由功能表可以看出，输入为 10 个低电平有效信号 $\overline{I}_0 \sim \overline{I}_9$，输出为 4 个反向输出信号 $\overline{A}_3 \sim \overline{A}_0$，允许同时有几个输入端送入有效编码信号。但是当 $\overline{I}_9=0$ 时，无论其他输入端有效或无效（表中以×表示），输出端只给出 $\overline{I}_9$ 反码形式的编码，即 $\overline{A}_3 \sim \overline{A}_0=0110$。当 $\overline{I}_9=1$，$\overline{I}_8=0$ 时，无论其他输入端有效或无效（表中以×表示），输出端只给出 $\overline{I}_8$ 反码形式的编码，即 $\overline{A}_3 \sim \overline{A}_0=0111$。这说明 $\overline{I}_9$ 优先权最高，$\overline{I}_8$ 次之，依次类推，$\overline{I}_0$ 的优先权最低。当所有输入端都为 1 时，相当于 $\overline{I}_0=0$，对 $\overline{I}_0$ 进行编码，输出其反码形式为 $\overline{A}_3 \sim \overline{A}_0=1111$。

优先编码器广泛应用于计算机系统的中断请求、键盘编码和数字控制的排队逻辑电路中。

4.4.2　译码器

译码是编码的逆过程，是将输入的每组二进制代码翻译成对应的特定信息，当然这些信息也是通过高、低电平的形式输出的。

具有译码功能的电路称为译码电路，而相应的 MSI 芯片称为译码器（Decoder）。常用的译码器有普通译码器（二进制译码器）、BCD－十进制译码器和数字显示译码器。

译码器的功能还可以用方框图 4－23 形象地表现出来。

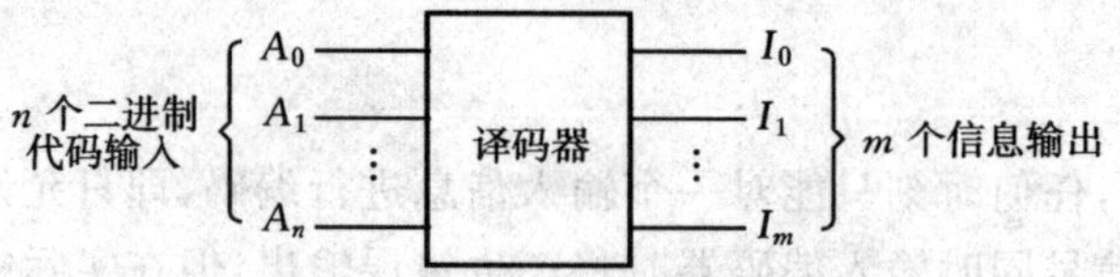

图 4－23　译码器的方框图表示

其中：$2^n \geqslant m$，在二进制译码器中，输入端的 n 位二进制数最多可被翻译为 2^n 个对象。

通常将有 n 位输入，2^n 位输出的译码器称为 $n-2^n$ 线二进制译码器。比如 3－8 线二进制译码器，它是将 3 位二进制代码翻译为 8 个对象，类似的还有 4－16 线二进制译码器。

1. 普通译码器

若译码器任一时刻只有一个输出端为有效电平，其余输出端为无效电平，则这种译码器称为普通译码器。

图 4－24 和图 4－25 分别给出了 3－8 线二进制译码器的逻辑图和符号图。其中，A、B、C 为三个译码输入端，Y_0、Y_1、Y_2、Y_3、Y_4、Y_5、Y_6、Y_7 为 8 个译码输出端。不难看出，当 ABC 取 000～111 中的任何一组值时，有且只有一个输出端为高电平，其余输出端均为低电平。这样

便可以将这种逻辑关系写成表 4-13 所示的形式。

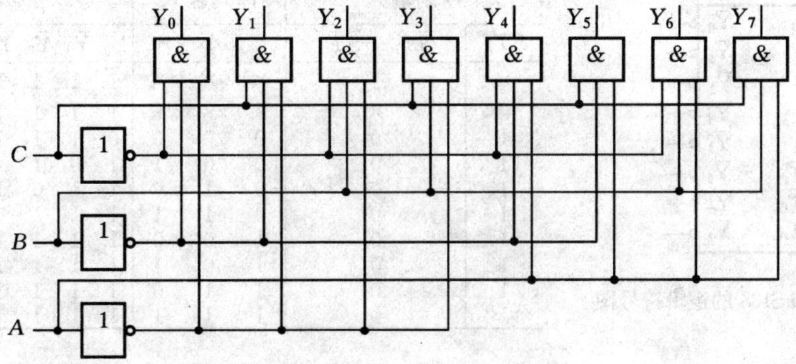

图 4-24　3-8 线译码器的逻辑图

表 4-13　3-8 线译器的功能表

A	B	C	Y_0	Y_1	Y_2	Y_3	Y_4	Y_5	Y_6	Y_7
0	0	0	1	0	0	0	0	0	0	0
0	0	1	0	1	0	0	0	0	0	0
0	1	0	0	0	1	0	0	0	0	0
0	1	1	0	0	0	1	0	0	0	0
1	0	0	0	0	0	0	1	0	0	0
1	0	1	0	0	0	0	1	0	0	0
1	1	0	0	0	0	0	0	0	1	0
1	1	1	0	0	0	0	0	0	0	1

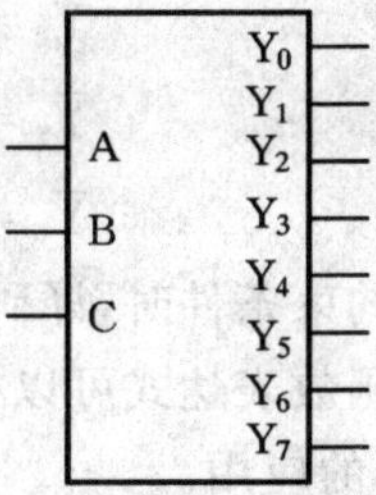

图 4-25　3-8 线译码器的符号图

根据功能表可以得到该 3-8 线译码器的逻辑函数表达式为：

$$Y_0=\overline{A}\,\overline{B}\,\overline{C}=m_0,\quad Y_1=\overline{A}\,\overline{B}C=m_1,\quad Y_2=\overline{A}B\,\overline{C}=m_2$$

$$Y_3=\overline{A}BC=m_3,\quad Y_4=A\overline{B}\,\overline{C}=m_4,\quad Y_5=A\overline{B}C=m_5$$

$$Y_6=AB\overline{C}=m_6,\quad Y_7=ABC=m_7$$

从上面的表达式可以看出：8 个输出端分别对应着 3 位二进制数的所有最小项，因此，该译码器又称为最小项唯一译码器。

当我们在实际中需要用到译码器时，一般不需要用逻辑门去搭建如图 4-24 所示的电路，因为市场上有各种不同功能的译码器集成芯片。这些不同功能的芯片是通过型号来区分的，常见的集成译码器有：74LS131、74LS137、74LS138、74LS154、74LS159 等。

(1)74LS138。

①74LS138 的逻辑符号图如图 4-26 所示。从该符号图可知，此译码器有三个译码输入端 A_0、A_1、A_2，8 个反向输出端 $\overline{Y}_7\sim\overline{Y}_0$，另外的三个端 ST_A、$\overline{ST}_B$、$\overline{ST}_C$ 为 3-8 线译码器的控制端，其中，ST_A 为高电平有效，$\overline{ST}_B$、$\overline{ST}_C$ 为低电平有效。

②74LS138 的功能表见表 4-14。从功能表中可以很清楚地分析出控制端的作用，只有当三个控制端均为有效电平，即 $ST_A=1,\overline{ST}_B+\overline{ST}_C=0$ 时，译码器才完成译码的功能，否则译码器处于禁止状态，即所有输出均为无效状态 1。正确地使用控制端可以使译码器的扩展和应用更加灵活。

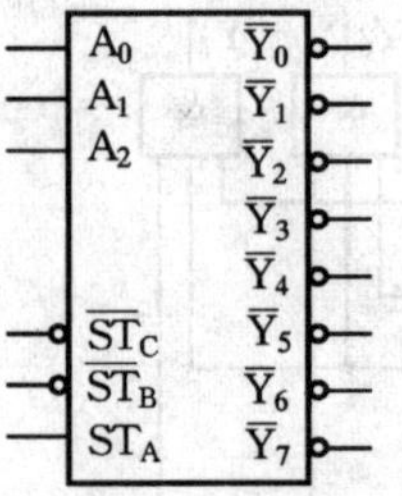

图4-26 74LS138 的逻辑符号图

表 4-14 74LS138 的功能表

控制输入		译码输入			输出							
ST_A	$\overline{ST}_B+\overline{ST}_C$	A_2	A_1	A_0	$\overline{Y}_0$	$\overline{Y}_1$	$\overline{Y}_2$	$\overline{Y}_3$	$\overline{Y}_4$	$\overline{Y}_5$	$\overline{Y}_6$	$\overline{Y}_7$
×	1	×	×	×	1	1	1	1	1	1	1	1
0	×	×	×	×	1	1	1	1	1	1	1	1
1	0	0	0	0	0	1	1	1	1	1	1	1
1	0	0	0	1	1	0	1	1	1	1	1	1
1	0	0	1	0	1	1	0	1	1	1	1	1
1	0	0	1	1	1	1	1	0	1	1	1	1
1	0	1	0	0	1	1	1	1	0	1	1	1
1	0	1	0	1	1	1	1	1	1	0	1	1
1	0	1	1	0	1	1	1	1	1	1	0	1
1	0	1	1	1	1	1	1	1	1	1	1	0

③由功能表写出的满足约束条件$ST_A=1,\overline{ST}_B+\overline{ST}_C=0$ 的输出逻辑函数表达式为

$$\overline{Y}_0=\overline{\overline{A}_2\overline{A}_1\overline{A}_0}=\overline{m}_0,\quad \overline{Y}_1=\overline{\overline{A}_2\overline{A}_1A_0}=\overline{m}_1$$

$$\overline{Y}_2=\overline{\overline{A}_2A_1\overline{A}_0}=\overline{m}_2,\quad \overline{Y}_3=\overline{\overline{A}_2A_1A_0}=\overline{m}_3$$

$$\overline{Y}_4=\overline{A_2\overline{A}_1\overline{A}_0}=\overline{m}_4,\quad \overline{Y}_5=\overline{A_2\overline{A}_1A_0}=\overline{m}_5$$

$$\overline{Y}_6=\overline{A_2A_1\overline{A}_0}=\overline{m}_6,\quad \overline{Y}_7=\overline{A_2A_1A_0}=\overline{m}_7$$

当不满足约束条件时,译码器所有输出均为无效状态,即输出全 1。

④由逻辑函数表达式可以很容易地得到门电路构成的 3-8 线译码器的逻辑电路图(略)。

(2)译码器的应用。

①地址译码器。最小项唯一译码器的基本应用是作为地址译码器,在计算机中应用非常普遍,因为在计算机系统中,根据不同的需要可能会和许多不同功能的外设相连,比如键盘、鼠标、打印机、扫描仪等。CPU 给每个外设分配有一个唯一地址代码,与有效代码对应的输出端相连的外设就被选中,才能和 CPU 交换数据。

②多输出逻辑函数发生器。由于译码器的每个输出端对应着一个输入变量的最小项,而任何逻辑函数都可写为最小项之和的表达式,因此可用这类译码器方便地构成多输出的逻辑函数发生器。

一个 n 变量输入的最小项唯一译码器,其输出包含了它全部的 2^n 个最小项。所以用 $n-2^n$ 线译码器加上输出门就能实现任何形式的输入变量不大于 n 的组合逻辑函数。

例 4-10 试用 74LS138 译码器和门电路实现逻辑函数 $L=AB+BC+AC$。

解 将逻辑函数转换成最小项和的形式,再转换成与非形式。

$$\begin{aligned}L&=AB+BC+AC\\&=\overline{A}BC+A\overline{B}C+AB\overline{C}+ABC\\&=m_3+m_5+m_6+m_7\\&=\overline{\overline{m_3}\,\overline{m_5}\,\overline{m_6}\,\overline{m_7}}\\&=\overline{\overline{Y}_3\overline{Y}_5\overline{Y}_6\overline{Y}_7}\end{aligned}$$

用一片 74LS138 加一个与非门就可实现逻辑函数 L,逻辑图如图 4-27 所示。

注意:要在电路中标注出输入输出变量,特别要注意输入变量 A、B、C 与译码器输入端 A_0、A_1、A_2 的对应关系。另外,所有控制端要连接成全部使能的状态,即使译码器工作在正常的译码状态。

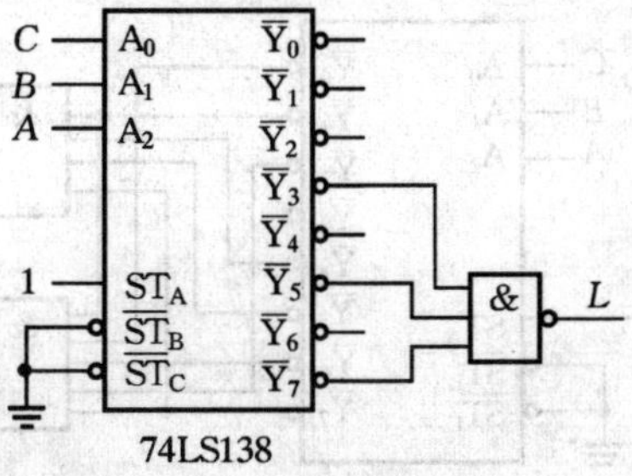

图 4-27　利用 74LS138 实现单输出函数的电路图

例 4-11　试用 74HC238 译码器和门电路实现逻辑函数 $L=AB+BC+AC$。74HC238 的逻辑符号如图 4-28 所示。

解　由图 4-28 可知，74HC238 同样是 3-8 线译码器，所不同的是它的输出端为高电平有效，所以应将逻辑函数转换成最小项和的形式。

$$\begin{aligned}L&=AB+BC+AC\\&=\overline{A}BC+A\overline{B}C+AB\overline{C}+ABC\\&=m_3+m_5+m_6+m_7\end{aligned}$$

用一片 74HC238 加一个或门就可实现逻辑函数 L，逻辑图如图 4-29 所示。

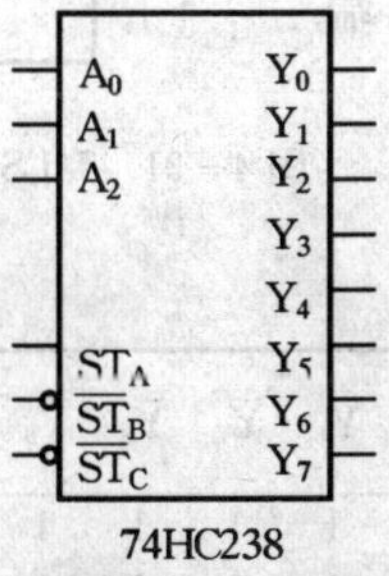

图 4-28　74HC238 逻辑符号图

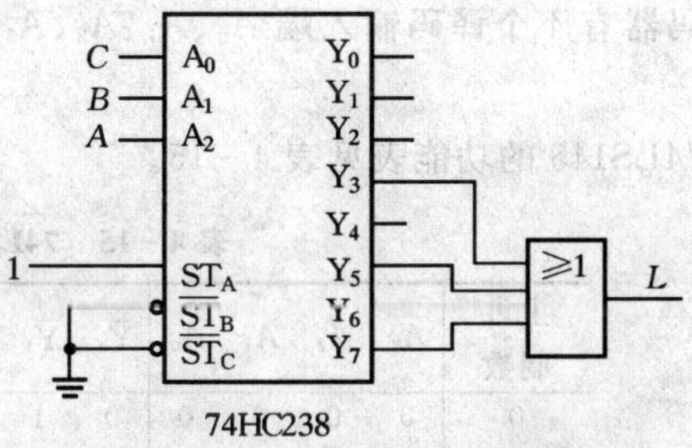

图 4-29　利用 74HC138 实现逻辑函数

例 4-12　试用 74LS138 译码器和门电路实现逻辑函数 $L_1=A\overline{B}+\overline{B}C+AC$，　$L_2=\overline{A}\,\overline{B}+B\overline{C}+ABC$。

解　(1)将逻辑函数转换成最小项和的形式，再转换成与非形式。

$$\begin{aligned}L_1&=A\overline{B}+\overline{B}C+AC\\&=\overline{A}\,\overline{B}C+A\overline{B}\,\overline{C}+A\overline{B}C+ABC\\&=m_1+m_4+m_5+m_7\\&=\overline{\overline{m_1}\,\overline{m_4}\,\overline{m_5}\,\overline{m_7}}\\&=\overline{\overline{Y}_1\overline{Y}_4\overline{Y}_5\overline{Y}_7}\end{aligned}$$

$$\begin{aligned}L_2&=\overline{A}\,\overline{B}+\overline{B}C+ABC\\&=\overline{A}\,\overline{B}\,\overline{C}+\overline{A}\,\overline{B}C+\overline{A}B\,\overline{C}+AB\overline{C}+ABC\\&=m_0+m_1+m_2+m_6+m_7\\&=\overline{\overline{m_0}\,\overline{m_1}\,\overline{m_2}\,\overline{m_6}\,\overline{m_7}}\\&=\overline{\overline{Y}_0\overline{Y}_1\overline{Y}_2\overline{Y}_6\overline{Y}_7}\end{aligned}$$

用一片 74LS138 加两个与非门就可实现逻辑函数 L_1、L_2，逻辑图如图 4-30 所示。

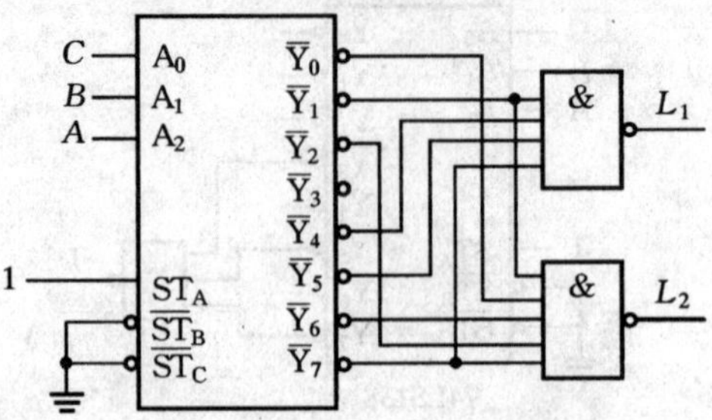

图 4－30　利用 74LS138 实现多输出逻辑函数的电路

2. BCD－十进制译码器

将输入的 4 位 BCD 码翻译成 0～9 十个相应输出信号的电路称为 BCD－十进制译码器。由于它有 4 个输入端，10 个输出端，所以又称为 4 线－10 线译码器。

常见的集成芯片有：BCD－十进制译码器 74LS42、具有驱动能力的 BCD－十进制译码器 74LS45 和输出为 OC 门的 BCD－十进制译码器/驱动器 74LS145 等。

(1)74LS145 的逻辑符号图如图 4－31 所示。从该符号图可知，此译码器有 4 个译码输入端 A_0、A_1、A_2、A_3，10 个反向输出端 $\overline{Y}_0$～$\overline{Y}_9$。

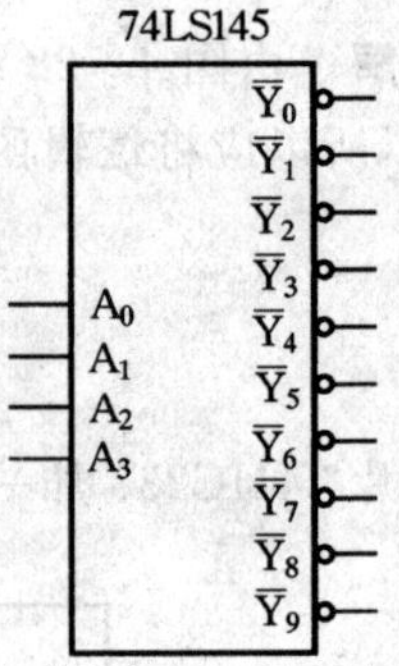

图 4－31　74LS145 的逻辑符号图

(2)74LS145 的功能表见表 4－15。

表 4－15　74LS145 的功能表

十进制数	A_3	A_2	A_1	A_0	$\overline{Y}_0$	$\overline{Y}_1$	$\overline{Y}_2$	$\overline{Y}_3$	$\overline{Y}_4$	$\overline{Y}_5$	$\overline{Y}_6$	$\overline{Y}_7$	$\overline{Y}_8$	$\overline{Y}_9$
0	0	0	0	0	0	1	1	1	1	1	1	1	1	1
1	0	0	0	1	1	0	1	1	1	1	1	1	1	1
2	0	0	1	0	1	1	0	1	1	1	1	1	1	1
3	0	0	1	1	1	1	1	0	1	1	1	1	1	1
4	0	1	0	0	1	1	1	1	0	1	1	1	1	1
5	0	1	0	1	1	1	1	1	1	0	1	1	1	1
6	0	1	1	0	1	1	1	1	1	1	0	1	1	1
7	0	1	1	1	1	1	1	1	1	1	1	0	1	1
8	1	0	0	0	1	1	1	1	1	1	1	1	0	1
9	1	0	0	1	1	1	1	1	1	1	1	1	1	0
无	1	0	1	0	1	1	1	1	1	1	1	1	1	1
		…							…					
效	1	1	1	1	1	1	1	1	1	1	1	1	1	1

由表 4－15 可知，1010～1111 为输入端的 6 个伪码，在设计电路的过程中可以按照无关项的相关知识来处理，而在实际的应用中，如果输入端进入伪码状态时，译码器的 10 个输出端可能为 1 也可能为 0，但是这样就可能使与它相连的电路出现竞争和冒险(在 4.5 节将专门介绍)。为了防止这种情况的发生，使电路工作更加可靠，一般在设计 BCD 译码器时采用完全译码的设计方法，即当输入端进入伪码状态时，使译码器的所有输出端均取无效状态 1，当输出

端为高电平有效时输出均取状态 0。

(3)由功能表写出的输出逻辑函数表达式为

$$\overline{Y_0}=\overline{\overline{A_3}\,\overline{A_2}\,\overline{A_1}\,\overline{A_0}}\qquad \overline{Y_1}=\overline{\overline{A_3}\,\overline{A_2}\,\overline{A_1}A_0}$$

$$\overline{Y_2}=\overline{\overline{A_3}\,\overline{A_2}A_1\overline{A_0}}\qquad \overline{Y_3}=\overline{\overline{A_3}\,\overline{A_2}A_1A_0}$$

$$\overline{Y_4}=\overline{\overline{A_3}A_2\overline{A_1}\;\overline{A_0}}\qquad \overline{Y_5}=\overline{\overline{A_3}A_2\overline{A_1}A_0}$$

$$\overline{Y_6}=\overline{\overline{A_3}A_2A_1\overline{A_0}}\qquad \overline{Y_7}=\overline{\overline{A_3}A_2A_1A_0}$$

$$\overline{Y_8}=\overline{A_3\overline{A_2}\,\overline{A_1}\,\overline{A_0}}\qquad \overline{Y_9}=\overline{A_3\overline{A_2}\,\overline{A_1}A_0}$$

(4)由逻辑函数表达式可容易得到由门电路构成的 74LS145 的逻辑电路图(略)。

3. 数字显示译码器

将二进制代码表示的数字、文字、符号等进行译码并加驱动电路使数码管显示数字的电路称为显示译码器。这种译码器一般都和显示器件成对使用,而显示器件通常都需要用驱动电路来驱动,所以可将译码和驱动电路集成在一块芯片上。因此常常将有驱动功能的译码器也叫做驱动器,它们之间的关系可以用方框图 4-32 表示出来。

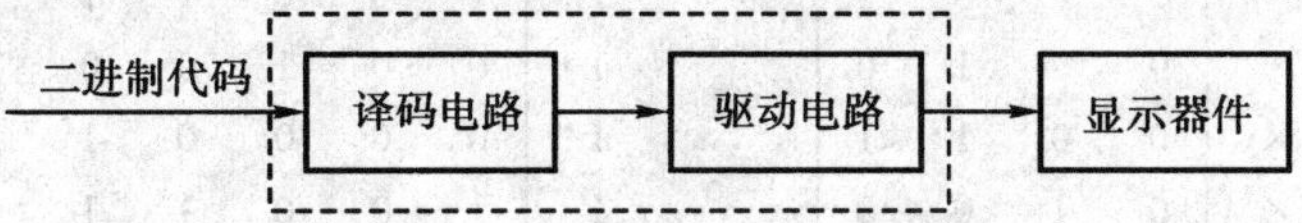

图 4-32　显示译码电路框图

(1)显示器件。显示器件按照显示的方式可分为:分段式、点阵式和重叠式三种。按所用的发光材料可分为半导体发光二极管(LED)、液晶显示器(LCD)和荧光显示器等。

本节仅介绍最常用的显示器件——七段半导体数码管。它是由七段发光的二极管(LED)组成的数码显示器,为了通用性及能方便地显示多位实数数字,数码管上通常都带有小数点位 dp,它的管脚图如图 4-33(a)所示。它有七个发光段(a、b、c、d、e、f、g)和一个小数点 dp,每段由一个或多个发光二极管组成。

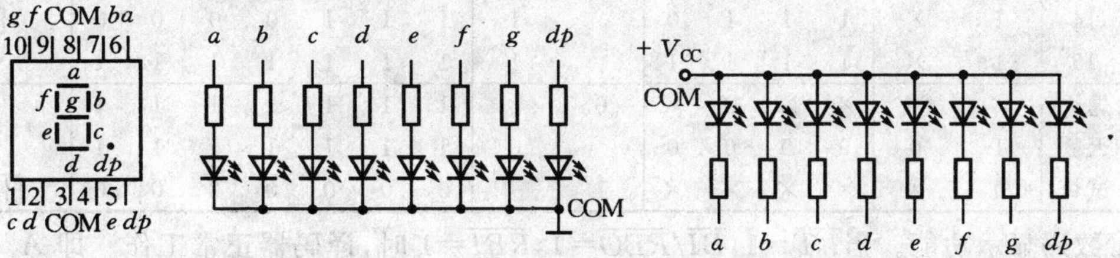

图 4-33　七段数码管的管脚与结构图

(a)管脚图;(b)共阴极结构;(c)共阳极结构

利用不同发光段的组合就可以显示不同的数字。在各段有电流流过时,对应段就发光。按照所加电压的不同即驱动方式的不同,LED 可分为共阴极和共阳极两种结构,如图 4-33(b)、(c)所示。

对共阴极数码管,对应阳极接高电平时字段发光;对共阳极数码管,对应阴极接低电平的字段发光。七段数码管只能显示数字和简单的字符。

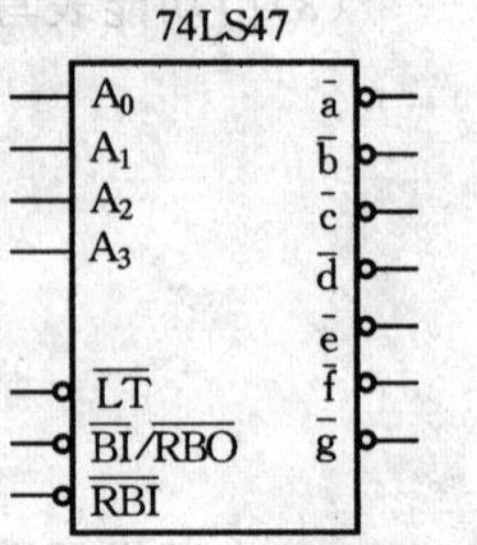

4 - 34 74LS47 的符号图

(2)BCD -七段显示译码器。要用七段数码管显示 0～9,则译码器必须输入 8421BCD 码,可见七段显示译码器有 4 个输入端,7 个输出端,所以它又称为 4 - 7 线译码器。常见的 4 - 7 线译码器/驱动器有集电极开路且输出为低电平有效的 74LS47、输出高电平有效的 74LS48。下面以 74LS47 为例介绍其使用方法。

1)74LS47 的符号图如图 4 - 34 所示。由该符号图可知,此译码器有 4 个译码输入端 A_0、A_1、A_2、A_3,7 个反向输出端 $\overline{a}\sim\overline{g}$,另外的三个端 $\overline{LT}$、$\overline{BI}/\overline{RBO}$、$\overline{RBI}$为低电平有效的控制端。

2)74LS47 的功能表见表 4 - 16。

表 4 - 16 74LS47 的功能表

十进制数	$\overline{LT}$	$\overline{RBI}$	A_3	A_2	A_1	A_0	$\overline{BI}/\overline{RBO}$	$\overline{a}$	$\overline{b}$	$\overline{c}$	$\overline{d}$	$\overline{e}$	$\overline{f}$	$\overline{g}$	显示字型
0	1	1	0	0	0	0	1	0	0	0	0	0	0	1	0
1	1	×	0	0	0	1	1	1	0	0	1	1	1	1	1
2	1	×	0	0	1	0	1	0	0	1	0	0	1	0	2
3	1	×	0	0	1	1	1	0	0	0	0	1	1	0	3
4	1	×	0	1	0	0	1	1	0	0	1	1	0	0	4
5	1	×	0	1	0	1	1	0	1	0	0	1	0	0	5
6	1	×	0	1	1	0	1	1	1	0	0	0	0	0	6
7	1	×	0	1	1	1	1	0	0	0	1	1	1	1	7
8	1	×	1	0	0	0	1	0	0	0	0	0	0	0	8
9	1	×	1	0	0	1	1	0	0	0	1	1	0	0	9
10	1	×	1	0	1	0	1	0	1	1	1	1	0	0	
11	1	×	1	0	1	1	1	0	0	1	1	1	1	0	
12	1	×	1	1	0	0	1	1	0	1	1	1	0	0	
13	1	×	1	1	0	1	1	0	1	1	0	1	0	0	
14	1	×	1	1	1	0	1	1	1	1	0	0	0	0	
15	1	×	1	1	1	1	1	1	1	1	1	1	1	1	
熄灭	×	×	×	×	×	×	0	1	1	1	1	1	1	1	
灭零	1	0	0	0	0	0	0	1	1	1	1	1	1	1	
试灯	0	×	×	×	×	×	1	0	0	0	0	0	0	0	8

①数码显示功能。当$\overline{LT}=1$,$\overline{BI}/\overline{RBO}=1$,$\overline{RBI}=1$ 时,译码器正常工作。即 A_3、A_2、A_1、A_0 端输入 8421BCD 码时,译码器有关输出端输出低电平 0,数码显示器显示与输入代码相对应的数字。

②灭灯功能。当$\overline{BI}=0$ 时,输出 $\overline{a}\sim\overline{g}$ 都为高电平 1,各字段都熄灭,显示器不显示数字。

③试灯功能。当$\overline{LT}=0$,$\overline{BI}/\overline{RBO}=1$ 时,输出 $\overline{a}\sim\overline{g}$ 都为低电平 0,各字段都点亮,显示器显示数字 8。该功能主要用在启动时测试七段数码管的好坏。

④动态灭零输入功能。当$\overline{LT}=1$ 且 $A_3A_2A_1A_0=0000$ 时,本应输出数字零,但如果使$\overline{RBI}=0$,则输出 $\overline{a}\sim\overline{g}$ 都为高电平 1,各字段都熄灭,显示器不显示数字,所以如果要显示零,则必须使$\overline{RBI}=1$。该功能可将多位数中整数前的零和小数后的零熄灭。

⑤动态灭零输出功能。当译码器完成④中的动态灭零功能时，$\overline{BI}/\overline{RBO}$端将输出低电平。

在多位数显示电路中，为了使数据的显示更加清晰，可在显示数据小数点左边，将高位的$\overline{BI}/\overline{RBO}$与相邻低位的$\overline{RBI}$相连，最高位$\overline{RBI}$接地；在小数点右边将低位的$\overline{BI}/\overline{RBO}$接到相邻高位的$\overline{RBI}$上，最低位的$\overline{RBI}$接地。这样，可将有效数字前后的零灭掉。

*例如，一个 4 位数字显示器，要将显示的 0035 的高位两个 0 熄灭，显示成 35 时，可按图 4-35进行连接。图中用 4 块 74LS47，将第一块的$\overline{RBI}$接地，即$\overline{RBI}=0$，又因这块的输入为 0000，所以本位的十进制数字 0 不显示，并且本位的$\overline{BI}/\overline{RBO}=0$，将其连接到第二块的$\overline{RBI}$端，又因第二块的输入也是 0000，所以第二块的十进制数 0 也不显示。

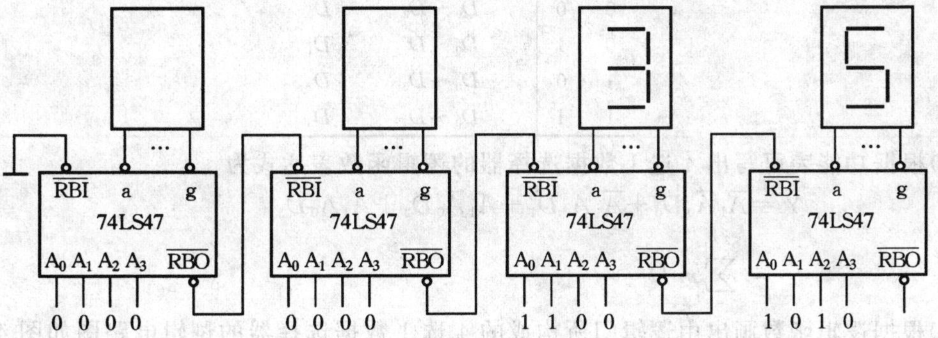

图 4-35　多位数显示时灭零功能的电路图

因为芯片 74LS47 输出端为低电平有效，所以它只能驱动共阳极结构的数码管，如果要驱动共阴极的数码管则必须选用输出端为高电平有效的译码器，如 74LS48。

由于每个发光二极管都需要 3～5mA 的电流，多个二极管则需要更大的驱动电流才能工作。而 TTL 集成电路的低电平驱动能力比高电平的驱动能力强，所以常用输出有效电平为低电平的译码器来驱动共阳极的数码管。

编码器和译码器经常同时出现在同一个数字系统中，如在一个信息的传输通道中，信息发送端可通过编码器将信息变为二进制代码后进行传输，而在信息接收端则需要用译码器再将二进制代码翻译为原来的信息或人们熟悉的数字、文字等。

4.4.3　多路选择器

在数字系统中，有时为了节省信道，需要将多路数字信息分时地从一条通道传送，那么完成在多个输入数据中选择其中一个作为输出的功能电路称为数据选择器或多路选择器（Multiplexer，简称 MUX）。

1. 多路选择器的工作原理

从图 4-36 可知，多路选择器就相当于一个“多路开关”，它是通过选择控制信号从 4 路数据 D_0～D_3 中选中某一路数据送至输出端 Y。选择控制信号又叫地址码，它同样是多位高、低电平的组合，那么从 4 路数据中选一路就需要两位地址码 A_1、A_0，并把这种电路叫做 4 选 1 数据选择器。同理，还有用 3 位地址码选择 8 路数据的 8 选 1 数据选择器，n 位地址码选择 2^n 路数据的 2^n 选 1 数据选择器。

(1)根据以上分析可写出 4 选 1 数据选择器的功能表见表 4-17。

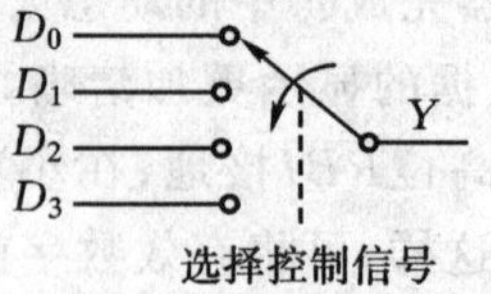

图 4-36 多路选择器工作原理图

表 4-17 4选1数据选择器的功能表

A_1	A_0	D_0 D_1 D_2 D_3	Y
0	0	$D_0 \sim D_3$	D_0
0	1	$D_0 \sim D_3$	D_1
1	0	$D_0 \sim D_3$	D_2
1	1	$D_0 \sim D_3$	D_3

(2)根据功能表可写出4选1数据选择器的逻辑函数表达式为

$$Y=\overline{A}_1\overline{A}_0D_0+\overline{A}_1A_0D_1+A_1\overline{A}_0D_2+A_1A_0D_3$$
$$=\sum_{i=0}^{2^2-1}m_iD_i$$

(3)根据逻辑函数画出由逻辑门所构成的4选1数据选择器的逻辑电路图如图4-37所示。

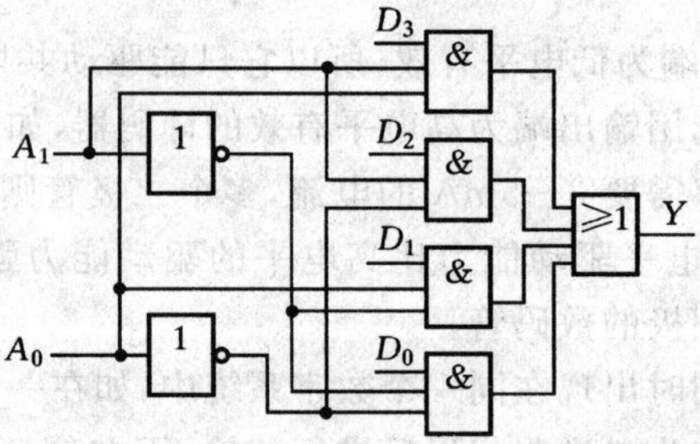

图 4-37 4选1多路选择器的逻辑电路图

推广：2^n 选1数据选择器的逻辑函数表达式为

$$Y=\sum_{i=0}^{2^n-1}m_iD_i$$

其中：n 为地址个数，m_i 为地址码的最小项，D_i 为输入的数据。

常用的集成多路选择器有4选1、8选1、16选1等类别。它们都用型号来区分，比如反向输出16选1数据选择器74HC150、8选1数据选择器74LS151、双4选1数据选择器74LS153、输出为三态门的双4选1数据选择器74LS253等。

2. 多路选择器74LS153

(1)74LS153的逻辑符号图如图4-38所示。从该符号图可知，此芯片集成了两个4选1多路选择器，其中数据输入端 $1D_0 \sim 1D_3$ 和输出端 $1Y$ 为一组，$2D_0 \sim 2D_3$ 和输出端 $2Y$ 为一组，A_1、A_0 为公共地址码，选择器的工作由相应的使能端 EN(低电平有效)来确定。

(2)74LS153 的功能表见表 4－18 所示。

(3)由功能表写出的输出逻辑函数表达式为

$$Y=\overline{A}_1\,\overline{A}_0D_0+\overline{A}_1\,A_0D_1+A_1\,\overline{A}_0D_2+A_1\,A_0D_3\quad(\overline{EN}=0)$$

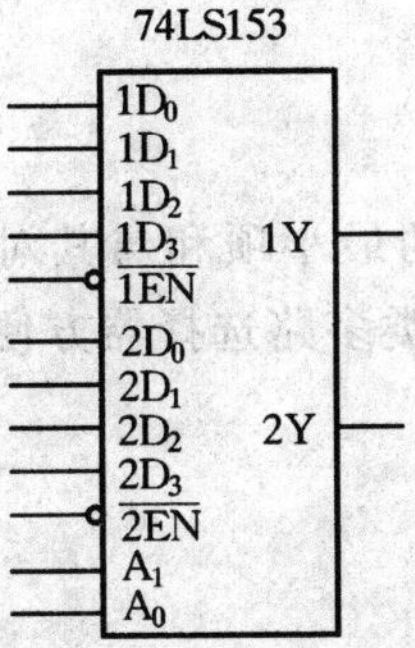

图 4－38　74LS153 的逻辑符号

表 4－18　74LS153

使能输入	地址输入		数据输入				输出
$\overline{EN}$	A_1	A_0	D_0	D_1	D_2	D_3	Y
1	×	×	×	×	×	×	0
0	0	0	$D_0\sim D_3$				D_0
0	0	1	$D_0\sim D_3$				D_1
0	1	0	$D_0\sim D_3$				D_2
0	1	1	$D_0\sim D_3$				D_3

3. 多路选择器 74LS151

(1)74LS151 的逻辑符号图如图 4－39 所示。从该符号图可知，此芯片为 8 选 1 多路选择器，$D_0\sim D_7$ 为 8 个数据输入端，A_2、A_1、A_0 为地址输入端，两个输出端 Y 和 $\overline{Y}$ 互为非的关系，使能端$\overline{ST}$为低电平有效。

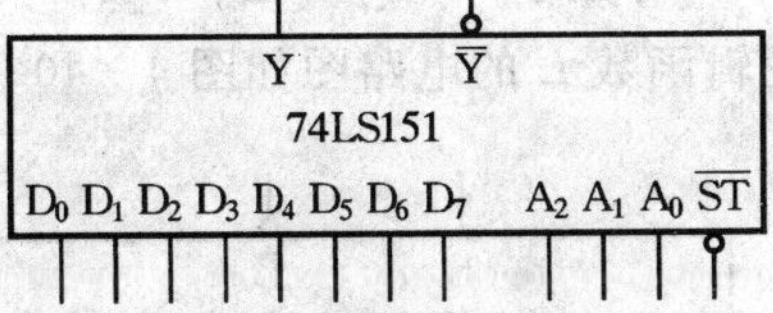

图 4－39　74LS151 的逻辑符号图

(2)74LS151 的功能表见表 4－19。

表 4－19　74LS151 的功能表

使能输入	地址输入			数据输入								输出	
$\overline{ST}$	A_2	A_1	A_0	D_0	D_1	D_2	D_3	D_4	D_5	D_6	D_7	Y	$\overline{Y}$
1	×	×	×	×	×	×	×	×	×	×	×	0	1
0	0	0	0	$D_0\sim D_7$								D_0	$\overline{D}_0$
0	0	0	1	$D_0\sim D_7$								D_1	$\overline{D}_1$
0	0	1	0	$D_0\sim D_7$								D_2	$\overline{D}_2$
0	0	1	1	$D_0\sim D_7$								D_3	$\overline{D}_3$
0	1	0	0	$D_0\sim D_7$								D_4	$\overline{D}_4$
0	1	0	1	$D_0\sim D_7$								D_5	$\overline{D}_5$
0	1	1	0	$D_0\sim D_7$								D_6	$\overline{D}_6$
0	1	1	1	$D_0\sim D_7$								D_7	$\overline{D}_7$

(3)由功能表写出的满足$\overline{ST}=0$ 的输出逻辑函数表达式为

$$Y=\overline{A}_2\overline{A}_1\overline{A}_0D_0+\overline{A}_2\overline{A}_1A_0D_1+\overline{A}_2A_1\overline{A}_0D_2+\overline{A}_2A_1A_0D_3+$$
$$A_2\overline{A}_1\overline{A}_0D_4+A_2\overline{A}_1A_0D_5+A_2A_1\overline{A}_0D_6+A_2A_1A_0D_7$$

即

$$Y=\sum_{i=0}^{2^3-1}m_iD_i$$

4*. 多路选择器的其他应用

(1)实现单输出函数。由于多路选择器的输出端为输入变量的最小项和与其对应的数据的与,而任何逻辑函数都可写为最小项之和的表达式,因此可用这类多路选择器方便地构成单输出的逻辑函数发生器。

例 4-13* 试用 74LS151 实现逻辑函数 $L=A\overline{C}+A\overline{B}+\overline{B}C$

解 (1)将逻辑函数转换成最小项和的形式

$$L=A\overline{C}+A\overline{B}+\overline{B}C$$
$$=\overline{A}\,\overline{B}C+A\,\overline{B}\,\overline{C}+A\,\overline{B}C+AB\,\overline{C}$$
$$=m_1+m_4+m_5+m_6$$

(2)将(1)中的表达式与 74LS151 的表达式相比较,可改写为如下形式

$$L=m_1+m_4+m_5+m_6$$
$$=m_0\cdot 0+m_1\cdot 1+m_2\cdot 0+m_3\cdot 0+m_4\cdot 1+m_5\cdot 1+m_6\cdot 1+m_7\cdot 0$$
$$=m_0\cdot D_0+m_1\cdot D_1+m_2\cdot D_2+m_3\cdot D_3+m_4\cdot D_4+m_5\cdot D_5+m_6\cdot D_6+m_7\cdot D_7$$

(3)令 $ABC=A_2A_1A_0$,$L=Y$,可知 $D_0=D_2=D_3=D_7=0$,$D_1=D_4=D_5=D_6=1$,这样便可得到由 74LS151 构成的逻辑函数 L 的电路图如图 4-40 所示。

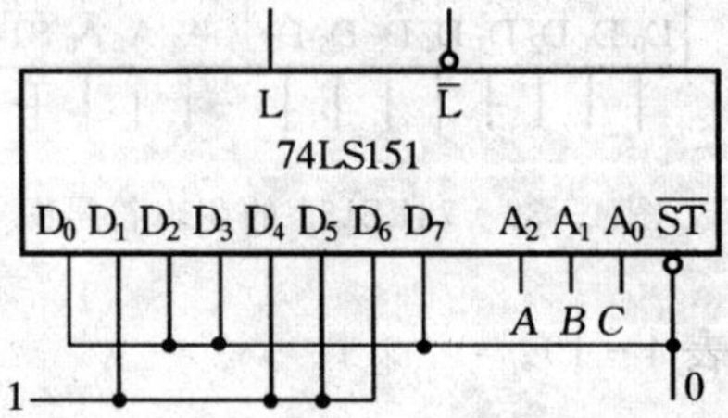

图 4-40 利用 74LS151 实现逻辑函数的电路

注意:要在电路中标注出输入输出变量,输入端 A、B、C 与多路选择器地址输入端 A_0、A_1、A_2 的对应关系。即变量高低顺序要与选择器地址输入高低顺序对应。

另外,所有控制端要直接接成全部使能的状态,使选择器工作在正常的状态。当输入变量为 4 变量 $ABCD$ 时,同样可用 74LS151 实现,但必须先将两片 74LS151 扩展成一个 16 选 1 的选择器然后再按上述方法设计,但这种题目毫无实际意义,本书不做要求。

由上例可以总结出用 MUX 实现单输出函数的方法:

①先将 L 写成标准最小项和的形式,然后与 MUX 的输出逻辑函数表达式比较。

②将 L 中的逻辑变量 A、B、C…与 MUX 的地址选择端 A_2、A_1、A_0、…对应。

③当 L 中的变量个数和 MUX 的地址选择端个数相等时,只要将与 L 中包含的最小项对应的 MUX 的数据输入端置 1,其余置 0 即可。

(2)将并行输入数据转换为串行输出。所谓并行传输是指数据的各个位同时传输,而串行传输是指将数据的各个位分别进行传输。根据多路选择器的工作原理,我们可将数据的各个位同时输入到它的输入端,然后再通过地址的按顺序选择将它的各位数据一位一位输出,这样便实现了将并行输入数据转换为串行输出的功能。

例 4-14　试用 74LS151 实现数据 11001101 的并行输入串行输出。

解　按照上面的分析可知,要实现题目中的功能,只要将数据 11001101 按照高低位的顺序分别接入 74LS151 的 8 个输入端 $D_7 \sim D_0$,当地址输入端接入由 000～111 变化的信号时,8 位并行输入数据便被转换为串行数据依次送到输出端。相应的电路图如图 4-41 所示。

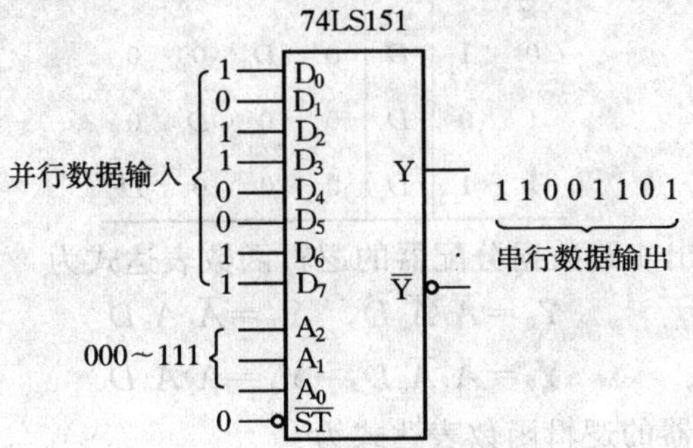

图 4-41　利用 74LS151 实现串行数据输出的电路

如果在输出端 Y 接电平显示设备(如示波器),则可得到如图 4-42 所示的波形图。

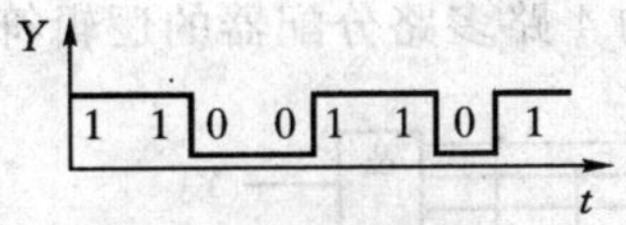

图 4-42　利用 74LS151 实现串行数据输出的波形图

从上图可知,如果输入端的数据固定,则输出端的波形也是固定的,所以利用多路选择器还可构成波形发生器。

4.4.4　多路分配器

有时需要将一个数字信息分时送到不同的数据通道上,用来实现这种逻辑功能的数字电路就是多路分配器或数据分配器(Demultiplexer,简称 DMUX)。显然多路分配器和多路选择器的功能正好相反。由此可知,分配器通常只有一个数据输入端,而有多个数据输出端。多路分配器的工作原理还可以用图 4-43 形象地表现出来。

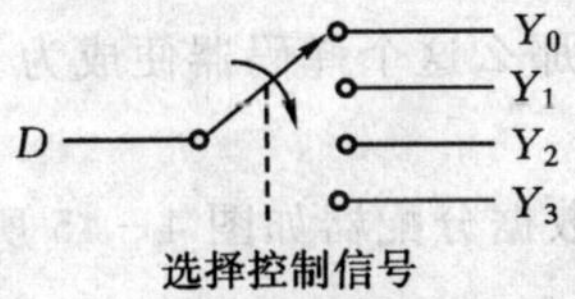

图 4-43　多路分配器的功能示意图

由图 4－43 可知，多路分配器就相当于一个"单刀多掷开关"，它将数据 D 通过选择控制信号从输出端 $Y_0 \sim Y_3$ 选中的某一路输出。选择控制信号即地址码，同多路选择器一样，2 位地址码 A_1、A_0 可将数据分配到 4 个不同的输出端，此电路称为 4 路数据分配器，还有 3 位地址码选择 8 路输出端的 8 路数据分配器，n 位地址码选择 2^n 路输出端的 2^n 路数据分配器。

(1)根据以上分析可写出 4 路数据分配器的功能表见表 4－20。

表 4－20　4 位数据分配器的功能表

A_1	A_0	D	Y_0	Y_1	Y_2	Y_3
0	0	D	D	0	0	0
0	1	D	0	D	0	0
1	0	D	0	0	D	0
1	1	D	0	0	0	D

(2)根据功能表可写出 4 路数据分配器的逻辑函数表达式为

$$Y_0=\overline{A}_1\overline{A}_0 D,\quad Y_1=\overline{A}_1 A_0 D$$

$$Y_2=A_1\overline{A}_0 D,\quad Y_3=A_1 A_0 D$$

推广：2^n 路数据分配器的逻辑函数表达式为：

$$Y_i=m_i D\qquad (i=0\sim 2^n-1)$$

其中：n 为地址个数，m_i 为地址码的最小项，D 为输入的数据。

(3)根据逻辑函数画出由逻辑门所构成的 4 路数据分配器的逻辑电路图如图 4－44(a)所示，将图 4－44 所示电路集成后的 4 路多路分配器的逻辑符号图如图 4－44(b)所示。

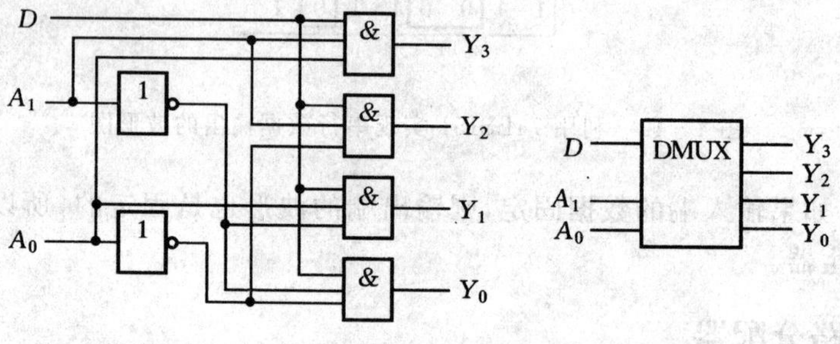

(a)　　(b)

图 4－44　4 路多路分配器

(a)逻辑电路图；(b)逻辑符号图

多路分配器一般都可由译码器构成，方法为：将译码器的使能端作为数据输入端，二进制代码输入端作为地址信号输入端，那么这个译码器便成为了一个数据分配器，所以这种译码器也叫做数据分配器。

例如由 74LS138 构成的 8 路数据分配器如图 4－45 所示。

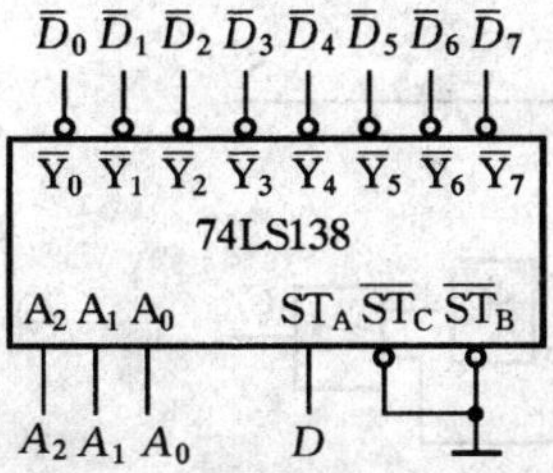

图 4-45　74LS138 构成的 8 路数据分配器

4.4.5　加法器

两个二进制数之间的算术运算无论是加、减、乘、除，在计算机中都是化作若干步加法运算进行的，因此，加法器是构成算术运算器的基本单元。实现数值相加的电路称为加法器。下面通过两个二进制数相加来学习加法器的工作原理。

1. 门电路构成的一位全加器

加法器分为半加器和全加器两种，如果两个一位二进制数相加时不考虑低位的进位，则称为半加器(详见 4.2.2 例 4-3)；若考虑低位的进位，则称为全加器。如果全加器的前级进位为 0 时，全加器仅实现了半加器的功能。

(1)按全加器的概念，要实现它的逻辑功能，需要三个输入变量，即两个加数 A_i、B_i 及前级进位 C_{i-1}；两个输出变量，即本位和 S_i 以及进位 C_i。一位全加器的真值表见表 4-21。

表 4-21　一位全加器的真值表

A_i	B_i	C_{i-1}	S_i	C_i
0	0	0	0	0
0	0	1	1	0
0	1	0	1	0
0	1	1	0	1
1	0	0	1	0
1	0	1	0	1
1	1	0	0	1
1	1	1	1	1

根据真值表写出逻辑函数表达式为

$$S_i=\overline{A}_i\overline{B}_iC_{i-1}+\overline{A}_iB_i\overline{C}_{i-1}+A_i\overline{B}_i\overline{C}_{i-1}+A_iB_iC_{i-1}$$

$$C_i=\overline{A}_iB_iC_{i-1}+A_i\overline{B}_iC_{i-1}+A_iB_i\overline{C}_{i-1}+A_iB_iC_{i-1}$$

(2)化简上面的逻辑函数表达式为

$$S_i=A_i\oplus B_i\oplus C_{i-1}$$

$$C_i=(A_i\oplus B_i)C_{i-1}+A_iB_i$$

(3)逻辑电路图如图 4-46(a)所示。集成全加器的逻辑符号如图 4-46(b)所示。

2. 多位加法器

(1)串行进位加法器。多位串行进位加法器的构成很简单：把 n 个全加器串联起来，低位全加器的进位输出连接到相邻高位全加器的进位输入，最低位的进位输入接地(最低位全加器

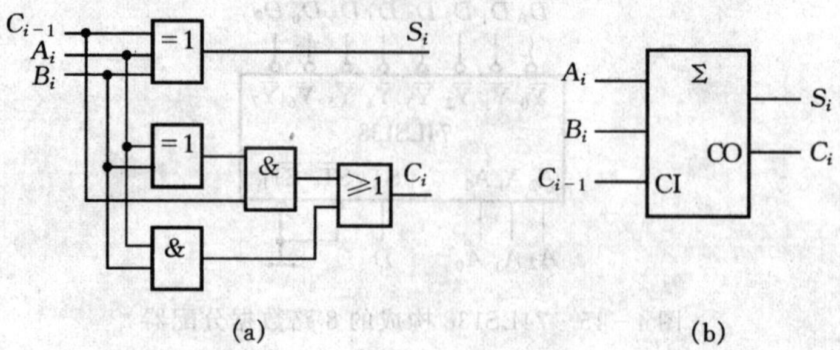

图 4-46 门电路构成的全加器

(a)电路图；(b)逻辑符号图

可用一个半加器代替)，最高位的进位输出作为整个和的进位输出，$S_0 \sim S_{n-1}$ 为两个 n 位二进制数相加的和的输出端。具体的逻辑电路图如图 4-47 所示。

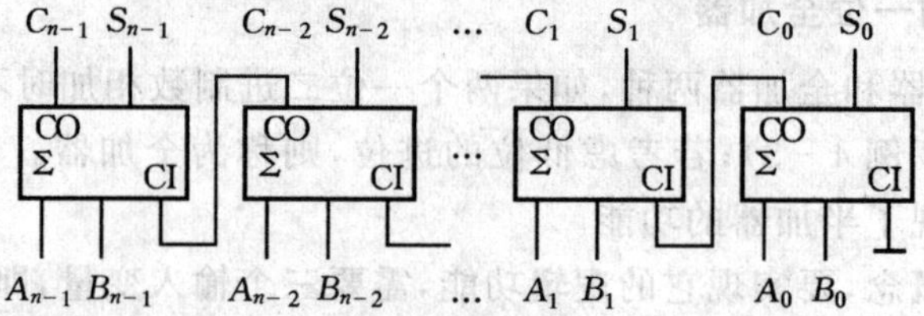

图 4-47 由全加器构成的多位数加法电路

由图 4-47 可知，利用串行进位加法器进行两个 n 位二进制数相加时，是从低位到高位依次相加的，高位相加的结果只有等到低位进位产生后才能建立起来。也就是说进位信号是由低位向高位逐级传递的，因此把这种结构的电路称为串行进位加法器或行波加法器。这种加法器的结构简单，但运算速度较慢，为了满足较高运算速度的要求，通常用超前进位加法器。

(2)超前进位加法器。超前进位加法器采用超前技术克服了串行进位加法器中进位逐级传递的缺点，即各级进位信号仅由加数、被加数和最低位的进位输入决定，而与中间产生的进位无关，这样便有效地提高了运算速度。常用的集成 4 位二进制超前进位加法器为 74LS83，它的符号图如图 4-48 所示。

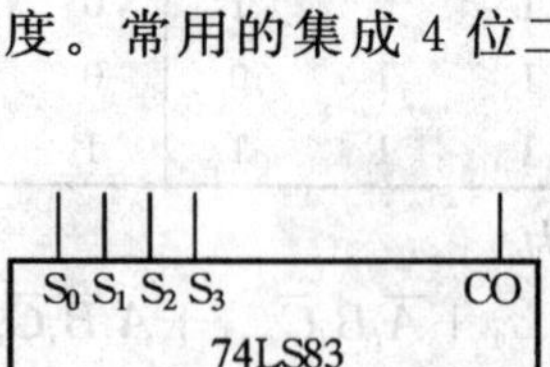

图4-48 74LS83 的逻辑符号图

3. 加法器的扩展

用两个 4 位加法器可以构成一个 8 位加法器。它的扩展方法较简单，只要将低位的进位输出和高位的进位输入相连，并把低位的进位输入接地即可。扩展后的电路如图 4-49 所示。

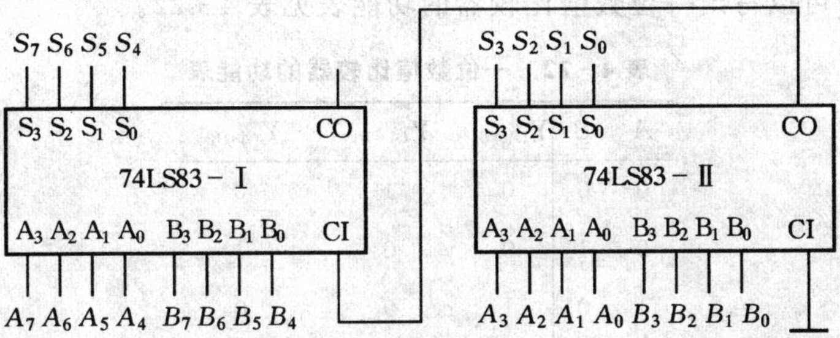

图 4－49　两个 4 位加法器的级联

4*. 加法器的其他应用

全加器除了作二进制加法外，还可以做乘法运算、8421BCD 码的加法运算及实现码制变换等。

例 4－15　试用全加器设计一个能将 8421BCD 码转换成余三码的代码转换器。

解　由第 1 章码制的相关知识可知，余三码＝ 8421BCD ＋ 0011，若用 $L_3L_2L_1L_0$ 表示余三码的 4 个数位，$A_3A_2A_1A_0$ 表示 8421BCD 的 4 个数位，则输出的逻辑表达式为

$$L_3L_2L_1L_0 = A_3A_2A_1A_0 + 0011$$

从上式可知，输出与输入仅差一个常数，因此可以非常方便地用加法器来实现码制间的转换，转换的电路如图 4－50 所示。

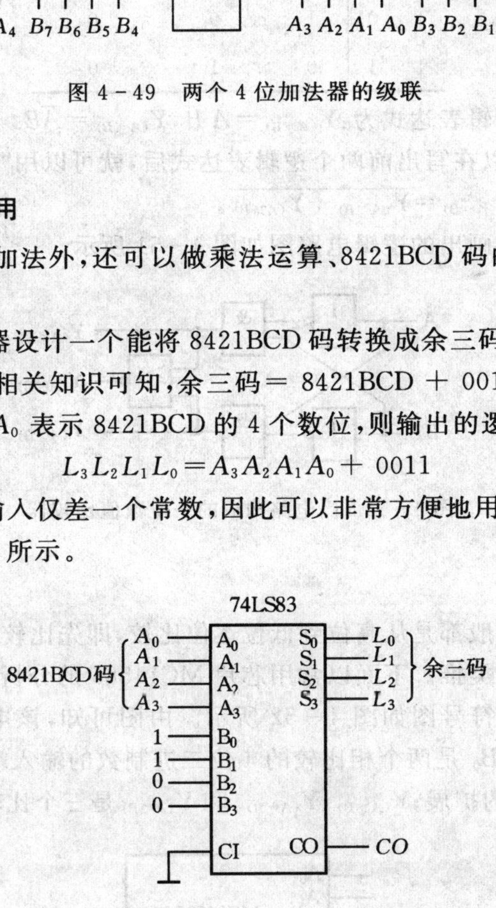

图 4－50　8421BCD 转换成余三码的电路

4.4.6　数值比较器

在实际应用中经常需要对两个二进制数进行大小判别，根据判别结果转向执行某种操作。用来进行两个数值比较的逻辑电路称为数值比较器，简称比较器。

1. 一位数值比较器

比较两个一位二进制数 A 和 B 无非有以下三种结果：

(1)$A>B$：只有当 $A=1$、$B=0$ 时，$A>B$ 才为真；

(2)$A<B$：只有当 $A=0$、$B=1$ 时，$A<B$ 才为真；

(3)$A = B$：只有当 $A=B=0$ 或 $A=B=1$ 时，$A = B$ 才为真。

根据以上分析可以写出一位数值比较器的功能表见表 4 - 22。

表 4 - 22　一位数值比较器的功能表

A	B	$Y_{(A>B)}$	$Y_{(A=B)}$	$Y_{(A<B)}$
0	0	0	1	0
0	1	0	0	1
1	0	1	0	0
1	1	0	1	0

根据功能表写出的逻辑表达式为：$Y_{(A>B)}=A\overline{B}$，$Y_{(A<B)}=\overline{A}B$。因为在三个输出逻辑函数中只有两个独立变量，所以在写出前两个逻辑表达式后，就可以用“逻辑减”的概念直接写出第三个变量的逻辑表达式 $Y_{(A=B)}=\overline{Y_{(A<B)}+Y_{(A>B)}}$。

根据逻辑函数表达式画出的逻辑电路图如图 4 - 51 所示。

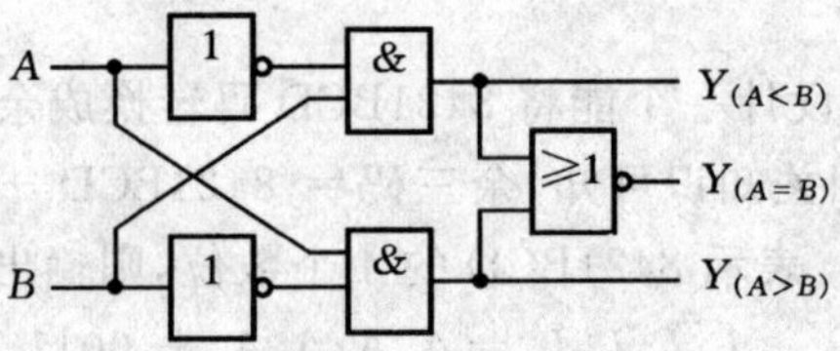

图 4 - 51　门电路构成的一位数值比较器

2. 多位数值比较器

多位数值相比较时一般都是从高位到低位逐位比较，即先比较最高位，在最高位相等的条件下，再比较次高位，依此类推。下面以常用芯片 MC14585 的分析为例来进一步学习。

(1)MC14585 的逻辑符号图如图 4 - 52 所示。由图可知，该电路为 4 位数值比较器，其中：$A_3A_2A_1A_0$ 和 $B_3B_2B_1B_0$ 是两个相比较的 4 位二进制数的输入端；$I_{(A>B)}$、$I_{(A=B)}$ 和 $I_{(A<B)}$ 为级联输入端，用于比较器的扩展；$Y_{(A>B)}$、$Y_{(A=B)}$、和 $Y_{(A<B)}$ 是三个比较结果输出端。

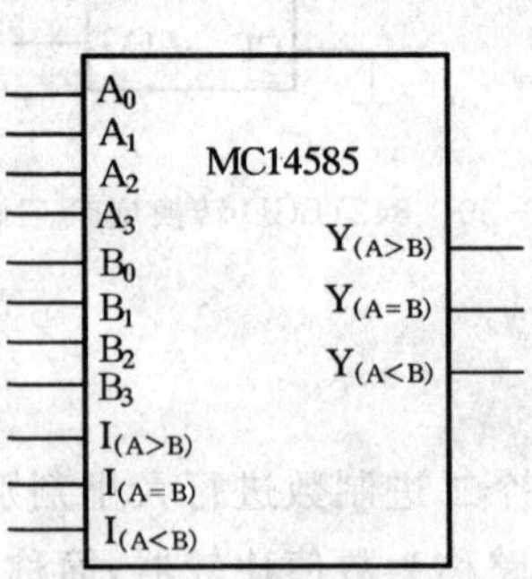

图 4 - 52　MC14585 的逻辑符号图

(2)MC14585 的功能表见表 4 - 23，由表可知：

①若最高位 $A_3>B_3$，按照前面的分析，则不论其他位情况如何，肯定 $A>B$，但在该比较器中还需满足级联 $I_{(A>B)}=1$，才能输出 $A>B$ 的结果。

②但若最高位 $A_3<B_3$，与前面的分析结果一致，则不论其他位情况如何，肯定 $A<B$，与级联端无关。

③若 4 位比较结果都相等，按照前面的分析，不论其他位情况如何，肯定 $A=B$，但在该比较器中输出结果还受三个级联端的控制，只有当 $I_{(A<B)}=0$ 且 $I_{(A=B)}=1$ 时，才能输出 $A=B$；否则，若 $I_{(A<B)}=1$，无论其他两个级联端输入什么电平，输出 $A<B$；若 $I_{(A<B)}=0$，$I_{(A=B)}=0$，$I_{(A>B)}=1$，输出 $A>B$。

从以上分析可知，三个级联输入端的优先级不同，即 $I_{(A<B)}$ 的优先级最高，$I_{(A=B)}$ 的优先级次之，而 $I_{(A>B)}$ 的优先级最低。

表 4-23　MC14585 的功能表

比较输入				级联输入			输出		
A_3　B_3	A_2　B_2	A_1　B_1	A_0　B_0	$I_{(A>B)}$	$I_{(A=B)}$	$I_{(A<B)}$	$Y_{(A>B)}$	$Y_{(A=B)}$	$Y_{(A<B)}$
$A_3>B_3$	×	×	×	1	×	×	1	0	0
$A_3<B_3$	×	×	×	×	×	×	0	0	1
$A_3=B_3$	$A_2>B_2$	×	×	1	×	×	1	0	0
$A_3=B_3$	$A_2<B_2$	×	×	×	×	×	0	0	1
$A_3=B_3$	$A_2=B_2$	$A_1>B_1$	×	1	×	×	1	0	0
$A_3=B_3$	$A_2=B_2$	$A_1<B_1$	×	×	×	×	0	0	1
$A_3=B_3$	$A_2=B_2$	$A_1=B_1$	$A_0>B_0$	1	×	×	1	0	0
$A_3=B_3$	$A_2=B_2$	$A_1=B_1$	$A_0<B_0$	×	×	×	0	0	1
$A_3=B_3$	$A_2=B_2$	$A_1=B_1$	$A_0=B_0$	×	×	1	0	0	1
$A_3=B_3$	$A_2=B_2$	$A_1=B_1$	$A_0=B_0$	×	1	0	0	1	0
$A_3=B_3$	$A_2=B_2$	$A_1=B_1$	$A_0=B_0$	1	0	0	1	0	0

3*．数值比较器的扩展

可以用较少数位的数值比较器扩展为较多数位的比较器。将两片 4 位数值比较器 MC14585 扩展为一个 8 位比较器的电路如图 4-53 所示。其中 MC14585-Ⅱ 的输出作为整个 8 位比较器的输出端。

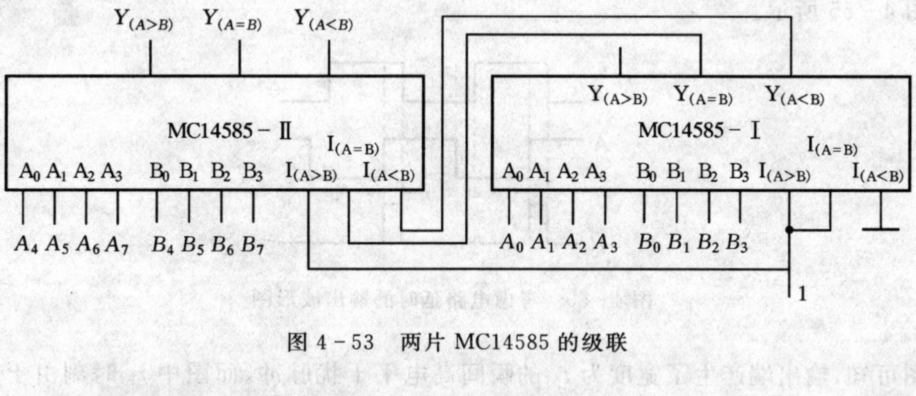

图 4-53　两片 MC14585 的级联

根据多位数的比较原则，对于两个 8 位数，应先通过 MC14585-Ⅱ 比较高 4 位的大小，若高 4 位不相等，则直接输出比较结果；若高 4 位相等，则需要通过 MC14585-Ⅰ 比较低 4 位，那么两个 8 位数的大小由低 4 位的比较结果确定，此时就需要将低位比较器的结果传给高位比较器然后再输出。因此，低 4 位比较器的输出端应分别与高 4 位比较器的级联输入端 $I_{A>B}$、$I_{A<B}$、$I_{A=B}$ 连接。

在计算机中，一般都是通过判断减法运算的结果来比较两个数的大小，所以比较器在实际中的应用非常有限。

4.5* 组合逻辑电路中的竞争和冒险

4.5.1* 竞争、冒险现象及其产生的原因

两个以上的信号在传输到同一个门电路输入端的过程中，由于通过了不同数目的门电路或经过了不同长度的导线，达到的时间会有先有后，这种现象称为竞争。

由于输入端的竞争可能会导致该逻辑门电路的输出产生不应有的尖峰干扰脉冲（又称过渡干扰脉冲），使电路产生瞬间错误输出，这种现象称为冒险或险象。下面通过两个例子更加形象地说明竞争、冒险及其产生的原因。

例 4-16 输入信号 A 的电路图及波形图如图 4-54 所示，试分析该电路的输出波形 L，设非门的平均延时为 t_{pd}。

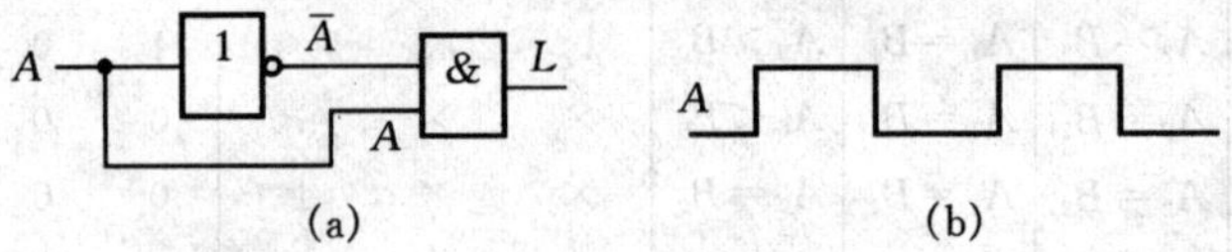

图 4-54 例 4-15 的电路图

(a)电路图；(b)波形图

解 由上图可写出 L 的逻辑函数表达式为

$$L = A\overline{A} = 0$$

若不考虑电路的延时，则输出端的波形是恒为 0 的直线。若考虑电路的延时，则输出端的波形为图 4-55 所示。

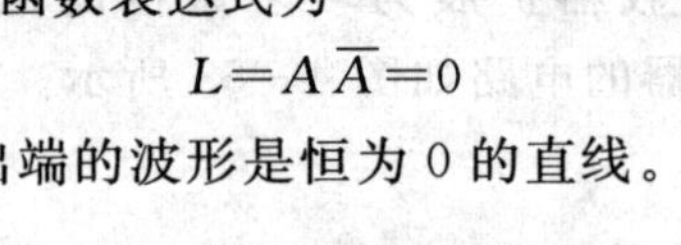

图 4-55 考虑电路延时的输出波形图

由图可知，输出端产生了宽度为 t_{pd} 的瞬间高电平干扰脉冲，而图中 t_1 时刻由于与门的一端是低电平输入，将与门封死，所以另一端的状态不管如何变化都不会影响与门的输出状态，即没有干扰脉冲输出。

例 4-17 输入信号 A 的波形及电路图如图 4-56 所示,试分析该电路的输出波形 L,设非门的平均延时为 t_{pd}。

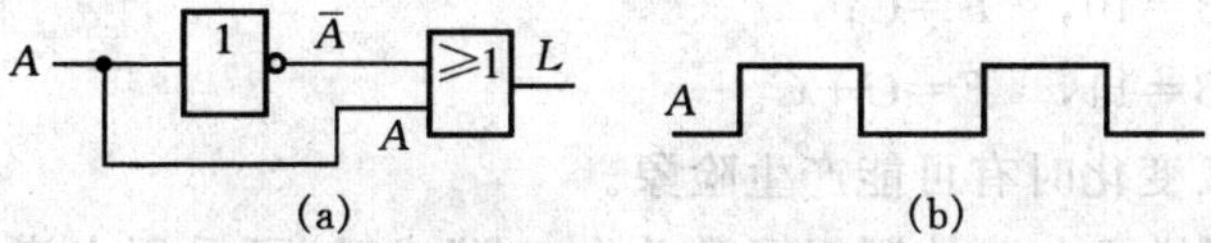

图 4-56 例 4-16 的电路图
(a)电路图;(b)波形图

解 由上图可写出 L 的逻辑函数表达式为:

$$L=A+\overline{A}=1$$

若不考虑电路的延时,则输出端的波形是恒为 1 的直线。若考虑电路的延时,则输出端的波形为图 4-57 所示。

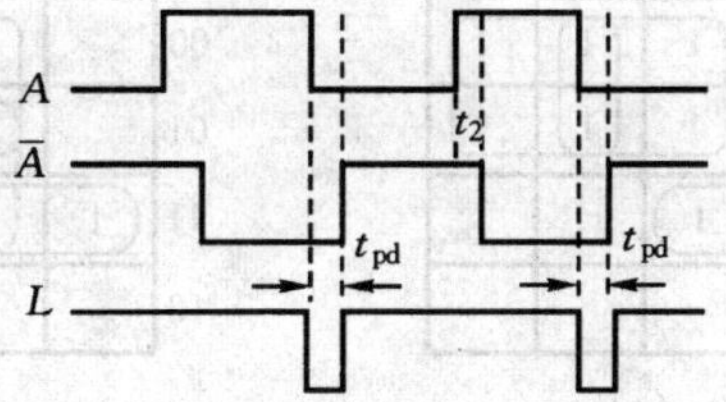

图 4-57 考虑电路延时的输出波形图

由图可知,输出端产生了宽度为 t_{pd} 的瞬间低电平干扰脉冲,而图中 t_2 时刻由于或门的一端是高电平输入,将或门封死,所以另一端的状态不管如何变化都不会影响或门的输出状态,即没有干扰脉冲输出。

4.5.2* 险象的判断及消除

1. 险象的判断

很显然,当电路的逻辑函数表达式可化为 $L=A\overline{A}$ 或 $L=A+\overline{A}$ 的形式时,那么信号 A 的改变便有可能会引起险象。具体的判断方法为:

(1)代数法。首先检查是否存在某个变量 A,它同时以原变量和反变量的形式出现在函数表达式中。如果上述现象存在,则进一步检查表达式是否可在一定条件下化为 $L=A\overline{A}$ 或 $L=A+\overline{A}$ 的形式,若能,则说明对应函数表达式的电路可能会产生险象。

例 4-18 判断函数 $F=A\overline{C}+BC+\overline{A}C$ 是否存在险象。

解 由逻辑函数式 F 可以看出,变量 A 和 C 具有竞争的条件,因为它们的原变量和反变量同时存在。具体判别如下:

①检查 A 当 $BC=00$, $F=A$;

当 $BC=01$, $F=\overline{A}$;

当 $BC=10$, $F=A$;

当 $BC=11$, $F=1$;

由分析可知,当 A 变化时不会产生险象。

②检查 C 当 $AB=00, F=C$；

当 $AB=01$， $F=C$；

当 $AB=10$， $F=\overline{C}$；

当 $AB=11$， $F=C+\overline{C}$。

由分析可知，当 C 变化时有可能产生险象。

(2)卡诺图法。当描述电路的逻辑函数为"与或"式时，可采用卡诺图来判断是否存在险象。其方法是通过前面所学的知识在卡诺图中画包围圈，若存在"相切"的包围圈，说明相应的电路有可能存在险象。

例 4-19 判断函数 $F=\overline{A}D+\overline{A}C+AB\overline{C}$ 是否存在险象。

解 函数 F 所对应的卡诺图如图 4-58 所示。

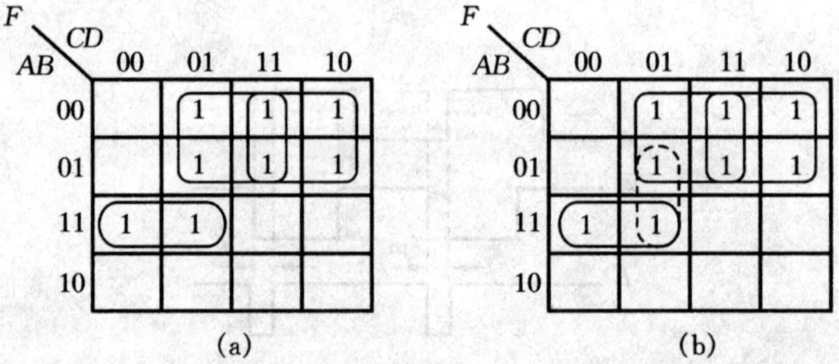

图 4-58 卡诺图

(a)电路存在险象；(b)电路不存在险象

由图 4-58(a)可知，最小项 $AB\overline{C}D$ 和 $\overline{A}B\overline{C}D$ 所在的包围圈相切，所以该函数所对应的电路存在险象；若按图 4-58(b)添加虚线所示的包围圈，则它对应的函数可消除险象。

2. 险象的消除

若通过上面的方法判断出电路存在险象，则应采取以下方法消除：

(1)增加冗余项。在表达式中"加"上多余的"与项"或者"乘"上多余的"或项"，使原函数不可能在某种条件下出现 $L=A\overline{A}$ 或 $L=A+\overline{A}$ 的形式，从而消除可能产生的险象。也可在卡诺图中添加包围圈来消除险象(见例 4-19)。

例 4-20 对于 $F=AB+\overline{B}C$，当 $A=1$ 且 $C=1$ 时，$F=B+\overline{B}$，故当 B 变化时可能存在险象，试消除该险象。

解 对函数增加冗余项为：$F=AB+\overline{B}C+AC$，当 $A=1$ 且 $C=1$ 时，$F=B+\overline{B}+1$，则无论 B 如何变化，F 恒为 1，从而消除了险象。

(2)增加滤波电容。因为干扰脉冲一般都较窄，所以在有可能产生干扰脉冲的逻辑门的输出端与地之间并联一个几百皮法的滤波电容，如图 4-59 所示，就可以把干扰脉冲滤除，从而消除由于竞争冒险产生的毛刺。

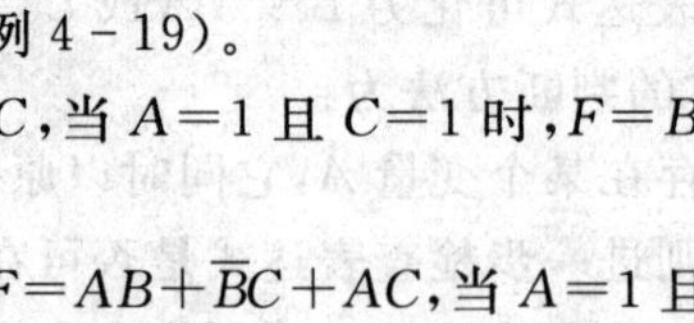

图 4-59 加滤波电容使干扰脉冲得到改善

使用此方法消除险象简单可行，但从图 4－59 的输出波形来看，它会使输出波形边沿变坏，因此要选择适当的电容，以便“削平”尖脉冲。在要求输出波形较严格的情况下应在输出端加整形电路后使用。

(3)增加选通脉冲。在逻辑门上增加选通脉冲输入端，选通脉冲就相当于我们前面介绍的使能信号。当输入信号正在变化时，可使选通信号无效，封锁逻辑门；当输入信号稳定后再使选通信号有效，允许逻辑门输出改变。选通与门的脉冲信号为高电平 1 有效，选通或门的脉冲信号为低电平 0 有效。

(4)增加封锁脉冲。该方法和(3)正好相反，在逻辑门上加封锁脉冲输入端，当输入信号改变时，使封锁信号有效，封锁逻辑门；当输入信号稳定后，再使封锁信号无效，允许逻辑门输出改变。封锁与门的脉冲为低电平 0 有效，封锁或门的脉冲为高电平 1 有效。

本章小结

本章主要介绍了门级组合逻辑电路的分析和设计，以及几种常用的中规模组合逻辑电路分析和应用。

1. 数字电路按照其逻辑功能的不同可分为组合逻辑电路和时序逻辑电路两种，组合电路的特点是：在任何时刻的输出只取决于当时的输入信号，而与电路原来输出的状态无关。

2. 门级组合逻辑电路的分析是指：已知逻辑电路图，求出逻辑表达式、真值表和指出逻辑功能的过程。门级组合逻辑电路的设计是指：已知逻辑将要实现的功能，通过对逻辑变量的定义、规定逻辑变量取值的含义、列出真值表、写出逻辑函数与或表达式并经简化后画出逻辑图的过程。当设计要求用与非门实现，就应将逻辑函数与或表达式转换为与非－与非表达式，然后画出逻辑图；当设计要求用或非门实现，就应将逻辑函数与或表达式转换为或非－或非表达式。当未要求使用什么门时，可用最简逻辑表达式表示出。

3. 本章介绍了几种在数字系统中常用的中规模组合逻辑电路——编码器和译码器、多路选择器和多路分配器、加法器和数值比较器，同时还通过大量的实例介绍了这些器件在实际中的应用。学习器件时，只要求从它的名称、符号图、功能表入手，获得它的功能、输入端、输出端及使能端的有效电平、使能端无效时的输出状态以及输入的高低顺序等信息。任何器件都有对应的.pdf 文件，它包含了比以上所列信息更加详细的内容。

4. 使用器件时，要注意使能端(控制端)的作用和连接。在正常工作时，一定要使器件处于选通状态；在需要器件扩展时，应充分利用控制端。读者应从中体会和掌握一定的逻辑思维模式并能够解决一定的逻辑问题。

5. 本章最后仅简单地介绍了组合逻辑电路中的竞争和冒险及消除的方法。因为在工作频率不是太高的情况下，一般不会存在竞争和冒险，所以只在高速工作情况下才予以关注。在调试电路时常用示波器观察有无干扰脉冲，排除干扰常用简单的接入小电容的方法。

习　题

4.1　组合逻辑电路如图 4－60 所示，要求：

(1) 写出 F 的逻辑表达式并化简为与或式；

(2) 列出 F 的真值表；

(3) 试说明该电路的逻辑功能。

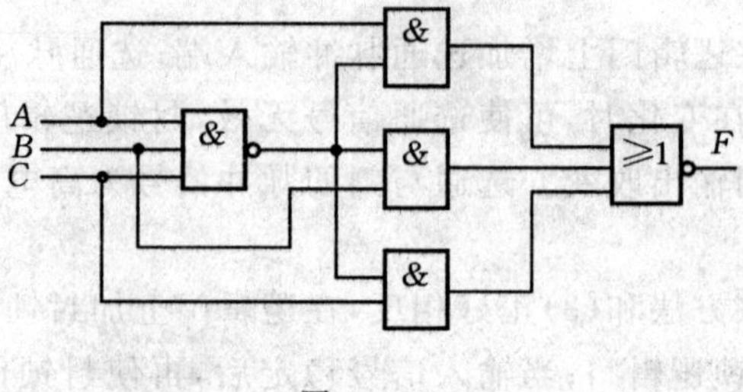

图 4-60

4.2　分析图 4-61 所示电路的逻辑功能。

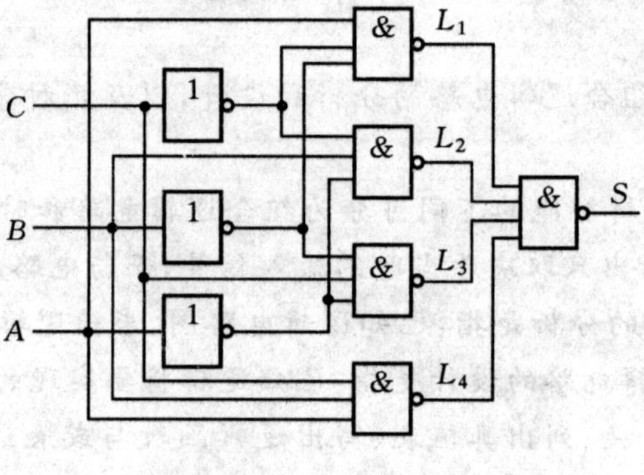

图 4-61

4.3　分析图 4-62 所示电路的逻辑功能。

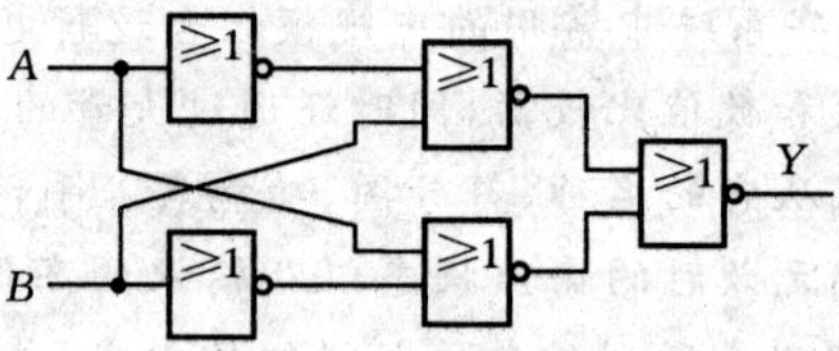

图 4-62

4.4　有一组合逻辑电路如图 4-63(a)所示，其输入信号 A、B 的波形如图 4-63(b)所示。要求：(1)写出逻辑表达式并化简；

(2)列出真值表；

(3)画出输出波形；

(4)描述该电路的逻辑功能。

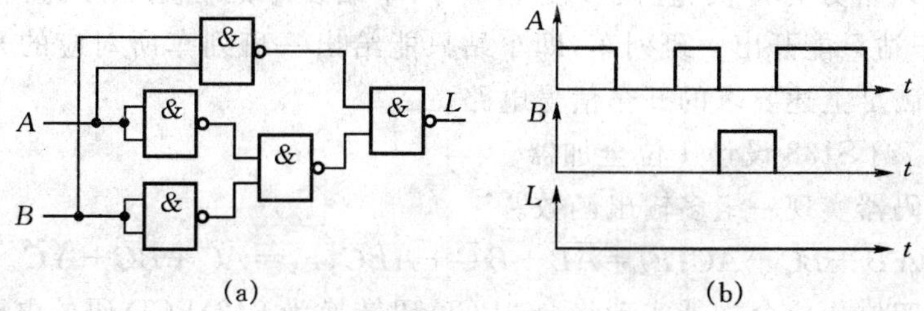

图 4－63

4.5　输入波形如图题 4－64 所示，试画出下列各表达式对应的输出波形。

(1)$Y=\overline{A+B}$；　　(2)$Y=\overline{AB}$。

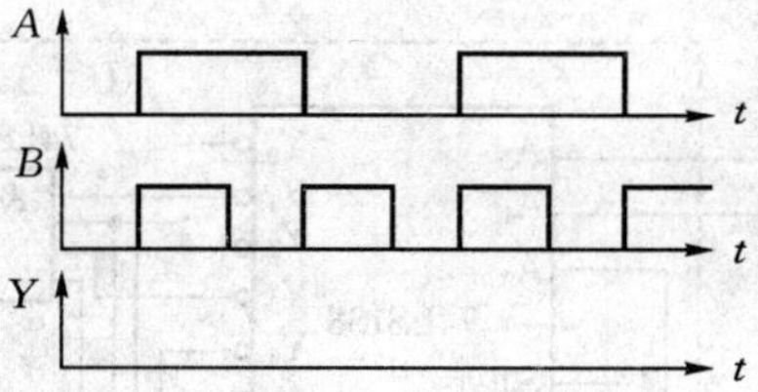

图 4－64

4.6　根据下列各逻辑表达式画出相应的逻辑图。

(1) $Y_1=AB+AC$；　　(2) $Y_2=\overline{\overline{AB}+A\overline{C}}$。

4.7　试设计一个一位二进制全减器电路。

4.8　试用与非门实现将余 3BCD 码转换为 8421BCD 码的电路。

4.9　试用 2 输入与非门和反向器设计　个 3 输入(I_0、I_1、I_2)、3 输出(L_0、L_1、L_2)的信号排队电路。它的功能是：当输入 I_0 为 1 时，无论 I_1 和 I_2 为 1 还是 0，输出 L_0 为 1，L_1 和 L_2 为 0；当 I_0 为 0 且 I_1 为 1，无论 I_2 为 1 还是 0，输出 L_1 为 1，其余两个输出为 0；当 I_2 为 1 且 I_0 和 I_1 均为 0 时，输出 L_2 为 1，其余两个输出为 0；如 I_0、I_1、I_2 均为 0，则 L_0、L_1、L_2 也均为 0。

4.10　某个车间有红、黄两个故障指示灯，用来表示 3 台设备的工作情况。如一台设备出现故障，则黄灯亮；如两台设备出现故障，则红灯亮；如三态设备同时出现故障，则红灯和黄灯都亮。试用与非门和异或门设计一个能实现此要求的逻辑电路。

4.11　设计一个楼上、楼下开关的控制逻辑电路来控制楼梯上的灯，使之满足在上楼前，用楼下开关打开电灯，上楼后，用楼上开关关灭电灯；或者在下楼前，用楼上开关打开电灯，下楼后，用楼下开关关灭电灯。

4.12　设计一个用来判别一位十进制数的 8421BCD 码是否大于 5 的电路。当输入值大于或等于 5 时，电路输出为 1；当输入小于 5 时，电路输出为 0。

4.13　输入 A、B、C、D 是一个十进制数 X 的 8421BCD 码。当 X 为奇数时，输出 $Y=1$，否则 $Y=0$。列出真值表，并写出输出逻辑函数表达式，画出逻辑电路图。

4.14　有一个火灾报警系统，设有烟感、温感和紫外光感 3 种不同的火灾探测器。为了防止产生误报警，只有当其中两种或三种探测器发出火灾探测信号时，报警系统才发出报警信号，试用或非门设计该报警电路。

4.15　旅客列车分为特快、直快和慢车 3 种，车站发车的优先顺序为：特快、直快、慢车。在同一时间内，车站只能开出一班列车，即车站只能给出一班列车所对应的开车信号，试用与非门设计一个能满足上述要求的开车信号电路。

4.16　试用 74LS138 设计 1 位全加器。

4.17　用译码器实现一组多输出函数。

$F_1=A\cdot\overline{B}+\overline{B}C+AC$；$F_2=\overline{AB}+B\overline{C}+ABC$；$F_3=\overline{A}C+BC+A\overline{C}$。

4.18　试用四位集成全加器实现将余 3BCD 码转换为 8421BCD 码的电路。

4.19　图 4-65 所示逻辑电路由两个功能块①和②组成，X_1X_0 和 Y_1Y_0 是两个 2 位二进制数，要求：

(1) 分析每个功能块电路的逻辑功能，写出逻辑表达式，列出真值表；

(2) 分析整个电路的逻辑功能。

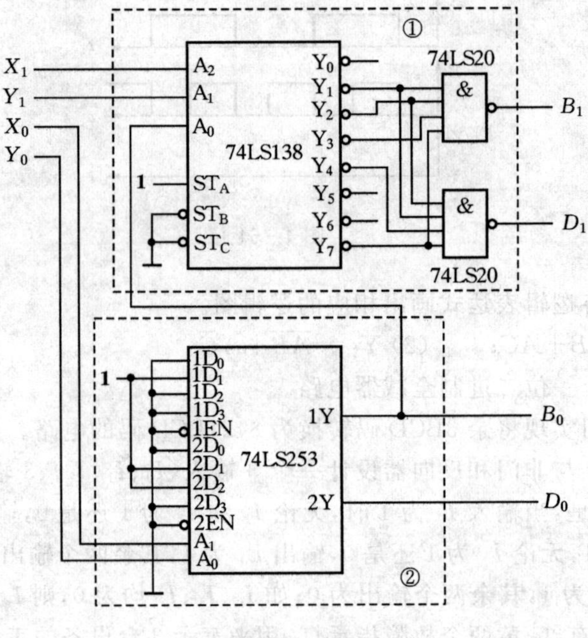

图 4-65

4.20　试判断下列函数组成的电路是否存在险象，并指出是何种险象。

(1) $F=AB+A\overline{B}C$；　(2) $F=\overline{ABC}C+A\overline{ABC}$；

(3) $F=\overline{A\overline{BC}\cdot CD}$；　(4) $F=\overline{ACD+B\overline{D}}$。

第 5 章　集成触发器

触发器具有记忆功能，是构成时序电路的基本器件。本章从实用的角度出发，按照逻辑功能，重点介绍基本 $\overline{R}\,\overline{S}$ 触发器、同步 RS 触发器、主从 JK 触发器和维阻 D 触发器的工作原理及它们之间的功能转换。最后通过简单的二进制计数器实例引出了计数器和分频器的概念。

5.1　概　述

在组合逻辑电路中，逻辑变量输出仅与当前输入的逻辑变量状态有关，而与历史状态无关，也就是说它没有记忆功能。但在数字系统中，常需要对数值进行算术运算或二值逻辑运算，并能够保存运算结果，这就必须由具有记忆功能的数字逻辑电路来完成。能够实现储存一位二值数据或逻辑信息的单元电路称为触发器(Flip-Flop，简称 FF)。这种逻辑变量输出不仅与当前输入的逻辑变量状态有关，而且与历史状态有关的电路，称为时序逻辑电路。

触发器的输出有两种稳定状态，可分别表示为二进制数的 0 和 1 或逻辑 0 和逻辑 1，在合适的控制状态下，可通过外加输入触发信号使触发器的输出由初态稳定状态转变为次态稳定状态。

触发器是时序逻辑电路的基础，从实用的角度考虑，我们只需学习基本 $\overline{R}\,\overline{S}$ 触发器、同步 RS 触发器、主从 JK 触发器、边沿维阻 D 触发器以及它们之间的相互转换，就能达到掌握本章内容的基本要求。

5.2　基本 $\overline{R}\,\overline{S}$ 触发器与逻辑开关

5.2.1　基本 $\overline{R}\,\overline{S}$ 触发器

图 5-1 所示的电路是典型的组合逻辑电路，因为逻辑变量 Q 的输出仅与当前输入的逻辑变量 $\overline{R}$ 的状态有关。

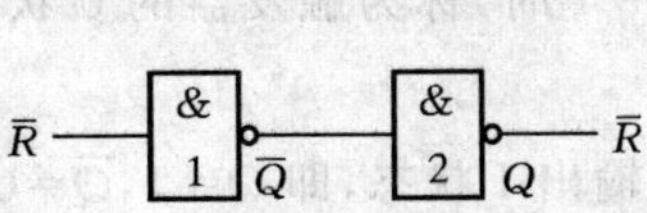

图 5-1　典型的组合逻辑电路

如果我们从图 5-1 的输出端引出一根反馈线和输入 $\overline{R}$ 相与，即如图 5-2 所示。

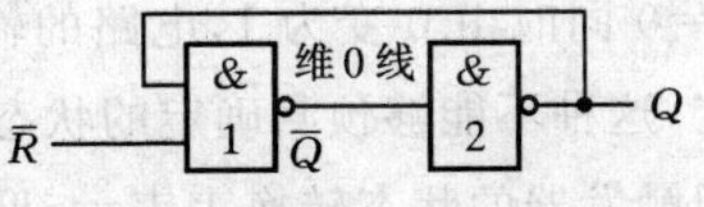

图 5-2　加维 0 线的逻辑电路

由图 5-2 可以看出，当 $\overline{R}$ 的初始值等于 1，即 $Q=1$ 时，反馈线为 1 线，与非门 1 处于开门状态，反馈线相当于断开不起作用。但是当 $\overline{R}$ 的初始值等于 0，即 $Q=0$ 时，反馈线为 0 线，与非门 1 处于关门状态，它阻止了 $\overline{R}$ 的输入，使得输出 $Q=0$ 维持不变，该反馈线称为维 0 线，它能记忆历史状态 0 的输入。要使它失去记忆，也就是说让反馈线相当于断开，使与非门 1 回到开门状态，就必须在门 2 的输入端接入一个控制信号 $\overline{S}$，如图 5-3 所示。这样当需要让反馈线变回 1 线时，只须给控制信号 $\overline{S}$ 一个负脉冲即可。

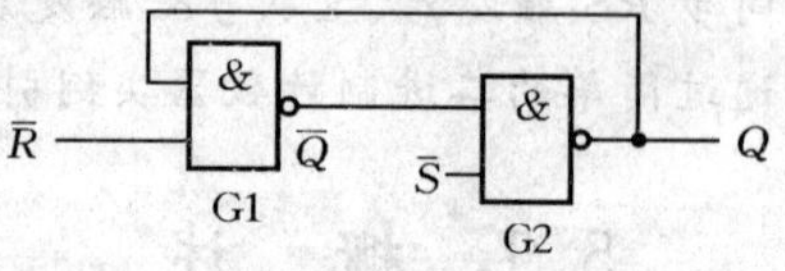

图 5-3　加 $\overline{S}$ 后可使维 0 线变为 1 线

1. 基本 $\overline{R}\overline{S}$ 触发器的逻辑电路图与符号

图 5-3 所示就是基本 $\overline{R}\overline{S}$ 触发器的逻辑电路图，将它改画为如图 5-4(a)所示的形式。图 5-4(b)为基本 $\overline{R}\overline{S}$ 触发器的国标符号，图 5-4(c)为基本 $\overline{R}\overline{S}$ 触发器的国际流行符号。

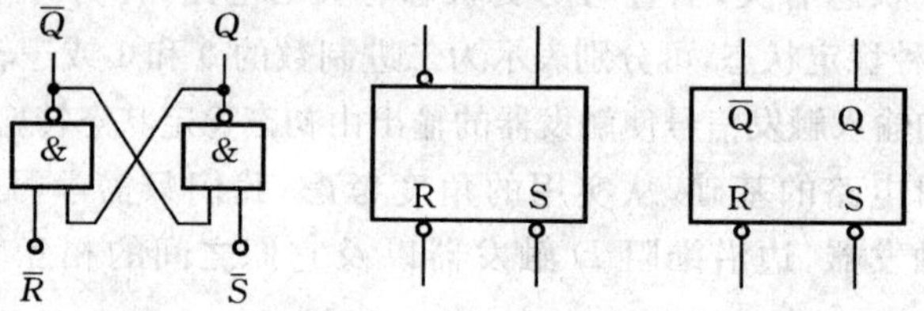

图 5-4　基本 $\overline{R}\overline{S}$ 触发器

(a)逻辑电路；(b)国标符号；(c)国际流行符号

2. 基本 $\overline{R}\overline{S}$ 触发器的功能分析与状态转换表

从基本 $\overline{R}\overline{S}$ 触发器的逻辑电路图中可以看出，它有两个输出端 Q 和 $\overline{Q}$，当 $Q=1$，$\overline{Q}=0$ 时，称为触发器的 1 状态；当 $Q=0$，$\overline{Q}=1$ 时，称为触发器的 0 状态。触发器的两个输入信号用 $\overline{R}$ 和 $\overline{S}$ 表示，低电平有效。

(1)当 $\overline{R}=1$，$\overline{S}=0$ 时，触发器输出 1 状态，即 $Q=1$，$\overline{Q}=0$，简称为置 1；

(2)当 $\overline{R}=0$，$\overline{S}=1$ 时，触发器输出 0 状态，即 $Q=0$，$\overline{Q}=1$，简称为清 0；

(3)当 $\overline{R}=1$，$\overline{S}=1$ 时，触发器输出状态不变，即与原始状态相同；

(4)当 $\overline{R}=0$，$\overline{S}=0$ 时，触发器输出状态 $Q=\overline{Q}=1$，虽然此时输出状态是确定的，但在逻辑上出现了 $Q=\overline{Q}=1$，当 $\overline{R}=0$，$\overline{S}=0$ 同时由 0 变为 1，电路的输出状态在逻辑上必然会稳定下来。但是其状态不能够预测确定，这种不能够预测确定的状态被称为不定状态，一般在逻辑设计中禁止使用。上述分析可以用触发器的状态转换表表示，见表 5-1。

表 5－1　基本 $\overline{R}\,\overline{S}$ 触发器功能表

$\overline{R}$	$\overline{S}$	Q	状态说明
0	0	1*	输入信号同时消失后状态不定
0	1	0	置 0
1	0	1	置 1
1	1	Q	保持原状态不变

3. 基本 $\overline{R}\,\overline{S}$ 触发器的工作波形

基本 $\overline{R}\,\overline{S}$ 触发器的工作波形如图 5－5 所示。

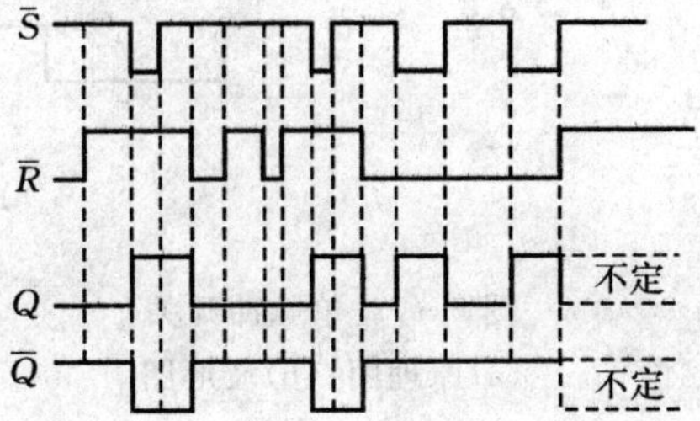

图 5－5　工作波形

4*. 基本 $\overline{R}\,\overline{S}$ 触发器的状态转换对输入信号的要求

设 Q 的初态为 0，$\overline{R}=1$，$\overline{S}$ 有一个宽度为 t_W 的负脉冲，如图 5－6 所示，从图中可看出，在 t_W 负脉冲的下降沿作用后，经过一个 t_{pd} 的延时，Q 由低变高；再经过一个 t_{pd} 的延时，$\overline{Q}$ 由高变低。这表明 t_W 负脉冲的宽度应大于 $2t_{pd}$，触发器才能稳定到新状态，故要求 $\overline{R}$ 和 $\overline{S}$ 的有效信号宽度 $t_W > 2t_{pd}$。

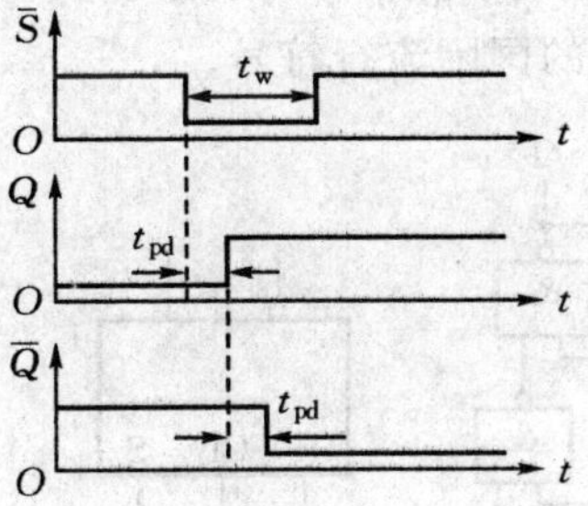

图 5－6　状态转换对输入信号的要求

5.2.2　电平开关与逻辑开关

1. 电平开关

电平开关是指硬件开关动作后，能产生高电平或低电平输出，但在开关动作时会出现抖动现象。在有些场合下，例如对开关动作次数计数时，直接用电平开关是不合适的。

2. 逻辑开关

逻辑开关是在电平开关后接入基本 $\overline{R}\,\overline{S}$ 触发器构成的，如图 5-7(a)所示。它利用了基本触发器在输入信号 $\overline{R}=\overline{S}=1$ 时输出状态不变的特点，使电平开关在 $\overline{R}$ 或 $\overline{S}$ 端产生的抖动信号不会出现在触发器的输出端。其工作波形如图 5-7(b)所示。

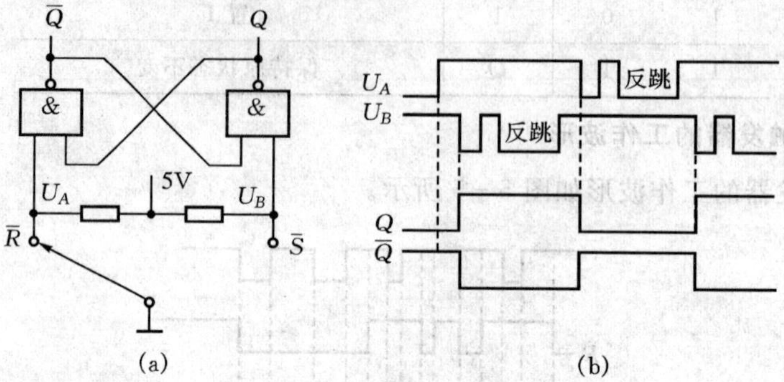

图 5-7　单脉冲开关

(a)原理图；(b)波形图

5.3　同步 *RS* 触发器与数据锁存器

5.3.1　同步 *RS* 触发器

1. 同步 *RS* 触发器的逻辑电路图与符号

同步 *RS* 触发器的逻辑电路图如图 5-8(a)所示。图 5-8(b)为同步 *RS* 触发器的国标符号，图 5-8(c)为同步 *RS* 触发器的国际流行符号。

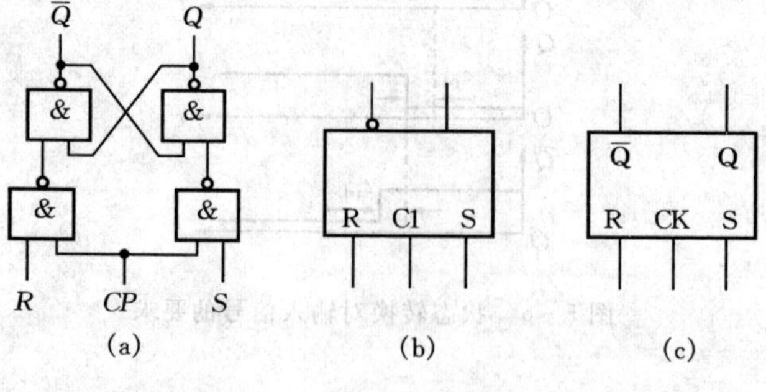

图 5-8　同步 *RS* 触发器

(a)逻辑电路；(b)国标符号；(c)国际流行符号

2. 同步 *RS* 触发器的状态转换表

同步 *RS* 触发器的功能实现是在 *CP* 脉冲同步控制下进行的，当 *CP* 脉冲在高电平期间，

输入信号 R 和 S 才能起作用。其状态转换真值表见表 5 - 2。

表中 Q^n 表示初始状态，简称初态；Q^{n+1} 表示翻转后的状态，简称次态。显然，同步 RS 触发器的初态有 R、S 和 Q^n，在 CP 脉冲的上升沿同步翻转为次态，下降沿后保持。状态转换表可简单记忆为：00 不变、11 不定、其余同 S。主要使用在已知 R、S 和 Q^n 求 Q^{n+1}，即触发器的分析中。

表 5 - 2　同步 RS 触发器的状态转换表

CP	R	S	Q^n	Q^{n+1}	说明
0	×	×	0	0	$CP=0$ 保持原状态不变
0	×	×	1	1	
1	0	0	0	0	$Q^{n+1}=Q^n$
1	0	0	1	1	
1	0	1	0	1	$Q^{n+1}=1$
1	0	1	1	1	
1	1	0	0	0	$Q^{n+1}=0$
1	1	0	1	0	
1	1	1	0	×	不定状态
1	1	1	1	×	

3. 特性方程

根据同步 RS 触发器的状态转换表，画出触发器的次态卡诺图如图 5 - 9 所示，进行简化得到触发器次态的逻辑表达式，也称为特性方程。

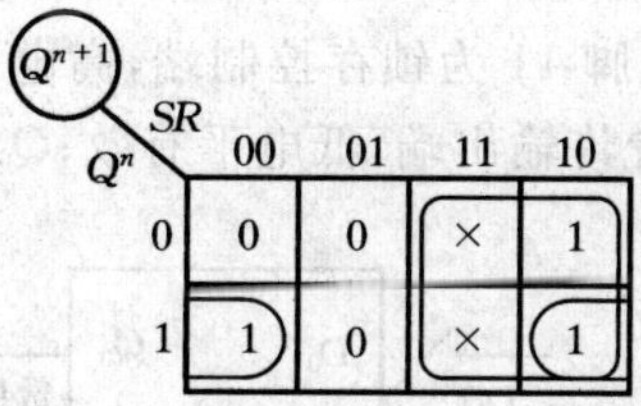

(a)

$$\begin{cases} Q^{n+1}=S+\bar{R}Q^n \\ RS=0\text{(约束条件)} \end{cases}$$

(b)

图 5 - 9　同步 RS 触发器

(a)次态卡诺图；(b)特性方程

特性方程反映了触发器的次态与输入预置 R、S 和初态的逻辑关系，主要用于触发器的应用电路分析中。

4. 激励表

激励表的功能是已知 $Q^n \to Q^{n+1}$，求输入预置 R、S，多用于触发器的应用电路的设计。同步 RS 触发器的激励表见 5 - 3。

表 5 - 3　同步 RS 触发器的激励表

$Q^n \to Q^{n+1}$	R	S
0→0	×	0
0→1	0	1
1→0	1	0
1→1	0	×

5.3.2　数据锁存器

将同步 RS 触发器的不定状态采用逻辑互锁，即按约束条件 $RS=0$，令 $D=S=\overline{R}$，就变为同步 D 触发器，如图 5-10(a)所示。同步 D 触发器习惯上称为数据锁存器，它可同步储存(锁存)一位数据，$Q^{n+1}=D$，即将 D 输入锁存到 Q 中，其过程是将要锁存的数据由 D 端输入，在 CP 的上升沿同步锁存，下降沿后保持。这里必须注意，CP 在高电平期间，数据 D 的状态不能变化，如图 5-10(b)所示。

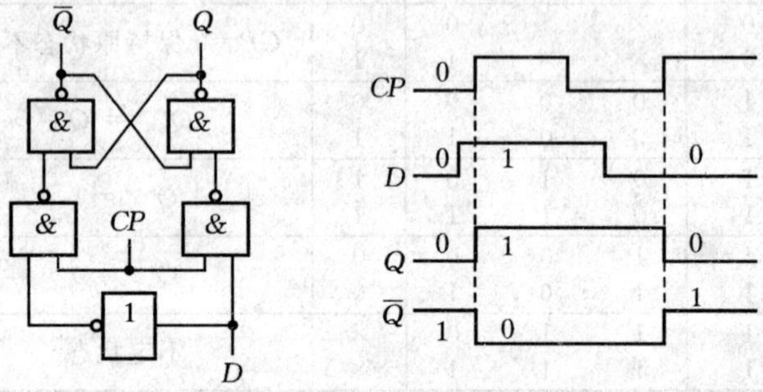

图 5-10　一位数据锁存器
(a)原理图；(b)波形图

市场上有各种数据锁存器的集成芯片出售，如 74LS373、74LS273 等。图 5-11(a)所示是一个型号为 74HC573 的 8D 锁存器，其中，引脚 11 为锁存控制端，高电平时数据输入有效，低电平锁存；$D_0 \sim D_7$ 为数据输入端；引脚 1 为允许输出端，低电平有效；$Q_0 \sim Q_7$ 为数据输出端。

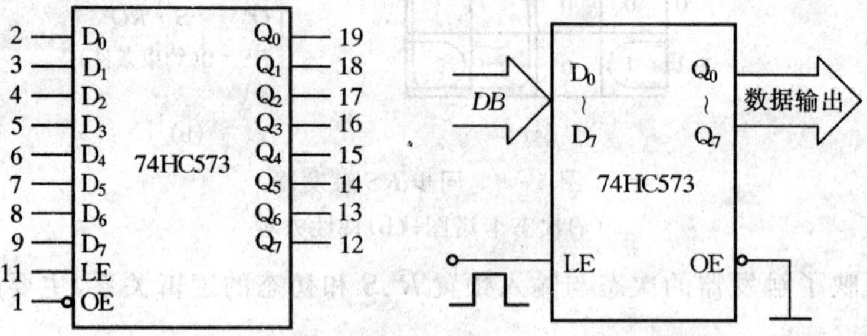

图 5-11　74HC573 的 8D 锁存器
(a)74HC573 的逻辑图；(b)8D 锁存器的应用电路

如图 5-11(b)所示是 74HC573(8D 锁存器)的应用电路，将 8 位数据总线 DB 与锁存器的数据输入端相连，LE 端接入一个正脉冲，实现在锁存的高电平期间存入数据，下降沿后锁存。OE 端接低电平表示输出数据直通，也可以采用负脉冲选通的方式输出数据。

5.4　主从 *JK* 触发器

5.4.1　主从 *JK* 触发器原理及功能

1. 同步 *D* 触发器的空翻问题

在数字电路中，当触发器的 *CP* 端每输入一个方波信号，触发器状态就翻转一次，称为计数，即 $Q^{n+1}=\overline{Q^n}$。要使 D 触发器能够工作在计数状态，从特性方程 $Q^{n+1}=D$ 和计数要求 $Q^{n+1}=\overline{Q^n}$ 可知，只需将 D 和 $\overline{Q^n}$ 相连构成计数引导电路，如图 5－12(a)所示。但当 *CP* 端输入一个方波信号的高电平大于 3 倍的 t_{pd} 时，触发器状态就会又翻转一次，这种现象称为空翻，如图 5－12(b)所示。显然，同步 *D* 触发器不宜构成计数器，因为它要求 $2t_{pd}<t_{cp}<3t_{pd}$。

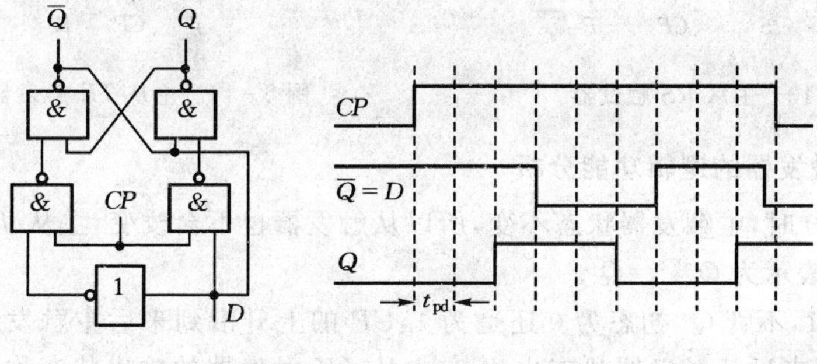

(a)　　　　　　　　　　　　(b)

图 5－12　同步 *D* 触发器的空翻问题

(a)原理图；(b)波形图

2. 主从触发器的工作原理

主从 *JK* 触发器的工作原理可从主从 *RS* 触发器入手分析，如图 5－13 所示。它是由两个同步 *RS* 触发器组成，其中，由 G_5、G_6、G_7、G_8 四个门组成主触发器，同步信号为 *CP*；由 G_1、G_2、G_3、G_4 四个门组成从触发器，同步信号为 *CP* 的非。

它的工作过程是：主触发器在 *CP* 的上升沿到来时接收 *R*、*S* 信号，此时从触发器被关闭，输出状态保持不变；而当 *CP* 的下降沿到来时，主触发器接收的信号送到从触发器输出，而主触发器被关闭。主从工作方式克服了空翻问题。由主从 *RS* 触发器演变而来的主从 *JK* 触发器如图 5－14 所示。

图中，*Q* 端与 *R* 端相连，$\overline{Q^n}$ 端与 *S* 端相连构成计数引导回路，假设 $J=K=\overline{S}_d=\overline{R}_d=1$，那么它的工作过程总是 *CP* 的上升沿到来时接收从触发器的反信号输出，而在 *CP* 的下降沿到来时将主触发器接收的信号送到从触发器输出，实现了无空翻的计数功能。

引入 *J*、*K*、$\overline{S}_d$ 和 $\overline{R}_d$ 增加了控制功能。$\overline{S}_d$ 和 $\overline{R}_d$ 分别称为“直接置 1 端”和“直接置 0 端”，其符号加非表示低电平有效；在分析有 *J*、*K* 控制的输入功能时，必须令 $\overline{S}_d=\overline{R}_d=1$。

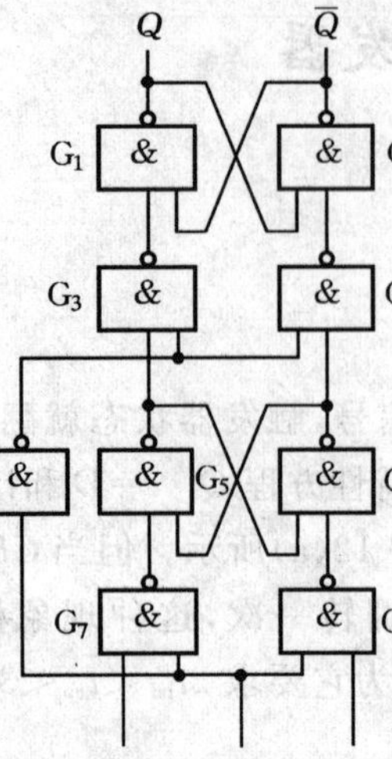

图 5-13 主从 RS 触发器

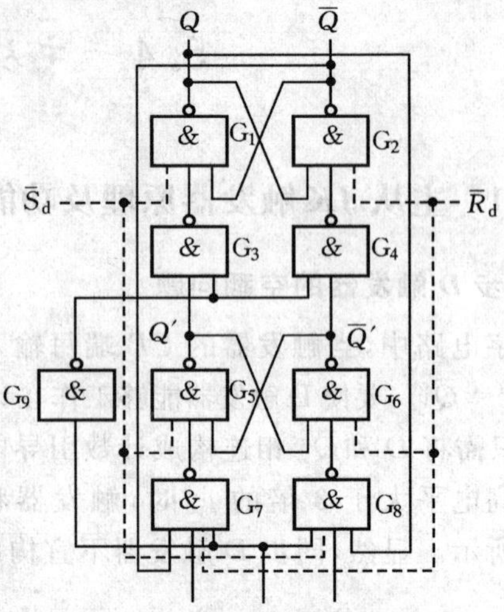

图 5-14 主从 JK 触发器

3. 主从 JK 触发器的逻辑功能分析

当 $J=0,K=0$ 时，主触发器状态不变，所以从触发器也不会改变，主从 JK 触发器的输出状态称为不变，或表示为 $Q^{n+1}=Q^n$。

当 $J=0,K=1$，不管 Q^n 初态为 0 还是为 1，CP 的上升沿到来后主触发器状态为 0，所以在 CP 的下降沿到来后从触发器状态也为 0，主从 JK 触发器的输出状态称为置 0，或表示为 $Q^{n+1}=0$。

当 $J=1,K=0$，不管 Q^n 初态为 0 还是为 1，CP 的上升沿到来后主触发器状态为 1，所以在 CP 的下降沿到来后从触发器状态也为 1，主从 JK 触发器的输出状态称为置 1，或表示为 $Q^{n+1}=1$。

当 $J=1,K=1$，若 Q^n 初态为 0，CP 的上升沿到来后主触发器状态为 1，则在 CP 的下降沿到来后从触发器状态也为 1；若 Q^n 初态为 1，CP 的上升沿到来后主触发器状态为 0，则在 CP 的下降沿到来后从触发器状态也为 0，主从 JK 触发器的输出状态称为计数，或表示为 $Q^{n+1}=\overline{Q^n}$。

5.4.2 集成主从触发器

1. 集成主从 JK 触发器的符号

集成主从 JK 触发器的符号如图 5-15 所示。$\overline{S}_d$ 和 $\overline{R}_d$ 分别称为“直接置 1 端”和“直接置 0 端”，其符号上面加非号和小圆圈表示低电平有效；加在 CP 端的小圆圈表示下降沿有效。

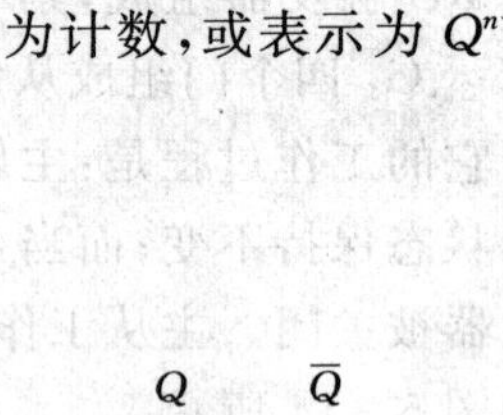

图 5-15 主从 JK 触发器的符号

2. 主从 JK 触发器的状态转换表

主从 JK 触发器的状态转换表见表 5-4，其中，CP 列“0”表示无 CP 作用，“↓”表示有 CP 作用，且为下降沿有效，“×”表示与变量无关。J、K 、Q^n 表示初态；Q^{n+1} 表示翻转后的状态，简称次态。

表 5-4　主从 JK 触发器的状态转换表

CP	J	K	Q^n	Q^{n+1}	说　明
0	×	×	0	0	保持原状态不变
0	×	×	1	1	
↓	0	0	0	0	$Q^{n+1}=Q^n$
↓	0	0	1	1	
↓	0	1	0	0	$Q^{n+1}=0$
↓	0	1	1	0	
↓	1	0	0	1	$Q^{n+1}=1$
↓	1	0	1	1	
↓	1	1	0	1	$Q^{n+1}=\overline{Q}^n$
↓	1	1	1	0	

3. 主从 JK 触发器的特性方程

根据同步 JK 触发器的状态转换表，画出触发器的次态卡诺图如图 5-16(a)所示，进行简化得到触发器特性方程如图 5-16(b)所示。

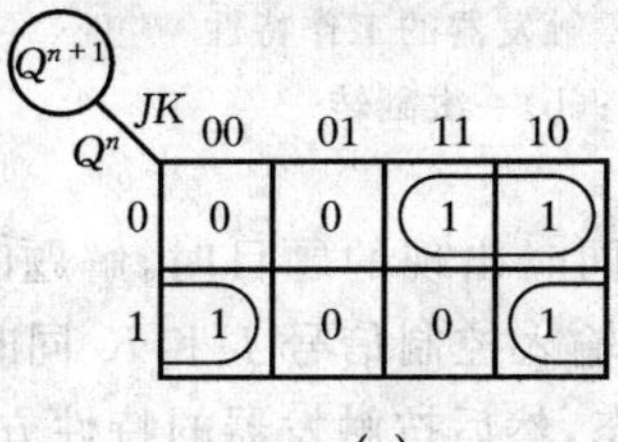

(a)

$$\begin{cases} Q^{n+1}=J\overline{Q}^n+\overline{K}Q^n \\ \overline{S}_d=\overline{R}_d=1\text{(约束条件)} \end{cases}$$

(b)

图 5-16　主从 JK 触发器
(a)次态卡诺图；(b)特性方程

状态转换真值表和特性方程的作用是：已知输入控制信号 J、K 的预置值，求 $Q^n \to Q^{n+1}$，用于对触发器组成电路的分析。

4. 激励表

从状态转换表得到 JK 触发器的激励表 5-5，作用是：已知 $Q^n \to Q^{n+1}$，求 J、K 的预置值，用于对触发器电路的设计。

表 5-5　JK 触发器的激励表

$Q^n \to Q^{n+1}$	J	K
0→0	0	×
0→1	1	×
1→0	×	1
1→1	×	0

5*. 主从 JK 触发器的工作特性

下降沿触发的主从 JK 触发器的正常工作规则是：在 CP 的高电平期间，输入控制信号 J 和 K 不能变化。其工作过程是：在 CP 的上升沿将 J、K 和 Q^n 的状态反映到 Q'端，而在 CP 的下降沿到来后将 Q'的状态复制到 Q 端，工作波形如图 5-17(a)所示。在 CP 的高电平期间，输入控制信号 J 和 K 有变化时，会出现所谓的一次翻转问题。如图 5－17(b)所示，干扰“2”正脉冲使得 $Q'=1$，所以在 CP 的下降沿到来后 $Q'=1$ 的状态被复制到 Q 端；同理干扰“4”正脉冲使得 $Q'=0$，所以在 CP 的下降沿到来后 $Q'=0$ 的状态复制到 Q 端；而干扰“1”和“3”未起作用。按照正常工作状态在 CP 的下降沿到来后，由于 $J=K=0$，触发器不应翻转，这就是主从 JK 触发器的一次翻转问题。可喜的是目前市场上出售的芯片，都属边沿型，没有一次翻转问题。

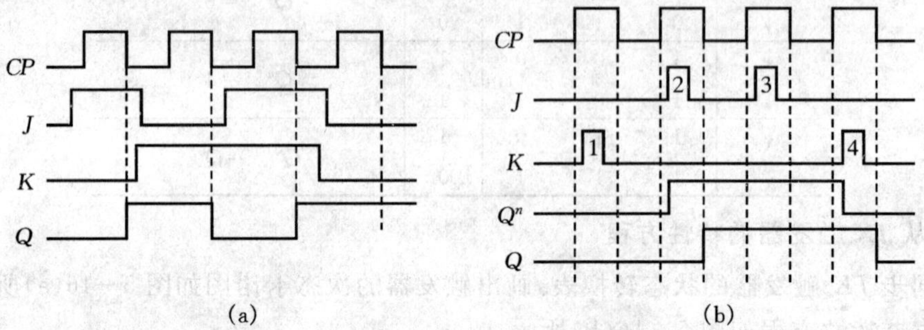

图 5－17　主从 JK 触发器的工作特性

(a)工作波形；(b)一次翻转

当遇到 J、K 的变化正好与 CP 的有效沿同时出现的题目时，解题时，J、K 状态应以 CP 沿到来之前的状态为准，即在 CP 的有效沿和输入控制信号 J 和 K 同时有变化时，触发器翻转应取 CP 的有效沿之前对应的 J 和 K 的状态，然后按触发器的特性方程得到其次态。如图 5－18 所示。

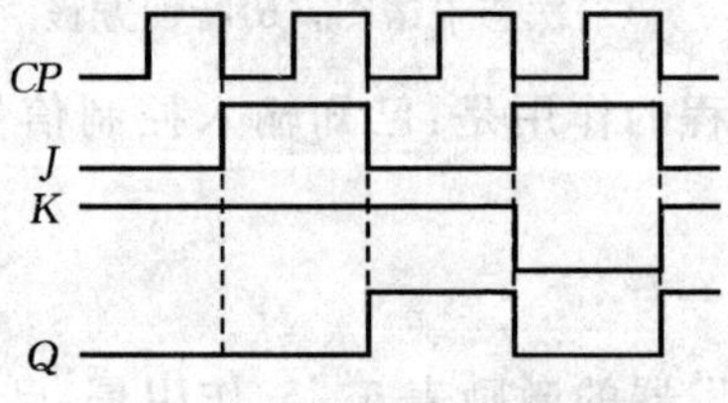

图 5－18　触发器控制端的变化与时钟有效沿同步时的输出

5.5　维阻 *D* 触发器

5.5.1　维阻 *D* 触发器的原理及工作特性

维阻 D 触发器的逻辑电路图是从同步 D 触发器转换而来，如图 5－19 所示。

图 5－19(a)所示的电路是图 5－12(a)的另一种画法，两者逻辑功能是相同的。首先，当 CP 脉冲的上升沿同步读入 D 状态为 1 时，在 CP 脉冲的高电平期间 D 又变为 0，看触发器是否翻转。

如图 5－19(b)所示，当 CP 脉冲的上升沿同步读入 D 状态为 1 时，G_3 为逻辑 0，$Q=1$，只

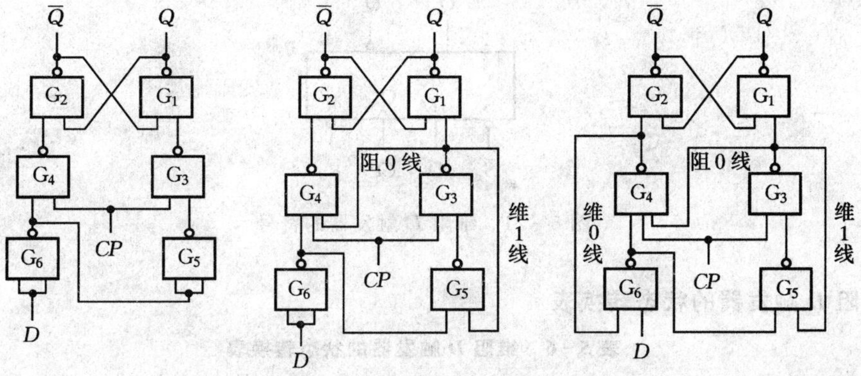

(a)　(b)　(c)

图 5－19　同步 D 触发器转换为边沿 D 触发器

(a)同步 D 触发器；(b)加维 1 线和阻 0 线；(c)加维 0 线

要保证 G_3 始终为逻辑 0，$Q=1$ 就不会改变。加维 1 线可以使 D 输入被 G_5 封死，阻 0 线可阻止 $\overline{Q}^n=1$。这说明在 CP 脉冲的高电平期间 D 状态变化不会影响 $Q=1$。其工作波形如图 5－20(a)所示。

如图 5－19(c)示，当 CP 脉冲的上升沿同步读入 D 状态为 0 时，G_4 为逻辑 0，$Q=0$，$\overline{Q}^n=1$，只要保证 G_4 始终为逻辑 0，$Q=0$ 就不会改变。同理加维 0 线可以使 D 输入被 G_6 封死，说明在 CP 脉冲的高电平期间 D 状态变化不会影响 $Q=0$。其工作波形如图 5－20(b)所示。从图 5－20 可知，维阻 D 触发器的状态转换仅与 CP 上升沿时刻的 D 状态有关，即 $Q^{n+1}=D$。

当 CP 脉冲的下一个上升沿来到时，中间必然有一个低电平，在 CP 脉冲的低电平期间 G_4 和 G_3 输出都是高电平，上述三线变为“1”线不起作用。

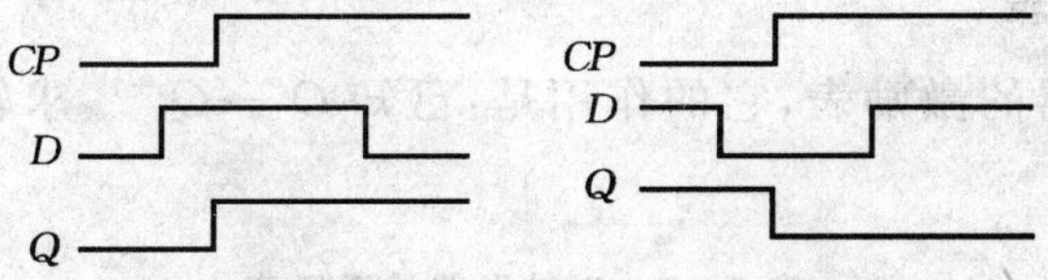

(a)　(b)

图 5－20　加三线作用时的波形

(a)加维 1 线和阻 0 线的作用；(b)加维 0 线的作用

维持阻塞结构的 D 触发器属于具有数据封锁能力的触发器，也称为边沿触发器，因为它的状态翻转仅与 CP 的上升沿作用时的 D 输入有关。边沿触发器解决了空翻问题，可用于计数器、移位寄存器等时序逻辑电路设计中。

5.5.2　集成维阻 D 触发器

1. 维阻 D 触发器符号

维阻 D 触发器的符号如图 5－21 所示。$\overline{S}_d$ 和 $\overline{R}_d$ 分别称为“直接置 1 端”和“直接置 0 端”，其符号上面加非号和小圆圈表示低电平有效；CP 端无小圆圈表示上升沿有效。

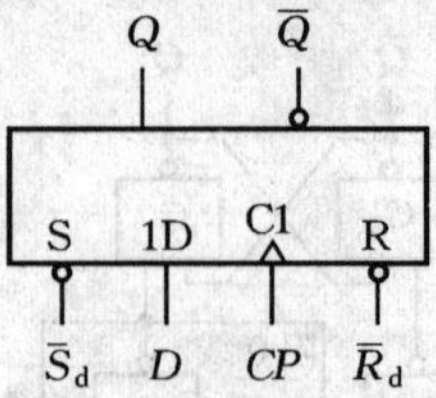

图 5-21　维阻 D 触发器的符号

2. 维阻 *D* 触发器的状态转换表

表 5-6　维阻 *D* 触发器的状态转换表

CP	D	Q^n	Q^{n+1}	说明
0	×	0	0	$Q^{n+1}=Q^n$,不变
0	×	1	1	
↑	0	0	0	$Q^{n+1}=0$,清 0
↑	0	1	0	
↑	1	0	1	$Q^{n+1}=1$,置 1
↑	1	1	1	

3. 特性方程

$$\begin{cases} Q^{n+1}=D \\ \overline{S}_d=\overline{R}_d=1\text{(约束条件)} \end{cases}$$

状态转换表和特性方程的作用是:已知输入控制信号 D 的预置值,求 $Q^n \to Q^{n+1}$。

4. *D* 触发器的激励表

表 5-7 为 D 触发器的激励表,它的作用是:已知 $Q^n \to Q^{n+1}$,求输入控制信号 D 的预置值。

表 5-7　*D* 触发器的激励表

$Q^n \to Q^{n+1}$	D
0→0	0
0→1	1
1→0	0
1→1	1

5*. 维阻 *D* 触发器脉冲工作特性

图 5-22 所示是维阻 D 触发器的脉冲工作特性波形图。

当 $CP=0$ 时,维阻 D 触发器的输出处于保持状态,在 CP 的上升沿时刻,触发器立即按照输入 D 信号的状态翻转。这就要求 D 信号必须提前到来,该提前时间称为建立时间 t_{set},由于 D 信号到达内部输入端需经过两级门的延时,所以 t_{set} 应大于 $2t_{pd}$。

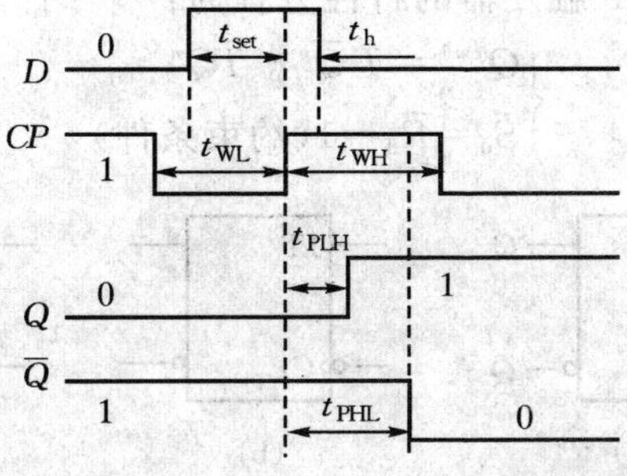

图 5-22　维阻 D 触发器脉冲工作特性

在 CP 上升沿到来后须经一定的时间，D 信号才能撤出，否则会干扰触发器的正常工作，这段时间称为保持时间 $t_h \approx t_{pd}$。而 $t_{PHL} \approx 3t_{pd}$ 表示 CP 上升沿后的高电平应保持 $3t_{pd}$ 才能使触发器的状态完全稳定。此部分内容只需一般了解，因为触发器的参数中都有 CP 的最高工作频率，使用时要留有余量。

当遇到 D 的变化正好与 CP 的有效沿同时出现的题目时，解题时，D 状态应以 CP 沿到来之前的状态为准，即在 CP 的有效沿和输入控制信号 D 同时有变化时，触发器翻转应取 CP 的有效沿前对应 D 的状态，然后按触发器的特性方程得到其次态。

5.6　触发器之间的相互转换

(1)将主从 JK 触发器转换为主从 D 触发器。根据 JK 触发器的特性方程 $Q^{n+1}=J\overline{Q}^n+\overline{K}Q^n$ 和 D 触发器的特性方程 $Q^{n+1}=D$，可知，只要令 $J=\overline{K}=D$ 就变为下降沿触发的主从 D 触发器，如图 5-23(a)所示。

(2)同理，根据 JK 触发器的特性方程 $Q^{n+1}=J\overline{Q}^n+\overline{K}Q^n$ 和维阻 D 触发器的特性方程 $Q^{n+1}=D$，把维阻 D 触发器转换为 JK 触发器，令 $D=J\overline{Q}^n+\overline{K}Q^n$ 就变为上升沿触发的维阻 JK 触发器，如图 5-23(b)所示。

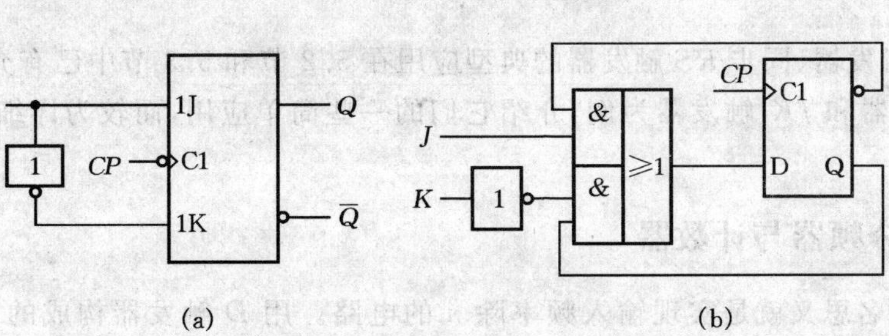

图 5-23　JK 触发器与 D 触发器相互转换
(a)JK 触发器转换为 D 触发器；(b)D 触发器转换为 JK 触发器

(3)令主从 JK 触发器的 $J=K=T$，就变为下降沿触发的 T 触发器，如 5-24 所示。从 JK 触发器的状态转换表可知，$J=K=1$ 时，在 CP 的下降沿作用下 $Q^{n+1}=\overline{Q}^n$，当 $J=K=0$ 时，即使 CP 作用也保持 $Q^{n+1}=Q^n$ 不变。所以 T 触发器在 $T=1$ 时，在 CP 作用下为计数状态，$T=0$ 时保持原状态不变。T 触发器的特性方程为：

$$\begin{cases} Q^{n+1}=T\overline{Q}^n+\overline{T}Q^n \\ \overline{S}_d=\overline{R}_d=1\text{（约束条件）} \end{cases}$$

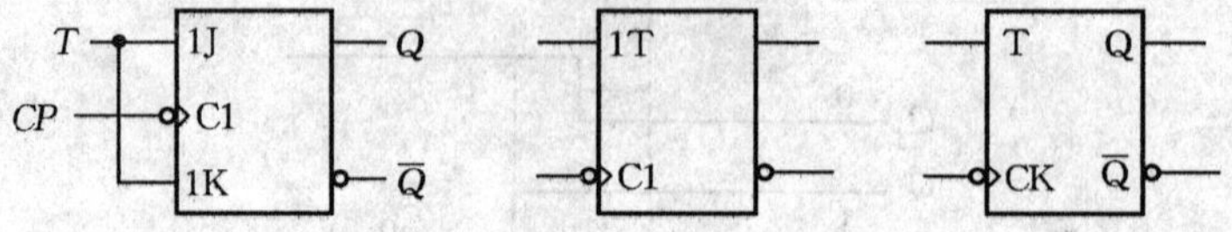

图 5-24　下降沿 T 触发器

(a)原理图；(b)国标符号；(c)国际流行符号

(4)同理，令维阻 D 触发器的 $D=T\overline{Q}^n+\overline{T}Q^n$，就变为上升沿触发的 T 触发器，如图 5-25 所示。

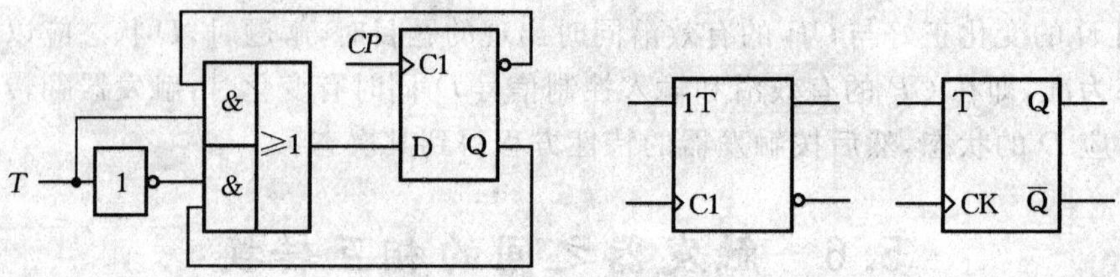

图 5-25　上升沿 T 触发器

(a)原理图；(b)国标符号；(c)国际流行符号

5.7　边沿集成触发器的应用举例

基本 $\overline{R}\,\overline{S}$ 触发器、同步 RS 触发器的典型应用在 5.2 节和 5.3 节中已有介绍，下面就以无空翻的 D 触发器和 JK 触发器为例，介绍它们的一些简单应用，而较为详细的应用将在第 7 章给予介绍。

5.7.1　分频器与计数器

分频器，顾名思义就是实现输入频率除 n 的电路。用 D 触发器构成的 2 分频电路如图 5-26(a)所示。它实现了 Q 输出波形的周期是输入 CP 周期的 2 倍，所以称为 2 分频电路，或称为除 2 电路，其波形如图 5-25(b)所示。实际上它也是一个二进制计数电路，如果将 $\overline{Q}$ 端接入由 D 触发器构成的 2 分频电路的 CP 端，依次相连，可构成 n 位二进制计数电路，或 n 分频电路。通常在作为二进制计数电路时，需要将各个触发器的 Q 同时输出，而作为分频器只需输出最后一个触发器的 Q 值。

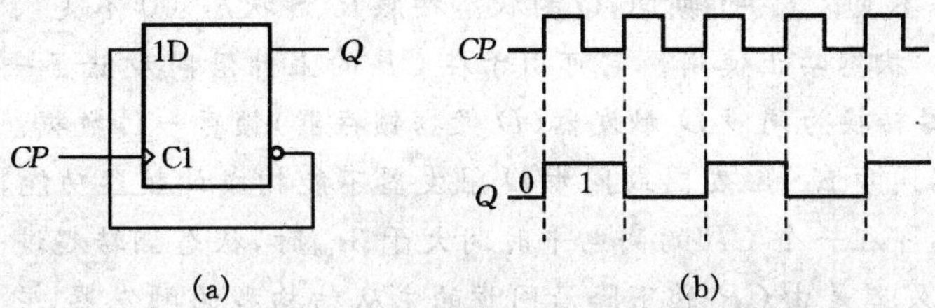

图 5 - 26　2 分频电路

(a)2 分频电路；(b)波形图

5.7.2　构成简单的控制电路

采用触发器还可构成其他的控制电路，图 5 - 27 所示的电路可实现输出两路正交的方波信号。因为一级 2 分频电路输出的 Q 和 $\overline{Q}$ 的相位差为 180°，所以为了得到两路输出信号有 90°的相位差，两路输出必须同时都是 CP 输入的 4 分频。

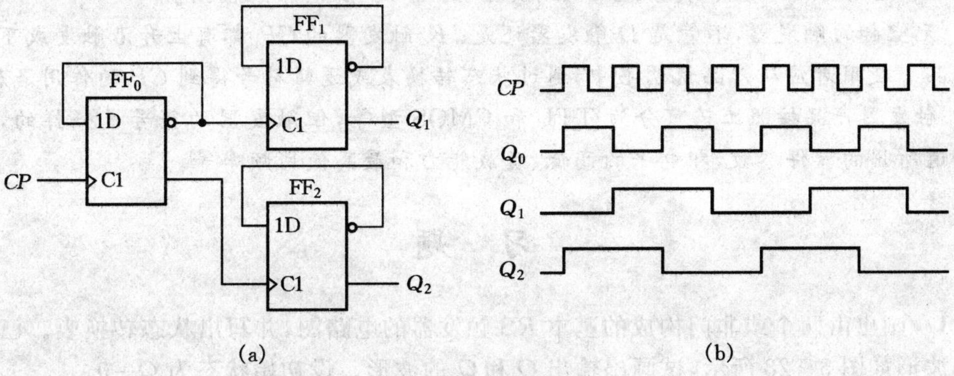

图 5 - 27　输出正交的方波信号

(a)电路图；(b)波形图

图 5 - 27 中，FF_0 的输出是 CP 的 2 分频；由于 FF_1 的 CP 与 $\overline{Q}_0$ 相连，所以 Q_1 输出又是 $\overline{Q}_0$ 的 2 分频；同理 Q_2 的输出是 Q_0 的 2 分频。因为 $\overline{Q}_0$ 和 Q_0 相位差是 180°，所以 Q_1 和 Q_2 两路输出信号的相位差为 90°。

本章小结

触发器具有记忆功能，是构成时序电路的基本器件。本章从实用的角度出发，根据逻辑功能，重点介绍了基本 $\overline{R}\,\overline{S}$ 触发器、同步 RS 触发器、主从 JK 触发器、维阻 D 触发器的工作原理。学习本章后，应掌握以下几点：

1. 基本 $\overline{R}\,\overline{S}$ 触发器是低电平触发的非同步（异步）型触发器，状态转换功能的简单记忆方法是：Q 的状态按照 $\overline{R}$、$\overline{S}$ 状态“11 不变”、“00 不定”、“其余随 $\overline{R}$”记，其中“00 不定”状态禁止使用。它可用于随机储存一位数据，典型应用是构成逻辑开关。

2. 同步 RS 触发器是具有 CP 同步的触发器，状态转换功能的简单记忆方法是：在 $CP=0$

期间，保持原始状态不变；$CP=1$ 期间，Q 的状态按照 R、S 状态"00 不变"、"11 不定"、"其余随 S"记，其中"11 不定"状态禁止使用。它可用于在 CP 的上升沿同步储存一位数据。典型应用是将同步 RS 触发器转换为同步 D 触发器（D 数据锁存器）锁存一位数据。

这里必须注意，同步 RS 触发器或同步 D 触发器不能构成计数器功能，因为用它构成的计数器存在空翻问题，即在一个 CP 的高电平时间大于 $3t_{pd}$ 时，状态翻转超过一次。

3. 主从 JK 触发器是由 CP 的下降沿同步的主从结构型的触发器，它的状态转换功能的简单记忆方法是：在 CP 下降沿作用下，Q 的状态按照初态 J、K 的取值"00 不变"、"11 计数"、"其余按 J 的初态"记。它克服了空翻问题，可以构成计数器。

书中虽然介绍了一次翻转问题，但目前市场上的 JK 触发器都不存在一次翻转问题，使用者只需注意不要超出它的使用频率即可。

4. 维阻 D 触发器是由 CP 上升沿同步的边沿触发器，它的状态转换功能的记忆是最简单的，即 Q 的状态总是同初态 D 一样。使用者只需注意不要超出它的使用频率即可。

5. 基本 $\overline{R}\,\overline{S}$ 触发器可以用与非门构成，同理也可以用或非门构成，称为基本 RS 触发器，它是高电平触发的非同步（异步）型触发器，它的状态转换功能记忆方法是：Q 的状态按照 R、S 状态"00 不变"、"11 不定"、"其余随 S"记，其中"11 不定"状态禁止使用。

6. 无空翻的触发器，不管是 D 触发器还是 JK 触发器的 CP 都有上升沿触发或下降沿触发的产品。使用者应从产品说明书中，通过状态转换表或逻辑符号得到 CP 的作用沿属性。

7. 触发器产品按照工艺可分为 TTL 和 CMOS 型等，但触发器的符号是一样的，使用者仅需知道所用的器件参数，即电平的高低、负载能力和最高使用频率等。

习　题

5.1　画出由两个或非门构成的基本 RS 触发器的电路图，并写出状态转换表。已知 R、S 的输入波形如图 5－28 所示，试画出输出 Q 和 $\overline{Q}$ 的波形。设初始状态为 $Q=0$。

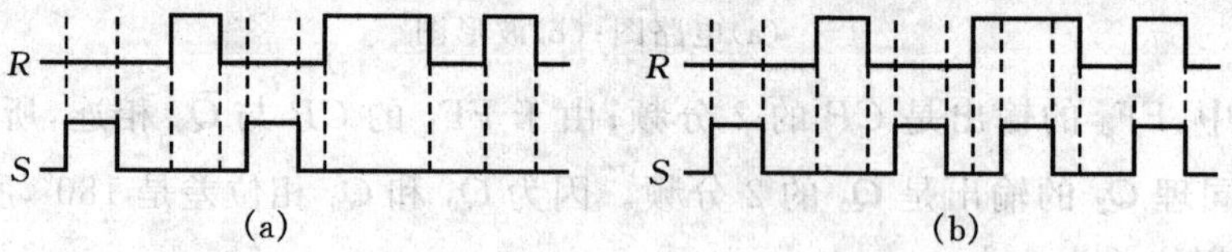

图 5－28

5.2　已知同步 D 触发器的波形如图 5－29 所示，试画出输出 Q 的波形。设触发器的初始状态为 $Q=0$。

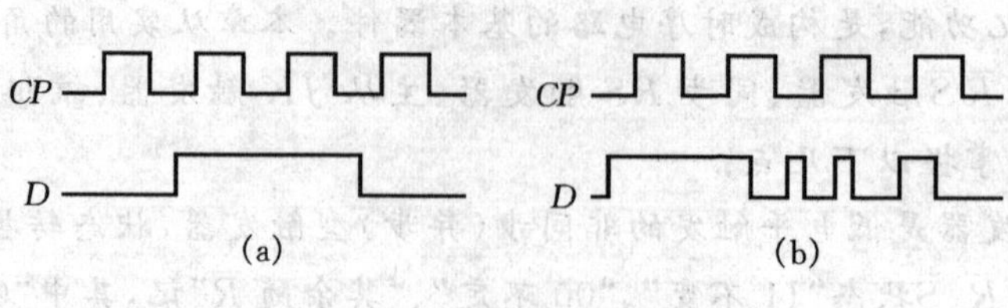

图 5－29

5.3　主从 JK 触发器的输入 CP、J、K 的波形如图 5－30 所示，试画出输出 Q 的波形。设触发器的初始状态为 $Q=0$。

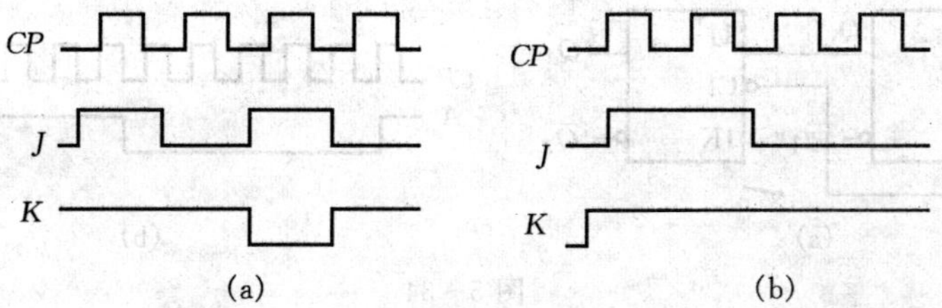

图 5－30

5.4　已知，图 5－31 中各触发器的初始状态 $Q=0$，试画出在 CP 脉冲作用下各触发器 Q 端的电压波形。

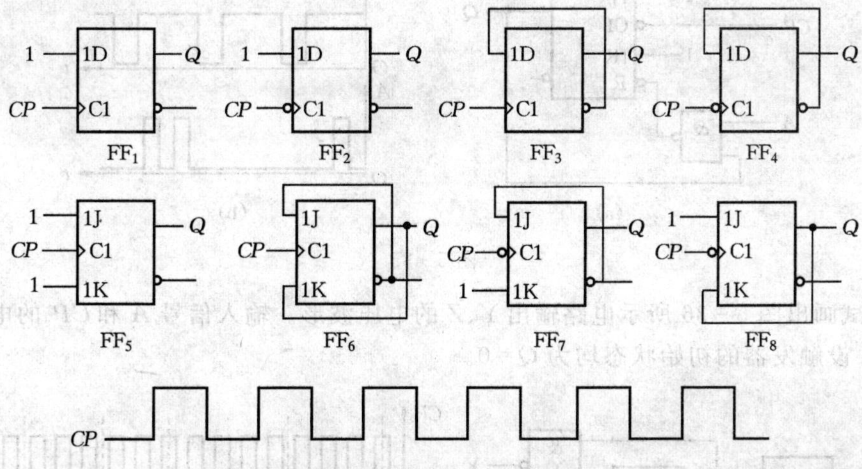

图 5－31

5.5　维持阻塞 D 触发器 74LS74 的输入波形如图 5－32 所示，画出输出 Q 的波形。

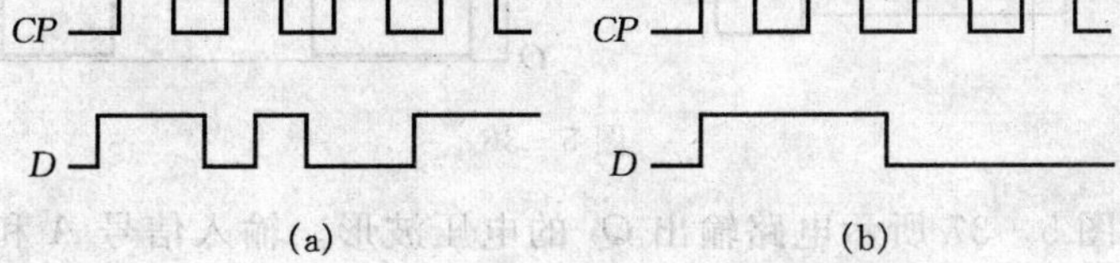

图 5－32

5.6　画出图 5－33 所示的维持阻塞 D 触发器输出 Q 的波形。

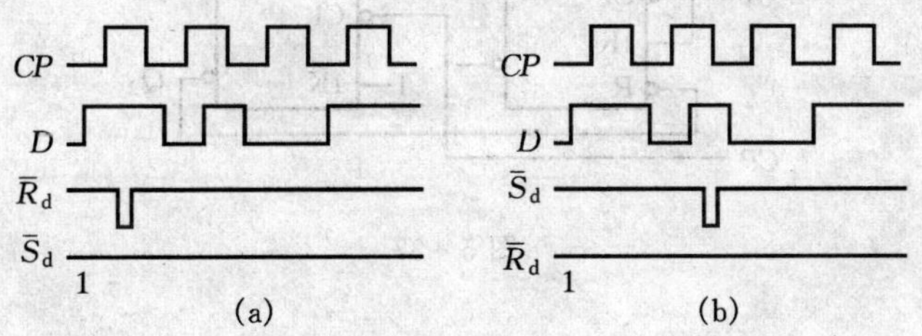

图 5－33

5.7 根据图 5-34 所示的触发器的电路、输入 CP 和 A 的波形，画出 Q_2 的波形。设触发器的初始状态为 $Q=0$。

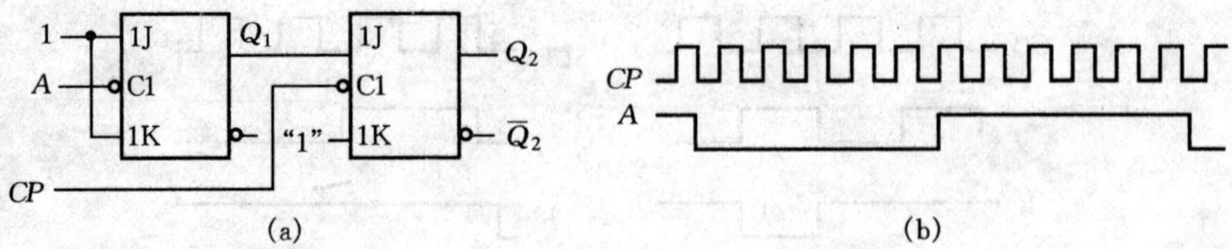

图 5-34

5.8 在图 5-35 所示的主从 JK 触发器电路中，CP 和 A 的电压波形如图中所示，试画出 Q 对应的电压波形。设触发器的初始状态为 $Q=0$。

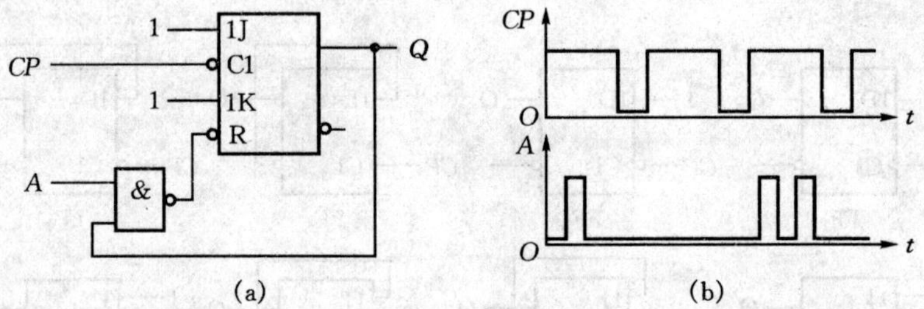

图 5-35

5.9 试画出图 5-36 所示电路输出 Y、Z 的电压波形。输入信号 A 和 CP 的电压波形如图中所示。设触发器的初始状态均为 $Q=0$。

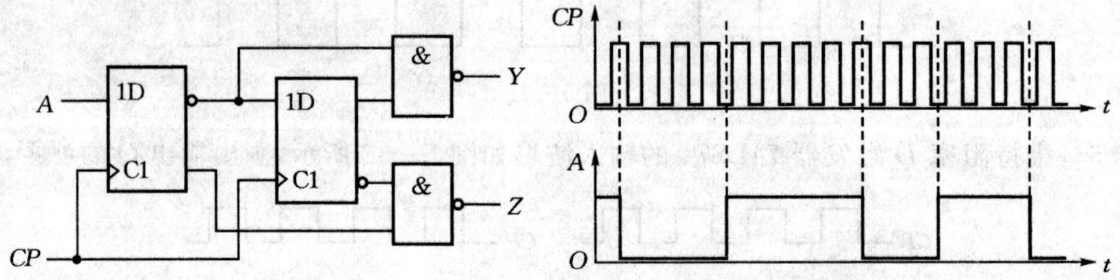

图 5-36

5.10 试画出图 5-37 所示电路输出 Q_2 的电压波形。输入信号 A 和 CP 的电压波形与上题相同。假定触发器为主从结构，初始状态均为 $Q=0$。

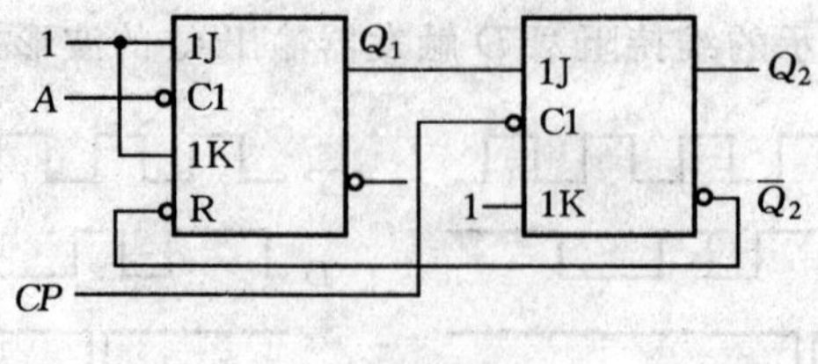

图 5-37

第 6 章　脉冲的产生与整形电路

本章将通过对 5G555 电路的分析，引出几种常用的脉冲信号的产生和整形电路，学会使用专用集成芯片的功能表设计应用电路。学习的重点应是施密特触发器（鉴幅器）、单稳态触发器和多谐振荡器的使用场合和应用设计方法。

6.1　概　述

在脉冲电路中主要研究的是脉冲的产生和变换及形成等，例如方波是最常用的脉冲信号，如果通过脉冲振荡电路直接获得方波信号，就称为方波信号发生器；如果通过已有的正弦波信号经整形电路变换形成方波信号，就称为方波信号形成器。通常不必区分是发生器还是形成器，只要有脉冲信号输出就可以称为发生器。

脉冲波形变换则包括脉冲宽度、幅度、相位及上升和下降时间等的改变，通过变换，这些特性将符合特定使用场合的要求。例如：单稳态触发器能在输入脉冲的触发下，产生一定的延时方波输出；施密特触发器能根据输入波形的幅度对输入波形进行整形。

为了评价方波的特性指标，常用如图 6-1(a)所示的参数来描述。

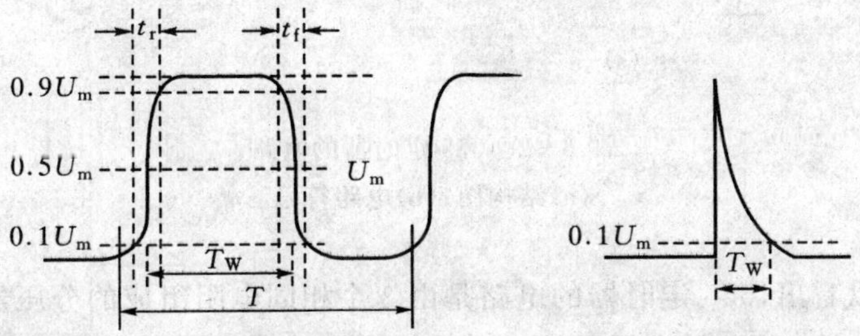

图 6-1　脉冲波形特性参数

(a)方波；(b)尖脉冲

其中，脉冲周期 T——在周期性重复的脉冲波形序列中，两个相邻脉冲之间的时间间隔；

脉冲幅度 U_m——脉冲电压的最大变化幅值；

脉冲宽度 T_W——以脉冲上升沿到达 $0.5U_m$ 为起点，脉冲下降沿到 $0.5U_m$ 为终点之间的时间；

上升时间 t_r—— 脉冲从 $0.1U_m$ 上升到 $0.9U_m$ 所需的时间；

下降时间 t_f—— 脉冲从 $0.9U_m$ 下降到 $0.1U_m$ 所需的时间；

占空比 q——$q=\dfrac{脉冲宽度}{脉冲周期}=\dfrac{T_W}{T}$。

当脉冲波形为尖脉冲时，如图 6－1(b)所示，脉冲宽度 T_W 的定义为以脉冲上升沿到达 $0.1U_m$ 为起点，脉冲下降沿到 $0.1U_m$ 为终点之间的时间。

6.2 5G555 定时器

5G555 定时器是一种应用广泛的模拟电路和数字电路相结合的集成电路。它常用于脉冲波形的产生、整形和延时等，可构成施密特触发器、单稳态触发器和多谐振荡器等电路。

6.2.1 5G555 定时器的工作原理与功能表

5G555 定时器的结构图和电路符号如图 6－2 所示。

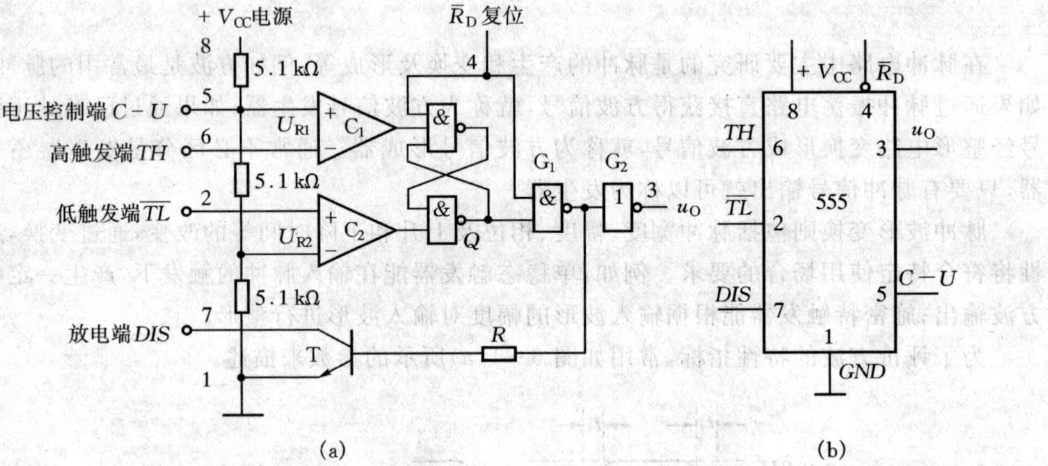

图 6－2　555 定时器的电路

(a)结构图；(b)电路符号

由图 6－2 可以看出，555 定时器的电路是由 3 个相同电阻组成的分压器、2 个模拟电压比较器 C_1 和 C_2、一个基本 $\overline{R}\,\overline{S}$触发器及输出缓冲级 G_1、G_2 和开关放电管 T 组成的。

电阻分压器由 3 个阻值均为 5.1kΩ 的电阻组成。当电压控制端 C－U 悬空时，电阻分压器为电压比较器 C_1 和 C_2 提供了基准电压：$U_{R1}=\frac{2}{3}V_{CC}$，$U_{R2}=\frac{1}{3}V_{CC}$，。两个电压比较器的输出信号用以控制基本 $\overline{R}\,\overline{S}$触发器的输出状态，并通过输出缓冲级最终控制 555 定时器的输出状态。当电压控制端 C－U 接入固定电压 U_{C-U}时，可改变电压比较器的基准电压，例如：当 $U_{R1}=U_{C-U}$ 时，$U_{R2}=\frac{1}{2}U_{C-U}$。

555 定时器的输出状态 u_O 由基本 $\overline{R}\,\overline{S}$触发器的输出端的高低电平来决定。而当复位端 $\overline{R}_D$ 为低电平时，不管基本 $\overline{R}\,\overline{S}$触发器的输出端状态如何，输出 u_O 恒为低电平。

放电管 T 的状态由门 G_1 的输出来控制，当 G_1 输出高电平时，T 导通；当 G_1 输出低电平时，T 截止。

综上所述，555 定时器的功能见表 6－1。

表 6－1　555 定时器功能表

输入			输出	
高触发端 TH	低端发端 $\overline{TL}$	复位 $\overline{R}_D$	输出 u_O	放电管 T
×	×	0	低电平	导通
$>\frac{2}{3}V_{CC}$	$>\frac{1}{3}V_{CC}$	1	低电平	导通
$<\frac{2}{3}V_{CC}$	$>\frac{1}{3}V_{CC}$	1	保持不变	保持不变
×	$<\frac{1}{3}V_{CC}$	1	高电平	截止

6.2.2　5G555 构成的施密特触发器

施密特触发器也称为鉴幅器。当输入信号的最大幅度 U_{max} 大于施密特触发器中 555 定时器的参考电压 U_{R1} 时，施密特触发器能按照输入信号幅度的高低变换产生相应的方波输出。

1. 施密特触发器的工作原理及传输特性

(1)由 555 定时器构成的施密特触发器如图 6－3 所示，定时器外接直流电源和地；高电平触发端 TH 和低电平触发端 $\overline{TL}$ 直接连接，作为信号 u_I 输入端；外部复位端 $\overline{R}_D$ 接直流电源 $+V_{CC}$，表示复位无效。

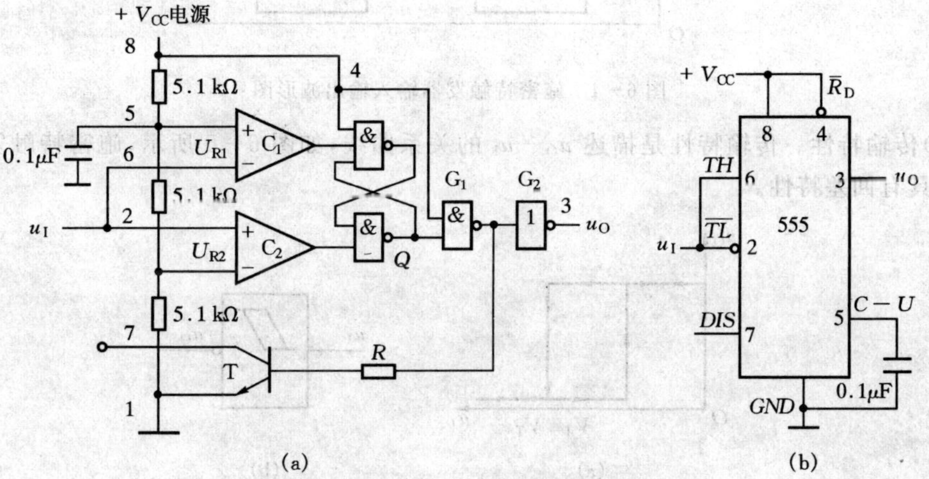

图 6－3　555 定时器构成的施密特触发器
(a)结构图；(b)电路符号

(2)工作原理。以输入电压 u_I 为三角波为例，设 u_I 的幅度大于 $\frac{2}{3}V_{CC}$。由功能表可知：

①正程工作过程：当 $u_I<\frac{1}{3}V_{CC}$ 时，输出 u_O 为高电平；当 u_I 由低电位逐渐上升到 $\frac{1}{3}V_{CC}<u_I<\frac{2}{3}V_{CC}$ 时，输出 u_O 保持为高电平；当 u_I 由低电位逐渐上升到 u_I 略大于 $\frac{2}{3}V_{CC}$ 时，输

出 u_O 下跳变为低电平；当 $u_I>\frac{2}{3}V_{CC}$后，输出状态不变。

②返程工作过程：当 u_I 由高电位逐渐下降到 $u_I\leqslant\frac{2}{3}V_{CC}$时，输出 u_O 保持低电平；当$\frac{1}{3}V_{CC}<u_I<\frac{2}{3}V_{CC}$时，输出保持前一稳定状态不变，即输出 u_O 保持低电平；直到当 u_I 略小于$\frac{1}{3}V_{CC}$，输出 u_O 才又跳变为高电平；当 $0<u_I<\frac{1}{3}V_{CC}$时，输出状态保持不变。

显然，无论 u_I 是在上升过程还是下降过程，当其电平处于中间状态，即$\frac{1}{3}V_{CC}<u_I<\frac{2}{3}V_{CC}$时，输出总是保持前一稳定状态不变。电路输入输出波形如图 6-4 所示。

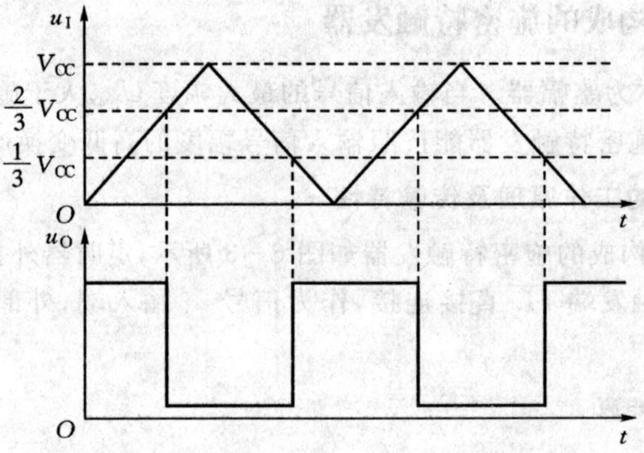

图 6-4　施密特触发器输入输出波形图

(3)传输特性。传输特性是描述 u_O-u_I 的关系曲线，如图 6-5 所示，施密特触发器的传输特性具有回差特性。

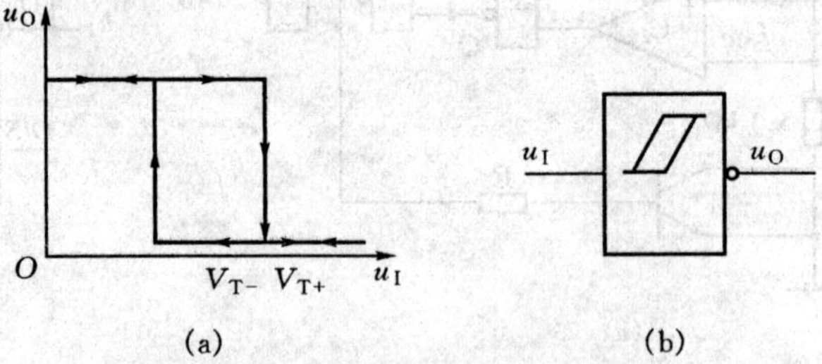

图 6-5　施密特触发器
(a)电压传输特性；(b)逻辑符号

从图 6-5(a)中可以看出，u_I 变化引起 u_O 的突变如下式所示：

$$\begin{cases} u_I\uparrow=V_{T+}\text{时},u_O\downarrow=u_{OL} \\ u_I\downarrow=V_{T-}\text{时},u_O\uparrow=u_{OH} \end{cases}$$

其中，V_{T+}为正向阈值电平，即 u_I 上升时，引起 u_O 突变时对应的 u_I 值，$V_{T+}=\frac{2}{3}V_{CC}$；V_{T-}为负向阈值电平，即 u_I 下降时，引起 u_O 突变时对应的 u_I 值，$V_{T-}=\frac{1}{3}V_{CC}$。

综上所述，当输入信号高于 V_{T+} 时，电路处于一个稳态(输出低电平 u_{OL})，当输入信号低于 V_{T-} 时，电路处于另一稳态(输出高电平 u_{OH})。两者之间的差值称为施密特电路的回差电压，即

$$\Delta V_T = V_{T+} - V_{T-} = \frac{2}{3}V_{CC} - \frac{1}{3}V_{CC} = \frac{1}{3}V_{CC}$$

通常回差电压越大，说明电路抗干扰能力越强。

2. 施密特触发器的应用举例

施密特触发器的应用主要有以下几方面：

(1)波形变换。利用施密特触发器状态转换过程中的正反馈作用，可以把边沿变化缓慢的周期性信号变换为同频率的矩形脉冲。图 6-6 是把规则的正弦波变换成矩形波的波形。

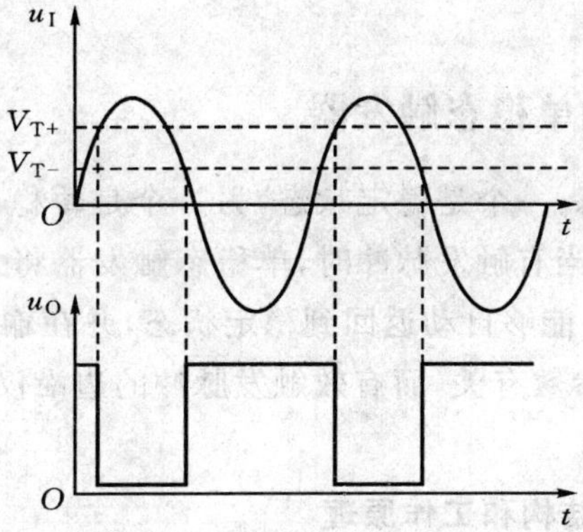

图 6-6　用施密特触发器实现波形变换

(2)脉冲整形。当输入信号受干扰而发生畸变时，可以适当调节施密特触发器的回差电压，使信号得到正确的整形，如图 6-7 所示。需要注意的是，施密特触发器做整形应用时，应当根据干扰脉冲幅度的强弱适当调节回差电压才能收到较好的整形效果，否则会产生错误输出。

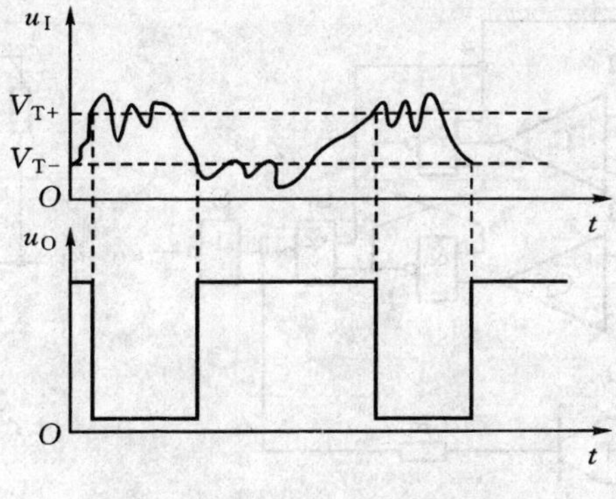

图 6-7　施密特触发器实现脉冲整形

(3)脉冲鉴幅。当施密特触发器的输入信号是一串幅度不等的脉冲时，利用回差电压使得只有当输入信号中幅度超过 V_{T+} 的脉冲才能被选出，即施密特触发器具有幅度鉴别能力，如图 6-8 所示。

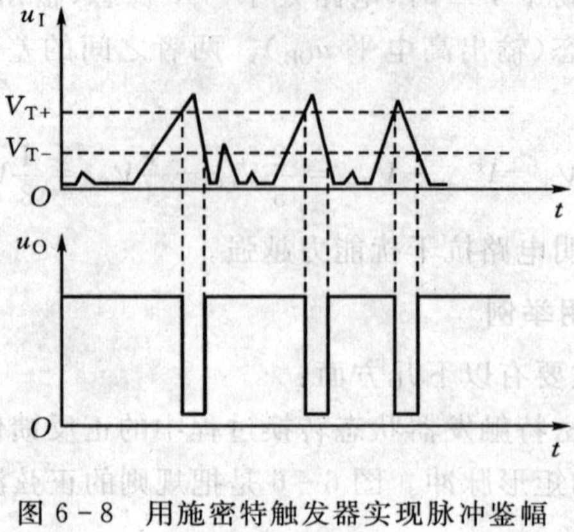

图 6-8　用施密特触发器实现脉冲鉴幅

6.2.3　5G555 构成的单稳态触发器

单稳态触发器有两个状态：一个是稳定状态，另一个是暂稳状态。当无触发脉冲输入时，单稳态触发器处于稳定状态；当有触发脉冲时，单稳态触发器将从稳定状态变为暂稳状态，该暂稳状态保持一定时间 t_w 后，能够自动返回到稳定状态，并在输出端产生一个宽度为 t_w 的矩形脉冲。t_w 仅与电路本身的参数有关，而有效触发脉冲的边沿仅确定了宽度为 t_w 的矩形脉冲的起点。

1. 单稳态触发器的电路结构和工作原理

(1)电路结构。用 5G555 定时器构成单稳态触发器的原理图如图 6-9 所示，将低电平触发端 $\overline{TL}$ 作为信号输入端，并将 T 和 R 组成的反相器输出电压接至高电平触发端 TH，同时，在 TH 端对地接入电容 C，外部复位端 $\overline{R}_D$ 接直流电源 $+V_{CC}$（即 $\overline{R}_D$ 接高电平），就构成了单稳态触发器。

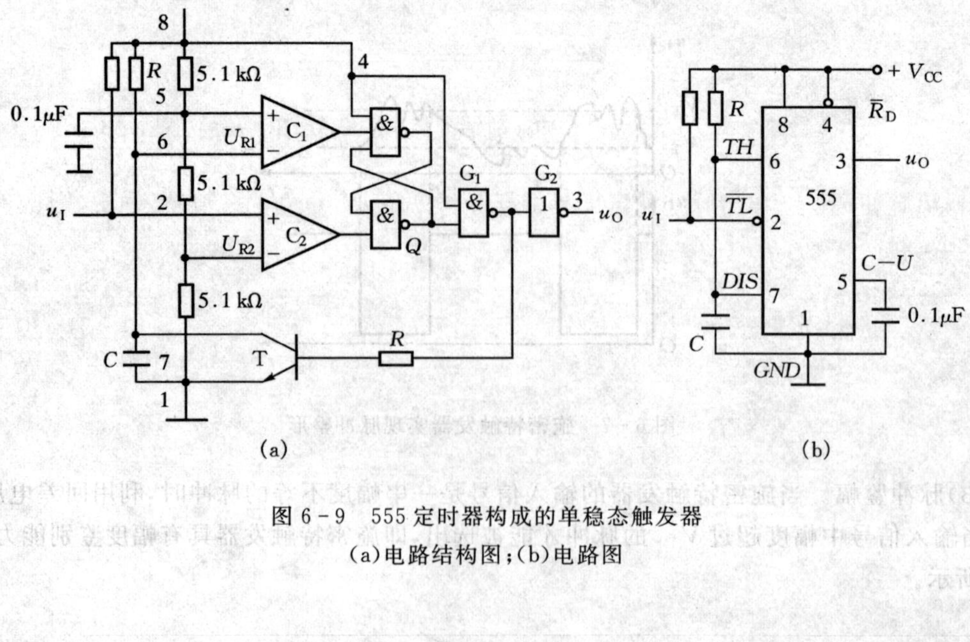

图 6-9　555 定时器构成的单稳态触发器

(a)电路结构图；(b)电路图

(2)工作原理。

①稳态。当电源接通时，如果触发信号下降沿没有到来，即 u_I 为高电平，这时，比较器 C_2 的输出为 1，又因为上电时电容电压 $u_C=0$，所以，比较器 C_1 的输出为 1，使得 G_1 输出不变，即维持上电时的状态。

假定上电时，G_1 输出为 1，三极管 T 为导通状态，则 u_C 维持 0 状态不变，$u_O=0V$。

假定上电时，G_1 输出为 0，三极管 T 为截止状态，则电容充电。直到 $u_C\geqslant\frac{2}{3}V_{CC}$ 时，C_1 输出变为 0，则 G_1 的输出变为 1，三极管 T 处于导通状态，此时电容开始放电，C_1 输出又变为 1，最终使 G_1 的输出维持 1 不变，$u_O=0V$。

②暂稳态。当输入端有一个负的窄脉冲触发信号时，比较器 C_1 输出为 1，C_2 输出为 0，此时，G_1 的输出为 0，u_O 输出高电平，三极管 T 处于截止状态，电容将被充电。由于输入信号是一个窄的负脉冲，假定当充电到 $u_C\geqslant\frac{2}{3}V_{CC}$ 时，所用的时间大于窄的负脉冲宽度，那么当 $u_C<\frac{2}{3}V_{CC}$ 时，比较器 C_1 和比较器 C_2 的输出均为 1，输出保持高电平不变。当 $u_C\geqslant\frac{2}{3}V_{CC}$ 时，比较器 C_1 的输出为 0，比较器 C_2 的输出为 1，即 G_1 的输出为 1，三极管 T 回到导通状态。如果不再来触发信号，输出最终变为低电平，即回到稳定状态。其波形如图 6-10 所示。

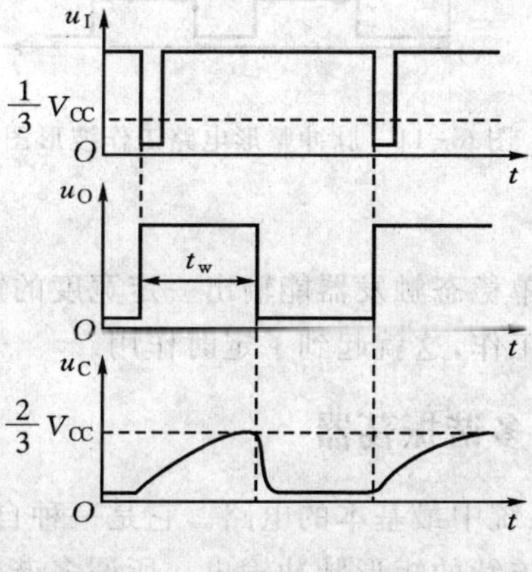

图 6-10　555 定时器构成的单稳态触发器的电压波形图

③输出脉冲宽度。输出脉冲的宽度是根据分析一阶 RC 电路的三要素：初态 $U_O(0+)$、稳态 $U_O(\infty)$、时间常数 $\tau=RC$ 得到的，输出公式为：

$$U_O(t)=U_O(\infty)+[U_O(0+)-U_O(\infty)]e^{-\frac{t}{\tau}}$$

由图 6-10 可知：$U_C(0+)=0$，$U_C(\infty)=V_{CC}$，$\tau=RC$，$U_C(t_w)=\frac{2}{3}V_{CC}$，代入上式得：

$$U_C(t_w)=V_{CC}+[0-V_{CC}]e^{-\frac{t_w}{\tau}}=\frac{2}{3}V_{CC}$$

因此，$t_w=RC\ln\dfrac{V_{CC}-0}{V_{CC}-\frac{2}{3}V_{CC}}=RC\ln3\approx1.1RC$，式中 R 的单位取欧姆，C 的单位取法拉，t_w 的单位取秒。

④对输入脉冲的要求。当一个触发脉冲使单稳态触发器进入暂稳定状态以后，t_w 时间内的其他触发脉冲对触发器就不起作用；只有当触发器处于稳定状态时，输入的触发脉冲才起作用。

输入触发脉冲必须是窄的负脉冲，其脉冲宽度应小于 t_w。当输入脉冲宽度小于 t_w 时，输出正脉冲宽度 t_w 只与外接电阻 R 和电容 C 有关；当输入 u_I 的负脉冲宽度大于 t_w 时，则输出正脉冲宽度 t_w 就等于输入 u_I 的负脉冲宽度。

2. 单稳态触发器的应用举例

单稳态触发器常用于脉冲的整形、定时和延迟等场合。

(1)脉冲的整形。把不规则的脉冲波形输入到单稳态触发器，只要能使单稳态触发器工作状态翻转，输出就变换为具有一定宽度和一定幅度且边沿陡峭的矩形脉冲，从而起到脉冲整形作用。图 6-11 为脉冲整形电路的工作波形。

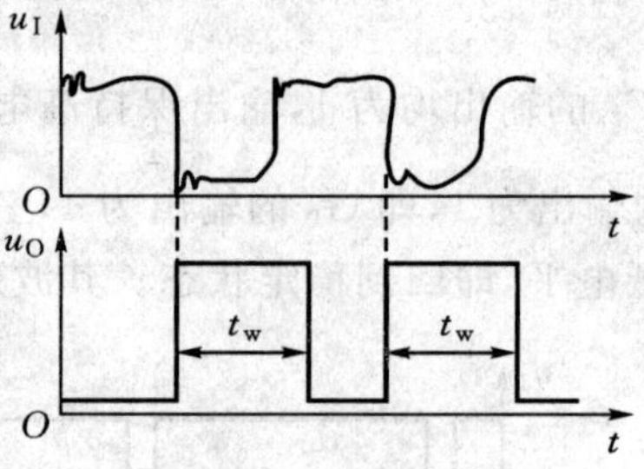

图 6-11　脉冲整形电路工作波形图

(2)脉冲的定时和延迟。单稳态触发器能输出一定宽度的矩形脉冲，如果利用此脉冲去控制某一电路，使之在脉冲期间工作，这就起到了定时作用。

6.2.4　5G555 构成的多谐振荡器

多谐振荡器是各种数字系统中最基本的电路。它是一种自激电路，在接通电源后，不需要外加触发信号，便能自动产生连续的矩形脉冲输出。所谓多谐振荡器实际就是方波发生器，因其含有丰富的谐波，故被称为多谐振荡器。多谐振荡器通常用集成门电路外接反馈及稳频电路组成，在一些计算机系统(如单片机)中通常将振荡电路集成到芯片内，外部仅需接一个晶振及两个电容即可。

1. 电路结构及工作原理

5G555 外接定时电阻 R_1、R_2 和电容 C 构成的多谐振荡器，如图 6-12 所示。图中，高电平触发端 TH 和低电平触发端$\overline{TL}$直接连接定时电容 C；外部复位端 $\overline{R}_D$ 接直流电源 $+V_{CC}$。通常在 $C-U$ 端加 0.1μF 的电容来稳定 U_{C-U}的电平。当 u_O输出为高电平时，三极管处于截止状态，V_{CC}通过 R_1 和 R_2 向电容 C 充电；当 u_O输出为低电平时，三极管处于饱和状态，电容 C 通过 R_2 放电。

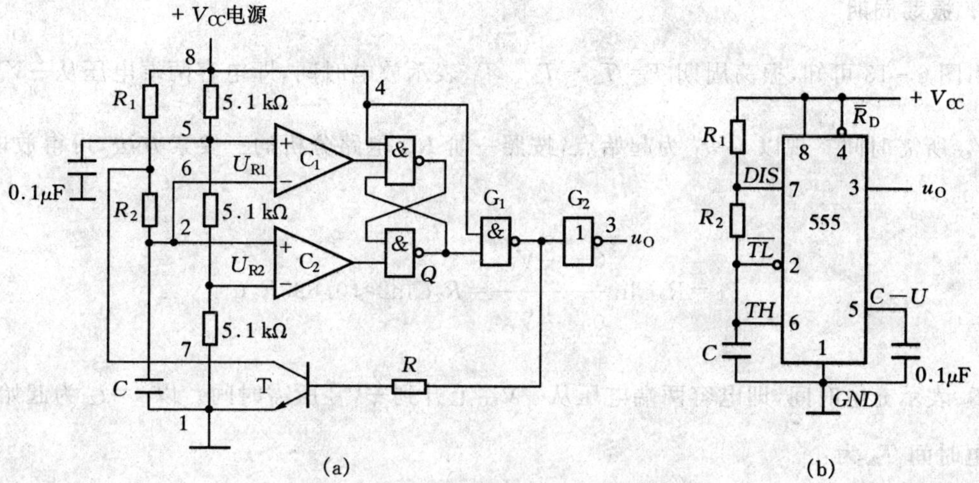

图 6－12　555 定时器构成的多谐振荡器

(a)电路结构图;(b)电路图

2. 工作波形分析

图 6－13 为 555 构成的多谐振荡器的电压波形图。

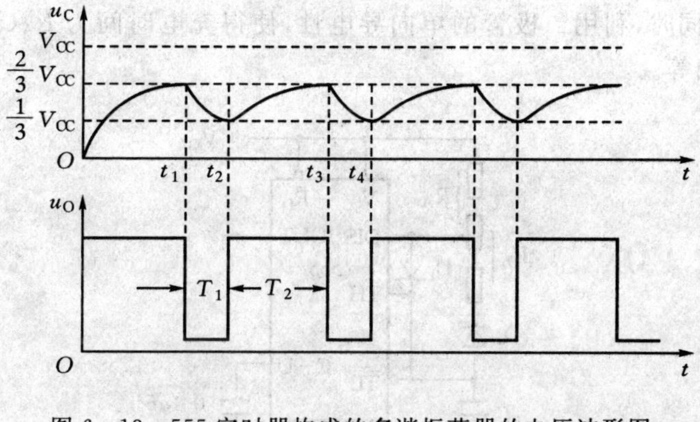

图 6－13　555 定时器构成的多谐振荡器的电压波形图

(1)上电　上电后电容初始电压为零,因电容两端电压不能突变,则有 $u_C=0<\frac{1}{3}V_{CC}$,此时,u_O输出高电平,放电管 T 截止,直流电源通过电阻 R_1、R_2 向电容充电,电容电压开始上升;当电容两端电压$u_C \geqslant \frac{2}{3}V_{CC}$时,输出变为低电平进入第 1 个暂稳状态,放电管 T 导通。

(2)第 1 个暂稳状态　电容经电阻 R_2 和放电管放电,电容电压开始下降;当电容两端电压 $u_C \leqslant \frac{1}{3}V_{CC}$时,输出 u_O 便由低变高并进入第 2 个暂稳状态,放电管 T 截止。

(3)第 2 个暂稳状态　由于放电管截止,电容电压又开始充电上升。当电容两端电压 $u_C \geqslant \frac{2}{3}V_{CC}$时,输出就又进入第 1 个暂稳状态,放电管 T 导通。

(4)此后重复上述两个暂稳状态。

3. 振荡周期

由图 6－13 可知，振荡周期 $T=T_1+T_2$。T_1 表示放电时间，即电容两端电压从$\frac{2}{3}V_{CC}$下降到$\frac{1}{3}V_{CC}$所需时间。现以 $t=t_1$ 为起始点，按照一阶 RC 电路分析的三要素方法，可得放电时间 T_1 为：

$$T_1=R_2C\ln\frac{0-\frac{2}{3}V_{CC}}{0-\frac{1}{3}V_{CC}}=R_2C\ln2\approx0.693R_2C$$

T_2 表示充电时间，即电容两端电压从$\frac{1}{3}V_{CC}$上升到$\frac{2}{3}V_{CC}$所需时间。以 $t=t_2$ 为起始点，可得充电时间 T_2 为：

$$T_2=(R_1+R_2)C\ln\frac{V_{CC}-\frac{1}{3}V_{CC}}{V_{CC}-\frac{2}{3}V_{CC}}=(R_1+R_2)C\ln2\approx0.693(R_1+R_2)C$$

因此，振荡周期 $T=T_1+T_2=0.693(R_1+2R_2)C$。

图 6－14 所示电路是能够实现占空比为 50％的方波输出的多谐振荡器。在电位器的调节下使得 $R_A=R_B$，同时，利用二极管的单向导电性，使得充电时间为 R_AC，放电时间为 R_BC，显然，充放电时间相等。

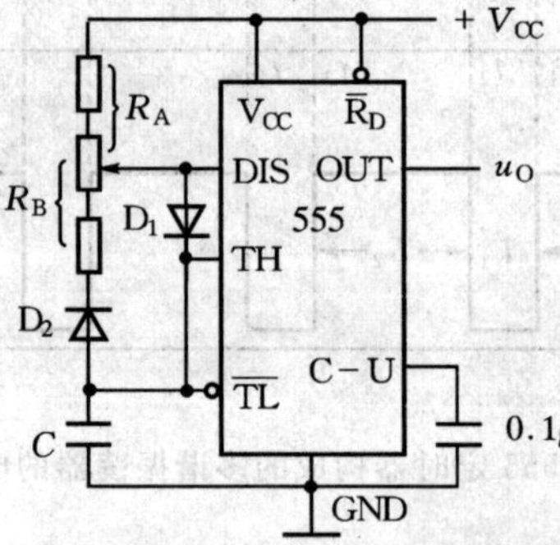

图 6－14　占空比可调的多谐振荡器

6.3 专用集成单稳态触发器芯片

由于单稳态触发器应用很广泛，因而被制成了专用集成器件。使用这些器件只需要很少的外接元件和连线，而且一般器件内部电路还设计了上升沿与下降沿触发的控制和置零等功能，使用时可以任意选取，并有互补输出 Q(输出正脉冲)和$\overline{Q}$(输出负脉冲)，使用极为方便。

集成单稳态触发器产品有多种，属于 TTL 系列的有 74121、74122、74123 等。图 6－15 所示为 74121 的管脚图，表 6－2 为 74121 的功能表。

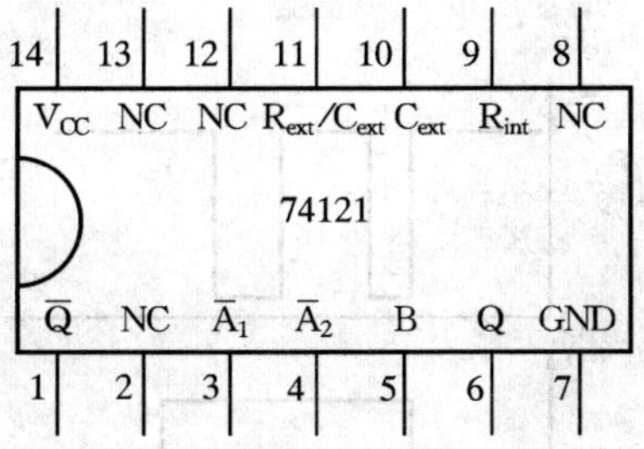

图 6-15　集成芯片 74121 管脚图

表 6-2　74121 功能表

输入			输出	
$\overline{A}_1$	$\overline{A}_2$	B	Q	$\overline{Q}$
1	↓	1	⊓	⊔
↓	1	1	⊓	⊔
↓	↓	1	⊓	⊔
0	×	↑	⊓	⊔
×	0	↑	⊓	⊔

使用集成单稳态芯片时，芯片手册不仅提供了 74121 的管脚图和功能表，同时，还给出了由 74121 构成的单稳态触发器输出脉冲宽度的计算公式，即 $t_w \approx R_{ext}C_{ext}\ln 2 = 0.69R_{ext}C_{ext}$。通常 R_{ext} 的取值在 2k～30kΩ 之间，C_{ext} 的取值在 10pF ～ 10μF 之间，由此可知 t_w 的范围在 20 ns～200 ms 之间。在 t_w 较小时，可用 74121 内部电阻 R_{int}(2kΩ)代替 R_{ext}，即将内部电阻 R_{int} 直接与 V_{CC} 相连。

下面以 74121 构成的脉冲定时电路为例来说明其在实际设计中的硬件连线及工作波形。由图 6-16 可知，电容 C_{ext} 两端分别接在 C_x 和 C_x/R_x 管脚上，C_x/R_x 和电源之间接 R_{ext}。在本例中使用 $\overline{A}_1$ 端下降沿为输入触发方式，显然，使用了功能表中第 2 行的功能，因此不使用的输入端 $\overline{A}_2 = B = 1$，即接电源。如果使用第 4 行功能，即使用 B 端的上升沿为触发方式，那么不使用的输入端 $\overline{A}_1 = 0$，$\overline{A}_2 = \times$，它们都应接地。

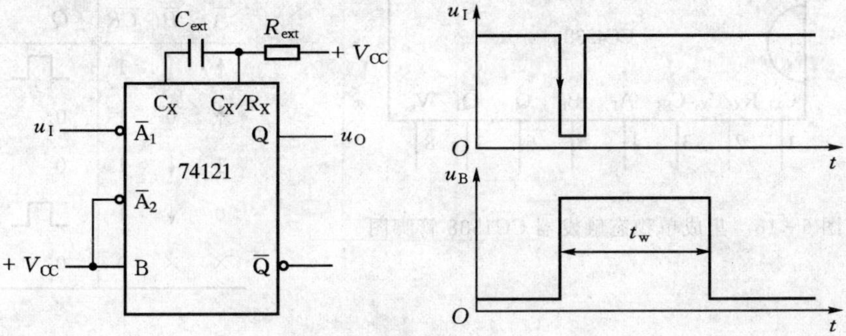

(a)　(b)

图 6-16　脉冲定时波形图

(a)电路图；(b)波形图

集成单稳态触发器有单触发(不可重触发)和可重触发之分。单触发是指一旦被触发进入暂稳态后，再加入一个触发脉冲不会影响电路的工作过程，直到暂稳态结束后它才能接收后输入的触发脉冲，如图 6-17 所示。属于单触发的有 74121、74221、74LS221 等。

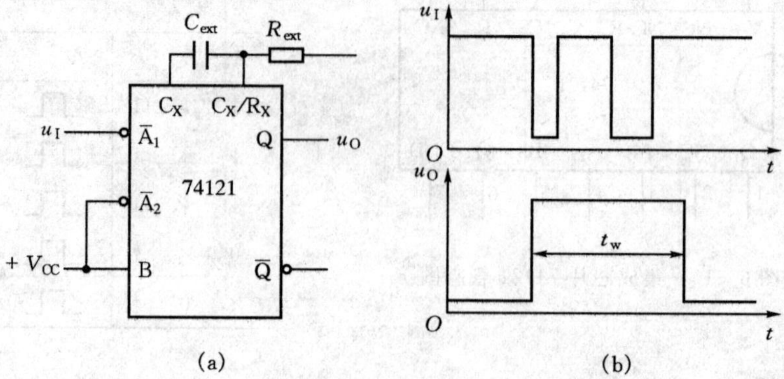

图 6－17　单触发电路

(a)电路；(b)波形图

集成单稳态触发器 CC4538 是具有可重触发功能的双单稳态触发器，可重触发是指触发器被触发进入暂稳态后，再加入一个触发脉冲会使单稳态触发器重新进入暂稳态。图 6－18 为 CC4538 的管脚图，表 6－3 为它的功能表。

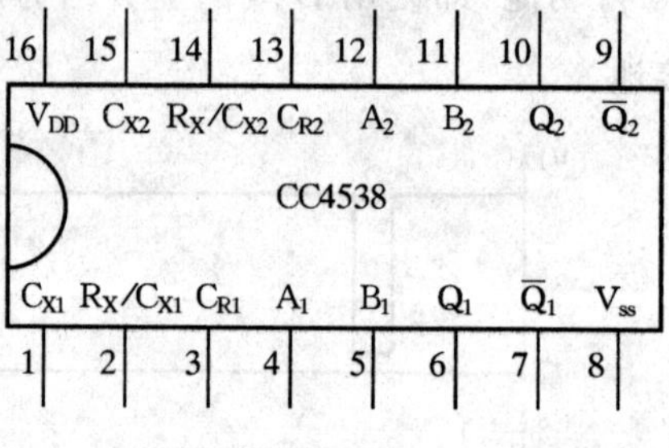

图 6－18　集成单稳态触发器 CC4538 管脚图

表 6－3　CC4538 功能表

输入			输出	
$\overline{A}$	$\overline{B}$	$\overline{CR}$	Q	$\overline{Q}$
↑	1	1	⊓	⊔
↑	0	1	0	1
1	↓	1	0	1
0	↓	1	⊓	⊔
×	×	0	0	1

由于 CC4538 芯片是属于 CMOS 系列的，它的外接端子 C_X 和 C_X/R_X 趋于无穷大，所以其输出脉冲宽度仅由外接电阻 R_{ext} 和电容 C_{ext} 决定，即 $t_w = R_{ext}C_{ext}$，不含任何系数。R_{ext} 和 C_{ext} 可在较大范围内选择，t_w 的范围理论上可从 10μs 到无穷大，当然，在实际中不可能达到无穷大。

从图 6－19(a)可以看出，电容和电阻的接法同 74121。从图 6－19(b)可以看出，在第一个有效触发脉冲到来后触发器进入暂稳态，经过 t_1 时间后，第二个有效触发脉冲到来后触发器又重新开始定时，所以输出脉冲宽度为 $t_1 + t_w$。属于重触发的集成单稳态触发器有 74122、74123、CC4528、CC4538 等。

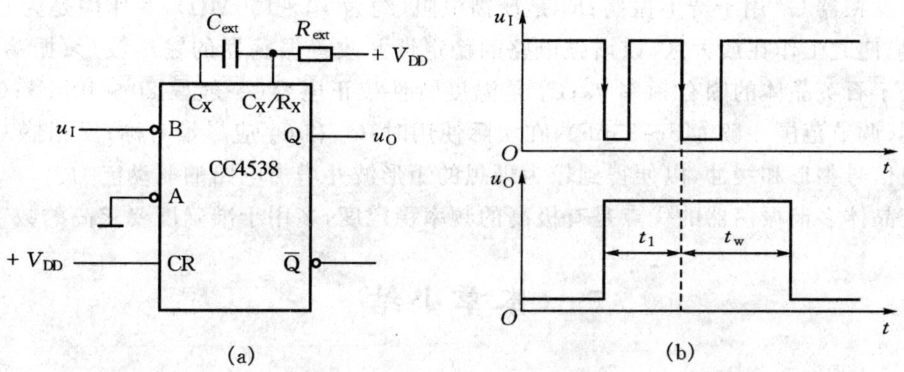

图 6-19　可重触发电路
(a)电路；(b)波形图

6.4　石英晶体多谐振荡器

前面介绍的多谐振荡器具有工作可靠、电路简单、调节方便等优点，但缺点是振荡频率不能太高，一般不超过几百千赫兹。此外，由于这些电路的振荡频率取决于时间常数 RC、转换电平及电源电压等参数，因此，当环境温度变化、电源电压波动等外界条件改变时，振荡频率的参数也会发生变化，振荡频率将不稳定。所以，在要求频率高且稳定的场合，常采用石英晶体多谐振荡器。

图 6-20(a)、(b)所示分别是石英晶体的符号和阻抗频率特性，从图中可以看出，石英晶体对频率特别敏感，在石英晶体两端加不同频率的信号时，石英晶体呈不同的阻抗特性。当信号频率为 f_0 时，石英晶体呈纯电阻特性，且阻抗值最小(接近于 0)；当信号频率大于或小于 f_0 时石英晶体分别呈电感性和电容性，且阻抗值随偏离 f_0 的距离的增加而迅速增大。f_0 称为石英晶体的固有频率或谐振频率，它只与石英晶体的切割方向、外形和尺寸有关，不受外围电路参数的影响。石英晶体固有频率的稳定度为 0.01～1ppm，足以满足数字系统对脉冲频率稳定度的要求。

图 6-20(c)所示电路是用 CMOS 反相器和石英晶体构成的多谐振荡器。

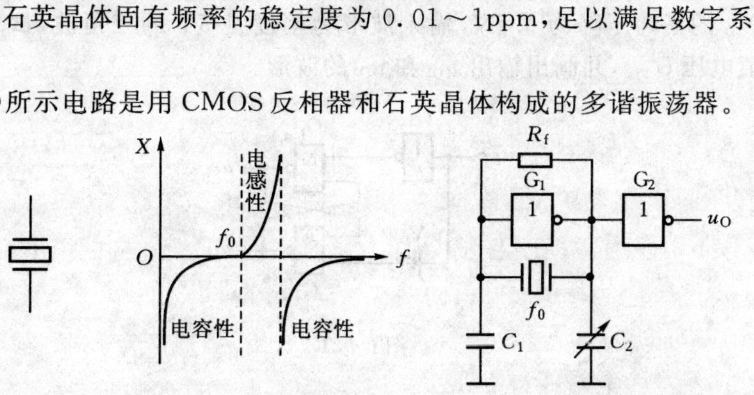

图 6-20　石英晶体
(a)石英晶体的符号；(b)阻抗频率特性；(c)石英晶体振荡器

图中反相器 G_1 用于产生振荡；R_f 是反馈电阻(约为 10～100MΩ)，其作用是为 G_1 提供适当的偏置，使之工作在放大区，以增强电路的稳定性并改善振荡器的输出波形；振荡器的振荡频率取决于石英晶体的固有频率 f_0；C_1 是温度特性校正电容(一般取 20～40pF)；C_2 是频率微调电容(调节范围一般为 5～35pF)，在实际使用时，C_1 和 C_2 应尽量对称；反相器 G_2 的作用是对输出信号整形和缓冲，以便得到较为理想的矩形波并增加电路的驱动能力。

石英晶体多谐振荡器的优点是有极高的频率稳定度，多用于准确度要求高的数字系统中。

本章小结

5G555 电路是模拟电子技术与数字电子技术相结合的典型应用，该电路性能优良，应用广泛，使用方便。从应用角度出发，应该掌握以下内容：

1. 由 5G555 组成的施密特触发器电路的分析，实际上就是 5G555 的工作原理。当 5G555 电路仅有输入和输出，而未接入充放电电容时，必然是施密特电路。应重点掌握施密特电路的鉴幅作用。

2. 当 5G555 组成单稳态触发器时，既要有输入负跳变触发信号，又要接入定时充放电的电容。重点掌握该电路整形、定时或延时控制的应用。

3. 5G555 构成的多谐振荡器的特点是没有输入，而有输出和定时电容的接入，主要用于要求不高的数字系统中。在要求较高的数字系统中多用石英晶体振荡器，使用时应注意两个 5～30pF 的电容应尽量对称，否则不易起振。而振荡频率是由石英晶体的固有振荡频率决定的。

4. 专用集成单稳态电路，只需掌握给定功能表和集成管脚的封装，会正确接入电容、电阻并掌握对未用管脚的处理。

习　题

6.1　图 6－21 所示为由 TTL 与非门组成的施密特触发器。图中与非门的阈值电压 U_{TH}＝1.4V，二极管 V_D 的正向压降为 0.7V，输入波形为幅度是 5V 的三角波，试求正向阈值电压 U_{T+} 和负向阈值电压 U_{T-}，并画出输出 u_{O1} 和 u_{O2} 的波形。

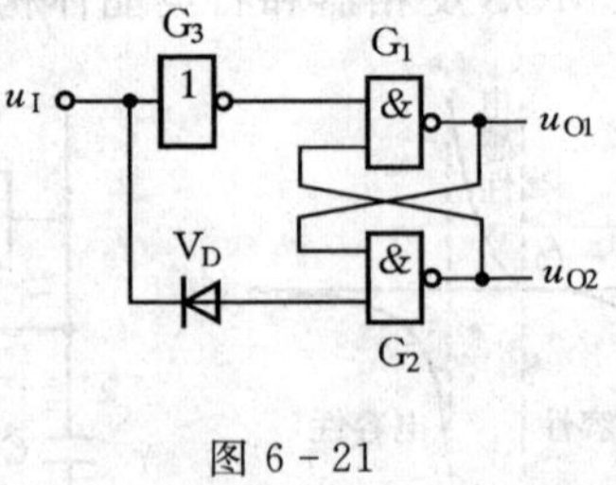

图 6－21

6.2　三个与非门两两首尾相接构成的电路，会产生什么现象？为什么？

6.3　电路如图 6－22 所示，触发器为上升沿触发。

(1) 说明各部分电路的功能；

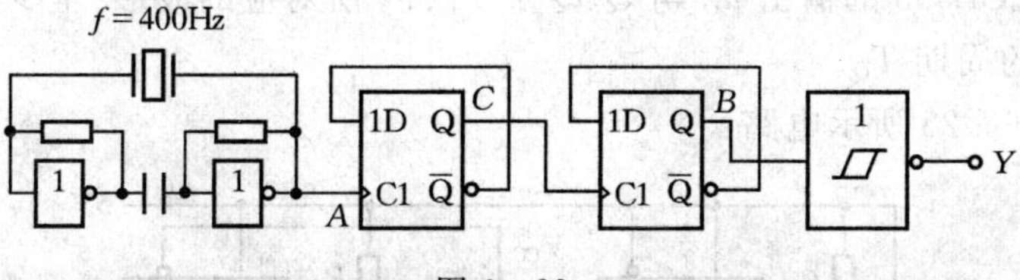

图 6-22

(2) 画出 A、B、Y 各点的波形；

(3) Y 端输出的频率是多少？

6.4 5G555 电路的 $C—U$ 端内部接到分压电阻 $\frac{2}{3}V_{CC}$ 处，若把用 5G555 设计的多谐振荡器的 $C—U$ 端外接输入电压 u_I，请回答：

(1) 改变输入电压 u_I，振荡频率是否会改变？

(2) 若你认为会改变，请定性说明当 u_I 为 $\frac{1}{2}V_{CC}$ 时，振荡频率会如何改变？

6.5 5G555 构成的多谐振荡器如图 6-23 所示，试计算该电路输出电压的频率，画出输出电压 U_O 及 $0.1\mu F$ 电容两端电压的波形。$V_{CC}=12$ V。

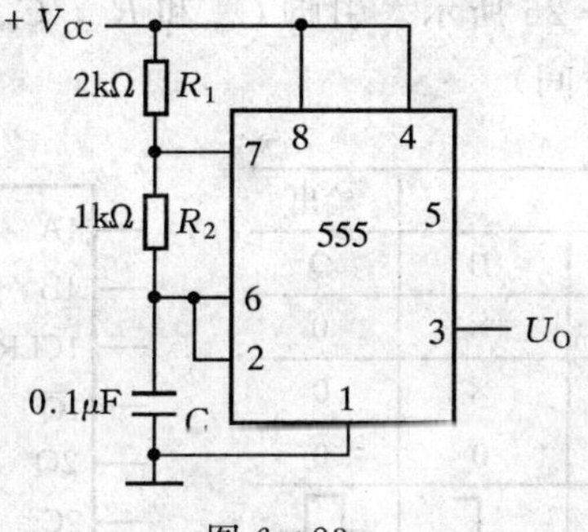

图 6-23

6.6 某单稳态触发器由 5G555 定时器组成，若其定时电容 $C=0.1\mu$F，定时电阻 $R=10$kΩ，输入信号脉冲宽度 $t_w=50\mu$s，周期 $T=1500\mu$s 的负脉冲。计算单稳输出脉冲宽度及输出信号的周期大小。

6.7 图 6-24 所示为两相时钟发生器。

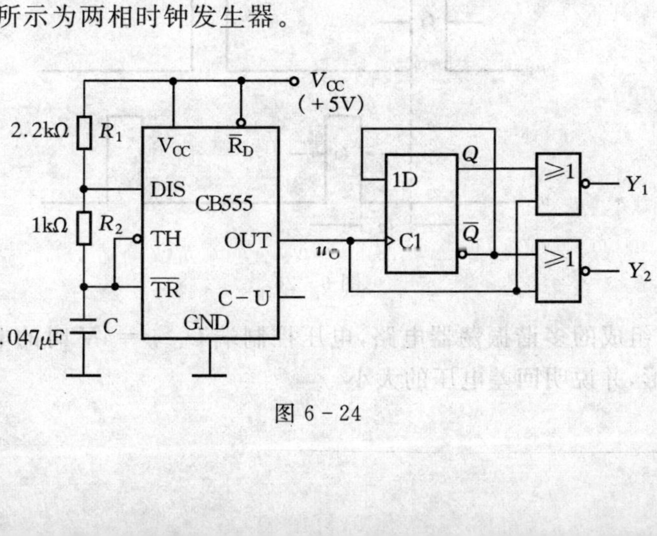

图 6-24

(1) 定性画出 CB555 的输出 u_O 与 Q、$\overline{Q}$ 及 Y_1、Y_2 所对应的波形(至少画 4 个 u_O 周期)；

(2) 计算 u_O 的周期 T_O。

6.8　有如图 6-25 所示电路：

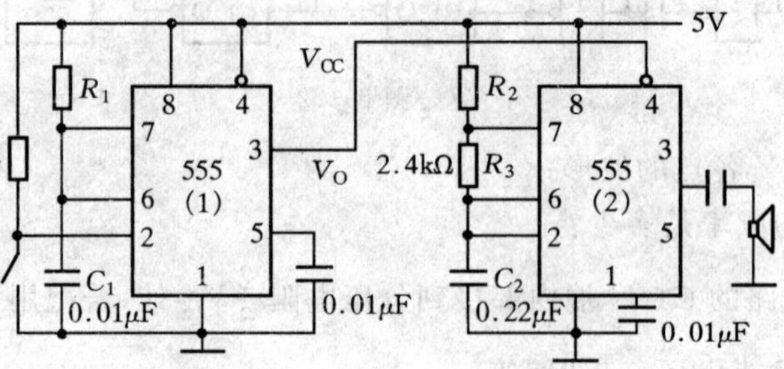

图 6-25

(1) 试分析 5G555(1)和 5G555(2)所组成电路的功能；

(2) 若要求扬声器在开关 S 按下后，以 1.2kHz 频率持续响 10s，试确定图 6-25 中 R_2 的阻值。

6.9　对一脉冲信号进行延迟，能否用集成时基电路 555 和双单稳态集成电路 74LS221 加必要的电阻、电容和门电路实现？若用 74LS221 则电路如何连接？74LS221 的功能表、引脚及脉冲信号延迟波形如图 6-26 所示。引脚 C_{ext} 和 R_{ext}/C_{ext} 分别表示外接电容和电阻(R、C 的数值不要求计算，t_2 为延迟时间)。

输入			输出
CLR	*A*	*B*	*Q*
0	×	×	0
×	1	×	0
×	×	0	0
1	0	↑	⊓
1	↓	1	⊓
↑	0	1	⊓

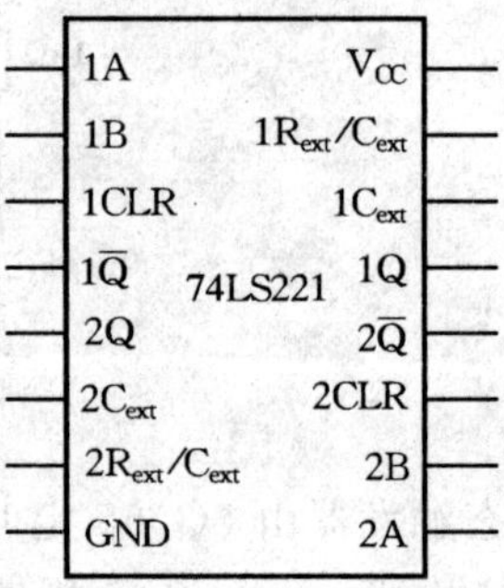

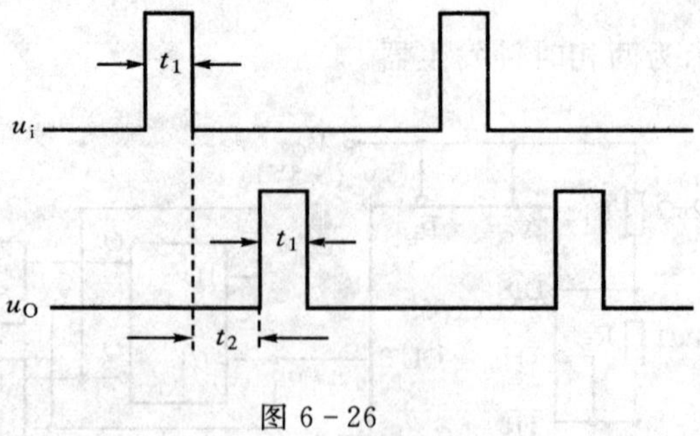

图 6-26

6.10　5G555 组成的多谐振荡器电路，电压控制端 $U_{C-U}=4$V 时的电路图如图 6-27 所示，试画出输出波形，并说明回差电压的大小。

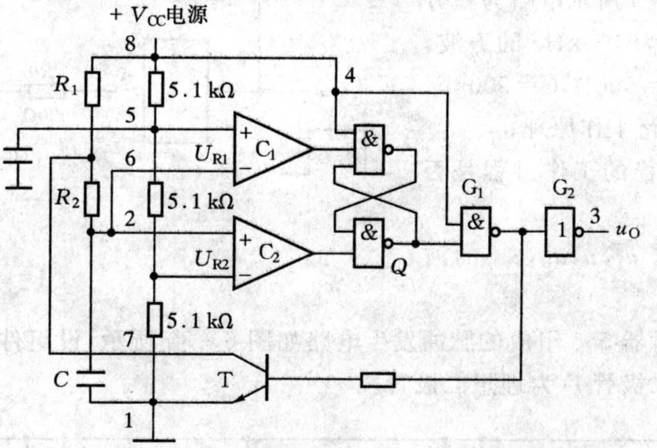

图 6 - 27

6.11　定时器 555 组成的单稳态电路如图 6 - 28(a)所示，图(b)为输入触发脉冲波形。电路中，$V_{CC}=15\text{V}$，$R_1=4.3\text{k}\Omega$，$R_2=10\text{k}\Omega$，$R_e=20\text{k}\Omega$，$C=0.22\mu\text{F}$，$\beta=60$，$u_{BE}=0.7\text{V}$。

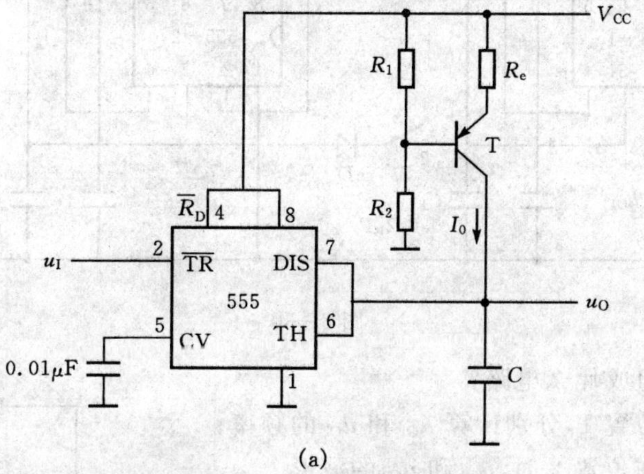

(a)

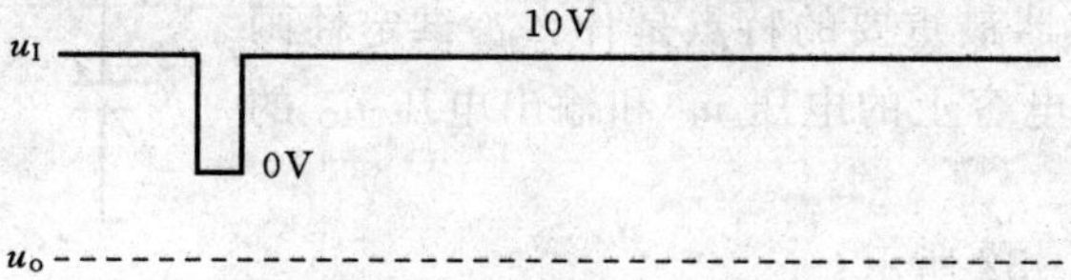

(b)

图 6 - 28

(1)三极管起什么作用？

(2)画出在输入触发脉冲 u_I 作用下相应的输出电压 u_O 的波形；

(3)计算 u_O 的斜率 $S=du_O/dt$，并计算暂稳态时间 t_w。

(注：图中 T 起恒流源作用，$I_0\approx[R_1V_{CC}/(R_1+R_2)-|u_{BE}|]/R_e$)

6.12　图 6－29 所示电路为积分型单稳态电路，u_I 为 100kHz 的方波，占空比为 50％，$R=500\Omega$，$C=500\text{pF}$。

(1)试分析电路工作原理；

(2)积分型单稳的工作过程是否发生正反馈过程？

(3)对应画出 u_I，$u_A u_B$，u_O 的波形。

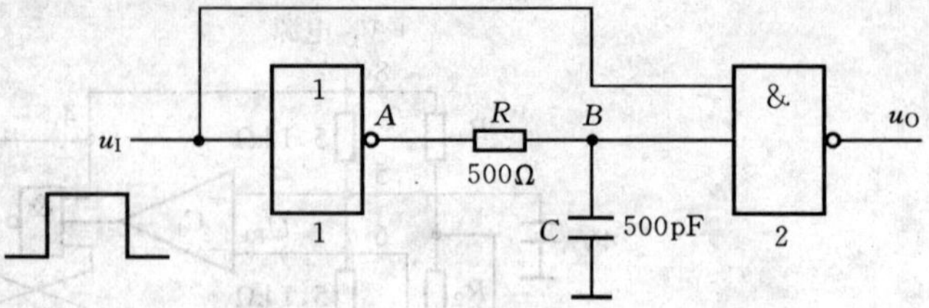

图 6－29

6.13　用定时器 555 组成的脉冲发生电路如图 6－30 所示，设组件输出高电平为 5V，输出低电平为 0V，二极管 D 为理想二极管。

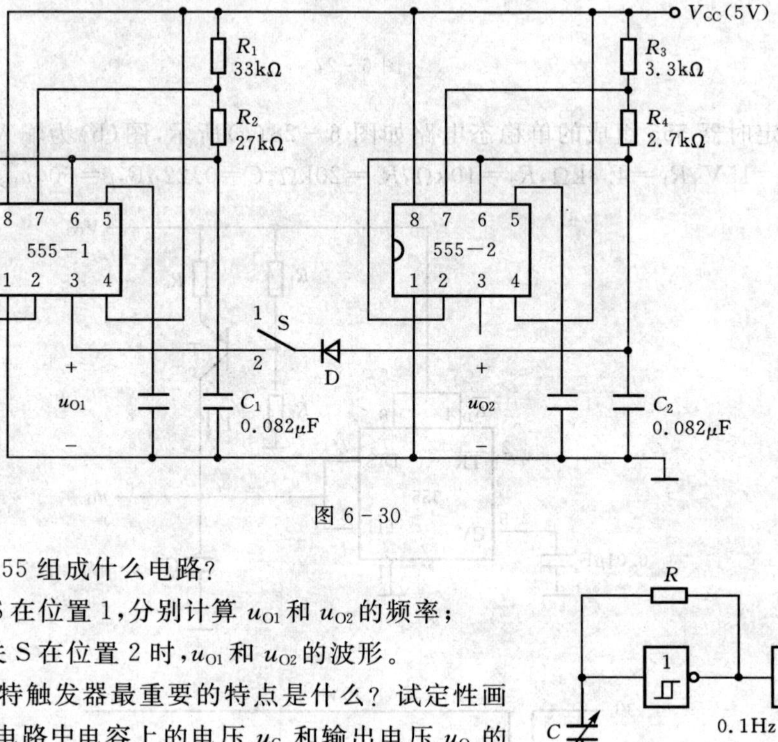

图 6－30

(1)每一个 555 组成什么电路？

(2)若开关 S 在位置 1，分别计算 u_{O1} 和 u_{O2} 的频率；

(3)画出开关 S 在位置 2 时，u_{O1} 和 u_{O2} 的波形。

6.14　施密特触发器最重要的特点是什么？试定性画出图 6－31 所示电路中电容上的电压 u_C 和输出电压 u_O 的波形。

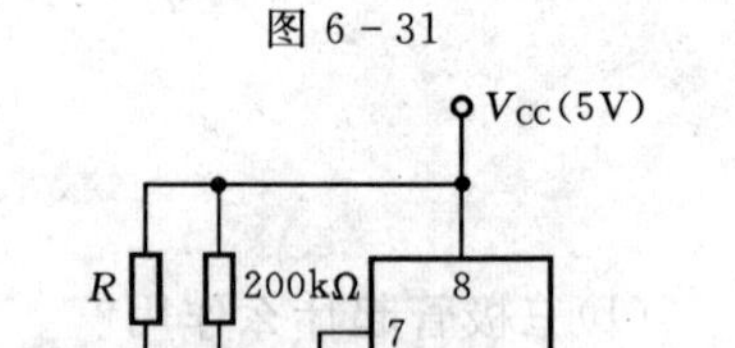

图 6－31

6.15　电路如图 6－32 所示：

(1)分析 S 未按下时电路的工作状态。u_O 处于高电平还是低电平？电路状态是否可以长期稳定下去？

(2)如 $C=10\mu\text{F}$，按一下按钮 S，当要求暂稳时间 $t_W=10\text{s}$ 时计算 R 值(按下 S 的时间极短，可忽略)。

(3)如 $C=0.1\mu\text{F}$，要求暂稳时间 $t_W=5\text{ms}$，计算 R 值。此时如将 C 改为 $10\mu\text{F}$(R 保持不变)，则暂稳时间又为多少？

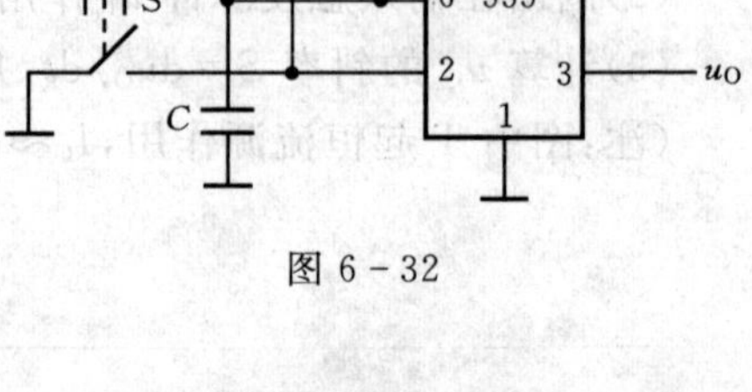

图 6－32

第 7 章　时序逻辑电路的分析和设计

本章重点介绍时序逻辑电路的分析和设计方法。在介绍基于触发器时序逻辑电路的分析设计的基础上，对一些常用中规模集成电路模块如计数器、移位寄存器等的应用设计重点进行介绍。

7.1　概　述

1. 时序逻辑电路的概念及其结构

时序逻辑电路是指在任何时刻，逻辑电路的输出状态不仅取决于该时刻电路的输入状态，而且与原来（历史）的状态有关。

时序逻辑电路的一般结构框图如图 7-1 所示，它是由组合逻辑电路和存储电路两部分组成。其中，存储电路具有记忆功能，通常由触发器组成。图中 $\boldsymbol{X}(x_1, x_2, \cdots, x_i)$ 为时序逻辑电路外部输入信号，$\boldsymbol{Z}(z_1, z_2, \cdots, z_j)$ 为时序逻辑电路输出信号，$\boldsymbol{W}(w_1, w_2, \cdots, w_k)$ 为存储电路输入信号，$\boldsymbol{Q}(q_1, q_2, \cdots, q_l)$ 为存储电路输出信号。从该图中可以看出，时序逻辑电路在结构上的特点是：组合逻辑电路的部分输出 $\boldsymbol{W}$ 通过存储电路反馈到组合逻辑电路的输入端，与外部输入信号 $\boldsymbol{X}$ 共同决定组合逻辑电路的输出 $\boldsymbol{Z}$。组合逻辑电路的输出除包含外部输出外，还包含连接到存储电路的内部输出，它将控制存储电路状态的转移。

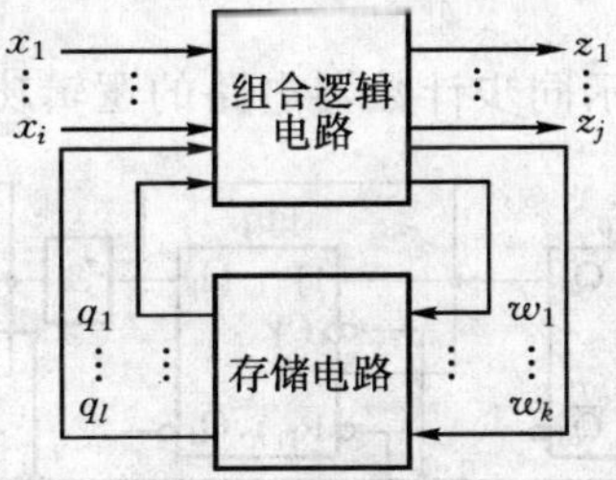

图 7-1　时序逻辑电路的一般结构框图

上述信号之间的逻辑关系可以用下列三个向量方程来表示：

驱动方程：$\boldsymbol{W}(t_n) = H[\boldsymbol{X}(t_n), \boldsymbol{Q}(t_n)]$，方程中 $\boldsymbol{W}(t_n)$ 表示各触发器的连线方程，$\boldsymbol{Q}(t_n)$ 表示各触发器的初态；

状态方程：$Q(t_{n+1}) = G[\boldsymbol{W}(t_n), \boldsymbol{Q}(t_n)]$，$t_n$、$t_{n+1}$ 表示相邻的两个离散时间，$Q(t_{n+1})$ 表示在时钟作用之后触发器的状态，称为次态，且在下一个时钟作用之前该次态又被认为是初态。

输出方程：$Z(t_n) = F[\boldsymbol{X}(t_n), \boldsymbol{Q}(t_n)]$，在一个循环结束前（例如在加法计数中通常是时序周期的最后一个 CP 周期时间）对应的电路输出状态，而在减法计数中，则是在第一次计数中就产生一次借位输出。

2. 时序逻辑电路的分类

时序逻辑电路可分为同步时序逻辑电路和异步时序逻辑电路。同步时序逻辑电路，是指各触发器状态的翻转受统一的时钟脉冲控制，触发器状态的翻转都在有效脉冲到达时同时发生；而在异步时序逻辑电路中，没有统一的时钟脉冲，触发器状态的翻转由各自的有效时钟脉冲信号决定。

根据实现功能的不同，时序逻辑电路又可分为计数器和移位寄存器、序列信号发生器等。计数器是应用最广泛的时序逻辑部件之一，其基本功能就是对输入脉冲的个数进行计数。除了计数功能以外，计数器还可以用作定时、分频等。其中，计数器与分频器的区别是：计数器必须有清零端，否则电路无法重新计数；而分频器无需接清零端，只需有最后的分频输出。

计数器的种类繁多，可以从不同角度来分类：

根据时钟脉冲的输入方式不同，可分为同步计数器和异步计数器；

根据计数进制不同，可分为二进制计数器和非二进制计数器，其中，二进制计数器泛指 2^n 进制，例如，八进制和十六进制等都可称为二进制；

根据计数过程中计数的增减不同，可分为加法计数器、减法计数器和可逆计数器。

计数器的分析是指已知逻辑电路图，分析在统一的时钟信号作用下，根据输入信号的状态、计数器电路的初态、所用器件的转换规律及输出信号的表达式，画出状态转换图和波形图，最后说明电路实现的逻辑功能。而计数器的设计是计数器分析的逆过程，通常是按照要求实现逻辑功能，先定出状态转换图或波形图，然后用指定的器件实现之。

7.2　基于触发器的同步二进制计数器的分析与设计

7.2.1　同步二进制计数器分析

例 7－1　分析如图 7－2 所示同步计数器电路的逻辑功能。

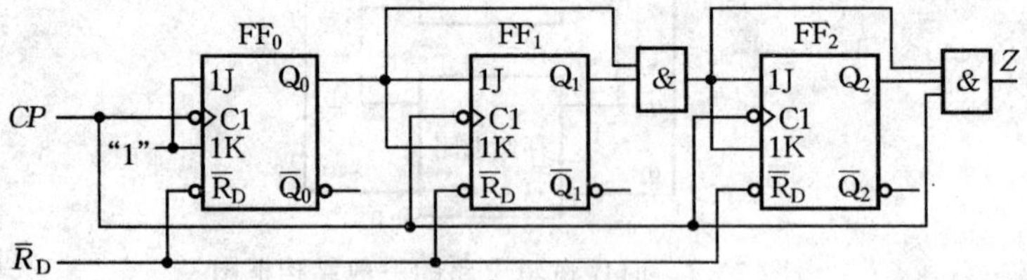

图 7－2　例 7－1 的逻辑电路图

解　(1)按图中连线，可以写出各触发器的驱动方程：

$$J_0=K_0=1,J_1=K_1=Q_0^n,J_2=K_2=Q_1^nQ_0^n,Z=Q_2^nQ_1^nQ_0^nCP$$

(2)根据驱动方程写出状态转换表。由触发器的驱动方程可知，触发器 FF_0 在同步 CP 有效沿到达时翻转，而触发器 FF_1 在 $Q_0=1$，且同步 CP 有效沿到达时翻转；依此类推，触发器 FF_2 在 $Q_1Q_0=11$，且同步 CP 有效沿到达时翻转。例 7－1 的状态转换表见表 7－1，从表中可以看出，该时序电路有 8 个状态，且每来一个 CP，时序电路总是加 1，因此这是一个 8421BCD 码的同步八进制加法计数器。

表 7-1　例 7-1 的状态转换表

CP	初态			次态			输出
序号	Q_2^n	Q_1^n	Q_0^n	Q_2^{n+1}	Q_1^{n+1}	Q_0^{n+1}	Z
0	0	0	0	0	0	1	0
1	0	0	1	0	1	0	0
2	0	1	0	0	1	1	0
3	0	1	1	1	0	0	0
4	1	0	0	1	0	1	0
5	1	0	1	1	1	0	0
6	1	1	0	1	1	1	0
7	1	1	1	0	0	0	1

(3)根据状态转换表画波形图。一般来说，计数器分析只要得到状态转换表就可以认为分析完成。因为将初态 $Q_2Q_1Q_0$ 逆时针旋转 90 度，并引入 CP 脉冲波形且将有效沿对齐（如图 7-3中虚线所示），就可以方便地得到如图 7-3 的波形图。

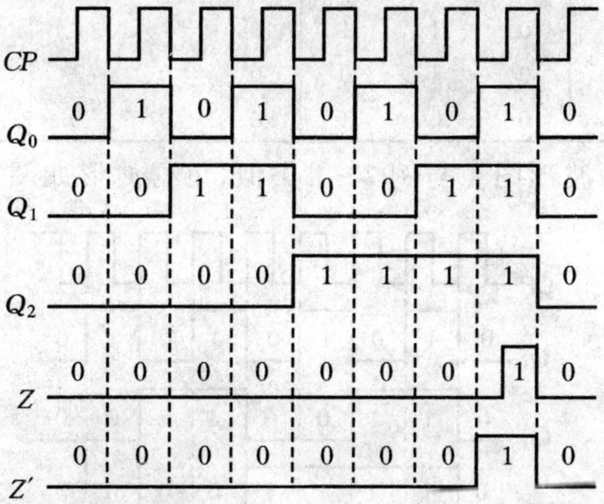

图 7-3　例 7-1 的波形图

在图 7-3 中，Z 的脉冲宽度是经 CP 同步后的输出，而也有的书中将 Z'脉冲未经 CP 同步输出。另外，逻辑图 7-2 中的清零端$\overline{R}_D$ 表示低电平有效，一般在上电复位时计数器清零，作为计数器工作的初始状态。如果该计数器作为分频器使用，设计时可以不加清零控制，只需将各触发器的清零端加高电平使清零无效。

例 7-2　分析图 7-4 所示的计数器的逻辑功能。

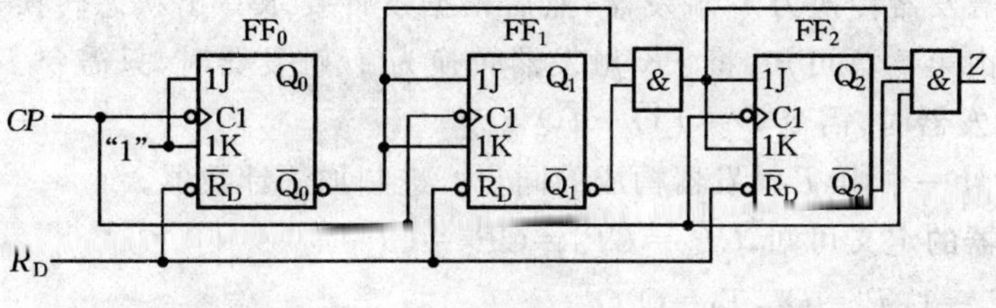

图 7-4　例 7-2 的逻辑电路图

解 (1)按图中连线，可以写出各触发器的驱动方程：

$$J_0=K_0=1,\ J_1=K_1=\overline{Q}_0^n,\ J_2=K_2=\overline{Q}_1^n\,\overline{Q}_0^n,\ Z=\overline{Q}_2^n\,\overline{Q}_1^n\,\overline{Q}_0^n CP$$

(2)根据驱动方程写出状态转换表。由触发器的驱动方程可知，触发器 FF_0 在同步 CP 有效沿到达时翻转，而触发器 FF_1 在 $Q_0=0$ 且同步 CP 有效沿达时翻转；依此类推，触发器 FF_2 在 $Q_1Q_0=00$ 且同步 CP 有效沿到达时翻转。例 7-2 的状态转换表见表7-2，可以看出这是一个 8421BCD 同步 8 位减法计数器。

表 7-2 例 7-2 的状态转换表

CP序号	初态 Q_2^n	Q_1^n	Q_0^n	次态 Q_2^{n+1}	Q_1^{n+1}	Q_0^{n+1}	输出 Z
0	0	0	0	1	1	1	1
1	1	1	1	1	1	0	0
2	1	1	0	1	0	1	0
3	1	0	1	1	0	0	0
4	1	0	0	0	1	1	0
5	0	1	1	0	1	0	0
6	0	1	0	0	0	1	0
7	0	0	1	0	0	0	0

(3)根据状态转换表画波形图。与例 7-1 类似，可得波形如图 7-5。

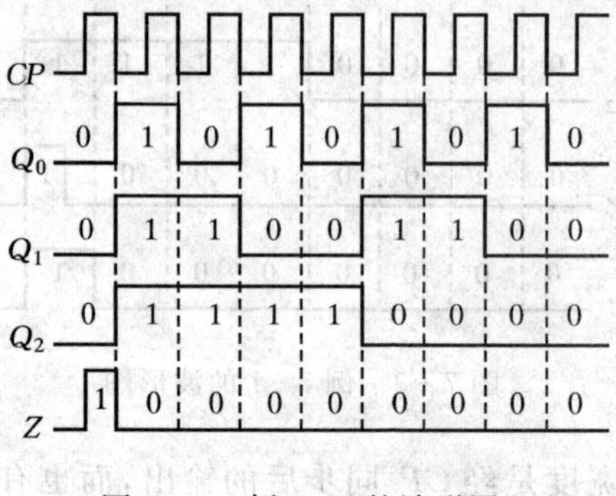

图 7-5 例 7-2 的波形图

7.2.2 同步二进制计数器设计

同步二进制的设计是同步二进制分析的逆过程。同步二进制设计比较简单，一般先将 JK 触发器或 D 触发器转换为 T 触发器，然后根据设计要求写出状态转换表，就可以直接画出逻辑电路图。由第 5 章可知，将 JK 触发器转换为 T 触发器时，只需令 $J=K=T$；而 D 触发器转换为 T 触发器时，需令 $D=T\overline{Q}+\overline{T}Q$。

例 7-3 设计一个由 T 触发器构成的同步八进制加法计数器。

由同步计数器的定义可知，$CP_0=CP_1=CP_2=CP$；

驱动方程：$T_0=1, T_1=Q_0^n, T_2=Q_1^nQ_0^n$；

输出方程：$Z=Q_2^nQ_1^nQ_0^nCP$。

由以上方程可得逻辑图，如图 7-6 所示。

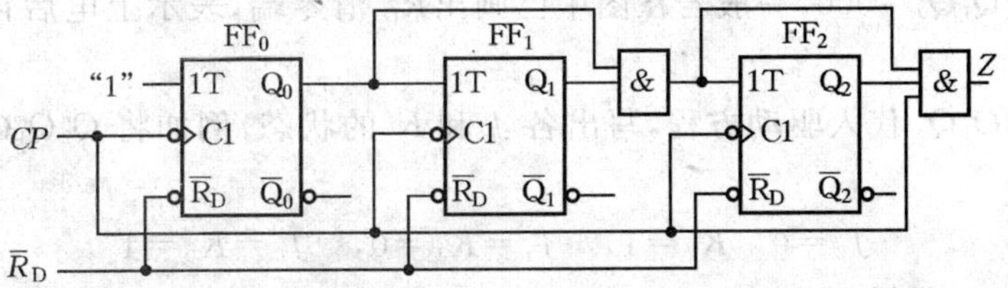

图 7-6　例 7-3 的逻辑图

由本例推广到任意 2^n 进制加法计数的通用设计原则：

$$T_i = Q_{i-1} \cdots Q_1 Q_0 \quad (1 \leqslant i \leqslant n)$$

7.3　基于触发器的同步非二进制计数器的分析与设计

7.3.1　同步非二进制计数器分析

常用非二进制计数器有：五进制、十进制、十二进制、二十四进制等。它们的分析方法都是相同的，这里仅用简单的非二进制为例，说明分析过程。

例 7-4　分析如图 7-7 所示的计数器的逻辑功能。

这个电路的组合电路部分只有两个与门；存储电路部分是三个下降沿触发 JK 触发器，Z 为外部输出；三个触发器由同一时钟 CP 控制，所以是同步计数器电路。

常用的分析方法有采用状态转换表分析或采用状态转换图分析。前者是根据初态和连线方程（驱动方程）填写各触发器 J、K 的预置状态；在假设各触发器初态的条件下，根据 J、K 的预置状态获得各触发器的次态输出；然后再将次态变为初态，重复上述步骤便可得到该电路的状态转换表。后者是将驱动方程代入触发器的特性方程获得状态转换方程；将初态代入状态转换方程中，获得次态；再将次态变为初态，重复上述步骤便可获得状态转换图。

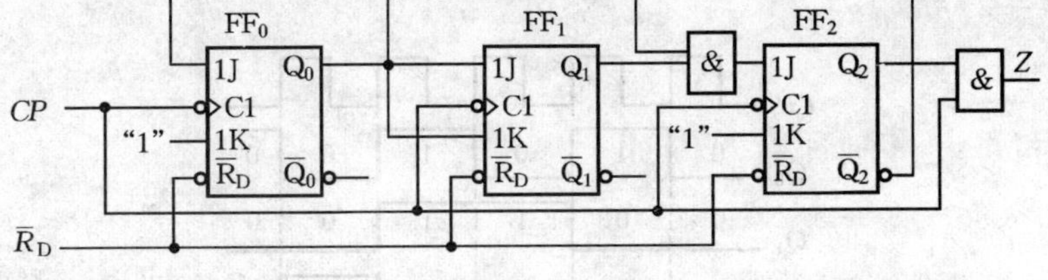

图 7-7　例 7-4 逻辑电路图

解 1　利用状态转换真值表分析，步骤如下：

(1)根据图中的连线，首先写出各触发器的驱动方程

$$J_2 = Q_1^n Q_0^n, \quad K_2 = 1$$

$$J_1 = K_1 = Q_0^n$$

$$J_0 = \overline{Q}_2^n, \quad K_0 = 1$$

(2)分析过程如下：

①设初态 $Q_2^nQ_1^nQ_0^n=000$，一般若在图中已画出 $\overline{R}_D$ 清零端，表示上电后自动清零或手动清零。

②将初态 $Q_2^nQ_1^nQ_0^n$ 代入驱动方程，写出各 J 和 K 的状态，例如将 $Q_2^nQ_1^nQ_0^n=000$ 代入驱动方程得：

$$J_2=0 \quad K_2=1, \quad J_1=K_1=0, \quad J_0=K_0=1$$

可知同步 CP 有效沿到达时：

$$Q_2^{n+1}=0, \quad Q_1^{n+1}=0, \quad Q_0^{n+1}=1; \quad Q_2^{n+1}Q_1^{n+1}Q_0^{n+1}=001$$

③将次态变为初态，即令 $Q_2^nQ_1^nQ_0^n=001$，重复步骤②，得到

$$J_2=0, \quad K_2=1, \quad J_1=K_1=1, \quad J_0=K_0=1$$

同理，同步 CP 有效沿到达时：

$$Q_2^{n+1}Q_1^{n+1}Q_0^{n+1}=010$$

④如此循环，直到 $Q_2^{n+1}Q_1^{n+1}Q_0^{n+1}=000$，表示已经构成一个循环，状态转换表见表 7-3。其中，输出方程 $Z=Q_2^nCP$。

表 7-3 例 7-4 的状态转换表

分析	初态			驱动信号						次态			输出
过程	Q_2^n	Q_1^n	Q_0^n	J_2	K_2	J_1	K_1	J_0	K_0	Q_2^{n+1}	Q_1^{n+1}	Q_0^{n+1}	Z
0	0	0	0	0	1	0	0	1	1	0	0	1	0
1	0	0	1	0	1	1	1	1	1	0	1	0	0
2	0	1	0	0	1	0	0	1	1	0	1	1	0
3	0	1	1	1	1	1	1	1	1	1	0	0	0
4	1	0	0	0	1	0	0	0	1	0	0	0	1

(3)根据状态转换表画出波形图。触发器翻转的必要条件是时钟端加适合的 CP 信号。例 7-4 中，三个 JK 触发器受统一的时钟信号 CP 控制，电路的初态 $Q_2^nQ_1^nQ_0^n$ 为 000，当 CP 下降沿到达时同时翻转。首先画出时钟信号，然后将状态转换表中的初态 $Q_2^nQ_1^nQ_0^n$ 逆时针旋转 90 度，画出波形图，如图 7-8 所示。触发器的状态变化按 $Q_2^nQ_1^nQ_0^n$ 的次序为 000→001→010→011→100。

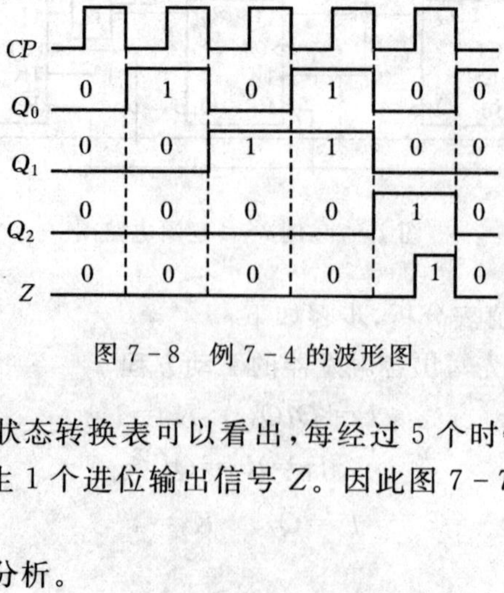

图 7-8 例 7-4 的波形图

(4)逻辑功能分析。由状态转换表可以看出，每经过 5 个时钟脉冲的作用，$Q_2^nQ_1^nQ_0^n$ 的状态循环一次，并在输出端产生 1 个进位输出信号 Z。因此图 7-7 所示电路为 8421BCD 码同步五进制加法计数器。

解 2 利用状态转换图分析。

(1)写出三个向量方程。

驱动方程(即电路连线方程)

$$J_2=Q_1^nQ_0^n,\quad K_2=1$$

$$J_1=K_1=Q_0^n$$

$$J_0=\overline{Q}_2^n,\ K_0=1$$

输出方程

$$Z=Q_2^nCP$$

将驱动方程代入 JK 触发器的特性方程 $Q^{n+1}=J\,\overline{Q}^n+\overline{K}Q^n$,可得状态转换方程:

$$Q_2^{n+1}=J_2\,\overline{Q}_2^n+\overline{K}_2Q_2^n=\overline{Q}_2^nQ_1^nQ_0^n$$

$$Q_1^{n+1}=J_1\,\overline{Q}_1^n+\overline{K}_1Q_1^n=\overline{Q}_1^nQ_0^n+Q_1^n\,\overline{Q}_0^n$$

$$Q_0^{n+1}=J_0\,\overline{Q}_0^n+\overline{K}_0Q_0^n=\overline{Q}_2^n\,\overline{Q}_0^n$$

(2)画出状态转换图。先将初态代入状态方程,求出次态,然后将前次的次态输出值作为本次初态,画出状态转换图。状态转换图以小圆圈表示电路的各个状态,箭头方向表示状态转移方向,箭头上方注明当前状态时输入变量 X 和输出变量 Z 的值,通常以 X/Z 的形式来表示。此例中时钟信号 CP 为外部输入,所以 X/Z 斜线左边在状态转换时总为1,右边仅在进位时出现1,状态转换图见图 7-9。

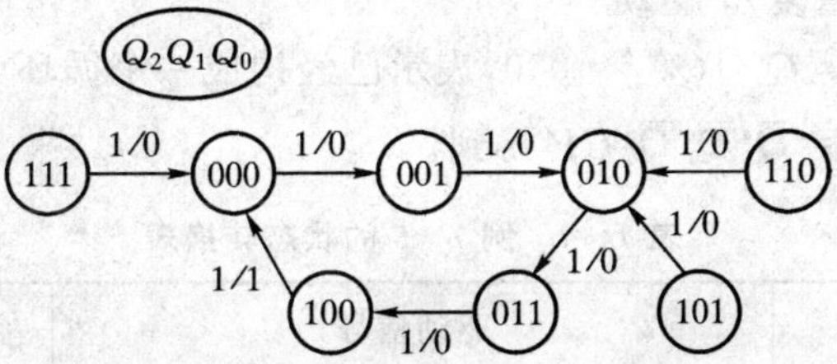

图 7-9　例 7　4 的状态转换图

(3)逻辑功能分析同解 1。

(4)由于该计数器中加入清零控制端,所以可上电复位或采用手动复位使得计数器进入 $Q_2^nQ_1^nQ_0^n=000$,当计数器进入有效循环圈后就会按照五进制加法计数器的功能循环工作。如果该计数器作为分频器使用,就应该检查当分频器受到外界干扰信号的影响进入非循环状态,如 $Q_2^nQ_1^nQ_0^n=101$、$Q_2^nQ_1^nQ_0^n=110$ 和 $Q_2^nQ_1^nQ_0^n=111$ 时,电路能否回到有效状态,此过程称为电路的自启动检查。检查自启动的方法是:将任意循环圈外的状态输入后,代入状态方程,看能否回到有效循环圈内。在本例中,代入 $Q_2^nQ_1^nQ_0^n=101$ 和 $Q_2^nQ_1^nQ_0^n=110$,得到 $Q_2^{n+1}Q_1^{n+1}Q_0^{n+1}=010$,表明再来一个有效 CP 可以回到循环圈内;同理代入 $Q_2^nQ_1^nQ_0^n=111$,可得到 $Q_2^{n+1}Q_1^{n+1}Q_0^{n+1}=010$,表明也可以回到循环圈内,说明该电路可以自启动。读者应该注意到,在作为计数器使用时,不允许其进入无效状态,否则计数将会出错。

例 7-5　分析图 7-10 所示的计数器的逻辑功能。此电路的组合电路部分是一个与非门和一个与门;存储电路部分是三个下降沿触发 JK 触发器,Z 为外部输出;三个触发器由同一时钟 CP 控制,所以是同步逻辑电路。

解 1　采用状态转换表分析,步骤如下:

(1)写出驱动方程:

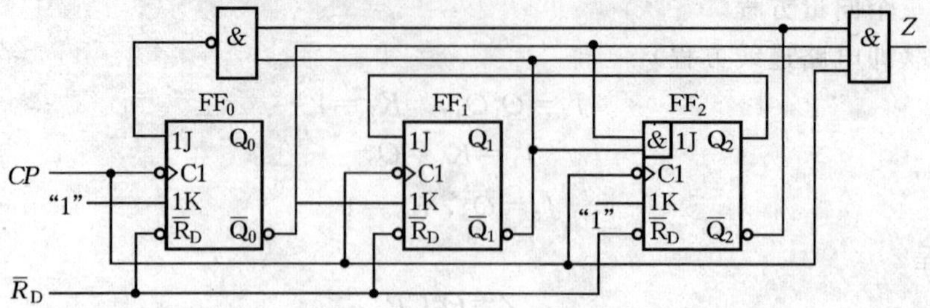

图 7-10　例 7-5 逻辑电路图

$$J_2=\overline{Q_1^n}\,\overline{Q_0^n},\quad K_2=1$$
$$J_1=Q_2^n,\quad K_1=\overline{Q_0^n}$$
$$J_0=\overline{\overline{Q_2^n}\,\overline{Q_1^n}},\quad K_0=1$$

(2)分析过程如下：

①设初态 $Q_2^nQ_1^nQ_0^n=000$，$\overline{R}_D$ 为清零端。

②将初态 $Q_2^nQ_1^nQ_0^n$ 代入驱动方程，写出各 J、K 的状态；当同步 CP 有效沿到达时，得到次态 $Q_2^{n+1}Q_1^{n+1}Q_0^{n+1}$。

③将次态变为初态，重复步骤②。

④如此循环，直到 $Q_2^{n+1}Q_1^{n+1}Q_0^{n+1}=000$，表示已经构成一个循环，见表 7-4。其中，电路的输出值可以由输出方程 $Z=\overline{Q_2^n}\,\overline{Q_1^n}\,\overline{Q_0^n}\,CP$ 得到。

表 7-4　例 7-5 的状态转换表

分析过程	初态			驱动信号						次态			输出
	Q_2^n	Q_1^n	Q_0^n	J_2	K_2	J_1	K_1	J_0	K_0	Q_2^{n+1}	Q_1^{n+1}	Q_0^{n+1}	Z
0	0	0	0	1	1	0	1	0	1	1	0	0	1
1	1	0	0	1	1	1	1	1	1	0	1	1	0
2	0	1	1	0	1	0	0	1	1	0	1	0	0
3	0	1	0	0	1	0	1	1	1	0	0	1	0
4	0	0	1	0	1	0	0	0	1	0	0	0	0

(3)根据状态转换表画出波形图。三个 JK 触发器受统一的时钟信号 CP 控制，电路的初态 $Q_2^nQ_1^nQ_0^n$ 为 000，当 CP 下降沿到达时同时翻转。触发器的状态变化按 $Q_2^nQ_1^nQ_0^n$ 的次序为 000→100→011→010→001，波形图如图 7-11 所示。

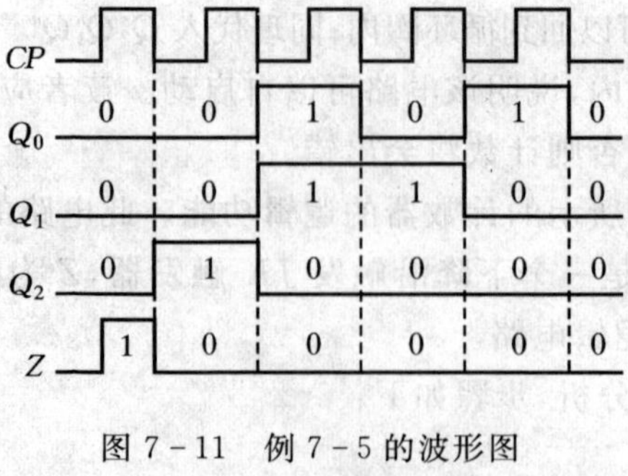

图 7-11　例 7-5 的波形图

(4)逻辑功能分析。由状态转换表可以看出，每经过5个时钟脉冲的作用，$Q_2^n Q_1^n Q_0^n$ 的状态循环一次，并在输出端产生1个借位输出信号。因此图7-10所示的电路为8421BCD码同步五进制减法计数器。

解2　采用状态转换图分析。

(1)写出三个向量方程。

驱动方程(即电路连线方程)：

$$J_2=\overline{Q_1^n}\,\overline{Q_0^n},\qquad K_2=1$$

$$J_1=Q_n^2,\qquad K_1=\overline{Q_0^n}$$

$$J_0=\overline{\overline{Q_2^n}\,\overline{Q_1^n}}\qquad K_0=1$$

输出方程：

$$Z=\overline{Q_2^n}\,\overline{Q_1^n}\,\overline{Q_0^n}CP$$

将驱动方程代入 JK 触发器的特性方程 $Q^{n+1}=J\,\overline{Q^n}+\overline{K}Q^n$，可得状态转换方程：

$$Q_2^{n+1}=J_2\,\overline{Q_2^n}+\overline{K}_2Q_2^n=\overline{Q_2^n}\,\overline{Q_1^n}\,\overline{Q_0^n}$$

$$Q_1^{n+1}=J_1\,\overline{Q_1^n}+\overline{K}_1Q_1^n=Q_2^n\,\overline{Q_1^n}+Q_0^nQ_1^n$$

$$Q_0^{n+1}=J_0\,\overline{Q_0^n}+\overline{K}_0Q_0^n=(Q_1^n+Q_2^n)\overline{Q_0^n}$$

(2)画出状态转换图。箭头上方为当前状态时输入变量 X 和输出变量 Z 的值 X/Z。时钟信号 CP 为外部输入，所以 X/Z 斜线左边在状态转换时总为1，右边仅在借位时出现1，状态转换图见图7-12。

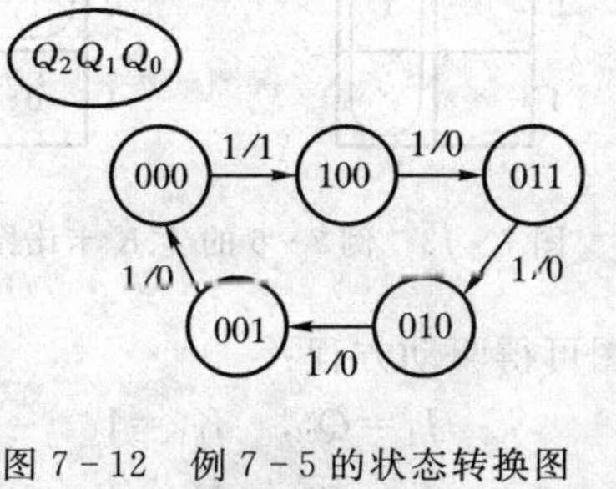

图7-12　例7-5的状态转换图

(3)逻辑功能分析同解1。

(4)自启动检查(略)。

7.3.2　同步非二进制计数器设计

计数器电路的设计是计数器电路分析的逆过程。在基于触发器的计数器电路设计中，要求设计者根据给定的逻辑功能要求，选择适当的触发器和门电路，确定驱动方程，最后画出逻辑图。下面仍以 JK 触发器为例，介绍基于触发器的计数器电路的分析设计方法与步骤。

例7-6　试用下降沿触发的 JK 触发器设计一个8421BCD码同步三进制加法计数器。

解1　(1)确定触发器的个数。如果用 N 表示计数器电路的状态数，则有 $2^n<N\leqslant 2^{n+1}$。本例需要设计同步三进制加法计数器，所以 $N=3$，即有 $2^1<3\leqslant 2^2$。由此得出 JK 触发器的个数为两个。

(2)写出 J、K 预置值。表7-5给出 JK 触发器的激励表，其作用是在已知 $Q^n\rightarrow Q^{n+1}$ 的情

况下，求输入控制信号 J、K 的预置值。

表 7-5　JK 触发器的激励表

$Q^n \to Q^{n+1}$	J	K
0→0	0	×
0→1	1	×
1→0	×	1
1→1	×	0

根据初态 $Q_2^nQ_1^nQ_0^n$→次态 $Q_2^{n+1}Q_1^{n+1}Q_0^{n+1}$ 的状态转换写出 J、K 的预置值，见表 7-6。由于两个 JK 触发器能表示 $2^2=4$ 个状态，所以电路中还有 1 个无效状态，即表 7-6 中列出的 11。

表 7-6　例 7-6 的状态转换表

初态		次态		驱动信号的预置			
Q_1^n	Q_0^n	Q_1^{n+1}	Q_0^{n+1}	J_1	K_1	J_0	K_0
0	0	0	1	0	×	1	×
0	1	1	0	1	×	×	1
1	0	0	0	×	1	0	×
1	1	×	×	×	×	×	×

(3)写出驱动方程(电路连线方程)。根据表 7-6 中初态 $Q_2^nQ_1^nQ_0^n$ 与 J、K 的预置值的关系，可得 $K_1=1$，$K_0=1$，J_1、J_0 的表达式使用卡诺图法确定，如图 7-13 所示。

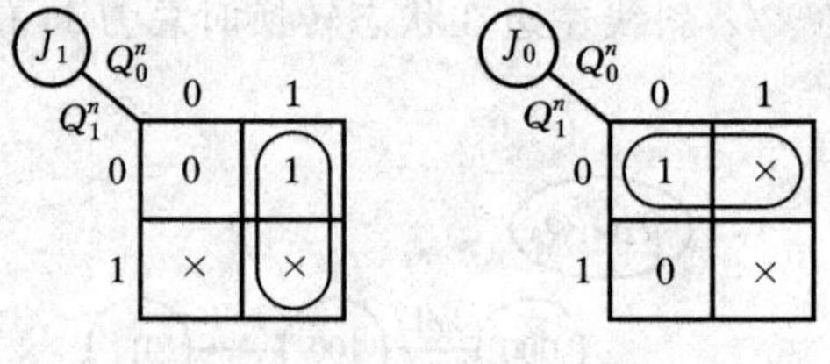

图 7-13　例 7-6 的 J、K 卡诺图

由图 7-13 的 J、K 卡诺图可得驱动方程：

$$J_1=Q_0^n,\quad K_1=1$$
$$J_0=\overline{Q_1^n},\quad K_0=1$$

输出方程：

$$Z=Q_1^nCP$$

(4)按照驱动方程连线画出电路图，如图 7-14 所示。

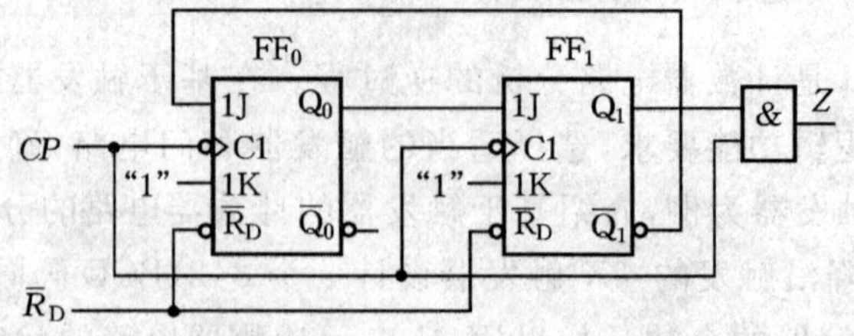

图 7-14　例 7-6 的逻辑电路图

(5)画出波形图，如图 7-15 所示。

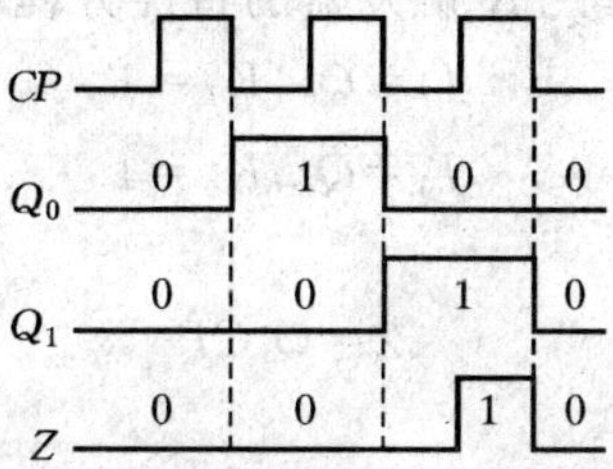

图 7－15　例 7－6 的波形图

解 2　(1)确定触发器的个数。如前所述，本例需要两个 JK 触发器。

(2)直接状态分配。同步三进制加法计数器用 3 个状态来表示，$S_0=00, S_1=01, S_2=10$。

(3)状态转换图。这 3 个状态循环后回到初态，它们的状态转换图如图 7－16 所示。

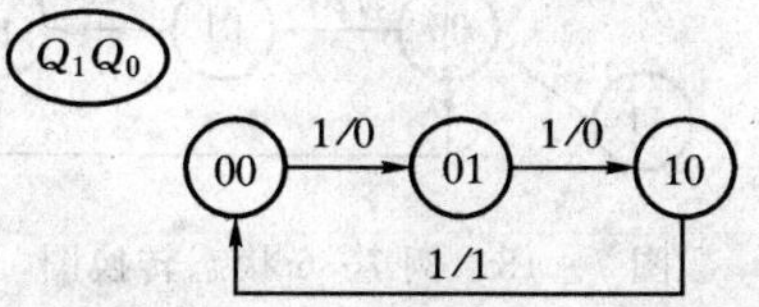

图 7－16　例 7－6 的状态转换图

(4)列出状态转换表。按照状态分配的结果可以列出状态转换表如表 7－5 所示。

表 7－7　例 7－6 的状态转换表

初态		次态	
Q_1^n	Q_0^n	Q_1^{n+1}	Q_0^{n+1}
0	0	0	1
0	1	1	0
1	0	0	0
1	1	×	×

(5)求取状态方程和驱动方程。

①用卡诺图求次态状态方程，如图 7－17 所示。

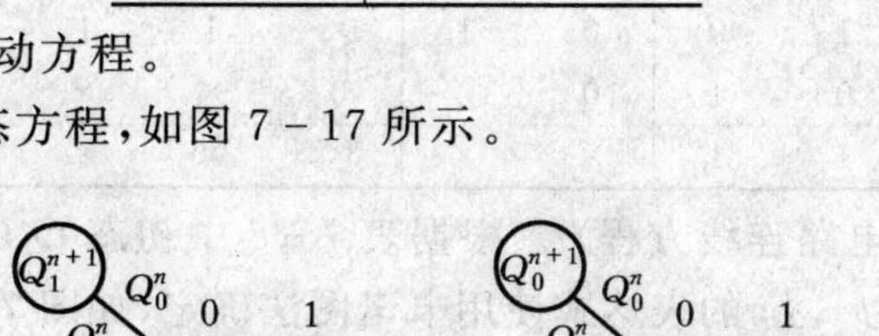

图 7－17　例 7－6 的卡诺图

求次态状态方程

$$Q_1^{n+1}=J_1\overline{Q_1^n}+\overline{K}_1 Q_1^n=Q_0^n$$
$$Q_0^{n+1}=J_0\overline{Q_0^n}+\overline{K}_0 Q_0^n=\overline{Q_1^n}\,\overline{Q_0^n}$$

其中，Q_1^{n+1} 可由配相法得 $Q_1^{n+1}=Q_0^n=Q_0^n(Q_1^n+\overline{Q_1^n})=Q_0^nQ_1^n+Q_0^n\overline{Q_1^n}$，$Q_0^nQ_1^n=11$ 为无效状态，舍去，故 $Q_1^{n+1}=Q_0^n\overline{Q_1^n}$。

②求驱动方程。由状态方程与 JK 触发器的特性方程对比可得驱动方程

$$J_1=Q_0^n, K_1=1$$

$$J_0=\overline{Q_1^n}, K_0=1$$

输出方程

$$Z=Q_1^n CP$$

(6)连线画出电路图(同解 1)。

(7)画出波形图(同解 1)。

(8)检查电路自启动能力。当电路初态 $Q_1^nQ_0^n$ 为 11 时,直接代入状态方程,得到 00,回到主循环,可知该电路能够自启动。完整的状态转换图见图 7-18。

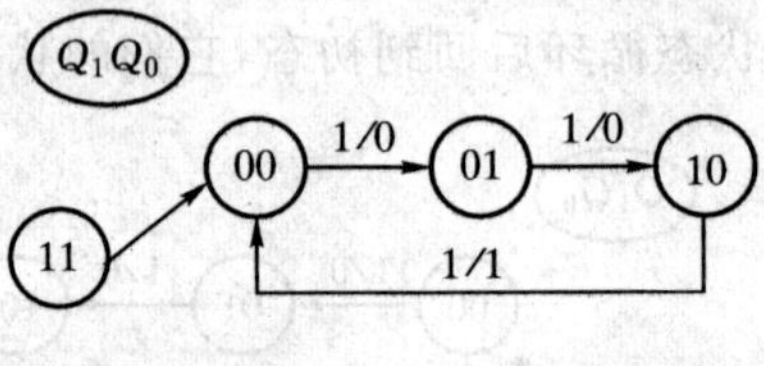

图 7-18 例 7-6 状态转换图

例 7-7 试用下降沿触发的 JK 触发器设计一个 8421BCD 码同步三进制减法计数器。

解 1 (1)确定触发器的个数。需要设计同步三进制加法计数器,有 $2^1<3\leqslant 2^2$,JK 触发器的个数为两个。

(2)写出 J、K 预置值。根据表 7-5 给出的 JK 触发器的激励表,写出 J、K 的预置值,如表 7-8 所示。其中 11 为无效状态。

表 7-8 例 7-7 的状态转换表

初态 Q_1^n	初态 Q_0^n	次态 Q_1^{n+1}	次态 Q_0^{n+1}	J_1	K_1	J_0	K_0
0	0	1	0	1	×	0	×
1	0	0	1	×	1	1	×
0	1	0	0	0	×	×	1
1	1	×	×	×	×	×	×

(3)写出驱动方程(电路连线方程)。根据表 7-8 中初态 $Q_2^nQ_1^nQ_0^n$ 与 J、K 的预置值的关系,可得 $K_1=1$,$K_0=1$,J_1,J_0 的表达式使用卡诺图法确定,如图 7-19 所示。

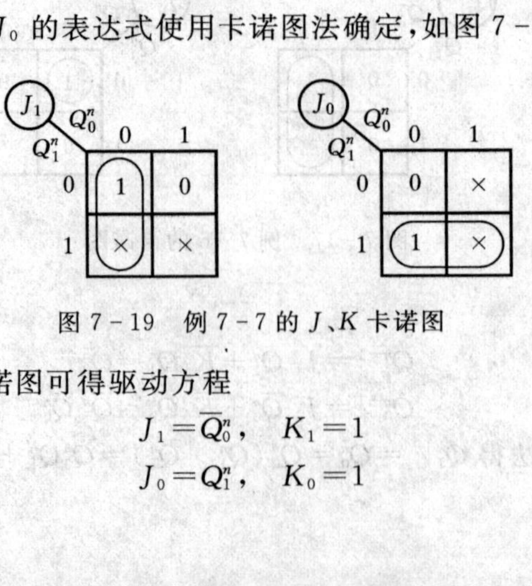

图 7-19 例 7-7 的 J、K 卡诺图

由图 7-19 的 J、K 卡诺图可得驱动方程

$$J_1=\overline{Q_0^n}, \quad K_1=1$$

$$J_0=Q_1^n, \quad K_0=1$$

输出方程

$$Z=\overline{Q}_1^n\,\overline{Q}_0^n CP$$

(4)按照驱动方程连线画出电路图，如图 7－20 所示。

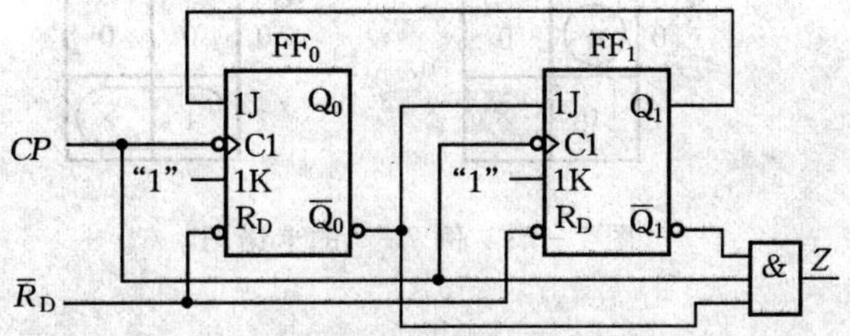

图 7－20　例 7－7 的逻辑电路图

(5)画出波形图，如图 7－21 所示。

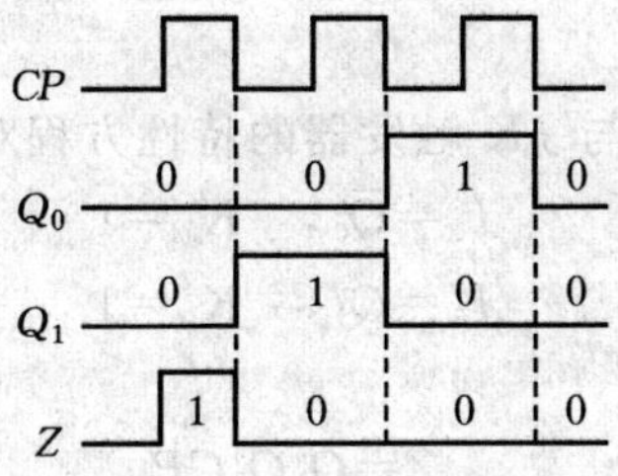

图 7－21　例 7－7 的波形图

解 2　(1)确定触发器的个数。如前所述，本例需要两个 JK 触发器。

(2)直接状态分配。同步三进制减法计数器用 3 个状态来表示，$S_0=00$，$S_1=10$，$S_2=01$。

(3)状态转换图。这 3 个状态循环后回到初态，状态转换图如图 7－22 所示。

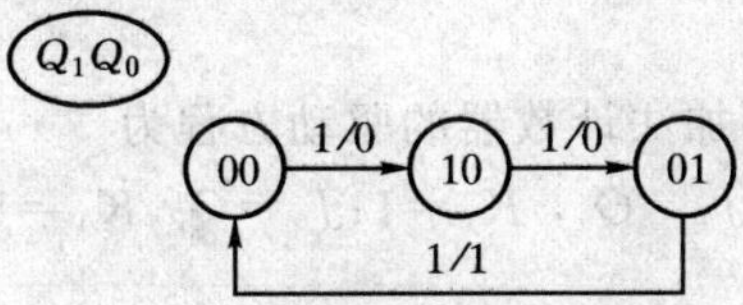

图 7－22　例 7－7 的状态转换图

(4)列出状态转换表。按照状态分配的结果可以列出状态转换表如表 7－9 所示。

表 7－9　例 7－7 的状态转换表

初态		次态	
Q_1^n	Q_0^n	Q_1^{n+1}	Q_0^{n+1}
0	0	1	0
1	0	0	1
0	1	0	0
1	1	×	×

(5)求取状态方程和驱动方程。

①用卡诺图求次态状态方程，如图 7-23 所示。

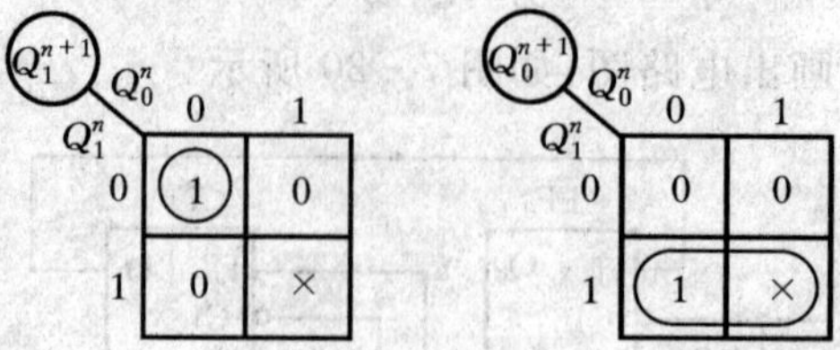

图 7-23　例 7-7 的卡诺图

求次态状态方程

$$Q_1^{n+1}=J_1\overline{Q_1^n}+\overline{K}_1Q_1^n=\overline{Q_1^n}\,\overline{Q_0^n}$$

$$Q_0^{n+1}=J_0\overline{Q_0^n}+\overline{K}_0Q_0^n=Q_1^n$$

其中，Q_0^{n+1} 可由配相法得 $Q_0^{n+1}=Q_1^n=Q_1^n(Q_0^n+\overline{Q_0^n})=Q_1^nQ_0^n+Q_1^n\overline{Q_0^n}$，$Q_0^nQ_1^n=11$ 为无效状态，舍去，故 $Q_0^{n+1}=Q_1^n\overline{Q_0^n}$。

②求驱动方程。由状态方程与 JK 触发器的特性方程对比可得驱动方程

$$J_1=\overline{Q_0^n},\quad K_1=1$$

$$J_0=Q_1^n,\quad K_0=1$$

输出方程

$$Z=\overline{Q_1^n}\,\overline{Q_0^n}CP$$

(6)连线画出电路图(同解 1)。

(7)画出波形图(同解 1)。

(8)检查电路自启动能力(略)。

例 7-8　试用下降沿触发的 JK 触发器设计一个 8421BCD 码同步三进制可逆计数器。

解　(1)设 X 为计数器的加减控制输入，$X=1$ 时，为加法计数器；$\overline{X}=1$ 时，为减法计数器。

(2)由例 7-6 可知，三进制加法计数器的驱动方程为

$$J_1=Q_0^n,\ K_1=1;J_0=\overline{Q_1^n},K_0=1$$

输出方程为

$$Z=Q_1^nCP$$

由例 7-7 可知，三进制减法计数器的驱动方程为

$$J_1=\overline{Q_0^n},K_1=1;J_0=Q_1^n,K_0=1$$

输出方程

$$Z=\overline{Q_1^n}\,\overline{Q_0^n}CP$$

(3)由(1)、(2)可知三进制可逆计数器的驱动方程(电路连线方程)为：

$$J_1=XQ_0^n+\overline{X}\,\overline{Q_0^n}=X\odot Q_0^n,\quad K_1=1$$

$$J_0=X\overline{Q_1^n}+\overline{X}Q_1^n=X\oplus Q_1^n,\quad K_0=1$$

输出方程：

$$Z=XQ_1^nCP+\overline{X}\,\overline{Q_1^n}\,\overline{Q_0^n}CP$$

(4)按照驱动方程连线画出电路图,如图 7-24 所示。

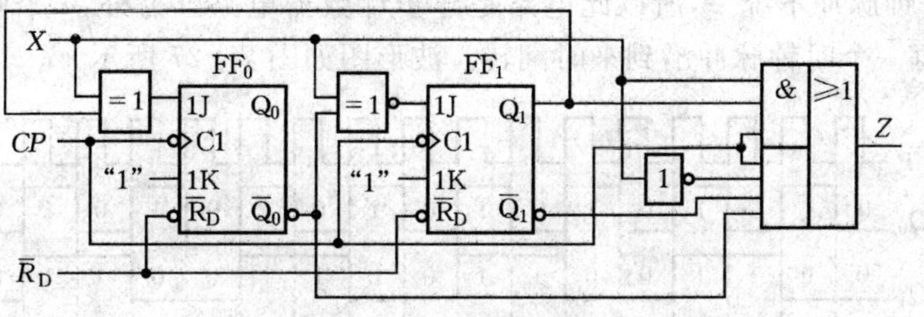

图 7-24　例 7-8 的逻辑电路图

(5)画出波形图,如图 7-25 所示。

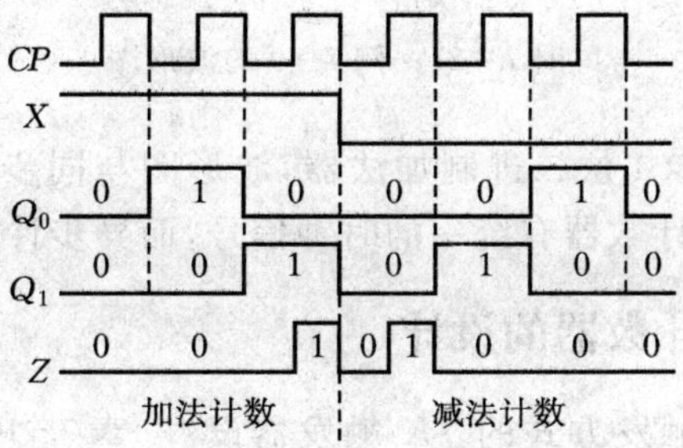

图 7-25　例 7-8 的波形图

7.4　基于触发器的异步二进制计数器的分析与设计

7.4.1　异步二进制计数器的分析

同步计数器电路有统一的时钟信号,在时钟脉冲作用下电路所有触发器状态同时改变,触发器的次态由驱动信号和初态决定。而异步计数器电路没有统一的时钟信号,所以分析异步计数器电路时,首先要看各触发器的时钟信号是否有效,只有在有效时钟脉冲到达时,才考虑次态的变化。正因为如此,分析异步计数器电路时,要多写一组时钟信号方程作为控制转换条件。下面通过实例来具体说明分析方法。

例 7-9　分析如图 7-26 所示的计数器的逻辑功能。

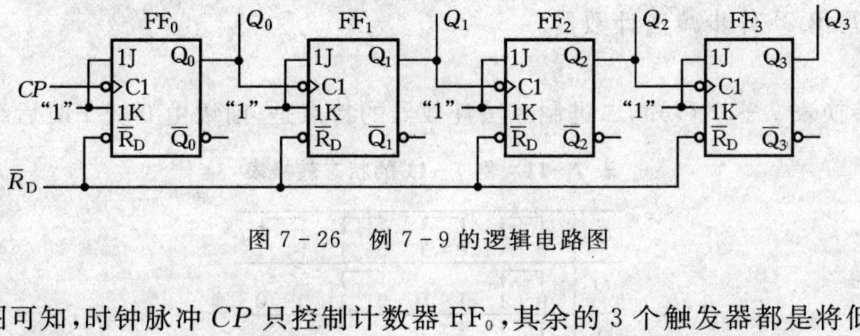

图 7-26　例 7-9 的逻辑电路图

解　如图可知,时钟脉冲 CP 只控制计数器 FF_0,其余的 3 个触发器都是将低位的输出连接在高位的时钟脉冲上,即:

$$CP_0 = CP,\ CP_1 = Q_0,\ CP_2 = Q_1,\ CP_3 = Q_2$$

触发器的时钟脉冲不统一，所以此电路是异步计数器电路。另外，4 个触发器的 J、K 均为 1，计数器在每一个时钟脉冲沿到来时翻转。波形图如图 7－27 所示。

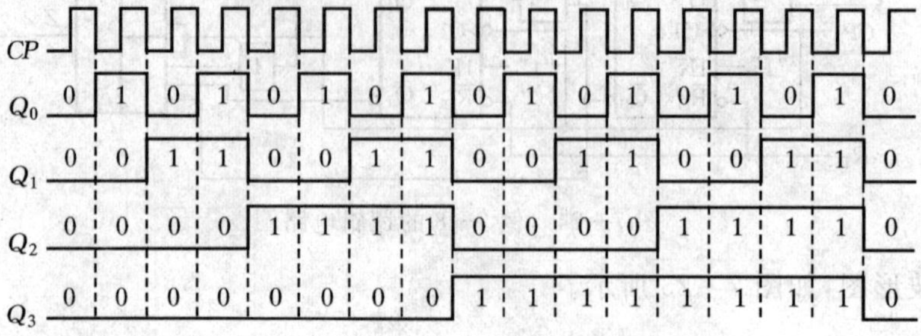

图 7－27　例 7－9 的波形图

4 个 JK 触发器组成异步 4 位二进制加法器，波形图与同步 4 位二进制加法器相同。这两种加法器的区别在于同步计数器有统一的时钟信号，而异步计数器没有。

7.4.2　异步二进制计数器的设计

例 7－10　利用下降沿触发方式的 JK 触发器设计一个 2^3 异步加法计数器。

解　(1)写出 2^3 异步加法计数器的状态转换表。由状态转换表 7－10 可知，二进制加法计数器的特点是，前级由 1 变 0 时后级翻转。

表 7－10　例 7－10 的状态转换表

Q_0	0	1	0	1	0	1	0	1	0
Q_1	0	0	1	1	0	0	1	1	0
Q_2	0	0	0	0	1	1	1	1	0

(2)确定 CP：$CP_0 = CP$，由于使用下降沿的 JK 触发器，所以 $CP_1 = Q_0$，$CP_2 = Q_1$。

(3)写出驱动方程，所有的 JK 触发器的 $J = K = 1$。

(4)画出逻辑电路图，如图 7－28 所示。

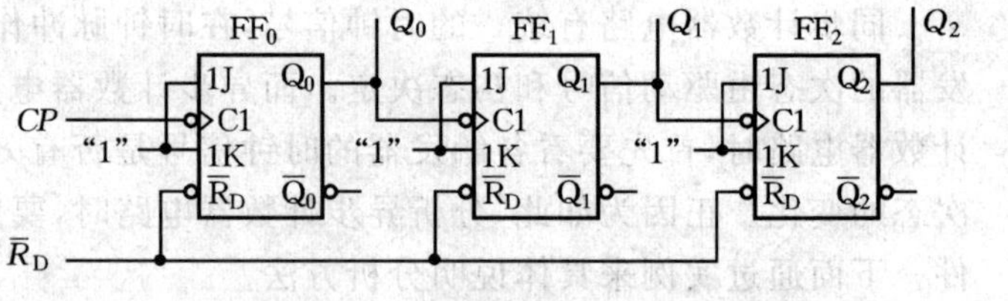

图 7－28　例 7－10 的逻辑图

例 7－11　利用下降沿触发方式的 JK 触发器设计一个 2^3 异步减法计数器。

解　(1)写出 2^3 异步减法计数器的状态转换表。

由状态转换表 7－11 可知，二进制减法计数器的特点是，前级由 0 变 1 时后级翻转。

表 7－11　例 7－11 的状态转换表

Q_0	0	1	0	1	0	1	0	1
Q_1	0	1	1	0	0	1	1	0
Q_2	0	1	1	1	1	0	0	0

(2)确定 CP：$CP_0=CP$，由于使用下降沿的 JK 触发器，所以 $CP_1=\overline{Q}_0$，$CP_2=\overline{Q}_1$。

(3)写出驱动方程，所有的 JK 触发器的 $J=K=1$。

(4)画出逻辑电路图，如图 7-29 所示。

由于减法计数器是前级由 0 变 1(上升沿)时后级翻转，而使用的触发器是下降沿有效，所以后级的 CP 端总是和前级的 $\overline{Q}$ 相接。如果用上升沿触发的 JK 触发器，则后级的 CP 端应与前级的 Q 端相接。

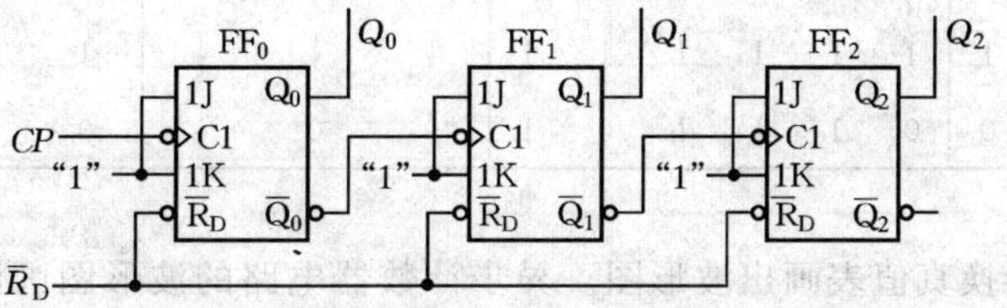

图 7-29　例 7-11 的逻辑图

7.5　基于触发器的异步非二进制计数器的分析与设计

7.5.1　异步非二进制计数器的分析

例 7-12　分析如图 7-30 所示的计数器电路的逻辑功能。

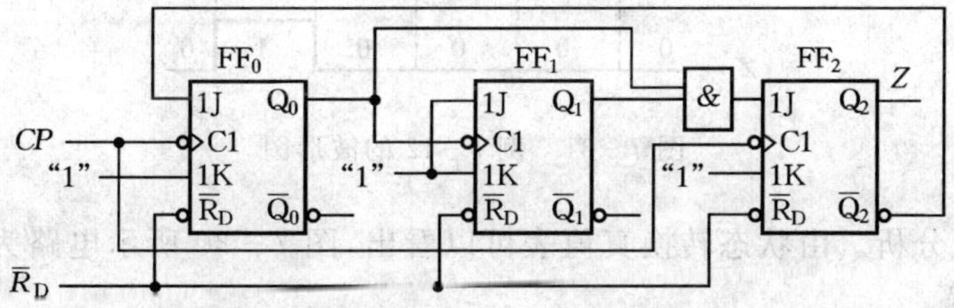

图 7-30　例 7-12 的逻辑电路图

解 1　利用状态转换真值表分析。

(1)与同步非二进制计数器电路分析类似，首先根据初态 Q^n 和电路连线关系，推出各触发器的输入控制端状态，并标明时钟信号情况；然后由 JK 触发器的特性方程 $Q^{n+1}=J\overline{Q}^n+\overline{K}Q^n$ 结合时钟信号到达情况，得到次态输出值 Q^{n+1}，由输出方程得到电路的外部输出值。

(2)重复步骤(1)得出状态转换真值表，如表 7-12 所示。初态 $Q_2^nQ_1^nQ_0^n$ 为 001 时，FF_2 和 FF_0 的时钟信号 CP 都是下降沿触发，而 FF_1 的时钟信号 $CP_1=Q_0$ 正好处于 Q_0 由 1→0 的变化，即下降沿触发，所以此时电路的次态 $Q_2^{n+1}Q_1^{n+1}Q_0^{n+1}$ 只要将初态和各触发器的驱动信号代入 JK 触发器的特性方程即可求出，为 010。以 $Q_2^nQ_1^nQ_0^n=010$ 为初态求取次态时，FF_2 和 FF_0 的时钟信号仍然是下降沿触发，而 FF_1 的时钟信号 $CP_1=Q_0$ 处于 Q_0 由 0→1 的变化，下降沿没有到达，因此电路的次态 $Q_2^{n+1}Q_0^{n+1}$ 由 JK 触发器的特性方程求出，Q_1^{n+1} 状态不变，即 $Q_2^{n+1}Q_1^{n+1}Q_0^{n+1}=011$。

由图 7-30 可知，驱动信号：$J_2=Q_1^nQ_0^n$，$J_1=1$，$J_0=\overline{Q}_2^n$，　$K_2=K_1=K_0=1$；时钟信号：$CP_2=CP$，$CP_1=Q_0$，$CP_0=CP$。

列出例 7-12 的状态转换真值表，如表 7-12 所示。

表 7-12 例 7-12 的状态转换真值表

初态			驱动信号						时钟信号			次态		
Q_2^n	Q_1^n	Q_0^n	J_2	K_2	J_1	K_1	J_0	K_0	CP_2	CP_1	CP_0	Q_2^{n+1}	Q_1^{n+1}	Q_0^{n+1}
0	0	0	0	1	1	1	1	1	↓	0	↓	0	0	1
0	0	1	0	1	1	1	1	1	↓	↓	↓	0	1	0
0	1	0	0	1	1	1	1	1	↓	0	↓	0	1	1
0	1	1	1	1	1	1	1	1	↓	↓	↓	1	0	0
1	0	0	0	1	1	1	0	1	↓	0	↓	0	0	0

(3)根据状态转换真值表画出波形图。异步计数器电路的波形图画法与同步计数器电路相同,如图 7-31 所示。

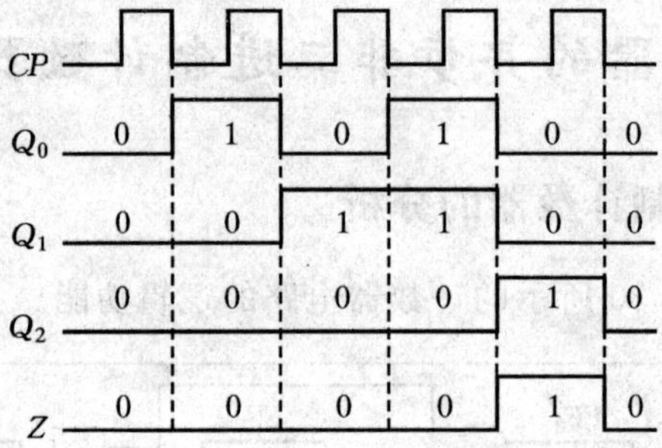

图 7-31 例 7-12 的波形图

(4)逻辑功能分析。由状态转换真值表可以看出,图 7-30 所示电路为 8421BCD 码异步五进制加法计数器。

解 2 利用状态转换图分析。

(1)写出驱动方程、时钟方程和状态方程,其中驱动方程和时钟方程为

$$J_2=Q_1^nQ_0^n,\quad K_2=1,\quad CP_2=CP$$
$$J_1=1,\quad K_1=1\quad CP_1=Q_0$$
$$J_0=\overline{Q_2^n},\quad K_0=1\quad CP_0=CP$$

当各 JK 触发器的时钟信号到达时,将驱动方程代入的特性方程 $Q^{n+1}=J\overline{Q^n}+\overline{K}Q^n$,可得状态方程:

$$Q_0^{n+1}=J_0\overline{Q_0^n}+\overline{K_0}Q_0^n=\overline{Q_2^n}\,\overline{Q_0^n}(CP)$$
$$Q_1^{n+1}=J_1\overline{Q_1^n}+\overline{K_1}Q_1^n=\overline{Q_1^n}(Q_0\text{ 由 }1\to 0)$$
$$Q_2^{n+1}=J_2\overline{Q_2^n}+\overline{K_2}Q_2^n=Q_1^nQ_0^n\overline{Q_2^n}(CP)$$

(2)画出状态转换图。将初值 $Q_2^nQ_1^nQ_0^n=000$ 代入状态方程,求出次态 $Q_2^{n+1}Q_1^{n+1}Q_0^{n+1}$,然后递推并画出状态转换图,如图 7-32 所示。

(3)逻辑功能分析(同解 1)。

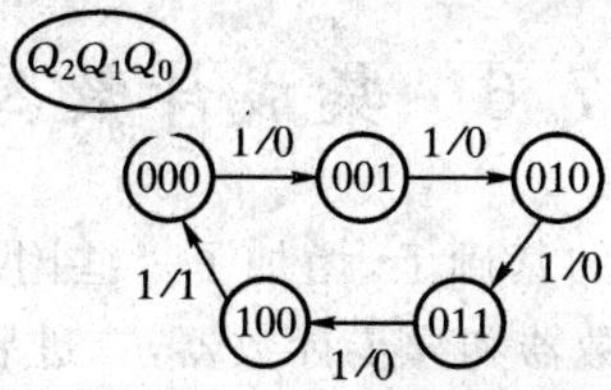

图 7-32　例 7-12 的状态转换图

7.5.2　异步非二进制计数器的设计

例 7-13　利用 JK 触发器设计一个十进制计数器。

解　采用反馈清零法。反馈清零法，是指计数器从全 0 状态开始计数，计满 N 个状态产生清零信号，将计数器恢复到初态，然后再重复前面的过程。其中清零的过程就是将第 N 个状态作为清零信号反馈到清零端，达到重新开始计数的目的。设计步骤如下：

(1)选取异步 4 位二进制计数器，该电路可以计数到 16 位，满足设计十进制计数器的要求。

(2)写出清零状态

$$N=10, S_N=1010$$

(3)在异步 4 位二进制计数器中加入反馈清零电路，由一个与非门构成，将清零信号作为与非门的输入，画出电路图，如图 7-33 所示。

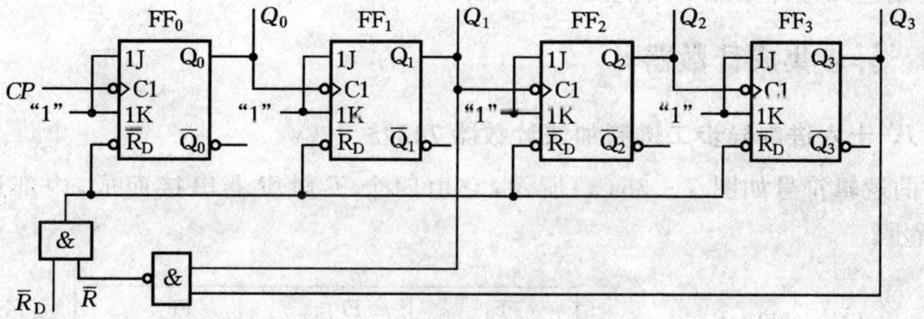

图 7-33　例 7-13 的逻辑电路图

(4)由逻辑电路图可以看出，当计数器达到 1010 时，将 Q_3Q_1 的高电平 11 通过与非门使与非门输出为"0"，将触发器清零，重新从 0000 开始计数。画出波形图，如图 7-34 所示。电路的循环状态是 0000～1001，1010 为过渡态。这是因为组合逻辑没有延时，1010 只能持续几十纳秒，不能作为计数循环的有效状态。

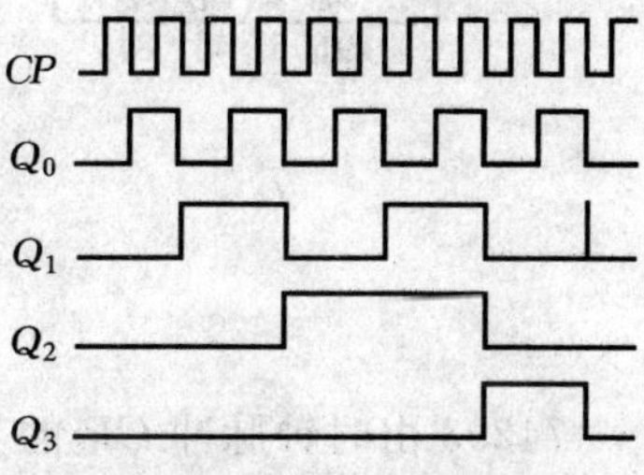

图 7-34　例 7-13 的波形图

7.6 集成计数器

集成计数器是在基本计数器的基础上，增加了一些附加电路而构成的，其功能得到了扩展。集成计数器也可分为同步计数器和异步计数器，二进制计数器和非二进制计数器。目前TTL和CMOS电路构成的中规模集成计数器品种较多，应用广泛。

表7-13列出了几种常用的TTL系列产品中规模集成计数器，对应还有CMOS系列产品，如40160、40161、40162、40163、40192和40193等，它们与表中的TTL系列相应型号功能完全一致。对应74HC×××系列的是高速CMOS系列产品。

表7-13 常用中规模集成计数器

CP脉冲	型号	计数模式	清零方式	预置数方式
异步	74293	二-八-十六进制加法	异步(高电平)	无
	74290	二-五-十进制加法	异步(高电平)	无
同步	74163	4位二进制加法	同步(低电平)	同步(低有效)
	74162	十进制加法	同步(低电平)	同步(低有效)
	74160	十进制加法	异步(低电平)	同步(低有效)
	74161	4位二进制加法	异步(低电平)	同步(低有效)
	74192	十进制可逆	异步(高电平)	异步(低有效)
	74193	4位二进制加逆	异步(高电平)	异步(低有效)

下面介绍这几种计数器的功能及应用设计。

7.6.1 异步集成计数器

1. 二-八-十六进制异步二进制加法计数器74293

74293的逻辑符号如图7-35(a)所示，它由四个T触发器串接而成，内部逻辑图如图7-35(b)所示。

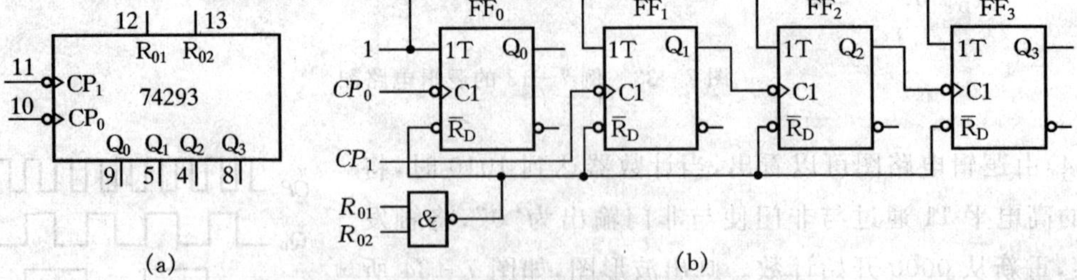

图7-35 异步二进制计数器74293

(a)符号图；(b)逻辑电路图

74293由时钟脉冲CP的下降沿触发。FF_0为1位二进制计数器，CP_0为其时钟信号输入端，Q_0为输出端；FF_1～FF_3组成3位行波计数器，CP_1为其时钟信号输入端，Q_3、Q_2、Q_1为输出端。FF_0和FF_1～FF_3可以单独使用，组成二进制和八进制计数器，也可以级联起来，组成十六进制计器器，具体方法如下：

(1)当时钟信号仅送入 CP_0，而 CP_1 无输入时，只有 FF_0 工作，电路输出为 Q_0，构成二进制计数器。

(2)当时钟信号仅送入 CP_1，而 CP_0 无输入时，FF_1～FF_3 工作，电路输出端为 $Q_3Q_2Q_1$，构成八进制计数器。

(3)当时钟信号仅送入 CP_0 时，将 CP_1 与 Q_0 相连，FF_0～FF_3 工作，电路输出端为 $Q_3Q_2Q_1Q_0$，构成十六进制计数器。

74293 的功能也可以总结为表 7－14。

表 7－14　74293 的功能表

CP_0	CP_1	R_{01}	R_{02}	工作状态
×	×	1	1	清零
↓	0	×	0	FF_0 计数
↓	0	0	×	FF_0 计数
0	↓	×	0	FF_1～FF_3 计数
0	↓	0	×	FF_1～FF_3 计数

由表 7－14 可以看出，R_{01}、R_{02} 是两个复位端，它们全为 1 时，计数器清零；为其他状态时，74293 工作在计数状态。几乎所有的集成计数器都设计有清零输入端，清零方式分为异步清零和同步清零。异步清零只要在清零输入端加入清零信号，计数器的输出立即变为清零状态，与 CP 无关；而同步清零则必须在下一个 CP 到来时才清零。74293 属于异步清零。

2. 二-五-十进制异步二进制加法计数器 74290

74290 的逻辑符号如图 7－36 所示。与 74293 不同，74290 的 FF_1～FF_3 构成异步五进制计数器，除了具有异步清零外，还有异步置 9 功能。只要 $S_{91}=S_{92}=1$，计数器就被直接置 9，输出 $Q_3Q_2Q_1Q_0=1001$。当 $R_{01}R_{02}=S_{91}S_{92}=0$ 时，74290 工作在计数方式，工作方式与 74293 相似，其功能表见表 7－15。

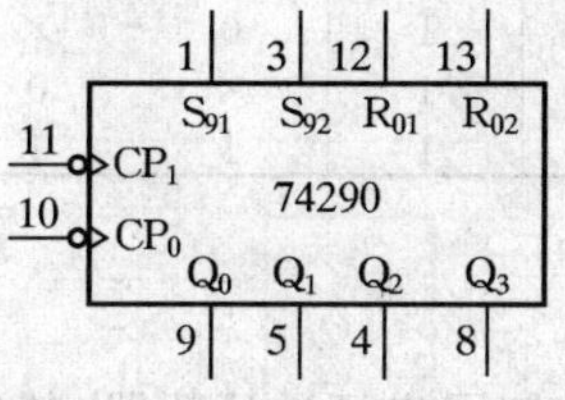

图 7－36　74290 的符号图

表 7－15　74290 的功能表

CP_0	CP_1	S_{91}	S_{92}	R_{01}	R_{02}	工作状态
×	×	×	0	1	1	清零
×	×	1	1	×	0	置 9
↓	0	×	0	×	0	FF_0 计数
↓	0	0	×	0	×	FF_0 计数
0	↓	×	0	×	0	FF_1～FF_3 计数
0	↓	0	×	0	×	FF_1～FF_3 计数

7.6.2 同步集成计数器

1. 同步二进制计数器 74163

74163 是同步 4 位二进制加法计数器，它的逻辑符号如图 7－37 所示，功能表见表 7－16。74163 在时钟脉冲 CP 的上升沿触发，$\overline{CR}$为同步清零端，CT_P、CT_T 是计数控制端，$\overline{LD}$是同步置数端，CO 是进位输出端，D_0、D_1、D_2、D_3 是 4 个数据输入端。具体功能总结如下：

(1)同步清零：当$\overline{CR}=0$，且时钟脉冲 CP 上升沿到来，其他输入任意，可以使计数器清零；

(2)同步置数：当$\overline{CR}=1$，$\overline{LD}=0$，数据输入 $D_0D_1D_2D_3=ABCD$，CT_P、CT_T 端任意，在时钟脉冲 CP 上升沿到来时，完成置数操作，使 $Q_3Q_2Q_1Q_0=DCBA$。

(3)保持：当$\overline{CR}=\overline{LD}=1$ 时，$CT_P=0$(或 $CT_T=0$)，使计数器各输出端的状态保持不变。但 $CT_T=0$ 时，影响进位输出，使 $CO=0$。

(4)计数：当$\overline{CR}=\overline{LD}=1$ 时，$CT_P=CT_T=1$，时钟脉冲 CP 上升沿到来时，计数器进行计数。输出端状态按自然态序变化，$CO=Q_3Q_2Q_1Q_0CT_T$。当 $Q_3\sim Q_0$ 均为 1 时，$CO=1$，产生正进位脉冲。

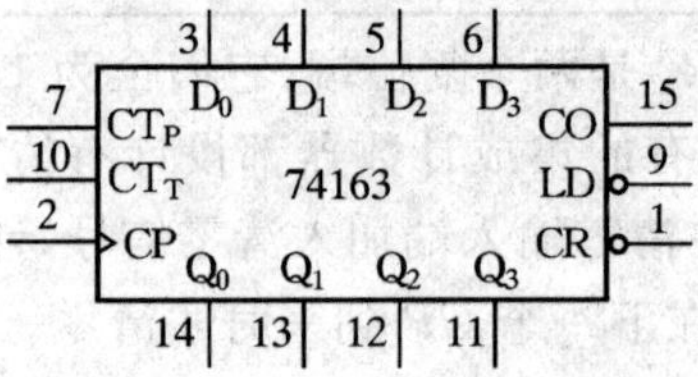

图 7－37 74163 的符号图

表 7－16 74163 的功能表

CP	$\overline{CR}$	$\overline{LD}$	CT_P	CT_T	工作状态
↑	0	×	×	×	同步清零
↑	1	0	×	×	同步置数
×	1	1	0	×	保持
×	1	1	×	0	保持
↑	1	1	1	1	计数

2. 同步可逆计数器 74193

74193 是双时钟输入 4 位二进制同步可逆计数器，其逻辑符号如图 7－38 所示，功能表见表 7－17。CP_U 是加法计数时钟信号，CP_D 是减法计数时钟信号，CR为异步清零端，$\overline{LD}$是异步置数端，$\overline{CO}$是加法进位输出端，$\overline{BO}$是减法借位输出端。

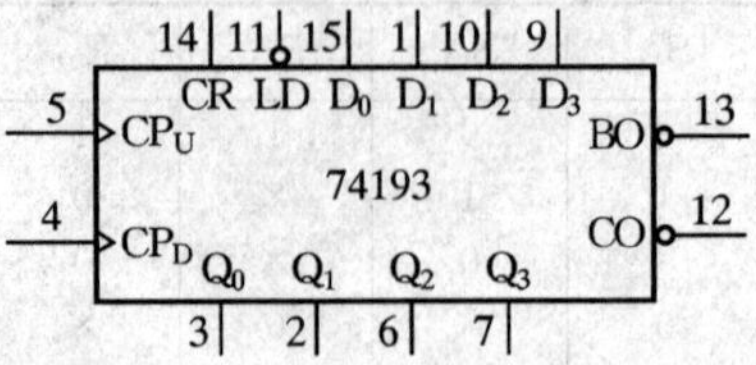

图 7－38 74193 的符号图

表 7-17　74193 的功能表

CP_U	CP_D	CR	$\overline{LD}$	工作状态
×	×	1	×	异步清零
×	×	0	0	异步置数
↑	1	0	1	加法计数
1	↑	0	1	减法计数

74193 的各项功能说明如下：

(1)异步清零：当 $CR=1$ 时，74193 立即清零，与其他输入状态无关。

(2)异步置数：当 $CR=0$，$\overline{LD}=0$ 时，$D_3D_2D_1D_0$ 立即置入计数器中，使 $Q_3Q_2Q_1Q_0=D_3D_2D_1D_0$。

(3)当 $CR=0$，$\overline{LD}=1$，$CP_D=1$ 时，时钟信号引入 CP_U，74193 做加法计数，加法计数进位输出 $\overline{CO}=\overline{Q_3Q_2Q_1Q_0\overline{CP_U}}$。计数器输出 1111，且 CP_U 为低电平时，$\overline{CO}$ 输出一个负脉冲。

(4)当 $CR=0$，$\overline{LD}=1$，$CP_U=1$ 时，时钟信号引入 CP_D，74193 减法计数，减法计数借位输出 $\overline{BO}=\overline{\overline{Q_3}\,\overline{Q_2}\,\overline{Q_1}\,\overline{Q_0}\,\overline{CP_D}}$。计数器输出 0000 状态，且 CP_D 为低电平时，$\overline{BO}$ 输出一个负脉冲。

7.7　任意进制集成计数器设计

目前市场销售的集成计数器多为应用较广的十进制、十六进制、7 位二进制、12 位二进制、14 位二进制等几种产品，当需要其他任意进制计数器时，就需要在现有中规模集成计数器的基础上，经过外电路的不同连接来实现。

以 M 表示已有集成计数器的进制，以 N 表示待实现计数器的进制。如果：

(1)计数器最大计数值 $M>N$ 时，只需要一片集成计数器；

(2)计数器最大计数值 $M<N$ 时，需要多片计数器才能实现。

下面介绍利用集成计数器构成 N 进制计数器的方法及设计步骤。

7.7.1　反馈清零法

(1)基本思想：要求计数器从全 0 状态 S_0 开始计数，计满 N 个状态产生清零信号，将计数器恢复到初态 S_0，然后再重复前面过程。清零信号有异步清零和同步清零两种。

①异步清零。计数器在 $S_0\sim S_{N-1}$ 共 N 个状态中工作，当计数器进入 S_N 状态时，利用 S_N 状态进行译码产生清零信号并反馈到异步清零端，使计数器立即返回 S_0 状态。清零状态 S_N 不计算在主循环内，是过渡态。

②同步清零。计数器在 $S_0\sim S_{N-1}$ 共 N 个状态中工作，当计数器进入 S_{N-1} 状态时，利用 S_{N-1} 状态进行译码，产生清零信号并反馈到同步清零端，等下一个 CP 来到时，完成清零动作，使计数器返回 S_0 状态。同步清零没有过渡状态。

(2)反馈清零法设计 N 进制计数器的步骤：

①判断所用计数器是同步清零还是异步清零。

②写出 N 进制计数器的状态编码。对满足 2^i 进制的集成计数器，S_N 状态应取二进制编码；对十进制集成计数器，S_N 状态应取 8421BCD 码。异步清零的计数器应写出 S_N 状态编码，同步清零的计数器应写出 S_{N-1} 状态编码。

③求反馈逻辑。控制端高电平有效时，$F=\prod Q^1$；控制端低电平有效时，$F=\overline{\prod Q^1}$。其中，$F=\prod Q^1$ 是指 $S_{计N}$ 或 $S_{计N-1}$ 状态编码中值为 1 的各 Q 值之“与”。

④画逻辑电路图。首先考虑 CP 信号的连接，然后将反馈信号接到清零端，并注意其他控制端应按计数功能的要求接至规定电平。

(3)应用举例。

例 7-14　用 74293 构成十进制计数器。

解　(1)74293 属于异步清零，写出 N 进制计数器的二进制状态编码

$$N=10, S_N=1010$$

(2)求反馈逻辑。74293 构成十进制计数器应在 $S_N=1010$ 状态时清零，即

$$F=R_{01}R_{02}=Q_3Q_1$$

(3)画出逻辑电路图和波形图。首先把 74293 的 CP_1 与 Q_0 相连，形成十六进制计数器，然后将 Q_3Q_1 与清零输入端相连，如图 7-39(a)所示。时钟信号 CP 为下降沿触发，画出波形图如图 7-39(b)所示。74293 构成十进制计数器的循环状态为 0000～1001，1010 是过渡状态，其持续时间仅有几十纳秒，故不将其作为计数循环的有效状态。

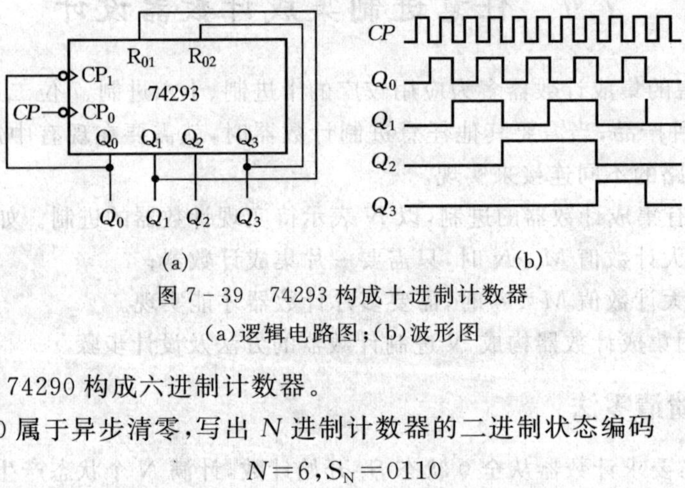

(a)　　(b)

图 7-39　74293 构成十进制计数器

(a)逻辑电路图；(b)波形图

例 7-15　用 74290 构成六进制计数器。

解　(1)74290 属于异步清零，写出 N 进制计数器的二进制状态编码

$$N=6, S_N=0110$$

(2)求反馈逻辑。

$$F=R_{01}R_{02}=Q_2Q_1$$

(3)画出逻辑电路图和波形图。首先把 74290 的 CP_1 与 Q_0 相连，形成十进制计数器；然后将 Q_2Q_1 与清零输入端相连，将 $S_{91}S_{92}$ 接低电平，如图 7-40(a)所示。波形图如图 7-40(b)所示。

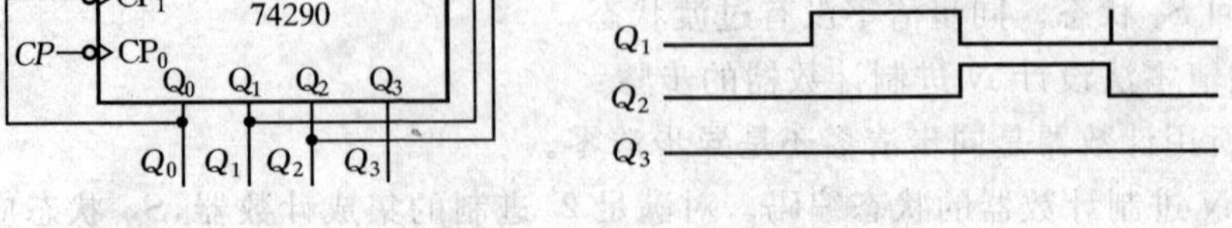

(a)　　(b)

图 7-40　74290 构成六进制计数器

(a)逻辑电路图；(b)波形图

例 7-16　用反馈清零法将 74163 构成十二进制计数器。

解　(1)74163 属于同步清零，写出 N 进制计数器的二进制状态编码

$$N=12,\ S_{N-1}=1011$$

(2)求反馈逻辑，逻辑表达式为

$$F=\overline{CR}=\overline{Q_3Q_1Q_0}$$

(3)画出逻辑电路图。将 Q_3、Q_2、Q_1 通过与非门后的输出与清零输入端$\overline{CR}$相连，$\overline{LD}$、CT_P、CT_T 端接高电平，逻辑电路图如图 7-41 所示。

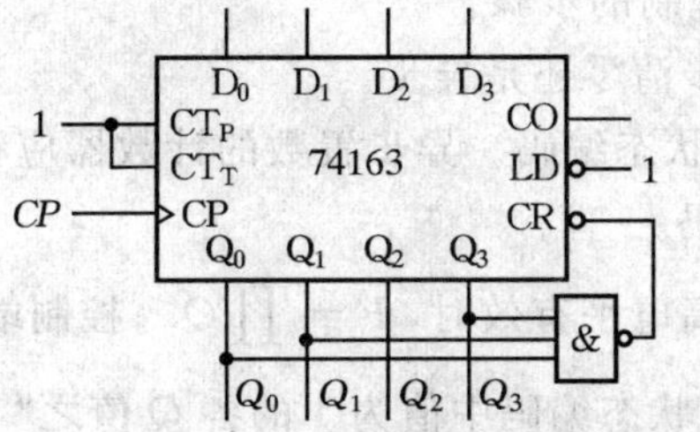

图 7-41　74163 构成十二进制计数器逻辑电路图

由于 74161 是异步清零，因此利用反馈清零法构成 N 进制计数器的设计过程和例 7-14、例 7-15 相似，这里不再举例说明。

例 7-17　用两片 74160 构成二十四进制计数器。

解　(1)74160 本身已是十进制计数器，当构成其他进制计数器时需异步清零。本例要求设计二十四进制计数器，因此应在计满 24 时异步清零。写出 N 进制计数器的二进制状态编码

$$N=24,\ S_N=(0010,0100)_{8421BCD}$$

(2)求反馈逻辑，逻辑表达式为

$$F=\overline{CR}=\overline{Q_5Q_2}$$

(3)画出逻辑电路图。将 Q_5Q_2 通过与非门后的输出与清零输入端$\overline{CR}$相连，$\overline{LD}$、CT_P、CT_T 端接高电平，逻辑电路图如图 7-42 所示。

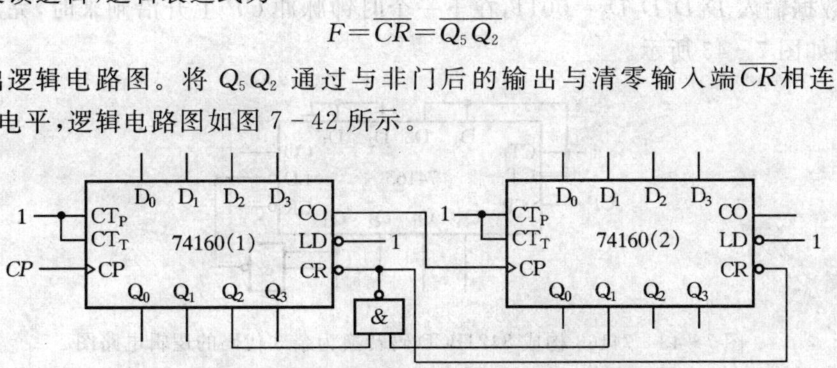

图 7-42　74160 构成二十四进制计数器逻辑电路图

7.7.2　反馈置数法

(1)基本思想：要求计数器从状态 S_i 开始计数，计满 N 个状态产生置数信号，使计数器恢复到初态 S_i，然后再重复前面过程。置数信号有异步置数和同步置数两种。置数法实际上不能用于具有加法或减法功能的计数器，因为凡是作为计数器使用时，初始状态都应为 0，但可

以在代码转换或其他特殊时序逻辑设计时使用。例如，将 8421BCD 码转换为余 3 代码时，就可以在置数为 0011，反馈逻辑为 1100 时同步置数。

①异步置数。置数有效信号根据 S_{i+N}状态译出，当 S_{i+N}状态一出现，置数信号立即将预置数置入计数器。它不受时钟信号 CP 控制，所以 S_{i+N}状态只在极短的瞬间出现，稳定状态中不包含 S_{i+N}。

②同步置数。置数有效信号根据 S_{i+N-1}状态译出，等下一个时钟信号 CP 到来时，将预置数置入计数器，计数器在 $S_i, S_{i+1}, \cdots, S_{i+N-1}$共 N 个状态中循环。

(2)反馈置数法设计 N 进制的步骤。

①判断所用计数器是同步清零还是异步。

②写出 N 进制计数器的状态编码。异步置数的计数器应写出 S_{i+N}状态编码，同步置数的计数器应写出 S_{i+N-1}状态编码。

③求反馈逻辑。控制端高电平有效时，$F=\prod Q^1$；控制端低电平有效时，$F=\overline{\prod Q^1}$。其中，$\prod Q^1$ 是指 S_{i+N} 或 S_{i+N-1} 状态编码中值为 1 的各 Q 值之"与"。

④画逻辑电路图。将反馈信号接到置数端，并注意其他控制端应按计数功能的要求接至规定电平。

(3)应用举例。

例 7-17 用反馈置数法将 74163 构成 8421BCD 码转换为余 3 代码的逻辑电路。

解 (1)74163 是同步置数，写出 N 进制计数器状态的二进制编码

$$N=10, S_{i+N-1}=S_i+(N-1)_B=0011+1001$$

(2)求反馈逻辑，逻辑表达式为

$$F=\overline{LD}=\overline{Q_3Q_2}$$

(3)画出逻辑电路图。将 Q_3、Q_2 通过与非门后的输出与置数端$\overline{LD}$相连，$\overline{CR}$、CT_P、CT_T 端接高电平，数据输入 $D_0D_1D_2D_3=0011$，在下一个时钟脉冲 CP 上升沿到来时，完成置数操作。逻辑电路图如图 7-43 所示。

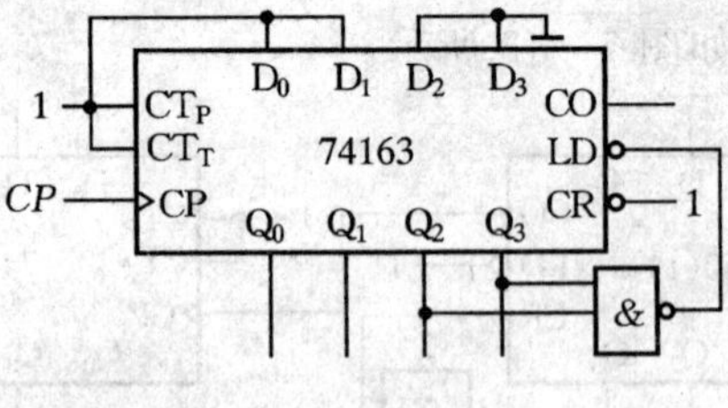

图 7-43 74163 构成 8421BCD 码转换为余 3 代码的逻辑电路图

7.7.3 多片集成计数器的级联

当计数器最大计数值 $M<N$ 时，需要多片计数器才能实现 N 进制计数器的设计，有两种方法：

(1)先将各个计数器用反馈清零法或反馈置数法构成需要的进制，然后级联。

(2)先按各个计数器的最大计数状态级联，再用反馈清零法或反馈置数法设计成所需的进

制。

其中，需要实现的进制 N 与各计数器能够实现的进制($M_1,\cdots,M_i$)之间的关系是：

$$N=\prod(M_1\cdots M_i)$$

例 7－19　用两片 74160 构成一百进制计数器。

解 1　由于 74160 本身就是十进制计数器，若要构成同步一百进制的计数，应按以下步骤进行：

(1)将芯片(1)的$\overline{CR}$、$\overline{LD}$、CT_P、CT_T 端接高电平，构成十进制计数器。

(2)将芯片(2)的$\overline{CR}$、$\overline{LD}$端接高电平，CT_P 和 CT_T 相连并与芯片(1)的 CO 端相连。

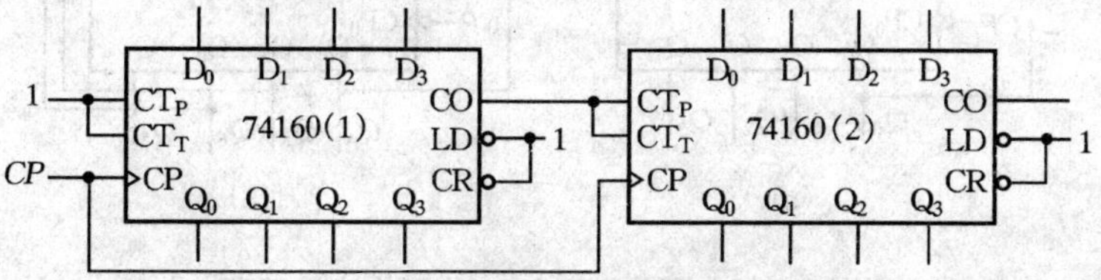

图 7－44　两片 74160 级联构成一百进制计数器解 1 的逻辑电路图

(3)将输入 CP 端并接到两个芯片的 CP 端，构成一百进制的计数器，逻辑电路图如图 7－44 所示。

解 2　先按 74160 的最大计数状态十进制级联，与解 1 类似，若令两芯片的 $CT_P=CT_T=LD=CR=1$，并将输入 CP 接到芯片(1)的 CP 端，而将芯片(1)的 CO 接到芯片(2)的 CP 端，同样构成了一百进制的计数器。只不过两芯片构成的十进制分别是同步计数器，而两级之间用了不同的 CP，所以级联是异步的。逻辑电路图如图 7－45 所示。

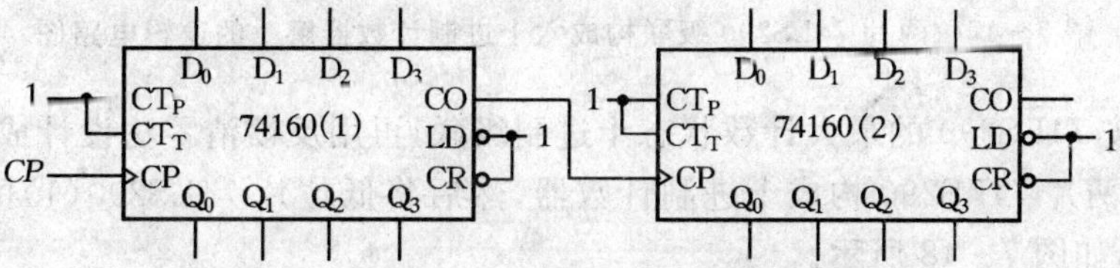

图 7－45　一百进制计数器解 2 的逻辑电路图

例 7－20　用 74LS290 构成六十进制计数器。

单片 74LS290 能实现的最大计数值 $M=10$，两片 74LS290 能实现的最大计数值为 $M\times M=100$，即可构成 $N=60$ 进制计数器。计数器状态应用 8421BCD 码表示，不能用二进制码。

解 1　先分别将两片 74LS290 用反馈清零法分别构成十进制和六进制，然后级联，如图 7－47所示。

(1)将 74LS290(1)构造成十进制计数器。时钟信号 CP 仅送入 CP_0 时，因为第一级是二进制，它的时钟输入是 CP_0，第二级是五进制，它的时钟输入是 CP_1，所以将 CP_1 与 Q_0 相连后才能构成十进制计数器。电路输出为 $Q_3Q_2Q_1Q_0$，如图 7－46(a)所示。

(2)将 74LS290(2)构造成六进制计数器。

①74LS290 是异步清零，写出 N 进制计数器的二进制状态编码为

$$N=6, S_N=0110$$

②求反馈逻辑，逻辑表达式为

$$F=R_{01}R_{02}=Q_6Q_5$$

③将 74LS290 的 CP_1 与 Q_4 相连，形成十进制计数器；然后将 Q_6、Q_5 与清零输入端相连，将 S_{91}、S_{92} 接低电平，构成六进制计数器，如图 7-46(b)所示。

(3)将低位片的 Q_3 端与高位片的 CP_0 连接，构成六十进制计数器，如图 7-47 所示。

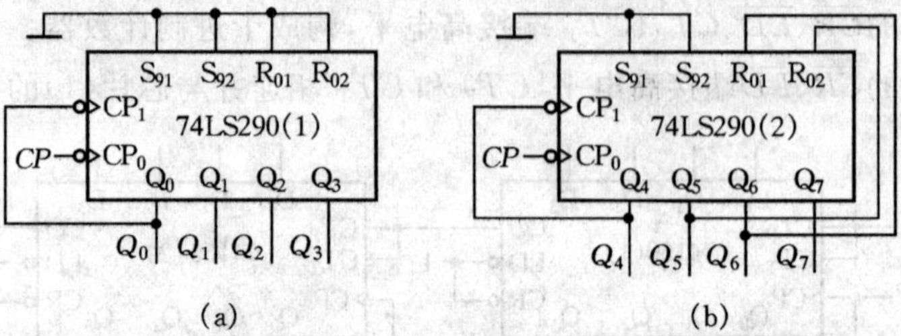

图 7-46　两片 74LS290 分别构成计数器

(a)十进制计数器；(b)六进制计数器

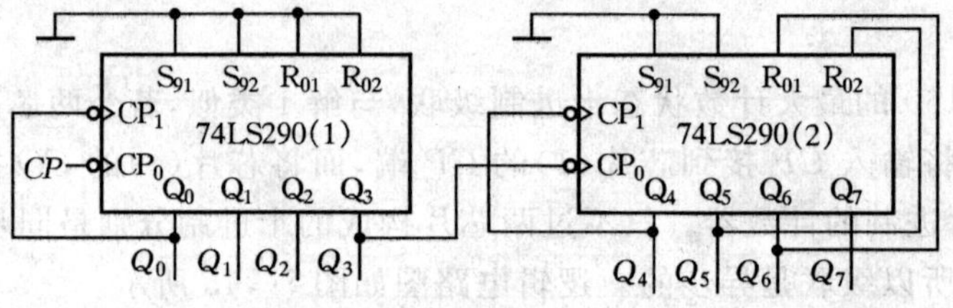

图 7-47　两片 74LS290 级联构成六十进制计数器解 1 的逻辑电路图

解 2　先按 74LS290 的最大计数状态十进制级联，再用反馈清零法设计成六十进制。

(1)首先将两片 74LS290 构成十进制计数器，然后将低位片 74LS290(1)的 Q_3 端与高位片的 CP_0 连接，如图 7-48 所示。

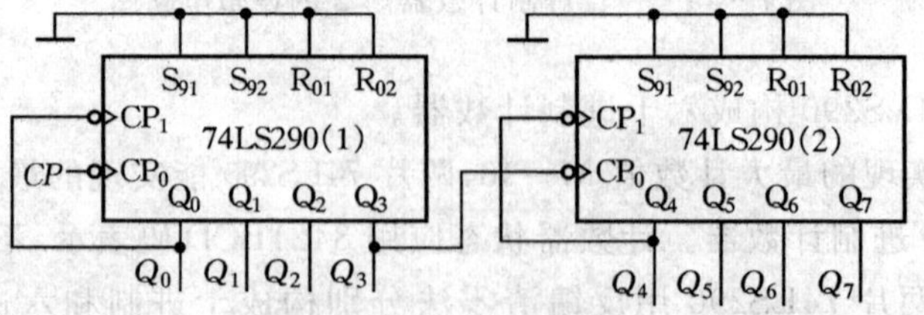

图 7-48　两片 74LS290 级联构成一百进制计数器

(2)将两片 74LS290 构成六十进制计数器。

①74LS290 是异步清零，写出 N 进制计数器的状态编码

$$N=60, S_N=0110\ 0000\text{(8421BCD 码)}$$

②求反馈逻辑，逻辑表达式为

$$F=R_{01}R_{02}=Q_6Q_5$$

③将 Q_6、Q_5 与清零输入端相连，将 S_{91}、S_{92} 接低电平，构成六十进制计数器，如图 7-49 所示。

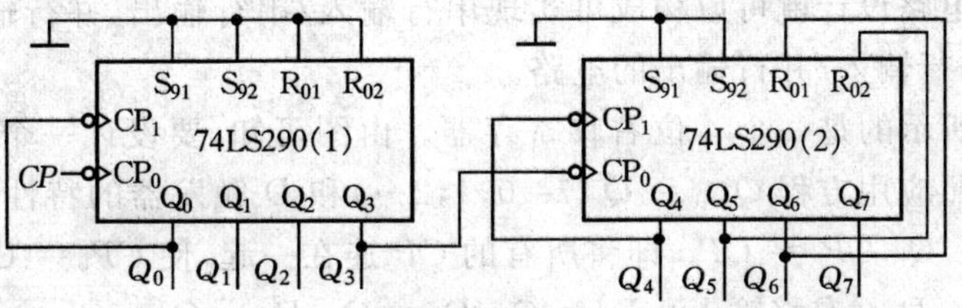

图 7-49　将一百进制用反馈清零法设计成六十进制

7.8　集成移位寄存器

7.8.1　移位寄存器工作原理

以四个 D 触发器构成的串行输入，并行/串行输出的移位寄存器如图 7-50 所示。

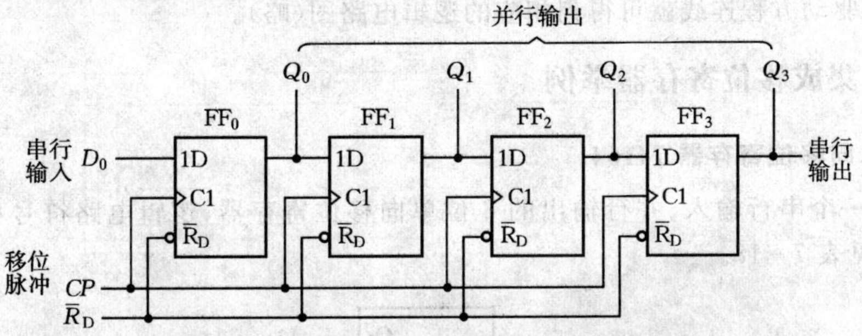

图 7-50　串行输入，并行/串行输出的移位寄存器

(1)电路分析：外来数据从 D_0 端输入，移位是在同步时钟 CP 的上升沿作用下进行的，每来一个 CP，数据向右移动一位，即 $Q_{i+1}=Q_i$，此方程称为应用方程。例如，输入为 1011，$Q_0Q_1Q_2Q_3$ 的初值都为 0，那么第 0 个 CP 作用后 $Q_0Q_1Q_2Q_3=1000$，其中 Q_3 的初值 0 被移出；依此类推，第 1 个 CP 作用后 $Q_0Q_1Q_2Q_3=1100$，第 2 个 CP 作用后 $Q_0Q_1Q_2Q_3=0110$，第 3 个 CP 作用后 $Q_0Q_1Q_2Q_3=1011$，工作波形如图 7-51 所示。

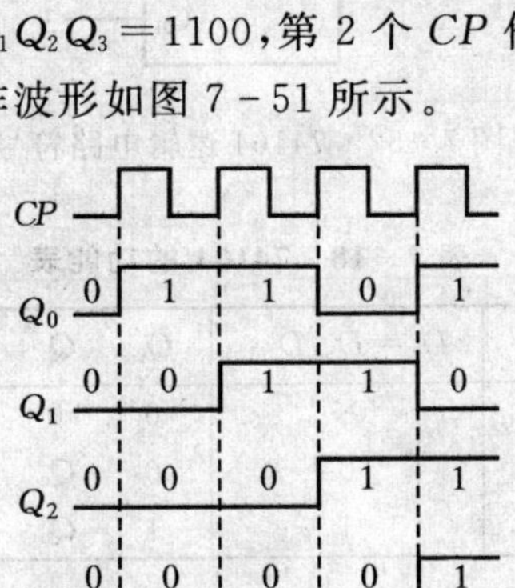

图 7-51　移位寄存器工作波形图

移入的数据既可以从 Q_0、Q_1、Q_2、Q_3 端并行输出(通常并行输出应加三态门选通控制),也可以从 Q_3 端串行输出。如果通过 $\overline{R}_D$ 或 $\overline{S}_D$ 端对触发器预置数,由于预置数本身就意味着并行输入,所以通过电路设计就可以构成可实现串行输入/串行输出,并行输入/串行输出,并行输入/并行输出,串行输入/并行输出的电路。

(2)图 7-50 所示的是一个 4 位右移寄存器。由图可知,要设计一个由 D 触发器构成的移位寄存器,应按照应用方程 $Q_{i+1}=Q_i(i=0,1,2\cdots)$ 和 D 触发器的特性方程 $Q_{i+1}=D_{i+1}$,得到驱动方程 $D_{i+1}=Q_i$,$CP=CP_i$,即将所有的 CP 连在一起,使 $CP_0=CP_1=CP_2=CP_3=CP$;驱动方程 $D_0=D_{SR}$(右移输入),$D_1=Q_0$,$D_2=Q_1$,$D_3=Q_2$。

(3)同理,要设计一个 D 触发器组成的 4 位单向左移寄存器,根据应用方程 $Q_i=Q_{i+1}(i=0,1,2,\cdots)$ 和 D 触发器的特性方程 $Q_{i+1}=D_{i+1}$,可得到驱动方程 $D_i=Q_{i+1}$,$CP=CP_i$,即将所有的 CP 连线一起,$CP_0=CP_1=CP_2=CP_3=CP$;驱动方程 $D_0=Q_1$,$D_1=Q_2$,$D_2=Q_3$,$D_3=D_{SL}$(左移输入)。

(4)如果要设计一个 D 触发器组成的 4 位双向移位寄存器,就必须引入另一个变量,控制是左移还是右移。设变量 $S=0$ 时左移,$S=1$ 时右移,则驱动方程为:$D_i=SQ_{i-1}+\overline{S}Q_{i+1}$,即 $D_0=SQ_{SR}+\overline{S}Q_1$,$D_1=SQ_0+\overline{S}Q_2$,$D_2=SQ_1+\overline{S}Q_3$,$D_3=SQ_2+\overline{S}Q_{SL}$,$CP_0=CP_1=CP_2=CP_3=CP$,按驱动方程连线就可得到相应的逻辑电路图(略)。

7.8.2 集成移位寄存器举例

1. 8 位单向移位寄存器 74164

74164 是一个串行输入、并行输出的 8 位单向移位寄存器,逻辑电路符号如图 7-52 所示,逻辑功能见表 7-18。

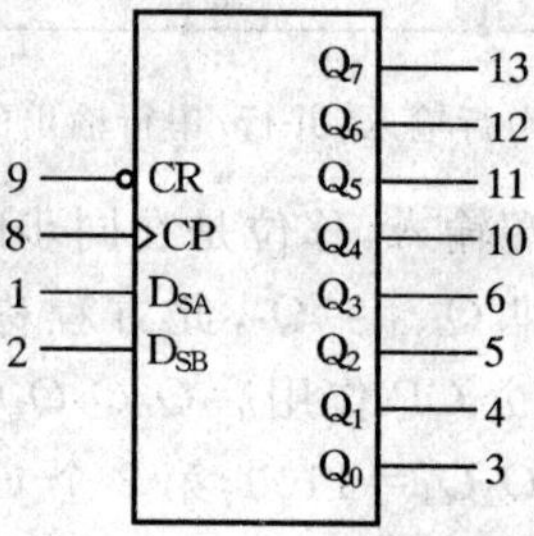

图 7-52 74164 逻辑电路符号

表 7-18 74164 的功能表

$\overline{CR}$	CP	$D_0=D_{SA}D_{SB}$	Q_0	Q_1	···	Q_7
0	×	×	0	0	···	0
1	↑	0	0	Q_0	···	Q_6
1	↑	1	1	Q_0	···	Q_6

从图中可以看出,$\overline{CR}$为低电平有效的异步清 0 端,因为在$\overline{CR}=0$ 时移位寄存器被清零,且与 CP 无关;$D_0=D_{SA}\ D_{SB}$表示 D_{SA}和 D_{SB}并接作为串行输入。在$\overline{CR}=1$(无效)时,CP 的一个上升沿使 D_0 端的数据移入 Q_0,同时原 Q_0 的数据移入 Q_1,依此类推,各位数据依次向(高位)

右移一位。8 个 CP 过后，串行输入的 8 个数据全部移入移位寄存器中，由 $Q_7 \sim Q_0$ 并行输出数据。

也有并行输入、串行输出的 8 位单向移位寄存器。例如，在 8 位单片机中，串行通信的 SBUF(发送缓冲器)就可以将数据并行写入发送缓冲器，然后串行发送输出。同理，当接收数据时，使用串行输入方式接收，然后并行读入 CPU。

2. 4 位双向移位寄存器 74194

74194 是具有并行输入的 4 位双向移位寄存器，其逻辑电路符号如图 7-53 所示。图中 D_{SR} 为右移输入端，D_{SL} 为左移输入端，$D_3 \sim D_0$ 为并行输入端，清零端 CR 的小圆圈表示低电平有效，CP 端无小圆圈表示上升沿有效，$Q_3 \sim Q_0$ 为输出端，M_1 和 M_0 为工作方式选择控制端。

逻辑功能见表 7-19，从表中可以看出，当 $M_1M_0=00$ 时寄存器处于保持状态；当 $M_1M_0=01$ 时寄存器工作在右移状态；当 $M_1M_0=10$ 时寄存器工作在左移状态，当 $M_1M_0=11$ 时寄存器工作在并行输入状态，即将 $D_3 \sim D_0$ 的值写入寄存器的输出 $Q_3 \sim Q_0$。

表 7-19　74194 的功能表

$\overline{CR}$	M_1	M_0	工作状态
0	×	×	清零
1	0	0	保持
1	0	1	右移
1	1	0	左移
1	1	1	并行输入

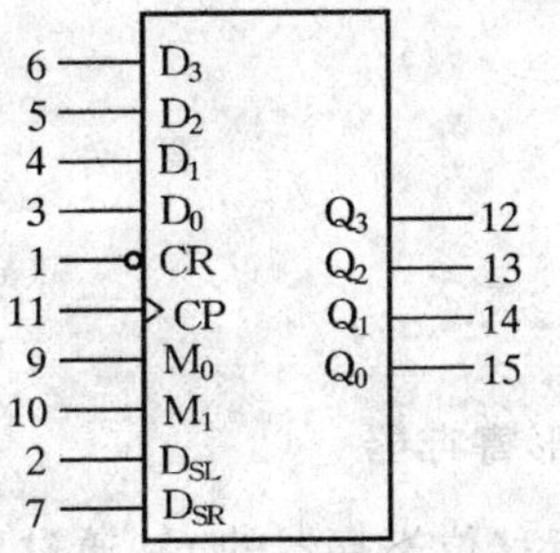

图 7-53　74194 逻辑电路符号

7.8.3　环形移位寄存器

将串行移位寄存器的输出端与串行输入端相连接，就构成了一个环形移位寄存器，它分为右环形移位寄存器、左环形移位寄存器和扭环形移位寄存器。

1. 右环形移位寄存器

将 74194 集成芯片的 Q_3 和 D_{SR} 相连接，就构成了一个右环形移位寄存器，如图 7-54(a) 所示。

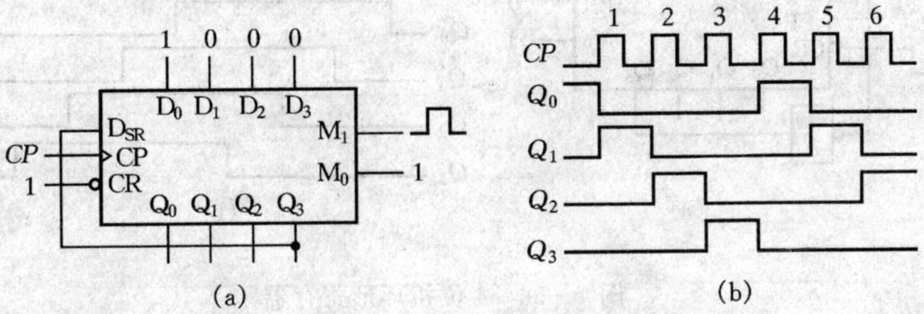

图 7-54　右环形移位寄存器

(a)逻辑电路图；(b)工作波形图

图中，$M_0=1$，而 M_1 输入一个正方波，表明该移位寄存器在 CP 的作用来到前，首先进行并行写入，例如预置 $Q_0Q_1Q_2Q_3=1000$。这样，在 CP 的作用下，该右环形移位寄存器的工作波形就如图 7-54(b)所示，状态转换图如图 7-55(a)所示。

图 7-55 展示了预置 $Q_0Q_1Q_2Q_3$ 等于不同值时的状态转换图。这里必须注意，如果没有预置，移位寄存器的状态将是随机的，图 7-55(b)所示的任意一种环形状态都有可能出现，但它们不能回到初始状态，属于无效循环。另外，因为这种环形移位寄存器的有效循环有 4 种状态，所以也称为 4 位环形计数器。

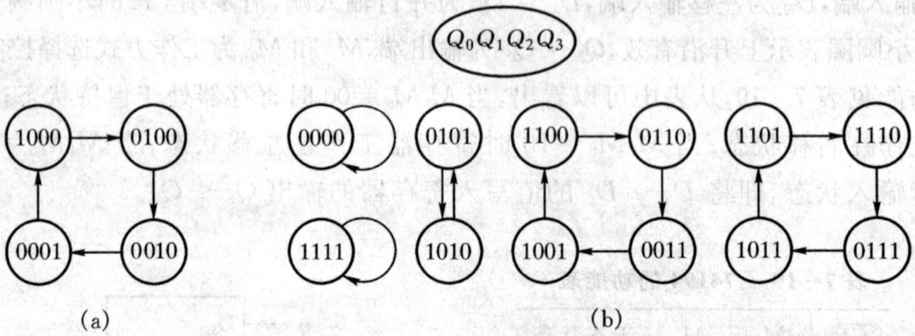

图 7-55　状态转换图

(a)有效循环；(b)无效循环

2. 扭环形寄存器

若将串行移位寄存器的 Q_3 通过反相器与串行输入端 D_{SR} 相连接，就可变成为 4 位扭环形寄存器，如图 7-56(a)所示。图中，CR 端输入一个负方波，表明该移位寄存器在 CP 的作用来到前首先清零，这样，在 CP 的作用下，该扭环形移位寄存器的工作波形就如图 7-56(b)所示，状态转换图如图 7-57 所示。其中图 7-57(a)称为有效循环，图 7-57(b)称为无效循环。显然，4 位扭环形寄存器的状态转换图中有 8 种状态，故它可实现八进制计数器的功能。

如果无清零脉冲，移位寄存器的状态将是随机的，图 7-57 所示的任意一种环形状态转换都有可能出现。

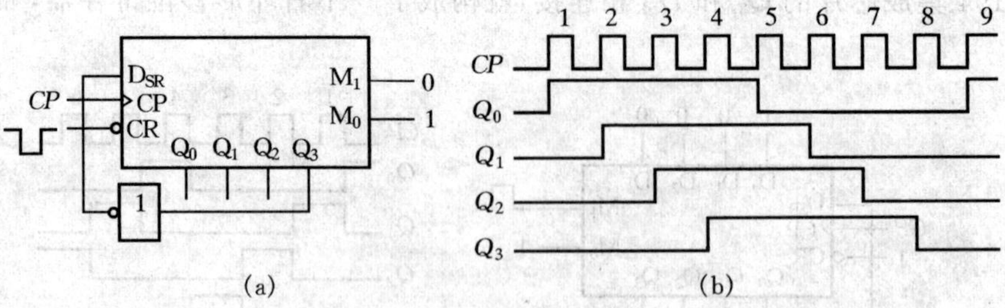

图 7-56　4 位扭环形寄存器

(a)逻辑电路图；(b)工作波形图

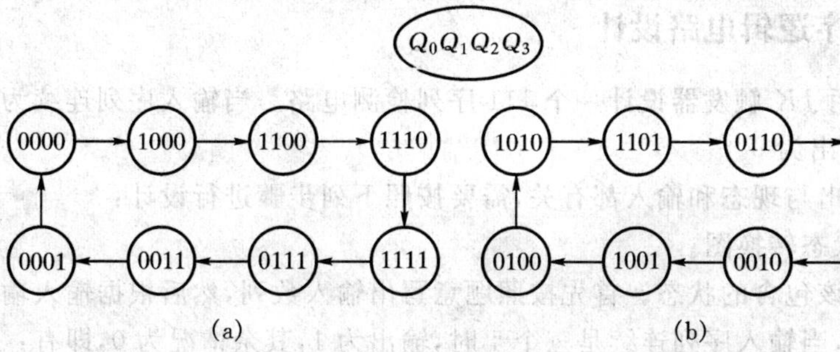

图 7-57　4 位扭环形寄存器的状态转换图

(a)有效循环;(b)无效循环

7.9　时序逻辑电路应用举例

7.9.1　时序逻辑电路分析

例 7-21　分析图 7-58 所示电路的逻辑功能。设输出变量 R、Y、G 分别为红、黄和绿灯的控制信号,高电平有效,时钟脉冲 CP 的周期为 10s。

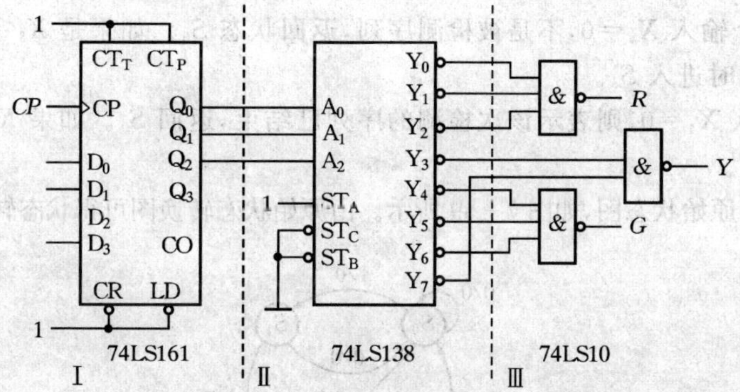

图 7-58　例 7-21 逻辑图

解　(1)电路分为三部分:I 是计数器,II 是译码器,III 是门电路。

(2)分析各部分电路的逻辑功能。

①74LS161 是同步 4 位二进制计数器,只用到低 3 位输出,构成一个八进制计数器。

②74LS138 是 3-8 译码器构成反码输出的电路,即每个 CP 周期仅有一个输出为低电平,其余译码输出均为高电平。

③74LS10 的 3 个与非门构成输出译码器,与非门的输入只要有 1 个为低电平,输出就是高电平。

(3)工作过程。时钟 CP 的有效沿到达时,计数器开始循环计数,输出 R 持续 30s,Y 持续 10s,G 持续 30s,Y 持续 10s,周而复始。所以电路为交通灯控制电路。

7.9.2* 时序逻辑电路设计

例 7－22 试用 JK 触发器设计一个111序列检测电路。当输入序列连续为三个1时，输出为1，其他情况输出为0。

解 电路的输出与现态和输入都有关，需要按照下列步骤进行设计：

(1)画出原始状态转换图。

1)确定电路应该包含的状态。首先按照题意写出输入数列，然后根据输入输出关系，写出输出序列。本例中，当输入序列连续是三个1时，输出为1，其余情况为0，即有：

输入序列 X：0 1 1 1 0；

输出序列 Z：0 0 0 1 0；

状　　态： S_0 S_1 S_2 S_3 S_0。

根据以上分析，设定4个状态 S_0、S_1、S_2、S_3。其中 S_0 表示电路的初态，S_1 表示电路已经输入一个1以后的状态，S_2 表示已经连续输入两个1以后的状态，S_3 表示电路连续输入三个1以后的状态。

2)画原始状态转换图。

①从初态 S_0 开始，电路有 $X_1=0$，$X_1=1$ 两种输入。如果 $X_1=0$，则维持原状态 S_0，如果 $X_1=1$，则它可能是被检测序列的第一个1，因而转向 S_1。

②如果第二个输入 $X_2=0$，说明不是被检测序列，返回 S_0。如果 $X_2=1$，则可能是被检测序列的第二个1，电路转向 S_2。

③如果第三个输入 $X_3=0$，不是被检测序列，返回状态 S_0。如果是 $X_3=1$，说明已检测到序列，输出为1，同时进入 S_3。

④第四个输入 $X_4=0$，则表示该次检测的序列已结束，返回 S_0。如果 $X_4=1$，则仍为检测序列，维持状态 S_3。

由上分析画出原始状态图，如图7－59所示。由原始状态转换图可得状态转换表，见表7－20。

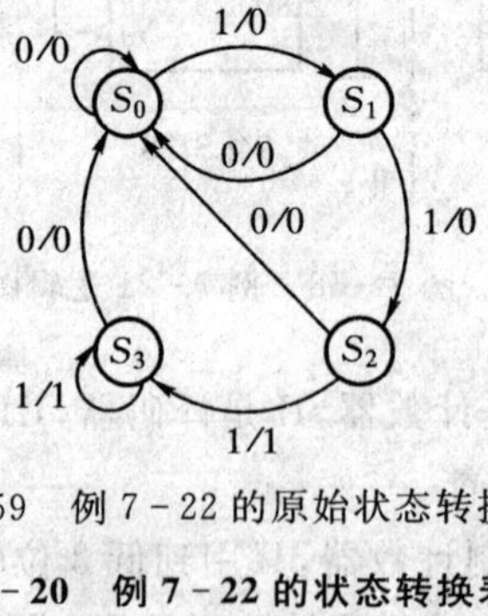

图7－59　例7－22的原始状态转换图

表7－20　例7－22的状态转换表

S \ X	0	1
S_0	$S_0/0$	$S_1/0$
S_1	$S_0/0$	$S_2/0$
S_2	$S_0/0$	$S_3/1$
S_3	$S_0/0$	$S_3/1$

3)化简原始状态转换图。由状态转换表可以观察出状态 S_3 和 S_2 等价，即状态表中包括多余状态，应将等价状态合并，化简状态表，见表 7-21。

表 7-21　例 7-22 的简化状态转换表

S \ X	0	1
S_0	$S_0/0$	$S_1/0$
S_1	$S_0/0$	$S_2/0$
S_3	$S_0/0$	$S_3/1$

(2)选择触发器，分配状态。

①选用下降沿触发的 JK 触发器。因为状态数 $N=3$，所以使用两个触发器。

②3 个有效状态选取 $S_0=00, S_1=01, S_3=11$。

③根据有效状态和状态转换表画出次态卡诺图和输出卡诺图，如图 7-60 所示。由卡诺图可得状态方程和输出方程是：

$$Q_1^{n+1}=XQ_0^n\overline{Q_1^n}+XQ_1^n$$

$$Q_0^{n+1}=X\overline{Q_0^n}+XQ_0^nQ_1^n$$

$$Z=XQ_1^n$$

驱动方程为：

$$J_1=XQ_0^n, K_1=\overline{X}$$

$$J_0=X,\quad K_0=\overline{XQ_1{}^n}$$

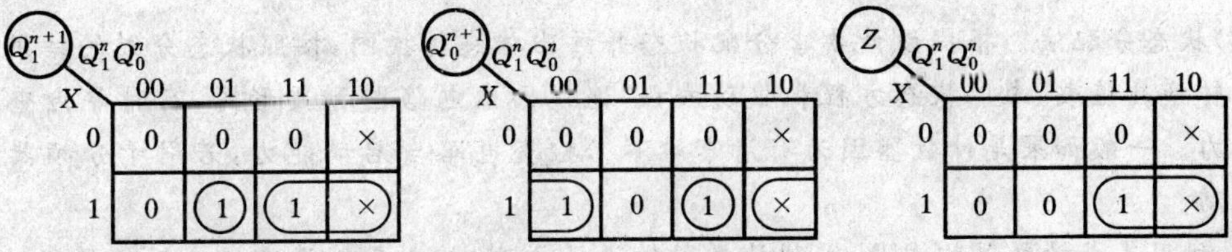

图 7-60　例 7-22 的卡诺图

④画逻辑电路图，如图 7-61 所示。

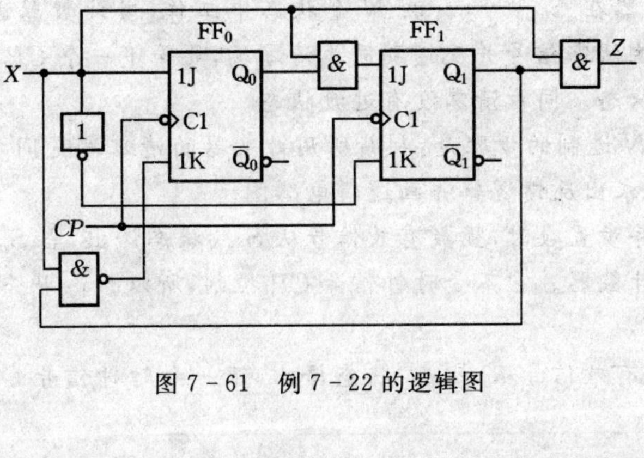

图 7-61　例 7-22 的逻辑图

本章小结

时序逻辑电路的分析和设计在数字电路中占有很重要的地位。学好本章内容的必要条件是熟练掌握组合逻辑电路的分析与设计方法、触发器的功能分析方法并能灵活应用。时序逻辑电路分为同步时序逻辑电路和异步时序逻辑电路。对同步时序逻辑电路要求既能分析又能设计，而对异步时序逻辑电路只要求能够分析。

1. 时序逻辑电路的分析是指已知时序逻辑电路图，根据输入信号的状态、时序逻辑电路的初态、所用器件的转换规律及输出信号的表达式，画出状态转换图和波形图，最后说明电路实现的逻辑功能。常用的方法有：

(1)利用状态转换真值表分析。根据初态 Q^n 和电路连线关系，推出各触发器的输入控制端状态，然后由触发器的特性方程得到次态输出值 Q^{n+1}。前次的次态输出值变为本次的初态，得到当前次态输出值(重复之前的步骤)，直到某次态输出值与某状态一致时，得出有效循环状态转换真值表。根据状态转换真值表画出波形图，指出逻辑功能。

(2)用状态转换图分析。写出三个向量方程，即驱动方程(即电路连线方程)、状态转换方程和输出方程。将驱动方程代入触发器的特性方程，可得状态转换方程，画出状态转换图，逻辑功能分析同方法(1)。

2. 在基于触发器的同步时序电路设计中，要求设计者根据给定的逻辑功能要求，选择触发器和门电路，确定驱动方程，最后画出逻辑图。常用的方法有两种：

(1)确定触发器的个数、根据 JK 触发器(或 D 触发器)的激励表写出 J、K(或 D)的预置值，写出驱动方程(电路连线方程)，然后连线画出电路图和波形图，有时要检查电路自启动能力。

(2)状态分配法。根据设计要求分配状态并画出状态转换图，按照状态分配的结果可以列出状态转换真值表、求取状态方程和驱动方程，连线画出电路图和波形图，有时要检查电路自启动能力。一般如果是计数器因为有清零端不必检查电路自启动能力，若用于分频器时应检查自启动。

3. 利用集成计数器构成 N 进制计数器的设计方法，常用反馈清零法和反馈置数法。

(1)反馈清零法：异步清零时，计数器在 $S_0 \sim S_{N-1}$ 共 N 个状态中工作，当计数器进入 S_N 状态时，利用 S_N 状态进行译码产生清零信号并反馈到异步清零端，使计数器立即返回 S_0 状态。清零信号 S_N 不计算在主循环内，S_N 是过渡态。

同步清零时，计数器在 $S_0 \sim S_{N-1}$ 共 N 个状态中工作，当计数器进入 S_{N-1} 状态时，利用 S_{N-1} 状态进行译码产生清零信号并反馈到同步清零端，要等下一个 CP 来到时，才完成清零动作，使计数器返回 S_0 状态。同步清零没有过渡状态。

反馈清零法设计 N 进制的步骤是：判断所用计数器的清零端是同步还是异步，写出 N 进制计数器的状态编码，求出反馈逻辑并画逻辑电路图。

(2)反馈置数法：异步置数时，置数有效信号从 S_{i+N} 状态译出，当 S_{i+N} 状态一出现，置数信号立即将预置数置入计数器。它不受时钟信号 CP 控制，所以 S_{i+N} 状态只在极短的瞬间出现，稳定状态中不包含 S_{i+N}。

同步置数时，置数有效信号从 S_{i+N-1} 状态译出，下一个时钟信号 CP 到来时，将预置数置入计数器，计数器在 S_i，S_{i+1}，…，S_{i+N-1} 共 N 个状态中循环。

反馈置数法设计 N 进制的步骤是：判断所用计数器的置数端是同步还是异步，写出 N 进制计数器的状态编码（异步置数的计数器应写出 S_{i+N} 状态编码，同步置数的计数器应写出 S_{i+N-1} 状态编码），求反馈逻辑、画逻辑电路图。

4. 多片集成计数器的级联

当计数器最大计数值 $M<N$ 时，需要多片计数器才能实现 N 进制计数器的设计，有两种方法：其一是先将各个计数器用反馈清零法或反馈置数法构成需要的进制，然后级联；其二是先按各个计数器的最大计数状态级联，再用反馈清零法或反馈置数法设计成所需的进制。

5. 集成移位寄存器

要求掌握 8 位单向移位寄存器 74164、4 位双向移位寄存器 74194 组成的单向、双向以及环形移位寄存器的用法；而对扭环形计数器作为一般了解。

习　题

7.1　计数器电路如图 7-62 所示。设各触发器的初始状态均为“0”，分析该电路的逻辑功能。

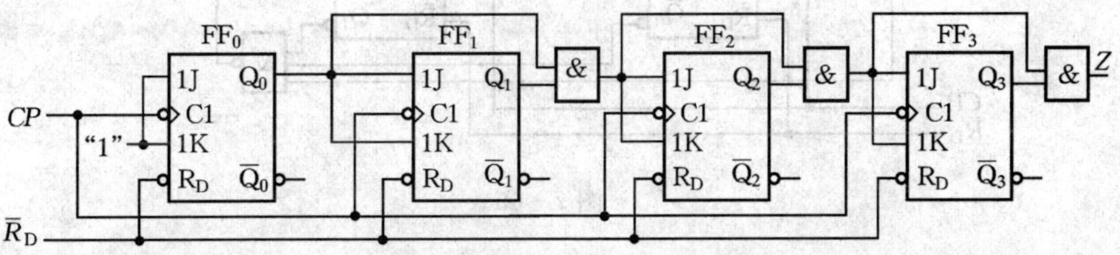

图 7-62

7.2　计数器电路如图 7-63 所示。设各触发器的初始状态均为“0”，要求：

(1) 写出各触发器的驱动方程和次态方程；

(2) 画出次态卡诺图，画出状态转换图并说明该计数器电路的逻辑功能；

(3) 检查能否自启动。

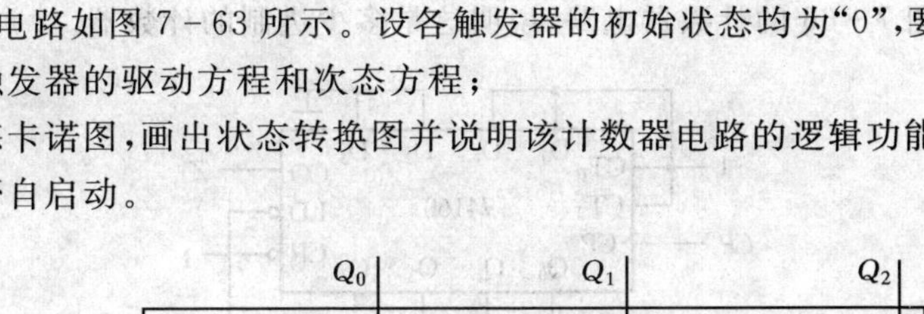

图 7-63

7.3　计数器电路如图 7-64 所示。设各触发器的初始状态均为“0”，要求：

(1) 写出各触发器的驱动方程和次态方程；

(2) 画出次态卡诺图，画出状态转换图并说明该计数器电路的逻辑功能。

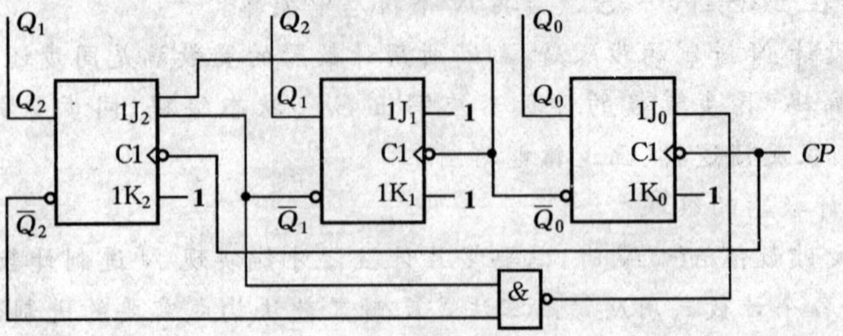

图 7 - 64

7.4 试用下降沿触发的 JK 触发器设计一个 2^4 异步减法计数器。

7.5 分析图 7 - 65 给出的逻辑电路图,画出电路的状态转画图,说明电路实现的功能。X 为输入变量。

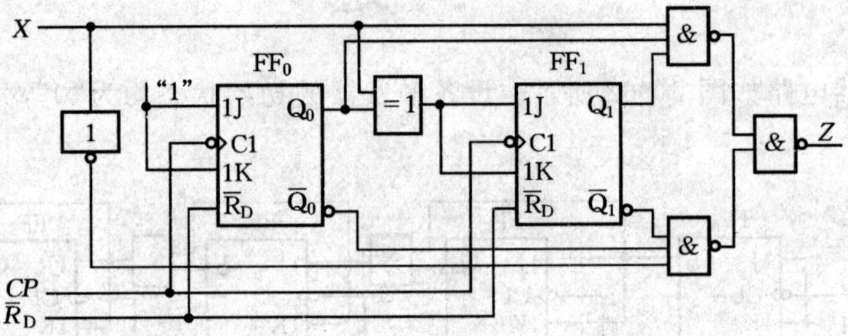

图 7 - 65

7.6 试用下降沿触发的 JK 触发器设计一个同步五进制可逆计数器。

7.7 试用 JK 触发器设计一个十二进制加法计数器(采用反馈清零法)。

7.8 试分析图 7 - 66 的计数器电路,说明这是多少进制的计数器。

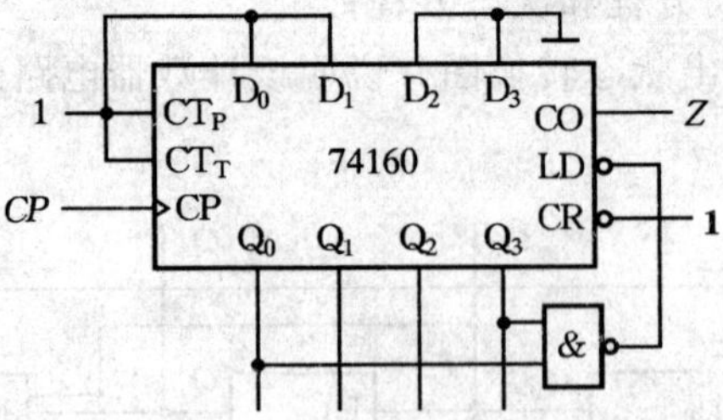

图 7 - 66

7.9 图 7 - 67 是可变进制计数器。试分析当控制量 A 为 1 和 0 时电路各为几进制计数器。

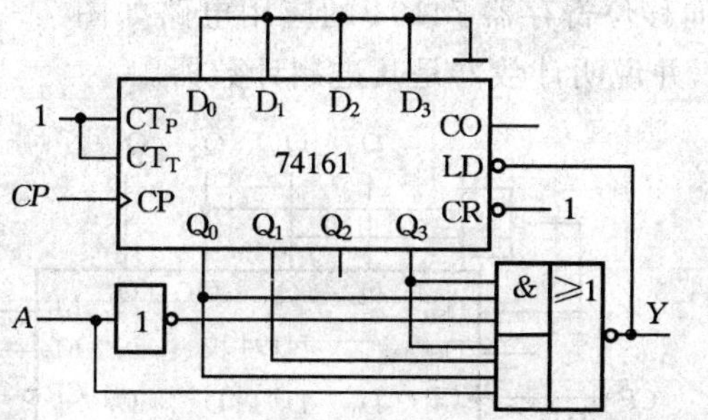

图 7－67

7.10　分析图 7－68 所示电路，画出它们的状态图和时序图，指出各是几进制计数器。

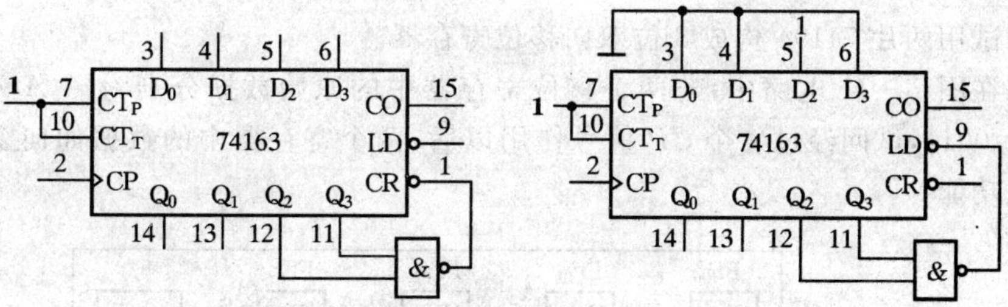

(a)　　　　　　(b)

图 7－68

7.11　用集成计数器芯片 74LS193 分别构成模 10 加法计数器和模 12 减法计数器。

7.12　试用两片 74192 构成一百进制可逆计数器。

7.13　分别画出利用下列方法构成的十进制计数器的接线图。

(1) 利用 74LS161 的异步清零功能；

(2) 利用 74LS163 的同步清零功能；

(3) 利用 74LS161 或 74LS163 的同步置数功能；

(4) 利用 74LS293 的异步清零功能。

7.14　用两片 74161 分别采用反馈置数法和反馈清零法构成从 0 开始的六十进制加法计数器。

7.15　用两片 74290 构成 8421BCD 码的二十四进制计数器。

7.16　集成二-五-十进制计数器 74290 构成的应用电路如图 7－69 所示，要求：

(1) 画出电路的状态转换图(设初态为 0000)；

(2) 说明计数器是几进制计数器。

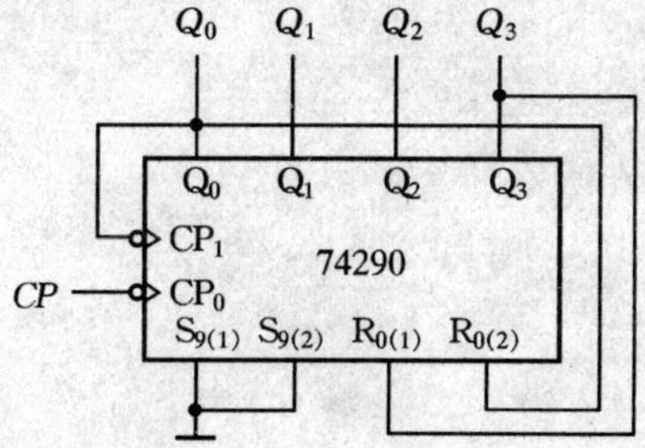

图 7－69

7.17 集成 4 位双向移位寄存器 74194 的应用电路如图 7－70 所示，试画出电路的状态转换图(设初态为 0000)，并说明计数器是几进制计数器。

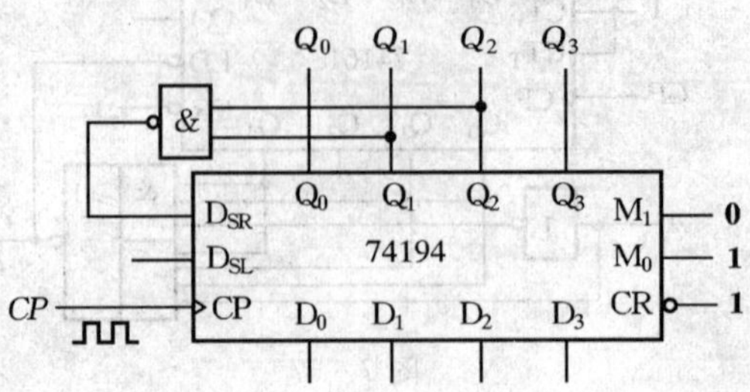

图 7－70

7.18 试用两片 74194 构成 8 位双向移位寄存器。

7.19 在图 7－71 电路中，若两个移位寄存器中的原始数据分别为 $A_3A_2A_1A_0=1001$，$B_3B_2B_1B_0=0011$，试问经过 4 个 CP 信号作用以后，两个寄存器中的数据如何变化？这个电路完成什么功能？

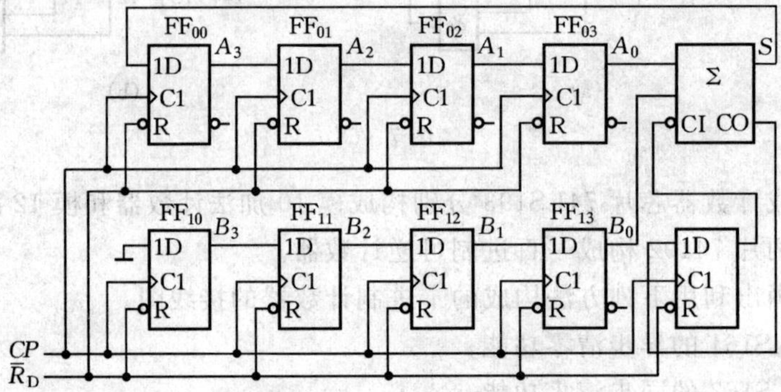

图 7－71

7.20 试用边沿 T 触发器和门电路构成一个 4 人智力竞赛抢答电路(又称第 1 信号鉴别电路)。每人桌面上有一个按钮开关，当第 1 个抢答者按下按钮开关时，其对应的发光二极管发光，同时封锁后抢答者的信号通路。抢答结束后，由主持人复原电路，发光二极管熄灭，为下一次抢答做好准备。

第 8 章　数/模转换和模/数转换

本章主要介绍了数/模转换和模/数转换的基本原理，集成芯片的典型应用。在数/模转换部分，分别介绍了权电阻 D/A 转换器、倒 T 型 D/A 转换器、权电流 D/A 转换器、集成D/A转换芯片 DAC0808、双极性输出 D/A 转换器的工作原理及 D/A 转换器的技术参数和应用举例。在模/数转换部分，先介绍了 A/D 转换器的基本原理，又分别介绍了并型 A/D 转换器、逐次比较型 A/D 转换器、双积分型 A/D 转换器的工作原理及 A/D 转换器的技术参数和典型集成芯片 ADC0809 的应用。

8.1　概　述

随着数字技术的发展，尤其是计算机技术在测控等领域中的广泛应用，数字电路在模拟信号处理中的应用更加广泛。而数字计算机处理的都是不连续的 0 和 1 的数字信号，因此，必须将模拟信号先转换成相应的数字信号，然后才能输入数字系统进行处理。处理后的数字信息也常常转换成模拟量输出，通过执行器对控制对象实现实时控制。

A/D 转换器是将模拟量转换成相应数字量的转换器件（Analog-Digital Converter，简称 ADC），而 D/A 转换器是将数字量转换成相应模拟量的转换器件（Digital-Analog Converter，简称 DAC）。

为了保证数据处理结果的准确度（俗称精度），A/D 转换器和 D/A 转换器都应有足够的转换准确度；为了适应快速检测和控制，要求 A/D 转换器和 D/A 转换器具有高的转换速度。不同的系统对转换准确度和转换速度有不同的要求，使用时应特别注意这两个重要参数。

DAC 和 ADC 按照其用途和工作原理不同，可分为不同的类型。本章将从简单的分立元件构成的典型 D/A 和 A/D 转换电路的原理入手，重点介绍集成应用芯片的功能、技术指标和典型应用。

8.2　数/模转换

8.2.1　权电阻 D/A 转换器原理

为了便于理解，本节将以 4 位权电阻 D/A 转换器为例介绍 D/A 转换器的工作原理，它的电路如图 8-1 所示。它由基准电压 U_R、权电阻 2^0R、2^1R、2^2R、2^3R，电子模拟开关 S_3、S_2、S_1、S_0 和运算放大器 A 组成的电流/电压（I/V）变换电路构成，其中基准电压 U_R、权电阻 2^0R、2^1R、2^2R、2^3R，电子模拟开关 S_3、S_2、S_1、S_0 组成解码网络，而模拟开关 S_3、S_2、S_1、S_0 的状态分别是由对应的 8421 码 d_0、d_1、d_2、d_3 控制，当 $d_i=1$ 时 S_i 接 U_R，当 $d_i=0$ 时 S_i 接地。

例如：当输入数字量 $d_i=1111$ 时，模拟开关 S_3、S_2、S_1、S_0 的状态均打向基准电压 U_R，流过权电阻 2^0R、2^1R、2^2R、2^3R 的总电流 I 经运算放大器的反馈电阻 R 变为电压输出。

4 位权电阻 D/A 转换器的输出电压为

$$u_O=-\frac{U_R}{2^4}(d_3\times2^3+d_2\times2^2+d_1\times2^1+d_0\times2^0)$$

$$=-\frac{15U_R}{2^4}$$

式中，$\frac{U_R}{2^n}$为 D/A 转换器的量化单位。

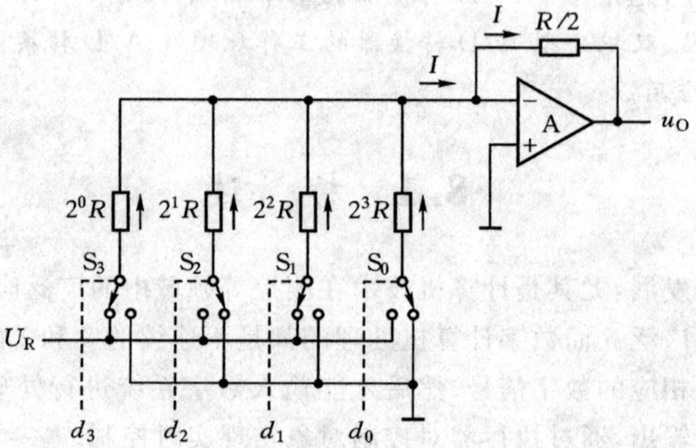

图 8-1　4 位权电阻 D/A 转换器原理图

当输入数字量 $d_i=0000$ 时输出电压为

$$u_O=-\frac{U_R}{2^4}(d_3\times2^3+d_2\times2^2+d_1\times2^1+d_0\times2^0)=0$$

当输入数字量 $d_i=1010$ 时，如图 8-1 所示，则开关 S_2 和 S_0 将所在支路电流接地，即 d_2 和 d_0 控制字为"0"；开关 S_3 和 S_1 将所在支路电流接入求和运算电路，即 d_3 和 d_1 控制字为"1"。输出电压：$u_O=-\frac{U_R}{2^4}(d_3\times2^3+d_2\times2^2+d_1\times2^1+d_0\times2^0)=-\frac{10U_R}{2^4}$。

将权电阻网络扩大到 N 位，就可得 N 位权电阻型 D/A 转换器。其输出电压为

$$u_O=-\frac{U_R}{2^n}(d_{n-1}\times2^{n-1}+d_{n-2}\times2^{n-2}+\cdots+d_1\times2^1+d_0\times2^0)=-\frac{U_R}{2^n}\sum_{i=0}^{n-1}d_i\times2^i$$

式中，$\frac{U_R}{2^n}$为 n 位 D/A 转换器的量化单位。

8.2.2　倒 T 型 D/A 转换器原理

为了克服权电阻网络 D/A 转换器中电阻阻值相差太大的缺点，通常采用倒 T 型电阻网络的 D/A 转换器。倒 T 型 DAC 采用 $R-2R$ 两种电阻构成电阻网络。如图 8-2 所示为 4 位倒 T 型电阻网络 D/A 转换器，它是由倒 T 型电阻解码网络、模拟电子开关和运算放大器三部分组成。

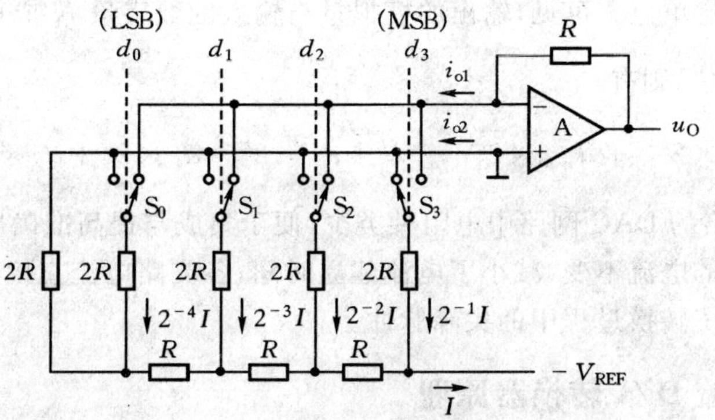

图 8-2　4 位倒 T 型电阻网络 D/A 转换器

1. 倒 T 型电阻解码网络

由 $R-2R$ 两种电阻构成倒 T 型电阻网络。由于运算放大器的同相端接地，反相端为虚地，所以不管开关打向哪一边，都相当于接至低电平，其等效电路如图 8-3 所示。从图中看出任一节点向左看的等效电阻都是 R，根据分流公式可知，流过每个 $2R$ 电阻的电流从右到左即从高位(MSB)到低位(LSB)依次为前一级的 1/2。

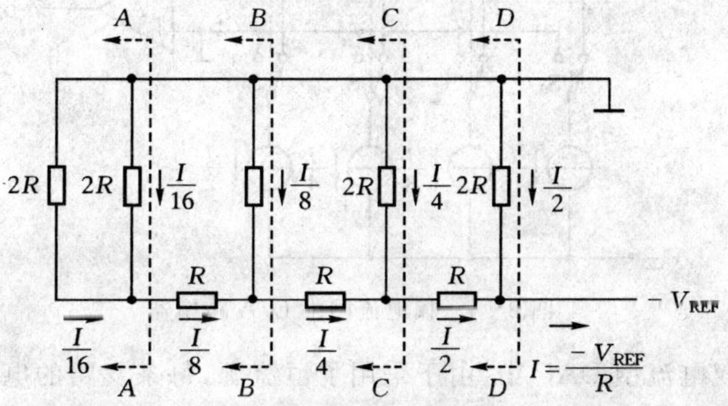

图 8-3　4 位倒 T 型电阻网络的等效电路

2. 模拟开关 S_i

在输入数字信号 $d_i(i=0,1,2,3)$ 的控制下，模拟开关 $S_i(i=0,1,2,3)$ 的作用类似一个单刀双掷开关。当 $d_i=1$ 时，S_i 接至运算放大器的反向端，使得权电流流过反馈电阻 R；当 $d_i=0$ 时，S_i 接至运算放大器的同相端，使得权电流直接流过地而不起作用。因此，4 位倒 T 型电阻网络的输出电流 i_{o1} 可表示为

$$i_{o1}=\frac{V_{REF}}{2^4 R}(d_3\times 2^3+d_2\times 2^2+d_1\times 2^1+d_0\times 2^0)$$

3. 运算放大电路

运算放大器的作用是将电阻网络的输出电流转换成与输入数字量 N 成正比的模拟电压输出，当反馈电阻取值为 R 时，输出电压为：

$$u_O=\frac{V_{REF}}{2^4}N\ (N\text{ 为二进制数})$$

其中，$\frac{V_{REF}}{2^4}$为量化单位。可见，输出的模拟量与输入的数字量 N 成正比。

将 u_O 推广到 n 位，则有

$$u_O = \frac{V_{REF}}{2^n}(d_{n-1} \times 2^{n-1} + d_{n-2} \times 2^{n-2} + \cdots + d_2 \times 2^2 + d_1 \times 2^1 + d_0 \times 2^0) = \frac{V_{REF}}{2^n}\sum_{i=0}^{n-1} d_i \times 2^i$$

倒 T 型电阻网络的 DAC 网路中电阻种类少，便于集成与提高准确度；模拟开关在切换过程中，各权电阻支路的电流不变，减小了电流建立时间；各支路电流直接流入运放输入端，不存在传输时间差，减小了转换过程中的尖峰脉冲。

8.2.3 权电流 D/A 转换器原理

前面分析权电阻网络 D/A 转换器和倒 T 型电阻网络 D/A 转换器时，都将模拟开关看成理想开关，没有考虑其导通电阻和导通压降。实际上这些开关的导通电阻和导通压降总是存在的，且每个开关不完全相同。因此，将引入转换误差，影响转换准确度。为了解决这个问题，设计了权电流网络 D/A 转换器，如图 8-4 所示。

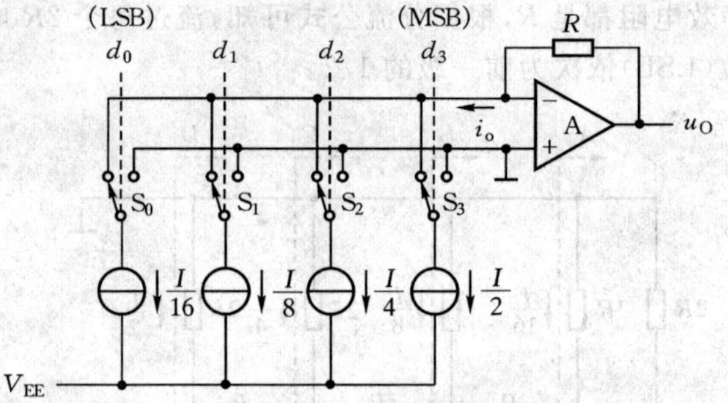

图 8-4 权电流网络 D/A 转换器

在 4 位二进制权电流型 DAC 中，由于采用了恒流源，每条支路的电流不再受开关导通内阻和压降的影响，降低了对开关电路的要求，大大提高了转换准确度。

每个恒流源的大小从右到左依次为前一级的 1/2，且与输入二进制数的"权"相对应。当 $d_i=1$ 时，S_i 接运算放大器的反相(虚地)端，使得权电流流过 R；当 $d_i=0$ 时，S_i 接运算放大器的同相(接地)端，使得权电流直接流过地而不起作用。当 S_i 全部接运算放大器的反相(虚地)端时，4 位二进制权电流网络 D/A 转换器输出电压为

$$u_O = i_o R = R\left(\frac{I}{2}\times d_3 + \frac{I}{2^2}\times d_2 + \frac{I}{2^3}\times d_1 + \frac{I}{2^4}\times d_0\right)$$

$$= \frac{IR}{2^4}(d_3 \times 2^3 + d_2 \times 2^2 + d_1 \times 2^1 + d_0 \times 2^0)$$

式中，$\frac{IR}{2^4}$为该 D/A 转换器的单位量化电压。

推广到 n 位 D/A 转换器的表达式为

$$u_O = \frac{IR}{2^n}(d_{n-1} \times 2^{n-1} + d_{n-2} \times 2^{n-2} + \cdots + d_1 \times 2^1 + d_0 \times 2^0) = \frac{IR}{2^n}\sum_{i=0}^{n-1} d_i \times 2^i$$

8.2.4　具有双极性输出的 D/A 转换器

(1)在数字系统中,一个带符号位的二进制数常用补码表示。所以,一个字长为 4 位的存储器的最高位为符号位,低 3 位为补码值,而不带符号位的二进制数就认为是正数。当 D/A 转换器的输入为补码且数字量化单位为 1V 时,由表 8-1 可知对应可输出双极性电压。如果输入是 4 位不带符号位的二进制数,只要给定一个 -8V 的偏移量,也可以输出对应的双极性电压,见表 8-2。下面首先介绍 4 位不带符号位的二进制数输入的双极性电压输出的 D/A 转换电路;然后通过比较表 8-1 和表 8-2,可获得输入为补码时对应的输出双极性电压的 D/A 转换电路。

表 8-1　输入为 4 位二进制补码时的输出

输入为 4 位二进制补码时要求的输出					
补码输入				对应的十进制数	要求的输出电压/V
d_3	d_2	d_1	d_0		
0	1	1	1	+7	+7
0	1	1	0	+6	+6
0	1	0	1	+5	+5
0	1	0	0	+4	+4
0	0	1	1	+3	+3
0	0	1	0	+2	+2
0	0	0	1	+1	+1
0	0	0	0	0	0
1	1	1	1	−1	−1
1	1	1	0	−2	−2
1	1	0	1	−3	−3
1	1	0	0	−4	−4
1	0	1	1	−5	−5
1	0	1	0	−6	−6
1	0	0	1	−7	−7
1	0	0	0	−8	−8

表 8-2　具有偏移的 D/A 转换器的输出

具有偏移的 D/A 转换器的输出					
二进制码输入				无偏移时的输出/V	偏移 −8V 后的输出/V
d_3	d_2	d_1	d_0		
1	1	1	1	+15	+7
1	1	1	0	+14	+6
1	1	0	1	+13	+5
1	1	0	0	+12	+4
1	0	1	1	+11	+3
1	0	1	0	+10	+2
1	0	0	1	+9	+1
1	0	0	0	+8	0
0	1	1	1	+7	−1
0	1	1	0	+6	−2
0	1	0	1	+5	−3
0	1	0	0	+4	−4
0	0	1	1	+3	−5
0	0	1	0	+2	−6
0	0	0	1	+1	−7
0	0	0	0	0	−8

(2)如图 8-5 所示,假如没有接入非门 G 和偏移电压 $V_{REF(+)}$,它就是一个普通的 4 位倒 T 型电阻网络单极性的 D/A 转换器。如果仅接入偏移电压 $V_{REF}(+)$,且 $V_{REF(+)}$ 与 $V_{REF(-)}$ 绝对值相等,且等于 16V,而不接入非门 G,就相当于向运算放大器的反向端节点注入 $\frac{I}{2}$ 的电流,该值相当于 D/A 转换量程的一半,它能使输出电压偏移 -8V。

例如,当输入二进制数为 1111 时,输出电压为 $+7$V;当输入二进制数为 1000 时,输出电压为 0V;当输入二进制数为 0000 时,输出电压为 -8V,如表 8-2 所示可实现双极性电压输出。将表 8-1 与表 8-2 对照便可发现,只要把表 8-2 中二进制数的最高位求反,即将其经非门 G 反相后再加到有偏移量的 D/A 转换器上，就可以得到表 8－1 中所示的补码表示的输入的关系。因此，图 8－5 就是补码输入的双极性电压输出的 D/A 转换电路。

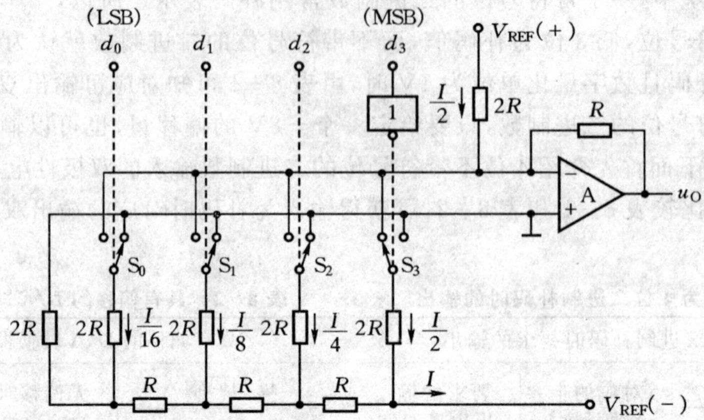

图 8－5　二进制补码输入的双极性 D/A 转换电路

对于 4 位双极性 D/A 转换器有

$$u_O=-\frac{V_{REF}}{2}+\frac{V_{REF}}{2^4}(d_3\times2^3+d_2\times2^2+d_1\times2^1+d_0\times2^0)$$

其中，$\frac{V_{REF}}{2^4}$为量化单位。

将 u_O 推广到 n 位，则有

$$\begin{aligned}u_O&=-\frac{V_{REF}}{2}+\frac{V_{REF}}{2^n}(d_{n-1}\times2^{n-1}+d_{n-2}\times2^{n-2}+\cdots+d_2\times2^2+d_1\times2^1+d_0\times2^0)\\&=-\frac{V_{REF}}{2}+\frac{V_{REF}}{2^n}\sum_{i=0}^{n-1}d_i\times2^i\end{aligned}$$

8.2.5　D/A 转换器的技术参数

(1)绝对准确度：指在给定的满刻度数字量下，D/A 转换电路的实际输出与理论值之差值。该差值是由于 D/A 的增益误差、零点误差、线性误差和噪声引起的，一般应小于$\frac{1}{2}$LSB（LSB 为最低位有效值）。

(2)相对准确度：指在满刻度已校准的情况下，在整个刻度范围内对应于任意数字量输入后模拟量输出与理论值之差。通常该偏差可用数字量最低位数 LSB 表示，也可用该偏差与满刻度比的百分数来表示。

(3)分辨率：指转换器最低位 LSB 所对应的电压值与满刻度电压值之比。分辨率与位数有关，例如对于 12 位的 D/A 转换器，该值为$\frac{1}{2^{12}-1}$，约等于$\frac{1}{2^{12}}$，在实际应用中，也可以说分辨率为 12 位。

(4)建立时间：指输入数字量后产生满刻度输出量±$\frac{1}{2}$LSB 所需时间。目前在不包含运

算放大器的单片集成 D/A 转换器中，建立时间最短可达到 0.1μs。在包含运算放大器的集成 D/A 转换器中，建立时间最短的也可小于 1.5μs。为了获得较快的转换速度，应该选择转换速率较快的运算放大器，以缩短 D/A 转换器的建立时间。

(5)温度系数：在规定温度范围内，每变化 1℃所引起输出模拟量变化与满刻度输出模拟量之比的百分数。主要包括增益温度系数、零点温度系数、线性度温度系数和偏移温度系数。

D/A 转换器除上述参数外，还有工作电压、功率、逻辑电平、接收数据的码制、数据格式等参数。

8.2.6　集成 D/A 转换器芯片举例

D/A 转换器产品都是集成芯片。采用权电流型 D/A 转换电路生产的单片集成 D/A 转换器有 DAC0806、DAC0807、DAC0808 等。这些器件都采用双极性工艺制作，工作速度较高。下面以 DAC0808 和 MX7541 为例，介绍集成 D/A 转换器的结构特点和典型应用。

1. 权电流型 D/A 转换芯片 DAC0808 简介

(1)DAC0808 的特点：

①单片 8 位 D/A 转换器；

②相对准确度较高，可达到±0.19%；

③低功耗，最低可达 33mW；

④输出电流建立时间快，典型值是 150ns；

⑤数字输入量兼容 TTL 和 CMOS 逻辑电平；

⑥供电范围：±4.5～±18V；

⑦DAC0808 的位码完全独立。

(2)引脚功能说明。DAC0808 的各引脚功能说明见表 8-3。

表 8-3　DAC0808 引脚功能表

引脚标号	引脚名称	功能	典型值
1	NC	未定义	
2	GND	接地	
3	V_{EE}	负电源输入端	−15V
13	V_{CC}	正电源输入端	+5V
4	I_0	求和电流输入端	
5～12	$d_7 \sim d_0$	8 位数字量输入端	
14	$V_{REF(+)}$	基准电流产生电路的同相输入端	+10V
15	$V_{REF(-)}$	基准电流产生电路的反相输入端	
16	COMP	外接补偿电容	0.1μF

(3)典型应用。用 DAC0808 构成 D/A 转换器时，需要外接运算放大器和产生基准电流用的 R_R。其典型应用如图 8-6 所示。

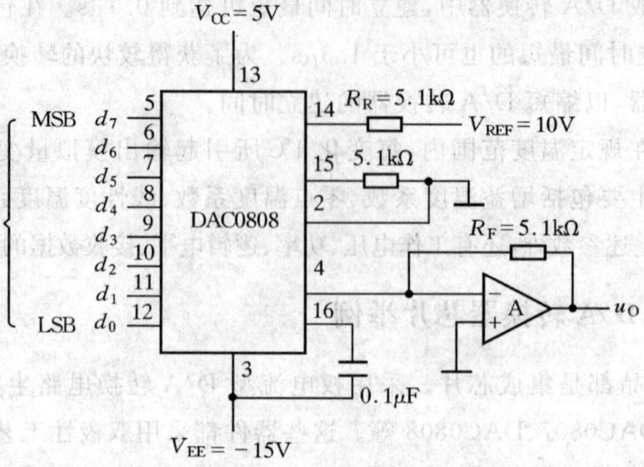

图 8-6　DAC0808 典型应用

在 $V_{REF}=10V$、$R_R=5.1k\Omega$、$R_F=5.1k\Omega$ 的情况下，模拟输出电压为

$$u_O=\frac{R_F V_{REF}}{2^8 R_R}D_n=\frac{10}{2^8}(d_7\times2^7+d_6\times2^6+\cdots+d_1\times2^6+\cdots+d_1\times2^1+d_0\times2^0)$$

2. 双极性 D/A 转换器芯片 MX7541 简介

MX7541 是美国 MAXIM 公司生产的高速高精度 12 位集成 D/A 转换器。MX7541 功耗低，线性失真度为 0.012%，因此，它适合于宽范围内的精密模拟数据的获得和控制等应用。MX7541 内部带有激光制作的精密晶片电阻、温度补偿电路及 NMOS 开关，可充分保证 MX7541 具有 12 位的准确度。

(1)主要特性如下：

①转换时间：0.6μs；

②具有 12 位线性输出($\frac{1}{2}$LSB)；

③准确度：1LSB；

④功耗低，5V 情况下通常为 450mW；

⑤可进行四象限乘法转换；

⑥与 TTL、CMOS 电平兼容。

(2)引脚功能。MX7541 的引脚功能如表 8-4 所示。

表 8-4　MX7541 引脚功能表

引脚标号	引脚名称	功能	典型值
1,2	*OUT*1,*OUT*2	模拟量输出端	
3	GND	数字地	
4～15	$d_{11}\sim d_0$	数字量输入端	
16	V_{DD}	电源输入端	－0.3～＋17V
17	V_{REF}	参考电压输入端	－25～＋25V
18	R_{FB}	反馈电阻输入端	5k～20kΩ

(3)典型应用。MX7541 芯片通过搭接不同的外围电路，既可用作单极性 D/A 转换器，也可用作双极性 D/A 转换器。图 8－7 为 MX7541 的单极性 D/A 转换电路图。

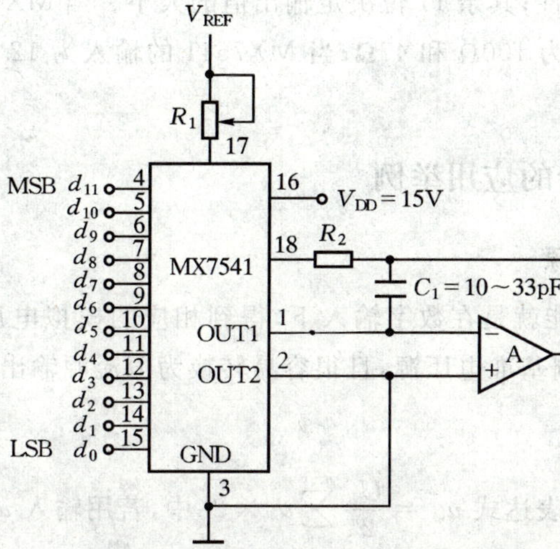

图 8－7　MX7541 单极性典型电路

当此典型电路应用于单极性二进制数/模转换时，其输出值与输入参考量的极性相反(如 V_{REF} 为正时，输出为负)。在大多数应用中，MX7541 的增益调整不是必要的，它仅需要参考电压源，电阻 R_1 和 R_2 可以省略。然而，如果 DAC 工作在很宽的温度范围内，R_1 和 R_2 需要接入到电路中，所以，在使用时最好不要省略 R_1 和 R_2。当 MX7541 的输入为 11 位数字量时，R_1 和 R_2 的取值分别为 100Ω 和 47Ω；当 MX7541 的输入为 12 位数字量时，R_1 和 R_2 的取值分别为 100Ω 和 33Ω。

MX7541 的双极性 D/A 转换电路如图 8－8 所示。

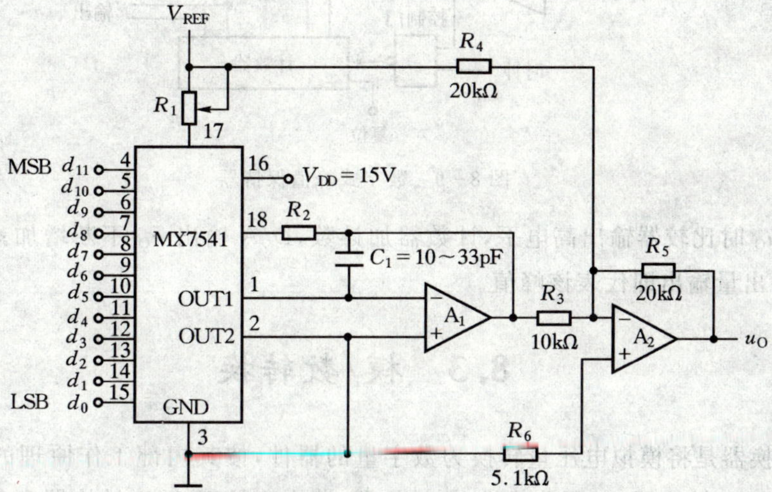

图 8－8　MX7541 双极性典型电路

此典型电路应用于双极性二进制数/模转换，它在单极性电路的基础上增加了一个运算放大器和 3 个电阻。从双极性 D/A 转换器输出表可知，在补码输入情况下，最高位存储的是符号位，它决定了输出值的极性；其余 11 位决定输出值的大小。当 MX7541 的输入为 11 位数字量时，R_1 和 R_2 的取值分别为 100Ω 和 47Ω；当 MX7541 的输入为 12 位数字量时，R_1 和 R_2 的取值分别为 100Ω 和 33Ω。

8.2.7 D/A 转换器的应用举例

1. 程控电压源和电流源

D/A 转换器的基本功能就是在数字输入下，得到相应的模拟电压输出，所以常用于测量装置或控制装置的程序控制基准电压源，且很容易转换为恒流源输出。

2. 可控增益放大器

在 D/A 转换器的输出表达式 $u_O = \dfrac{U_R}{2^n}\sum_{i=0}^{n-1} d_i \times 2^i$ 中，若用输入 u_i 代替 U_R，则上式写成

$$u_O = \frac{u_i}{2^n}\sum_{i=0}^{n-1} d_i \times 2^i$$

所以，$A = \dfrac{u_O}{u_i} = \dfrac{1}{2^n}\sum_{i=0}^{n-1} d_i \times 2^i$ 。此式说明放大倍数受到 D/A 转换器输入数码的控制。

3. 数字峰值保持器

数字峰值保持器原理如图 8－9 所示。

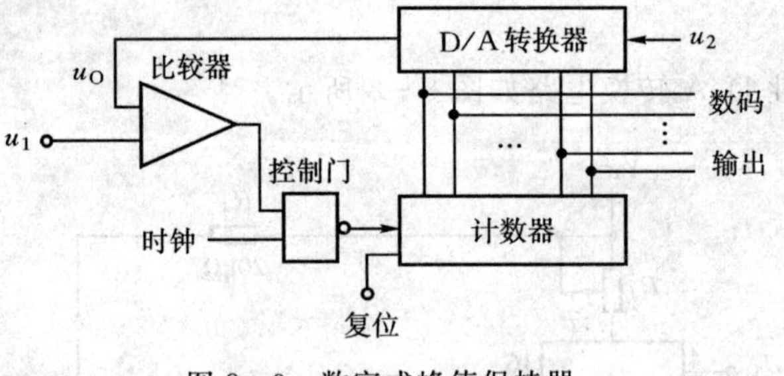

图 8－9　数字式峰值保持器

当 $u_i > u_O$ 时比较器输出高电平，计数器加计数，D/A 输出 u_O 不断增加；当 $u_i < u_O$ 时，停止计数，则输出量输出即代表该峰值。

8.3 模/数转换

A/D 转换器是将模拟电压量转换为数字量的器件，按其内部工作原理的不同，可以分为并行比较器 A/D 转换器、双积分式 A/D 转换器、逐次比较型 A/D 转换器和斜坡式 A/D 转换器等。本节主要介绍 A/D 转换器的相关参数及在实际应用中如何选择和使用。

8.3.1　A/D 转换器的基本原理

A/D 转换器是实现将模拟输入量转换成相应的数字量输出的器件。这里以恒定电压输入为例，A/D 转换的过程主要由两部分组成，分别是量化和编码。所谓量化，就是用单位量化电压除以恒定电压的幅值并取整数（一般按四舍五入），输出数字量“1”对应的模拟输入量叫做量化单位，用 U_Δ 表示。把输入量的量化结果用代码表示出来，称为编码。这些代码就是 A/D 转换的输出结果。

1. 输入输出关系

$$D_n = \frac{u_I}{U_\Delta}$$

式中，u_I 为模拟输入量；U_Δ 为量化单位；D_n 为数字输出量。

n 位 A/D 转换器的最大输入电压为：

$$u_{Imax} = (2^n - 1)U_\Delta$$

2. 量化和编码

将模拟信号划分成不同的量化等级时通常有两种方法，量化方法不同，量化误差也不同。

例如，将 0～0.7V 的模拟电压信号转换成 3 位二进制数码。

第一种量化方法：把 0.7V 分成 $2^3 = 8$ 个离散电平，取量化单位 $U_\Delta = 0.1V$，则这 8 个离散电平为 0V、0.1V、…、0.7V。如果输入信号在 0～0.1V 的范围内，则该信号的值就用离散电平 0V 来表示，用二进制数 000 来表示；如果输入信号在 0.1～0.2V 的范围内，则该信号的值就用离散电平 0.1V 来表示，用二进制数 001 来表示，…依此类推，见表 8-5，量化过程如图 8-10所示。

表 8-5　第 1 种量化编码方法

输入信号 u_i	离散电平	二进制编码
0～0.1V	0V	000
0.1～0.2V	0.1V	001
0.2～0.3V	0.2V	010
0.3～0.4V	0.3V	011
0.4～0.5V	0.4V	100
0.5～0.6V	0.5V	101
0.6～0.7V	0.6V	110
0.7V 及以上	0.7V	111

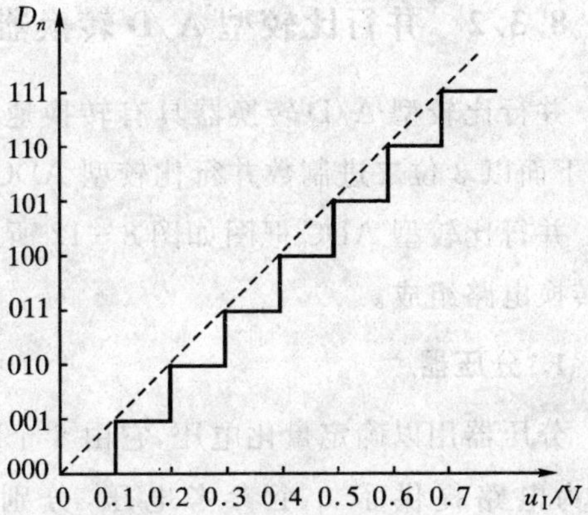

图 8-10　第 1 种量化过程

不难看出，这种量化方法带来的最大量化误差可达一个 U_Δ，本例中为 0.1V。

这里应注意，当输入信号超过 0.7V 时，数字量输出总是 111，即当输入模拟信号超过量程时总是输出数字量的最大值。

第二种量化方法：量化单位 $U_\Delta = 0.1V$ 不变，取离散电平为 0V、0.05V、0.15V、…、

0.65V。量化编码见表 8-6，量化过程如图 8-11 所示。

第二种量化方法的量化单位虽然不变，但是，却将最大量化误差减小到$\frac{1}{2}U_{\Delta}=0.05V$。这是因为将每个输出二进制代码所表示的模拟电压值规定为它所对应的模拟电压范围的中间值，所以最大量化误差自然不会超过$\frac{1}{2}U_{\Delta}$。

表 8-6 第 2 种量化编码方法

输入信号 u_i	离散电平	二进制编码
0～0.05V	0V	000
0.05～0.15V	0.05V	001
0.15～0.25V	0.15V	010
0.25～0.35V	0.25V	011
0.35～0.45V	0.35V	100
0.45～0.55V	0.45V	101
0.55～0.65V	0.55V	110
0.65V 及以上	0.65V	111

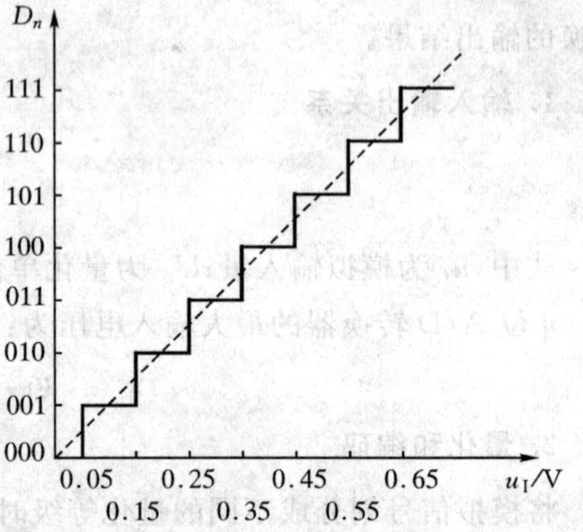

图 8-11 第 2 种量化过程

3. A/D 转换器的分类

(1)按照转换速度由高到低可分为：并行比较型、逐次渐近型、双积分型等。

(2)按照有无中间参数可分为：直接 A/D 转换器、间接 A/D 转换器等。

下面介绍几种典型的 A/D 转换器。

8.3.2 并行比较型 A/D 转换器原理

并行比较型 A/D 转换器具有转换速度最快的优点，应用在位数要求不高而速度快的场合，下面以 3 位二进制数并行比较型 ADC 为例介绍它的工作原理。

并行比较型 ADC 框图如图 8-12 所示。它由电阻分压器、电压比较器、数据锁存器及代码转换电路组成。

1. 分压器

分压器用以确定量化电压，它由 8 个阻值相同的电阻串联而成。将基准电压 V_{REF} 分成 8 级，为电路提供了 8 个参考电压，分别是 $0.125V_{REF}$、$0.250V_{REF}$、$0.375V_{REF}$、$0.500V_{REF}$、$0.625V_{REF}$、$0.750V_{REF}$、$0.875V_{REF}$ 和 0V。其中，前 7 个电压分别接在 7 个比较器的反相输入端。这里，$0.125V_{REF}$ 是可以分辨的模拟信号的最小值，也是 A/D 转换器可能出现的最大误差，称为“最小量化单位”。V_{REF} 是 A/D 转换器能够转换的最大值，超过此值，A/D 转换器的输出仍然是 V_{REF} 所对应的值。

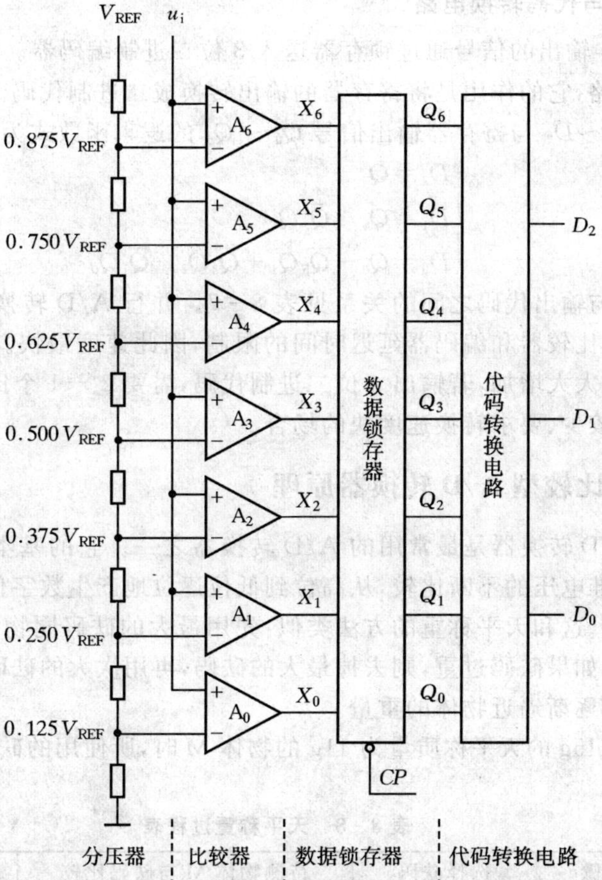

图 8-12　并行比较型 ADC 框图

2. 电压比较器

比较器用来确定采样电压的量化值。模拟输入电压 u_i 同时接到 7 个比较器的同相输入端，而比较器的反相输入端分别接至分压器的各级参考电压。每一个比较器的输出值(0 或 1)将由模拟输入量 u_i 与其参考电压值比较而决定。例如，当 $0 \leqslant u_i < 0.125V_{REF}$ 时，所有比较器输出均为 0；当 $0.375V_{REF} \leqslant u_i < 0.500V_{REF}$ 时，比较器 A_0、A_1、A_2 输出为 1，A_3、A_4、A_5、A_6 输出为 0。各比较器的输出状态见表 8-7。

表 8-7　并行比较器输出状态及代码转换表

模拟输入	比较器输出							代码转换结果		
	Q_6	Q_5	Q_4	Q_3	Q_2	Q_1	Q_0	D_2	D_1	D_0
$(0.000 \sim 0.125)V_{REF}$	0	0	0	0	0	0	0	0	0	0
$(0.125 \sim 0.250)V_{REF}$	0	0	0	0	0	0	1	0	0	1
$(0.250 \sim 0.375)V_{REF}$	0	0	0	0	0	1	1	0	1	0
$(0.375 \sim 0.500)V_{REF}$	0	0	0	0	1	1	1	0	1	1
$(0.500 \sim 0.625)V_{REF}$	0	0	0	1	1	1	1	1	0	0
$(0.625 \sim 0.750)V_{REF}$	0	0	1	1	1	1	1	1	0	1
$(0.750 \sim 0.875)V_{REF}$	0	1	1	1	1	1	1	1	1	0
$(0.875 \sim 1.000)V_{REF}$	1	1	1	1	1	1	1	1	1	1

3. 数据锁存器与代码转换电路

比较器 $A_0 \sim A_6$ 输出的信号通过锁存器送入 3 位二进制编码器。编码器是一个多输入多输出的组合逻辑电路，它的作用是将寄存器的输出转换成二进制代码。

编码器输出 $D_0 \sim D_2$ 与寄存器输出信号 $Q_0 \sim Q_6$ 的逻辑函数式为

$$\begin{cases} D_2 = Q_3 \\ D_1 = Q_5 + \overline{Q}_3 Q_1 \\ D_0 = Q_6 + \overline{Q}_5 Q_4 + \overline{Q}_3 Q_2 + \overline{Q}_1 Q_0 \end{cases}$$

输入模拟电压与输出代码之间的关系见表 8－7。并行 A/D 转换器的主要优点是：由于转换是并行的，只受比较器和编码器延迟时间的限制，因此速度最快。缺点是：在增加转换位数时，比较器数量将大大增加，若输出 n 位二进制代码，需要 2^n-1 个比较器。因此，该电路一般用于转换位数比较少、要求转换速度快的场合。

8.3.3 逐次比较型 A/D 转换器原理

逐次渐近型 A/D 转换器是最常用的 A/D 转换器之一。它的基本原理是：通过对输入电压和逐次渐近的基准电压的不断比较，从高位到低位逐位地产生数字代码，最后得到比较准确的二进制代码输出。这和天平称重的方法类似：先用最大的砝码同物体比较，如果砝码不够，再加上次大的砝码；如果砝码过重，则去掉最大的砝码，再用次大的砝码和物体比较；这样依次进行，使砝码的重量逐渐逼近物体的重量。

例如，用量程为 15g 的天平称质量为 11g 的物体 M 时，所使用的砝码为 8g、4g、2g、1g，称重过程见表 8－8。

表 8－8 天平称重过程表

称重步骤	选择砝码	待测物体 M 与砝码比较	测量结果
第一次测量	8g	M＞8g	8g
第二次测量	(8＋4)g	M＜12g	8g
第三次测量	(8＋2)g	M＞10g	10g
第四次测量	(8＋2＋1)g	M＝11g	11g

1. 基本工作原理

逐次渐近型 A/D 转换器工作原理与称重类似，其组成框图如图 8－13 所示。以 4 位二进制逐次渐近型 A/D 转换器为例（即图中逐次渐近寄存器为 4 位二进制）。

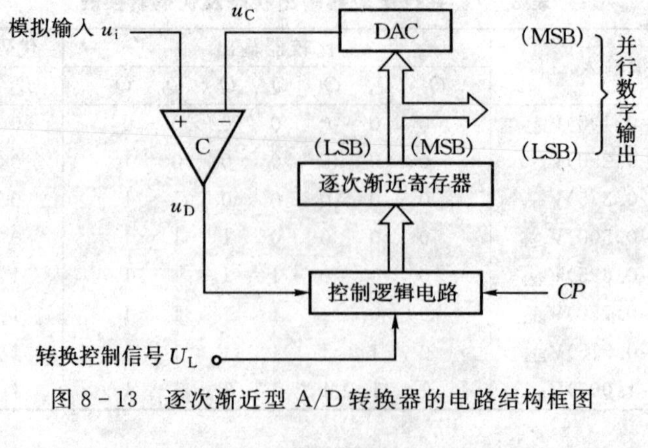

图 8－13 逐次渐近型 A/D 转换器的电路结构框图

这种转换器的电路主要包含电压比较器 C、D/A 转换器、数码寄存器、时钟脉冲源和控制逻辑电路这 5 部分。

它的转换过程类似天平称重。转换控制信号 U_L 将寄存器置为 0000，表示启动 A/D 转换器。第一步（当第一个 CP 来到后），置寄存器最高位为 1，其余不变，即寄存器状态为 1000，这个数字量经 D/A 转换器转换成相应的模拟电压值 u_C，并送到比较器 C 的反相输入端与模拟输入信号 u_i 相比较。如果 $u_C > u_i$，表明给定数字量所代表的模拟量大于输入量，则控制逻辑电路将最高位的 1 清除；如果 $u_C < u_i$，说明数字量还不够大，则控制逻辑电路将最高位的 1 保留。同理，第二步（当第二个 CP 来到后），按照同样的方法再将次高位置 1，其余各位不变（包括第一步确定的最高位状态），比较 u_C 与 u_i 的大小，以确定次高位的 1 是否应该保留。这样逐位比较下去，直到最低位比较完为止。此时，寄存器里所存的数码就是所求的输出数字量。最后，通常再发送一个 CP，将转换结果存到 CPU 中。

2. 举例说明

例如，输入模拟电压 $u_i = 9V$，量化单位 U_Δ 为 1V，求 A/D 转换器的输出。

从题可知该A/D转换器为 4 位。

第一步，将寄存器置为 1000，D/A 转换器的输出模拟电压值 $u_C = 8V$，由于 $u_C < u_i$，则最高位的 1 保留。

第二步，将次高位置 1，其余各位不变，即寄存器的值为 1100，此时，D/A 转换器的输出模拟电压值 $u_C = 12V$，由于 $u_C > u_i$，则次高位的 1 被清除。

第三步，将次低位置 1，其余各位不变，即寄存器的值为 1010，此时，D/A 转换器的输出模拟电压值 $u_C = 10V$，由于 $u_C > u_i$，则次低位的 1 被清除。

第四步，将最低位置 1，其余各位不变，即寄存器的值为 1001，此时，D/A 转换器的输出模拟电压值 $u_C = 9V$，由于 $u_C = u_i$，则最低位的 1 保留。

经上述四步 A/D 转换完毕，其转换输出结果为 1001，状态表见表 8-9。

上例中输入量是量化单位的整数倍，如果将输入电压改变为 9.4V，则输出仍为 1001，其绝对误差为 0.4V。如果输入电压为 9.5V，则输出为 1010，其绝对误差为 0.5V，该绝对误差也是 4 位逐次渐近型 A/D 转换器的最大误差。

表 8-9　逐次渐近型 A/D 转换器转换状态表

顺序脉冲数(CP)	4 位寄存器状态				DAC 输出电压 u_C/V	比较器输出状态	该位码结果
	Q_3	Q_2	Q_1	Q_0			
1	1	0	0	0	$2^3 U_\Delta = 8$	1	$Q_3 = 1$
2	1	1	0	0	$(2^3 + 2^2) U_\Delta = 12$	0	$Q_2 = 0$
3	1	0	1	0	$(2^3 + 2^1) U_\Delta = 10$	0	$Q_1 = 0$
4	1	0	0	1	$(2^3 + 2^0) U_\Delta = 9$	1	$Q_0 = 1$

逐次比较型 A/D 转换器转换准确度与输入数字量的位数有关，位数越多，转换准确度越高。

8.3.4　双积分型 A/D 转换器原理

双积分型 A/D 转换器的工作原理是把输入的模拟电压信号转换成与之成正比的时间宽度信号，然后在这个时间宽度里对固定频率的时钟脉冲计数，计数的结果就是正比于输入模拟电压的数字信号。

双积分型 A/D 转换器的原理如图 8－14 所示。它主要由积分器、过零比较器、时钟控制门、计数器和定时器等构成。

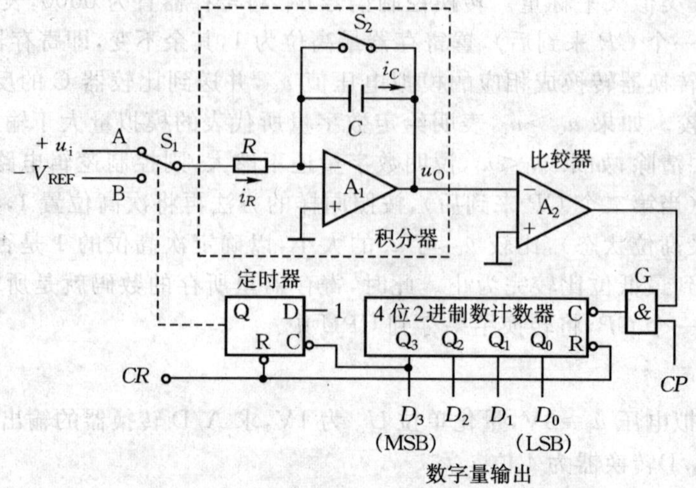

图 8－14　双积分型 A/D 转换器原理框图

1. 积分器

积分器是转换器的核心部分。它的输入受电子开关 S_1 控制，而开关 S_1 受定时器的输出端 Q 控制。当 Q 输出为逻辑 0 状态时，开关 S_1 接通 A 点，积分器对模拟输入电压 $+u_i$ 进行定值积分，当 Q 输出为逻辑 1 状态时，开关 S_1 接通 B 点，积分器对恒定基准电压 $-V_{REF}$ 进行定值积分。

由于积分器在 A/D 转换过程中要进行两次方向相反的积分，因此，称此类 A/D 转换器为双积分型 A/D 转换器。

2. 过零比较器与时钟控制门

积分器 A_1 的输出 u_O 接入过零比较器的反相输入端。当 $u_O>0$ 时，比较器 A_2 输出低电平，将与门 G 关闭，当 $u_O<0$ 期间，比较器 A_2 的输出为高电平，将与门 G 开启，时钟 CP 进入计数器计数。

3. 计数器和定时器

n 位二进制计数器由 n 个触发器组成，当输入启动脉冲时，计数器置 0。当时钟脉冲控制门 G 开启时，计数器对时钟脉冲信号 CP 进行计数，将与输入电压 u_i 成正比的时间间隔 T 变成数字信号输出。定时器由 1 个触发器构成，当计数器计数到使定时器的输出 $Q=1$ 时，积分器的电子开关 S_1 接到 B 端。

下面结合图 8－15 所示的波形图，讨论双积分型 A/D 转换器的工作原理。

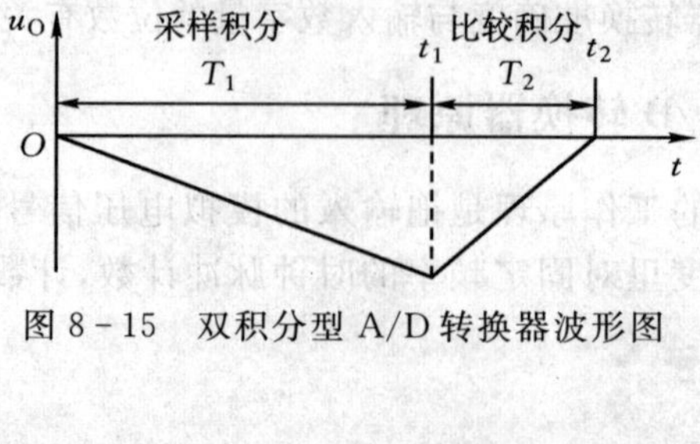

图 8－15　双积分型 A/D 转换器波形图

假设 u_i 为正极性直流电压，积分器 A_1 中电容器 C 的初始电压为 0。

(1)第一次积分阶段：输入启动脉冲时，计数器置 0。定时器输出 $Q=0$，使开关 S_1 接到 A 端。积分器 A_1 对直流输入电压 u_i 进行积分，电容 C 的充电电流 $i_C=i_R=\frac{u_i}{R}$。输出电压 u_O 的表达式为

$$u_O=-\frac{1}{RC}\int_0^{t_1}u_i\mathrm{d}t$$

由于 $u_O<0$，过零比较器 A_2 输出 $u_C=1$，此时，时钟控制门 G 开启，计数器从 0 开始对 CP 进行计数。当计数到 2^n 时，定时器输出 Q 由于计数器的 $Q_{n-1}\sim Q_0$ 全部由 1 翻转为 0 而置 1，使开关 S_1 由 A 点转接到 B 点，至此，第一次积分阶段结束。

积分时间为：$t=T_1=2^nT_{CP}$，式中 T_{CP} 为时钟脉冲 CP 的周期。积分器的输出电压为

$$u_{O1}=-\frac{T_1}{RC}u_i=-\frac{2^nT_{CP}}{RC}u_i$$

(2)第二次积分阶段：当开关 S_1 接到 B 点时，积分器对基准电压 $-V_{REF}$ 进行积分，计数器从 0 开始重新计数。由于第一次积分后，电容 C 已有电压 u_{O1}，这时，积分器输出电压为

$$u_O=u_{O1}-\frac{1}{RC}\int_{t1}^{t}(-V_{REF})\mathrm{d}t=u_{O1}+\frac{V_{REF}}{RC}(t-t_1)$$

积分器输出电压 u_{O1} 开始按直线规律增加，当积分电压上升至零时，对应为时刻 t_2，比较阶段结束，计数器停止计数，第二次积分结束，即 $u_{O2}=0$。这时，积分器输出电压为

$$u_{O2}=u_{O1}-\frac{1}{RC}\int_{t_1}^{t_2}(-V_{REF})\mathrm{d}t=-\frac{2^nT_{CP}}{RC}u_i+\frac{V_{REF}}{RC}(t_2-t_1)=0$$

式中，$t_2-t_1=T_2$ 为反向积分所用时间，T_2 为计数器所计脉冲个数 N 与时钟周期脉冲 T_{CP} 的乘积，即 $T_2=(t_2-t_1)=NT_{CP}$，代入上式并整理后得：$N=\frac{2^n}{V_{REF}}u_i$，从式中可以看出：第二次积分结束后，计数器计的数值 N 与第一阶段的输入模拟电压 u_i 成正比，从而实现了输入模拟电压 u_I 到数字量的转换。可见，完成一次转换过程需要进行两次积分。

双积分 A/D 转换器转换条件为：输入模拟电压 u_i 与参考电压 $-V_{REF}$ 极性必须相反且满足 $|u_i|<|-V_{REF}|$。

双积分型 A/D 转换器的优点是：电路结构简单、工作稳定可靠、转换准确度高、抗干扰能力强。其缺点是：转换时间长，工作速度低。因此，双积分型 A/D 转换器适合转换速度较低的场合。

8.3.5 A/D 转换器的主要技术指标

1. 绝对准确度

指 A/D 转换器输出对应的模拟量值与实际的模拟量输入的接近程度，若 A/D 转换器的基准电压 U_R 和运算放大器等环节均是理想的，绝对误差主要表现为量化误差，最大为最低有效位 LSB 的二分之一。

2. 模拟误差

模拟误差由下述三部分组成：

(1)偏移误差：指当 A/D 转换器的模拟输入量 $u_i=0V$ 时，器件的输出数字量值，如图 8-16 所示。

(2)增益误差：坐标原点与 A/D 转换器满刻度点的连线称为 A/D 转换器的理想特性曲

线。增益误差则是指在偏移误差为 0 时，A/D 转换器的实际输入/输出特性曲线与其理想特性曲线在满刻度时的偏差量，如图 8－17 所示。

(3)非线性误差：指实际 A/D 转换器的输入/输出特性曲线与其理论拟合直线之间的偏差，如图 8－18 所示。

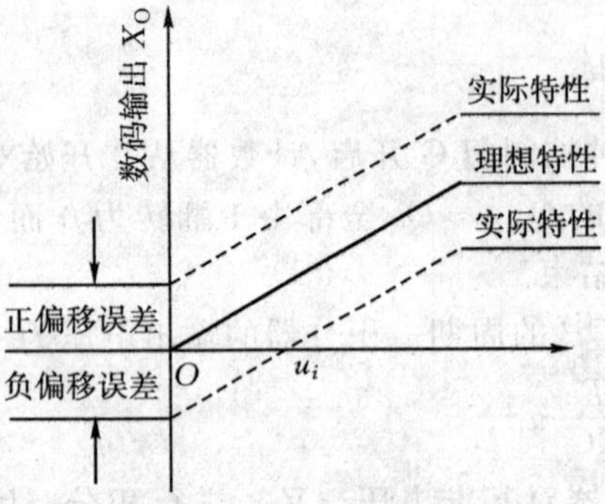

图 8－16　偏移误差

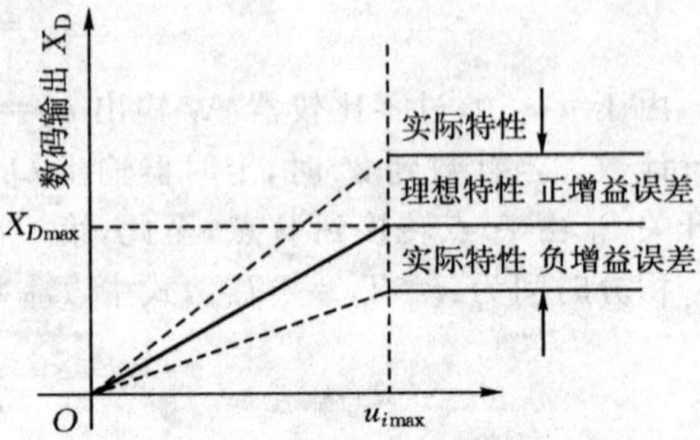

图 8－17　增益误差

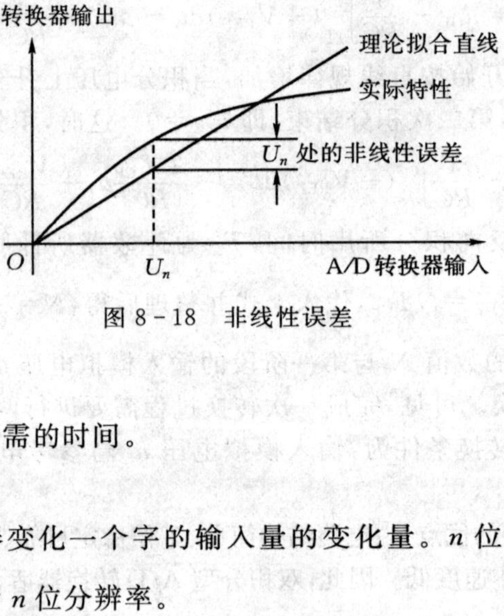

图 8－18　非线性误差

3. 转换时间

指完成一次 A/D 转换所需的时间。

4. 分辨率

指能够引起 A/D 转换器变化一个字的输入量的变化量。n 位 A/D 转换器的分辨率为 $\frac{1}{2^n-1}$，约等于 $\frac{1}{2^n}$，或直接称为 n 位分辨率。

5. 其他参数

输入电阻、共模抑制比、共模范围输入电压、供电电源、运行温度、逻辑输出电平、温度系数等。

8.3.6　集成 A/D 转换器 ADC0809 芯片

ADC0809 是 8 通道 8 位逐次逼近型 A/D 转换器，典型时钟频率为 640kHz，每一通道转换时间约为 100μs。时钟频率越高，转换速度越快，允许最大时钟频率为 1280kHz(通常选 640 kHz)，功耗为 15mW。

ADC0809 内部有一个 8 通道多路开关，它可以根据地址码锁存译码后的信号，只选通 8 路模拟输入信号中的一个进行 A/D 转换，其内部结构如图 8－19 所示，它由 8 路模拟开关、地址锁存与译码器、比较器、8 位开关树型 D/A 转换器等组成。

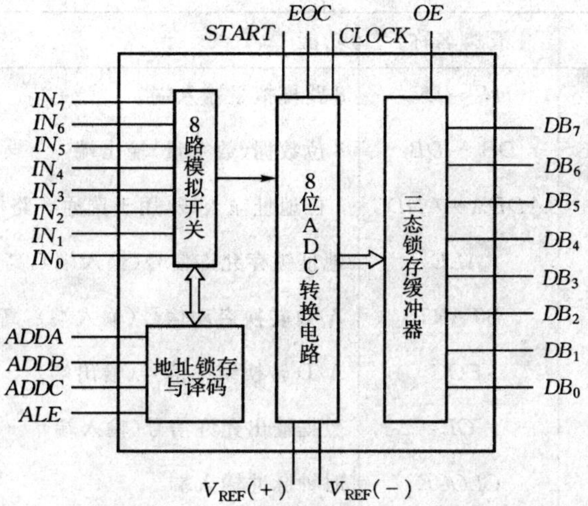

图 8-19 ADC0809 内部结构图

1. ADC0809 的主要特性

(1)8 路 8 位 A/D 转换器,即分辨率为 8 位;

(2)具有转换起停控制端;

(3)转换时间为 100μs;

(4)单+5V 电源供电;

(5)模拟输入电压范围 0～+5V,不需零点和满刻度校准;

(6)工作温度范围为-40～+85℃;

(7)低功耗,约 15mW;

(8)输入输出的逻辑电平与 TTL 电平兼容。

2. ADC0809 的管脚

ADC0809 芯片有 28 条引脚,采用双列直插式封装,引脚图如图 8-20 所示,各引脚说明见表 8-10。

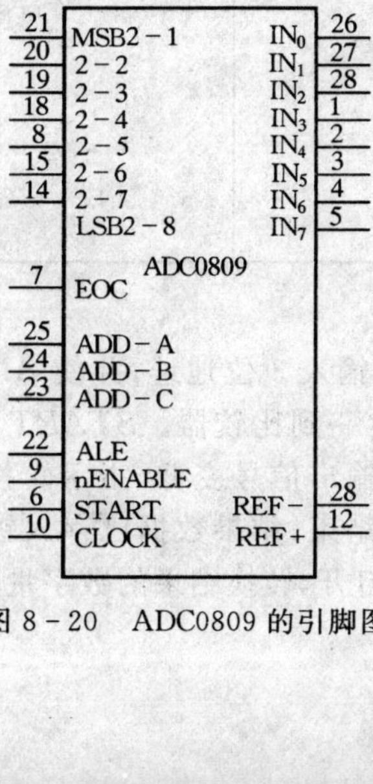

图 8-20 ADC0809 的引脚图

表 8-10 ADC0809 管脚功能表

管脚标号	管脚名称	功能
26～28,1～5	$IN_0 \sim IN_7$	8 路模拟量输入端
8,14～15,17～21	$DB_0 \sim DB_7$	8 位数据(数字量)输出端
23～25	$ADDA \sim ADDC$	3 位地址输入线,用于选通 8 路模拟输入中的一路
22	ALE	地址锁存允许信号(输入端),高电平有效
6	$START$	A/D 转换启动信号(输入端),高电平有效
7	EOC	A/D 转换结束信号(输出端)
9	OE	数据输出允许信号(输入端)
10	$CLOCK$	时钟脉冲输入端
12	$V_{REF(+)}$	基准电压高电平
16	$V_{REF(-)}$	基准电压低电平
11	V_{CC}	电源输入端,+5V
13	GND	接地

其中,8 位模拟信道是通过 3 位地址输入线进行选择的,当 $CBA=000$ 时,选通 IN_0 输入通道;同理,若 $CBA=001$ 时,选通输入 IN_1 输入通道,以此类推,二者之间的选择关系见表 8-11。

表 8-11 模拟信道地址选择

选择模拟通道	信道地址输出		
	C	B	A
IN_0	0	0	0
IN_1	0	0	1
IN_2	0	1	0
IN_3	0	1	1
IN_4	1	0	0
IN_5	1	0	1
IN_6	1	1	0
IN_7	1	1	1

3. 工作过程

ADC0809 的工作过程是:首先输入 3 位地址,并使 $ALE=1$,将地址存入地址锁存器中,此地址经译码选通 8 路模拟输入之一到比较器。$START$ 的上升沿将逐次逼近寄存器复位,下降沿启动 A/D 转换,之后 EOC 输出信号变低,指示转换正在进行。直到 A/D 转换完成,EOC 变为高电平,指示 A/D 转换结束,结果数据已存入锁存器,这个信号可用作中断申请。当 OE 输入高电平时,输出三态门打开,转换结果的数字量输出到数据总线上。

8.4　采样与保持

8.4.1　采样与保持概述

1. 采样保持器的作用

A/D 转换器对模拟输入信号进行数字信号转换总是需要一定的完成时间的。这样，在 A/D 转换器完成一次转换期间，其输入模拟信号应当维持不变(直流)或缓慢变化，变化范围不超出 A/D 转换器的一个量化值，否则将会引起 A/D 转换器的输出不稳定，甚至不能正常工作。

采样保持器的作用就是捕获模拟输入量在采样时刻的数值，且将该数值维持不变送入 A/D 转换器输入端，维持时间至少应大于 A/D 转换器的转换时间。一个数据采集系统，如果在 A/D 转换器之前增加采样保持器，其所能处理的信号最高频率将大为提高。反之，所能处理的信号的最高频率将受到限制。

2. 采样保持器的结构原理

采样保持电路通常由保持电容器、输入输出缓冲放大器、逻辑输入控制的开关电路等组成(见图 8-21)。采样期间，逻辑输入控制的模拟开关是闭合的。A_1 是高增益放大器，它的输出通过闭合开关给电容快速充电。保持期间，开关断开，由于运算放大器 A_2 的输入阻抗很高，理想情况下，电容器将保持充电时的最终值。目前采样保持电路大都集成在单一芯片中，其中保持电容 C_H 是外接的，由用户根据需要选择。

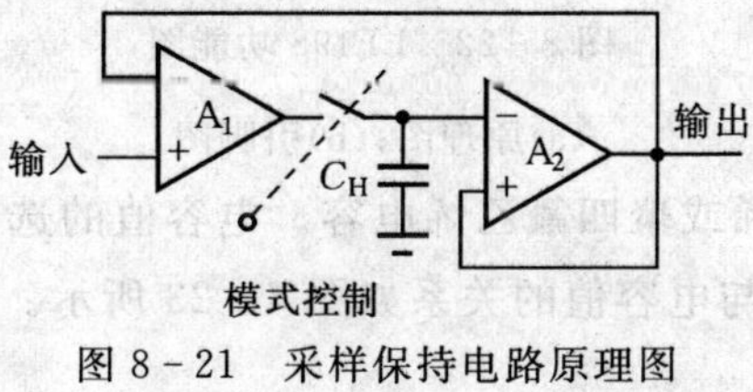

图 8-21　采样保持电路原理图

3. 采样保持电路的主要参数

(1)孔径时间(T_{AP})。在保持命令发出后到逻辑输入控制的开关完全断开所需要的时间称为孔径时间。由于该时间的存在，采样时间被延长了。

(2)孔径时间的不定性(ΔT_{AP})。它是孔径时间的变化范围。孔径时间所产生的误差可通过控制保持命令发出的时间加以消除，所以可以仅考虑 ΔT_{AP} 对准确度及采样频率的影响。

(3)捕捉时间(T_{AC})。采样保持器处于保持模式且发出采样命令时，采样保持器的输出从所保持的值到当前输入信号的值所需时间称为捕捉时间。该时间影响采样频率的提高，而对转换准确度无影响。

(4)保持电压的下降速率。

在保持模式时，由于等效并联阻抗并非无穷大，以及保持电容的漏电，使得电容慢速放电，引起保持电压的下降。保持电压的下降率可用下公式计算

$$\frac{\Delta V}{\Delta T}=\frac{I}{C_{\mathrm{H}}}$$

其中 I 为放电电流；C_{H} 为保持电容值。这里必须注意，保持电容应选择无感电容。

8.4.2　典型的采样保持器集成芯片

1. LF198/298/398

美国国家半导体公司生产的 LF198 芯片如图 8-22 所示。其供电电压在 ±5～±18V 之间。该芯片提供的两个控制端 8 和 7 是驱动放大器的两个差动输入端，用以适应各种电平信号。当参考电压端 7 接地，控制输入端 8 大于 1.4V 时，电路处于采样模式(与 TTL 的逻辑电平对应)；当控制输入端输入低电平时，电路处于保持模式。

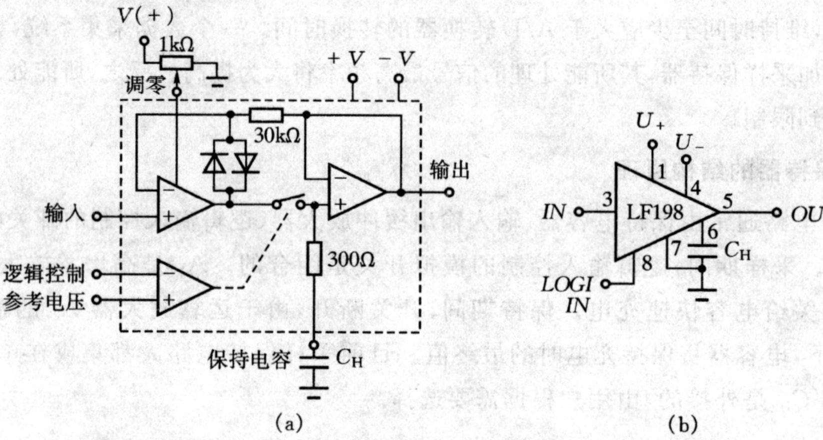

图 8-22　LF198 功能图

(a)原理图；(b)引脚图

2. 保持电容选择聚苯乙烯或聚四氟乙烯电容。电容值的选择应综合考虑准确度、下降率和采样频率等参数，这些参数与电容值的关系如图 8-23 所示。

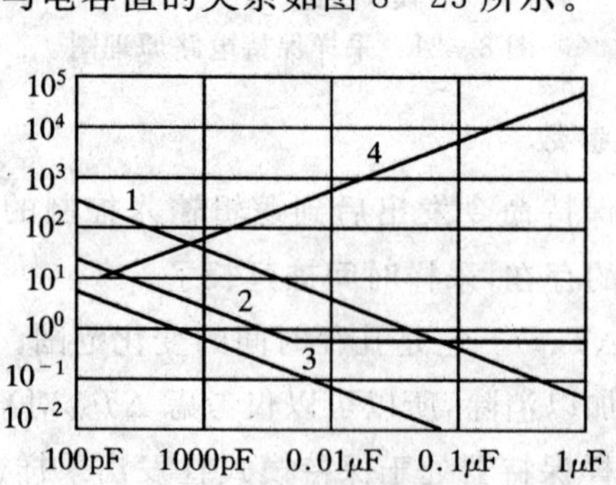

图 8-23　参数与电容值的关系

注： 1——下垂速率(mV/s)；2——采样/保持漂移(mV)；3——馈送(mV)10V 输入；4——捕捉时间(μs)

为了提高采样频率，电容可小到 100pF，但下垂率也相应增大了。

本章小结

本章从 D/A、A/D 转换器的内部结构出发，介绍了各种 A/D、D/A 转换器的工作原理及相应的参数，学习的重点是常用的 A/D、D/A 集成芯片。

1. 权电阻 D/A 转换器主要由基准点压、权电阻电路、求和运算电路和电子模拟开关组成。其最大特点是转换速度快。

2. 倒 T 型电阻网络的 D/A 转换器主要由倒 T 型电阻网络、模拟开关和运算放大电路这三部分组成。它采用 $R-2R$ 两种电阻构成电阻网络，克服了权电阻网络 D/A 转换器中电阻阻值相差太大的缺点，便于集成，提高了准确度，减小了电流建立时间和转换过程中的尖峰脉冲。

3. 权电流型 D/A 转换器，由于每条支路的恒电流不再受开关的导通内阻和压降的影响，降低了对开关电路的要求，大大提高了转换准确度。

4. 双极性 D/A 转换器作为一般了解，使用时只要按芯片手册提供的典型电路就可以实现。

5. 并行比较型 A/D 转换器由电阻分压器、电压比较器、寄存器及编码电路组成，应重点掌握量化和编码这两个环节。并行比较型 A/D 转换器转换速度最快，但在增加转换位数时，比较器数量将大大增加，该电路一般用在转换位数比较少，转换速度快的场合。

6. 逐次渐近型 A/D 转换器主要包含电压比较器、D/A 转换器、数码寄存器、时钟脉冲源和控制逻辑电路等 5 部分。逐次比较型 A/D 转换器转换精度与输入数字量的位数有关，位数越多，转换准确度越高。

7. 双积分型 A/D 转换器主要由积分器、过零比较器、时钟控制门、计数器和定时器这几部分构成。双积分型 A/D 转换器转换时间长，工作速度低，但其电路结构简单、工作稳定可靠、转换准确度高且抗干扰能力强。因此，双积分型 A/D 转换器适合转换速度较低和强电磁干扰环节的场合。

8. 从使用角度出发，了解 D/A 和 A/D 转换器的工作原理及特点，目的是为了更好地用它组成应用系统。学习本章应把重点放在看懂集成转换芯片的功能和技术指标，例如，参考电压与量程的关系，转换位数与转换准确度的关系，转换速度与应用场合等。

习　题

8.1　一个 8 位 D/A 转换器的最小输出电压增量为 0.03V，求当输入二进制数为 11001101 时，其输出电压 U_O 是多少？该转换器的满度输出电压是多少？

8.2　一个 10 位 D/A 转换器在输入全为 1 时的输出电压为 5V，求当输入二进制数为 1001101001 时，其输出电压 U_O 是多少？

8.3　已知 8 位权电阻网络 D/A 转换器中的 $V_{REF}=-10V$，$R_F=\frac{1}{4}R$，试求输入最大数字

量和最小数字量时对应输出的电压值。

8.4　一个8位的$R-2R$倒T型电阻网络D/A转换器，如果运算放大器的反馈电阻$R_F=R$，$V_{REF}=5V$，求当输入二进制数为00000001、10000000和11111111时的输出电压值。

8.5　求一个12位的逐次逼近型A/D转换器在时钟频率为1MHz时，完成一次转换所需的时间是多少？

8.6　已知D/A转换器的最小输出电压$U_{LSB}=5mV$，最大输出电压$U_{FER}=10V$，则应选用多少位的D/A转换器？

8.7　如A/D转换器输入的模拟电压不大于10V，基准电压V_{REF}应为多大？如转换成8位二进制代码时，它能分辨最小的模拟电压有多大？如转换成16位二进制代码时，它能分辨最小的模拟电压又为多大？

8.8　双积分A/D转换器的参考电压$-V_{REF}=-10V$，计数器为12位二进制加计数器，当时钟频率$f_C=1MHz$时，求：

(1) 允许输入的最大模拟电压是多少？完成一次转换所需的最长时间是多少？

(2) 当输入电压$u_i=6V$时，输出的二进制数字量是多少？

(3) 当计数器的值为$(4FF)_{16}$时，对应的输入电压u_i是多少？

8.9　一个10位二进制DAC在输入0000110001时的输出电压为0.08V，求当输入0010010011时的输出电压。

8.10　简述逐次逼近型ADC的工作原理。时钟频率为500kHz的12位逐次逼近型ADC的转换时间是多少？为什么？

第 9* 章 半导体存储器与可编程逻辑器件

半导体存储器是一种能够存放二值数据的集成电路。本章简要介绍随机存取存储器和只读存储器的结构和工作原理。对其他可编程逻辑器件，仅做一般概念性的介绍。

9.1 概 述

半导体存储器是一种能够存放二值数据的集成电路，它具有集成度高、功耗小、存取速度快等优点。半导体存储器的分类如图 9-1 所示。

- 半导体存储器
  - 随机存取存储器(RAM)
    - 双极型
    - MOS 型
      - 静态 RAM(SRAM)
      - 动态 RAM(DRAM)
  - 只读存储器(ROM)
    - 掩模存储器(MROM)
    - 可编程存储器(PROM)
    - 可擦除可编程存储器
      - 紫外线擦除的可编程存储器(EPROM)
      - 电擦除的可编程存储器(E^2PROM)

图 9-1 半导体存储器的分类

半导体存储器按使用功能分为随机存取存储器(Random Access Memory，简称 RAM)和只读存储器(Read-Only Memory，简称 ROM)。

随机存储器 RAM 既能写入数据，又能读出数据。RAM 按所用半导体器件的不同，分为双极型和 MOS 型。双极型 RAM 工作速度快，在微机中一般用做高速缓存；MOS 型 RAM 功耗小、集成度高，用于大容量存储器。RAM 按信息存放方式又可分为静态 RAM(Static RAM，简称 SRAM)和动态 RAM(Dynamic RAM，简称 DRAM)。

只读存储器 ROM 分为以下几种：掩模式 ROM，用户不可对其编程，其内容已由厂家设定好，不能更改；可编程 ROM(Programmable ROM，简称 PROM)，用户只能对其进行一次编程，写入后不能更改；可擦除可编程 ROM(Erasable PROM，简称 EPROM)，其内容可用紫外线擦除，以供用户进行多次编程；电擦除的 PROM(Electrically Erasable PROM，简称 EEPROM 或 E^2PROM)，能以字节为单位电擦除和改写。

可编程逻辑器件是现代数字系统中应用最广泛的器件，它的发展经历了四个不同的阶段，即 PAL(Programmable Array Logic，可编程阵列逻辑)、GAL(Generic Array Logic，通用阵列逻辑)、PLD(Programmable Logic Device，可编程逻辑器件)和 FPGA(Field Programmable Gate Array，现场可编程门阵列)。

(1)早期出现的专用可编程逻辑器件有 PAL(可编程与阵列，固定或阵列)和 PLA(与阵列和或阵列均可编程)，在国内实际产品中应用很少。

(2)通用阵列逻辑 GAL，20 世纪 80 年代初期开始在一些产品中得到应用。当时产品以

51 单片机为控制核心，配合 74 系列集成电路，附加少量的 GAL 器件，主要实现一些简单的数字电路，这些器件由于容量太小，用途受到限制，实际中较少使用。

(3)在 20 世纪 80 年代末期出现的可编程逻辑器件 PLD(Programmable Logic Device)较好地解决了集成电路之间的连接问题，极大地降低了产品的体积。它允许用户根据自己的需要定义逻辑功能，具有现场可编程的特性。它的应用设计已成为电子工程师必备的一种技能，基本设计方法是借助集成开发软件平台，用原理图、硬件描述语言等方法，生成相应的配置文件，通过 JTAG(Joint Test Action Group，联合测试工作组)下载电缆将配置文件代码下载到目标芯片中，实现所设计的数字系统。有关这方面的内容将在附录 2 中给予介绍。

(4)现场可编程门阵列 FPGA 是另一类可编程逻辑器件，用户可根据需要进行编程设计，实现真正的应用系统。由于它的通用性更好，使用更方便灵活，功能更加强大，目前已成为应用非常广泛的 PLD 器件之一。但开发者必须有扎实的相关基础和较强的实践能力，显然，该部分内容不是数字电子技术基础课程要解决的问题。

9.2　随机存取存储器

随机存取存储器 RAM 是指能够向存储器中写入(存入)或者从中读出(取出)信息的存储器，也叫读/写存储器。RAM 可随时从任何一个指定地址的存储单元中读出数据，也可随时将数据写入任何一个指定地址的存储单元中。RAM 的最大优点是读写方便，但信息容易丢失，一旦电源关断，所存储的信息就会随之消失，不利于信息的长期保存。

9.2.1　RAM 的电路结构与工作原理

RAM 的结构框图如图 9-2 所示。它由三部分组成：地址译码器、存储矩阵和读写控制电路。由图可知，存储器有三类信号线，即地址线 *AB*、数据线 *DB* 和读写控制线。

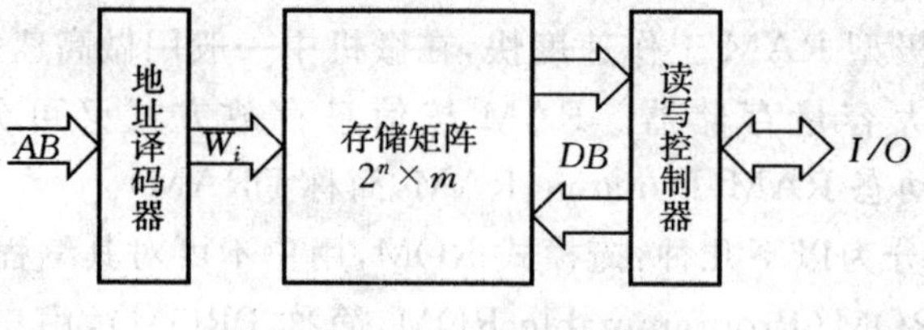

图 9-2　RAM 的电路结构

1. 地址译码器

地址译码器对存储单元的编址方式有两种，一种是单译码编址方式，结构图如图 9-3 所示；另一种是双译码编址方式，结构图如图 9-4 所示。在单译码编址方式中，RAM 内部任意一个字线(Wi)选择一个字的所有位，例如该存储器为 256 个字，那么译码器就必须有 8 个地址输入端，译码输出为 256 根字线。如果是 1K 字的存储器，就需要 1024 根字线。显然，在容量大时，内部连线过多，因此，在存储器中一般采用双译码编址方式，即采用行地址线和列地址线共同作用下选中一个字。例如，存储器容量为 256 字，如果用单译码器，则需要 256 根内部字线，而双译码器，则仅需行线 16 根，列线 16 根共 32 根线。

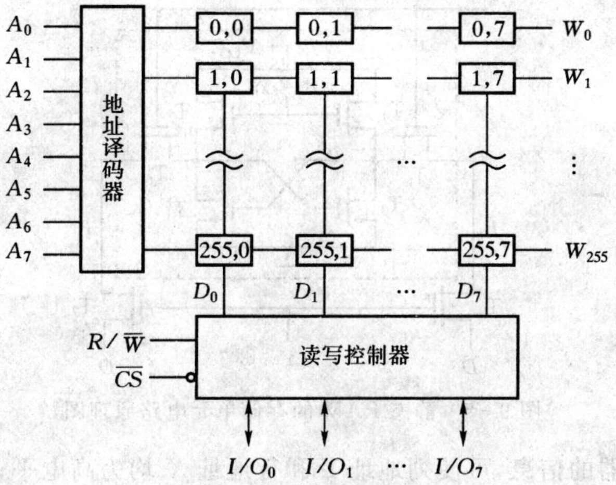

图 9-3　单地址译码方式的结构图

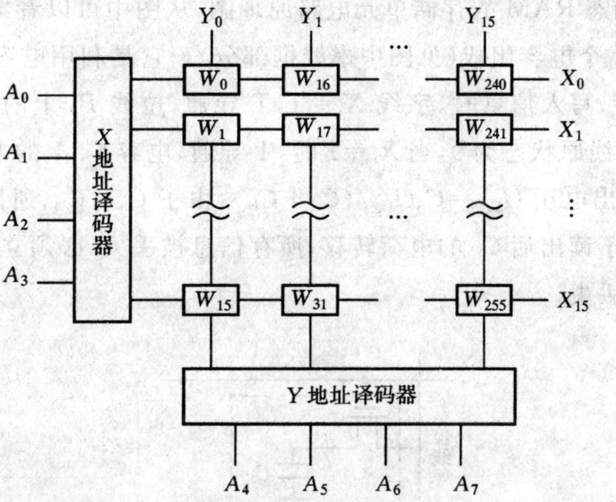

图 9-4　双地址译码方式的结构图

2. 存储矩阵

RAM 的存储矩阵由许多存储单元构成，每个存储单元存放一位二进制数码。RAM 存储单元的数据不是预先固定好的，而是取决于外部输入的信息。要存储信息，就必须有具备记忆功能的存储单元。图 9-5 所示为静态 RAM 双译码编址方式的存储单元电路原理图，它是由 6 个增强型 N 沟道 MOS 组成的，其中，$T_1 \sim T_4$ 管组成基本 RS 触发器，用来寄存一位二进制数码；$T_5 \sim T_6$ 是门控管，它受 X_i 地址线控制，当 $X_i=1$ 时，T_5、T_6 导通，使 RS 触发器输出端 Q、$\overline{Q}$和位线 B_j、$\overline{B}_j$ 连接，当 $X_i=0$ 时，T_5、T_6 断开；T_7、T_8 的作用与 T_5、T_6 相同，它是受列地址线 Y_j 控制，当 $Y_j=1$ 时，T_7、T_8 导通，使列输出和内部数据线相连，当 $Y_j=0$ 时，T_7、T_8 断开。

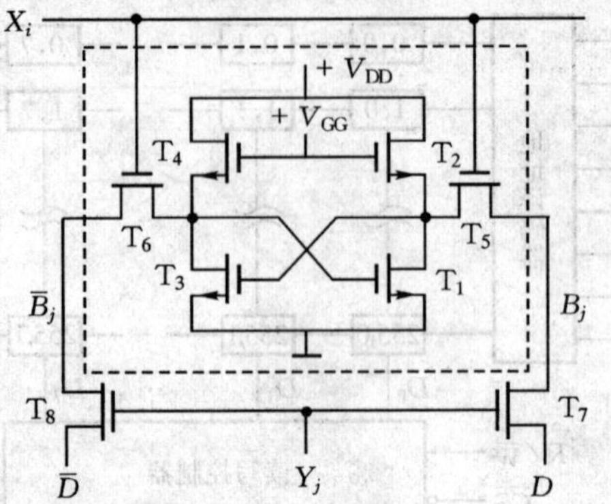

图 9-5　静态 RAM 的存储单元电路原理图

为了读出该触发器的信息，可使列地址 Y 和行地址 X 均为高电平；为了写入信息，首先要将外部信息加在 D 和 $\overline{D}$ 端，然后再使列地址 Y 和行地址 X 均为高电平。

静态 RAM(SRAM)的缺点是结构复杂，集成度低。

图 9-6 所示为动态 RAM 的存储单元电路原理图，从图中可以看出 RAM 的动态存储单元由一个 MOS 管和一个电容组成(见图中虚线框部分)。它是利用电容 C_S 存放信息的，其工作原理是：T 为门控管，写入信息时，字线 $X_i=1$，T 导通，位线 B_j 上的输入数据经 T 存储在 C_S 中；读出信息时，位线原状态为 0，当 $X_i=1$ 时，T 导通，电容 C_S 上的电荷向位线上的分布电容 C_D 转移，使位线输出电压 $U_{C_D}=C_S U_{C_S}/(C_S+C_D)$，由于 $C_S \ll C_D$，所以，U_{C_D} 的电平值很小，必须经放大输出。由于读出后 C_S 的电荷转移，所存信息被丢失，必须立即进行刷新操作恢复，以保证存储信息不会丢失。

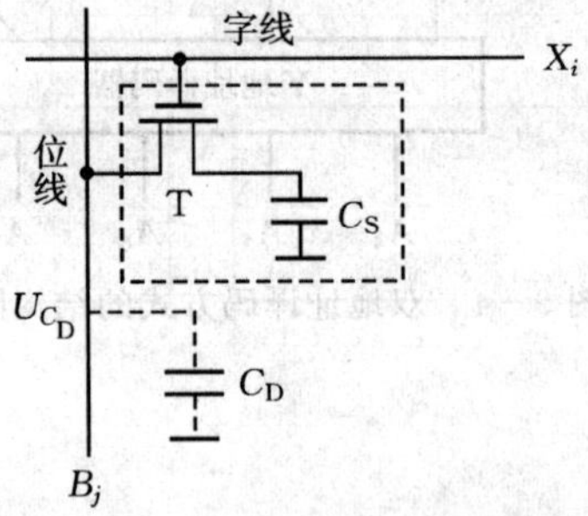

图 9-6　动态 RAM 的存储单元电路原理图

DRAM 的优点是容量大，功耗小，价格低，但其读写速度比 SRAM 低，并需要刷新及读出放大器等外围电路。

3. 读写控制电路及片选

当 RAM 存储系统由多片组成时，为了正确读出或写入信息，必须通过片选 $\overline{CS}$ 端分时选通控制，只有 $\overline{CS}=0$ 的芯片才能被读出或写入信息，否则，该芯片呈现高阻状态，不能被访问。

当一个地址码选中存储矩阵中相应的存储单元时，是读还是写，可采用高、低电平来控制。在图 9-7 中，当读控制输入端为高电平，即 $R/\overline{W}=1$ 时，执行的是读操作；当 $R/\overline{W}=0$ 时，执行的是写操作。

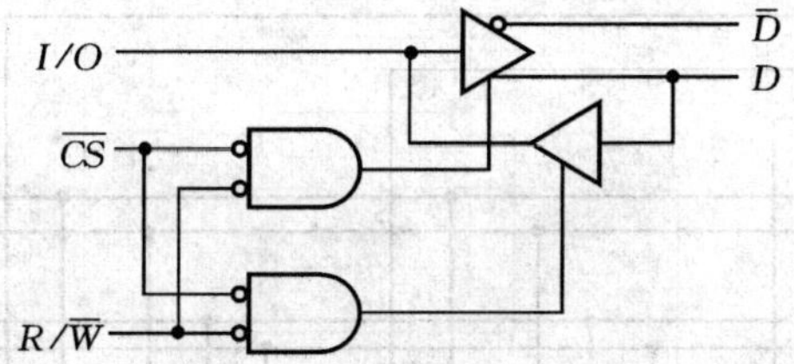

图 9-7　读写控制逻辑图

9.2.2　RAM 的容量扩展

1. 位扩展

当需要将位数少的 RAM 芯片组成位数较多的存储器时，就必须通过位扩展使多片存储器达到设计所需要的字长。例如，图 9-8 所示为用两片 1K×4 的 RAM 芯片扩展为 1K×8 字长的存储器的电路连线图。扩展的方法是：将两片 RAM 的地址线对应相连，接至地址总线（外部总线）上；将两片 RAM 的片选端相连，接至控制总线的片选端；将两片 RAM 的读写信号相连，接至控制总线的读写端。将第 1 片 RAM 的 4 个 I/O 口分别当作数据输出线 $D_3D_2D_1D_0$，将第 2 片 RAM 的 4 个 I/O 口分别当作数据输出线 $D_7D_6D_5D_4$。

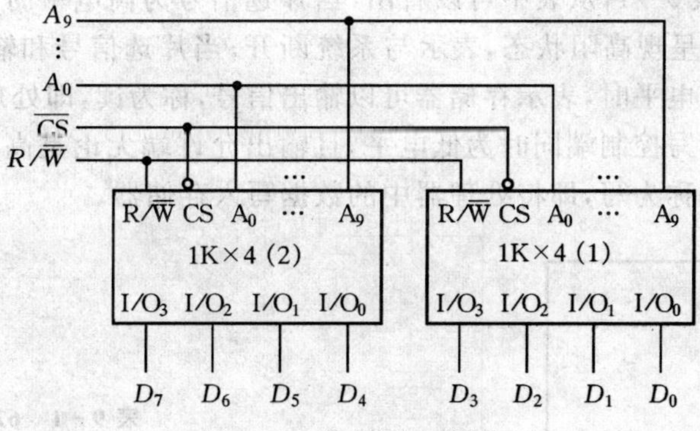

图 9-8　位扩展连线图

2. 字扩展

当需要将位数相同的 RAM 芯片组成字数较多的存储器时，就必须使用字扩展。例如，图 9-9所示为将 4 片 1K×8 的 RAM 组成 4K×8 的存储器的电路图。其方法是：将 4 片 RAM 的地址线 $A_0 \sim A_9$ 对应相连后，接至地址总线上；将 4 片 RAM 的读写信号相连，接至控制总线的读写端；将 4 片 RAM 的 I/O 口接至数据总线上；将 4 片 RAM 的片选端分别接至 2-4译码器的输出端；译码器的输入端 X_0X_1 分别接至地址线总线的 $A_{10}A_{11}$ 端；最后将译码器的选通端 ST 端接至控制总线的片选端 $\overline{CS}$。

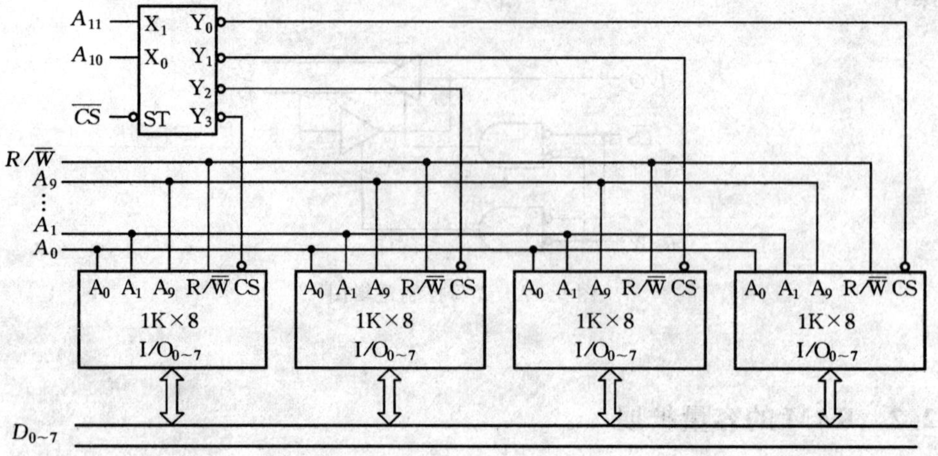

图 9-9 字扩展连线图

9.2.3 集成 RAM 举例

62256 是一种存储容量为 32K×8 的 SRAM，它采用 28 脚双列直插封装，逻辑符号如图 9-10所示。

62256 有 15 个地址输入端 $A_0 \sim A_{14}$、8 个数据输入/输出端 $I/O_0 \sim I/O_7$、一个片选输入端 CS、一个输出允许端 OE 和一个读写控制端 WR。它的读写周期为 450ns。

62256 的功能见表 9-1，从表中可以看出，当片选信号为高电平时，其他控制信号都不起作用，I/O 口输出总是呈现高阻状态，表示与系统断开；当片选信号和输出允许端同时为低电平，而读写控制端为高电平时，表示存储器可以输出信号，称为读，即处理器将存储器中的数据读回；当片选信号和读写控制端同时为低电平，且输出允许端无论是高电平或低电平时，表示存储器可以输入信号，称为写，即将处理器中的数据写入存储器。

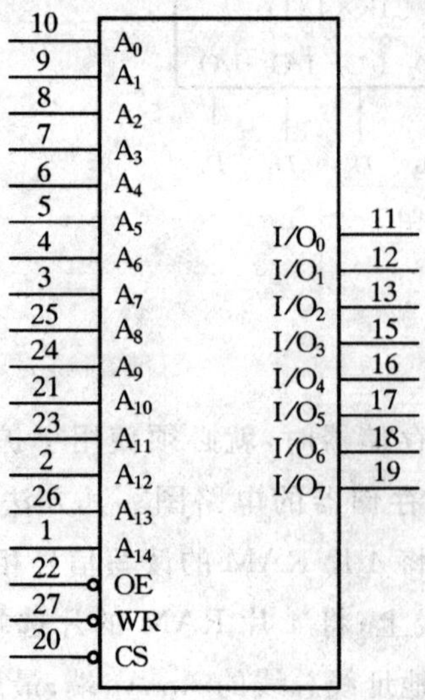

图 9-10 62256 逻辑符号

表 9-1 62256 功能表

$\overline{CS}$	$\overline{WR}$	$\overline{OE}$	I/O	工作方式
1	×	×	高阻 Z	无片选
0	1	0	DO	读
0	0	×	DI	写
0	×	1	高阻 Z	禁止输出

9.3　只读存储器

只读存储器 ROM 是一种用来存放固定不变的二进制数码的存储器，在正常工作时，可重复读取所存储的信息代码，而不能改写存储的信息代码。ROM 的特点是其所存储的信息能够永久地保存，即使断电也不会丢失数据。

一般的只读存储器都属于可编程逻辑器件，为了便于画图，本章在介绍 ROM 的基本原理时，采用如图 9－11 所示的简化画法，这也是国际上有关 PLD 的习惯画法。图 9－11(a)表示互补输出，图 9－11(b)表示输出缓冲，图 9－11(c)表示逻辑与，图 9－11(d)表示逻辑或，图 9－11(e)表示 PLD 的连接方法，交叉线上加"•"表示固定连接，加"×"表示编程连接，无符号表示断开。

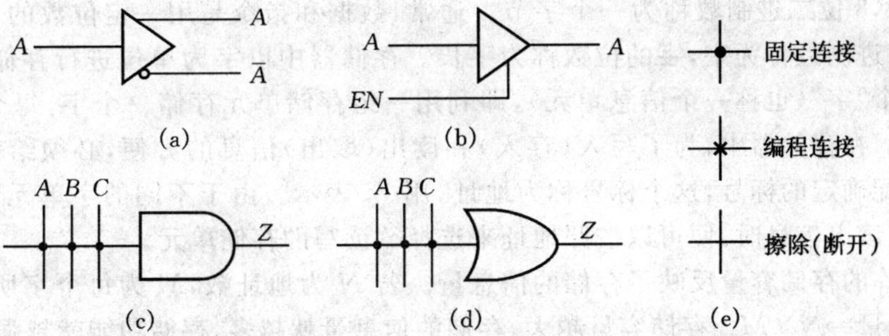

图 9－11　PLD 简化画法

(a)互补输出；(b)输出缓冲器；(c)3 输入与门；(d)3 输入或门；(e)连接方法

9.3.1　ROM 的结构

ROM 的一般结构框图如图 9－12 所示。它由地址译码器、存储矩阵、读出电路(输出缓冲器)以及芯片选择逻辑等组成。它有 n 条地址输入线($A_0 \sim A_{n-1}$)，m 条数据输出线($D_0 \sim D_{m-1}$)，数据线上输出的是被选中的存储单元的数据。

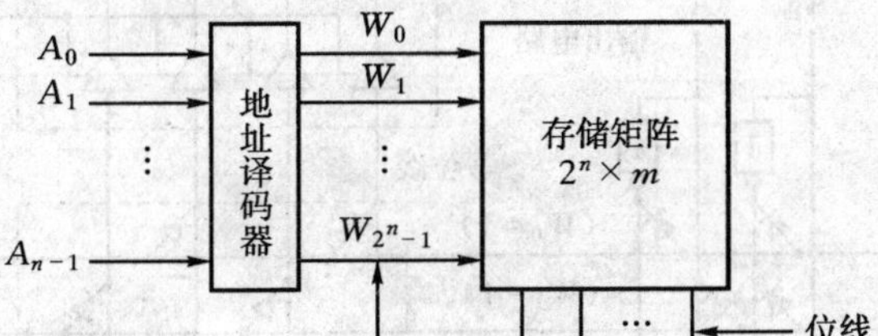

图 9－12　ROM 结构框图

1. 地址译码器

地址译码器有 n 条地址输入线 $A_0 \sim A_{n-1}$，2^n 条译码输出线 $W_0 \sim W_{2^n-1}$，每一条译码输出线 W_i 称为“字线”，它与存储矩阵中的一个“字”相对应。地址译码器的作用是根据输入的地址代码从 n 条地址输入线中选择一条“字线”，以确定与该字线地址代码相对应的一组存储单元的位置。每当给定一组输入地址时，译码器只有一条输出字线 W_i 被选中，该字线可以在存储矩阵中找到一个相应的“字”，并将字中的 m 位信息 $D_{m-1} \sim D_0$ 送至输出缓冲器。读出 $D_{m-1} \sim D_0$ 的每条数据输出线 D_i 也称为“位线”，每个字中信息的位数称为“字长”。

任何时刻，只能有一条字线被选中。于是，被选中的那条字线所对应的一组存储单元中的各位数码便经位线传送到数据线上输出。n 条地址输入线可得到 $N=2^n$ 个地址。

2. 存储矩阵

存储矩阵是存放信息的主体，它由许多存储单元排列组成。每个存储单元存放一位二值代码(0 或 1)，8 位二进制数称为一个字节。通常，数据和指令是用一定位数的二进制数来表示的，这个二进制数称为字，字的位数称为字长。存储器中以字为单位进行存储，若干个存储单元组成一个“字”(也称一个信息单元)，即利用一组存储单元存储一个字，每个字包含有 M 位二进制数。在存储器中，为了写入(存入)和读出(取出)信息的方便，必须给每组存储单元(字单元)分配确定的标号，这个标号称为地址，用 W 表示。由于不同的字单元具有不同的地址，在写入或读出信息时，便可以按照地址来选择欲读写的存储单元。

存储矩阵的存储容量反映了存储的信息量。若 N 为地址数，M 为每个字所包含的位数，那么，存储容量 $=N \times M$。存储容量越大，存储的信息量就越多，存储功能就越强。

3. 读出电路

读出电路又称输出缓冲器，它是 ROM 的数据读出电路，通常由三态门构成，在允许输出信号控制下将被选中的 M 位数据输出至位线上。

9.3.2 ROM 的工作原理

为了简单明了起见，在介绍 ROM 工作原理的过程中，地址译码和储存矩阵都以二极管作为基本元件构成的电路为例来说明，如图 9－13 所示。

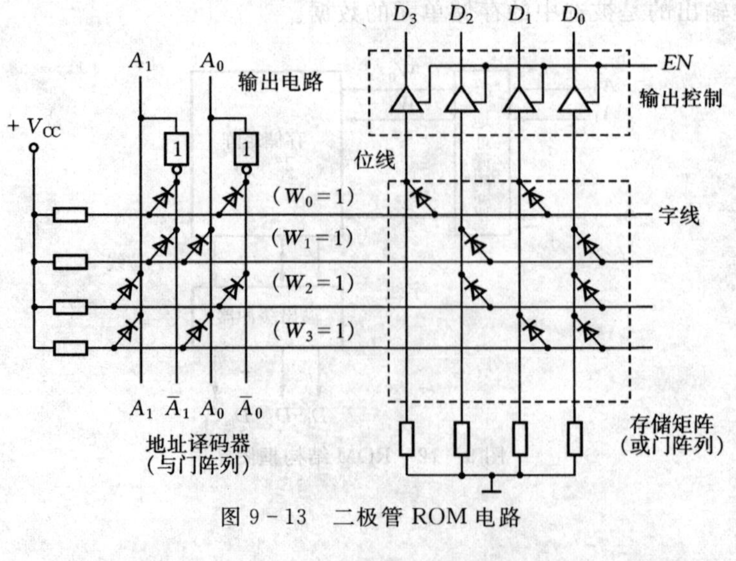

图 9－13　二极管 ROM 电路

1. 地址译码器

它是一个由二极管构成的译码器，两位地址代码 A_1 和 A_0 为译码器的输入，字线 W_0～W_3 为译码器的输出。译码器是一个与逻辑阵列，其每一行可等效为一个二极管与门电路。例如，在图 9－13 的电路中，地址译码器含有 4 个二极管与门电路，输入变量为 A_1、A_0，输出变量为 W_0～W_3。输出与输入满足逻辑与的关系。以第 3 行为例，$W_3=A_1A_0$。

当输入地址代码 A_1A_0 分别为 00，01，10，11 四种组合时，字线 W_0、W_1、W_2、W_3 中总有一条字线为“1”。也就是说，无论 A_1A_0 取何种值，4 条字线中只能有一条为高电平。因此，该译码器又称 N 取 1 译码器。例如，当地址代码 $A_1A_0=10$ 时，地址译码器中只有与字线 W_2 相连的两个二极管的阴极同时为“1”，与门输出 $W_2=1$。

2. 存储矩阵的工作原理

实际上，存储矩阵是一个或逻辑阵列，每一列可视为一个二极管或门电路。图 9－13 中的二极管 ROM 电路含有 4 个二极管或门电路，输入变量为 W_0～W_3（字线），输出变量为 D_0～D_3（位线）。输入任意一个地址码，译码器就可使与之对应的某条字线为高电平，进而在 $EN=1$ 时，从数据输出线上读出 4 位数字量。例如，位线 D_0 上有 3 个二极管阴极通过电阻接地，构成一个或门电路，其逻辑表达式为 $D_0=W_1+W_2+W_3$。同理，位线 D_1 上连接由两个二极管构成的一个或门电路，其逻辑表达式为 $D_1=W_0+W_3$。位线 D_2 的逻辑表达式为 $D_2=W_1+W_2$。位线 D_3 的逻辑表达式为 $D_3=W_0$。

3. 简化的 ROM 矩阵阵列图

图 9－13 二极管 ROM 电路可以画成如图 9－14 所示的简化电路，有二极管的存储单元用一黑点表示。例如，字线 W_1 被选中（$W_1=1$），在 W_1 这一行上有两个黑点（存 1），另两个交叉点上无黑点（存 0），此时，ROM 输出的数据（字）为 $D_3D_2D_1D_0=0101$。当然，ROM 也可以从 D_0～D_3 各位线中单线输出信息，例如，$D_2=W_1+W_2$。

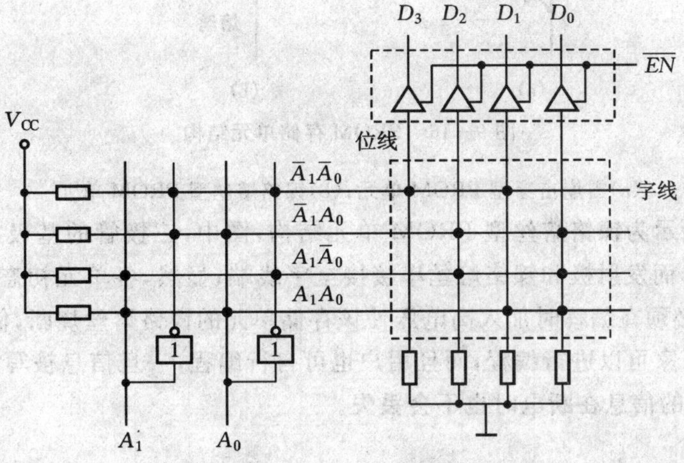

图 9－14　简化的 ROM 矩阵阵列图

ROM 存储矩阵不但可以由二极管组成，也可由双极型晶体管和 MOS 型场效应管构成，如图 9－15 所示。

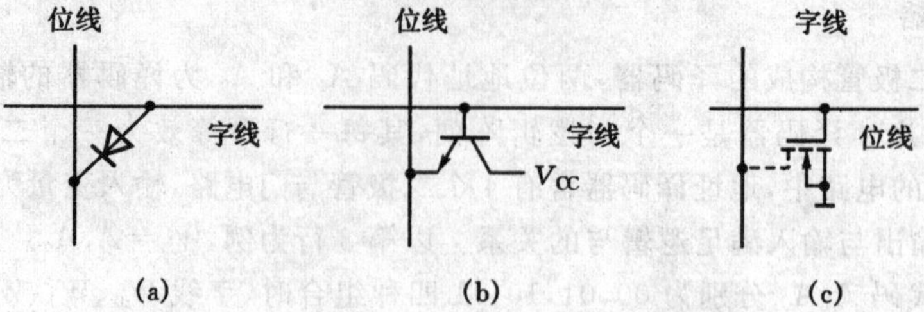

图 9-15　ROM 存储单元结构

(a)二极管 ROM 电路结构;(b)三极管 ROM 电路结构;(c)MOS 管 ROM 电路结构

9.3.3　可编程只读存储器

可编程只读存储器 PROM 是一个与逻辑阵列。当需要将某一单元存储 1 时,就将器件的字线和位线接通;当需要将某一单元存储 0 时,就将器件的字线和位线断开。这种使字线和位线接通或断开的操作过程,称为编程。

1. PROM

在 PROM 中,译码器是一个不可编程的与阵列,存储矩阵是可编程的。PROM 的存储矩阵单元常用的结构有两种,如图 9-16 所示。图 9-16(a)所示为雪崩击穿型 PROM 的结构,它的每一个单元由两个二极管反向串接在位线和字线之间,因此各单元初态存储均为 0。若需要编程为 1 的存储单元,就必须在编程时加入反向高电压将该存储单元的二极管 D_1 雪崩击穿,形成通路,使得位线和字线接通。

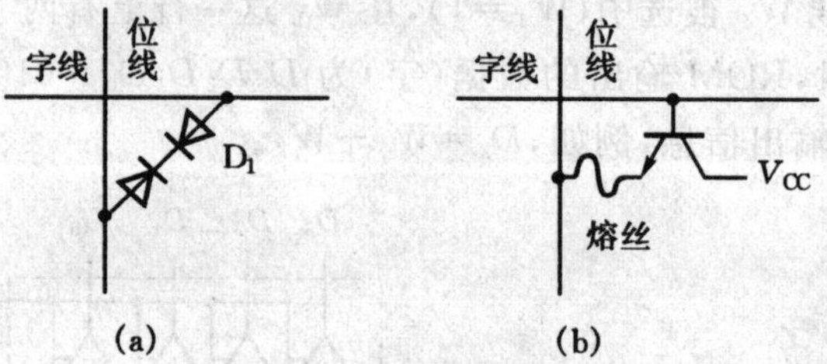

图 9-16　PROM 存储单元结构

(a)雪崩击穿型 PROM 单元;(b)镍铬熔丝型 PROM 单元

图 9-16(b)所示为镍铬熔丝型 PROM 单元结构,图中,三极管的基极接至位线端,集电极接电源电压 V_{CC},而发射极和镍铬熔丝串接接至字线端;显然,各单元初态存储均为 1,若需要编程为 0 时,就必须在编程时加入高电压使该存储单元的镍铬熔丝烧断,使之断开。

PROM 不仅厂家可以进行编程,而且用户也可自行编程,一旦信息被写入就不能再改变,它的特点是所存入的信息在断电时也不会丢失。

2. EPROM

可擦除可编程只读存储器(Erasable Programmable Read-Only Memory),简称 EPROM。图 9-17(a)所示为 MOS 型 EPROM 存储单元,它由一只普通的 PMOS 管串接一只浮栅雪崩注入式 MOS 管(FAMOS)构成,出厂时所有存储单元初态都为 0。若要将某单元编程为 1,可在该单元字线和输出线之间加入正常工作电压 5 倍左右的负电压(一般为 -25V),这时在

FAMOS 中产生雪崩效应，使 FAMOS 栅极存储一定数量的负电荷，这些电荷使 FAMOS 漏极、源极之间形成导电沟道，从而使与 FAMOS 串联的 PMOS 管导通，达到存储 1 的目的。所加负电压撤除后，由于 FAMOS 栅极电荷无放电通路，故能长期保持。

这种器件具有可用紫外线擦除使之回到初态的功能，其操作方法是用紫外线照射器件窗口 15 分钟到 20 分钟。EPROM 的封装如图 9-17(b)所示。

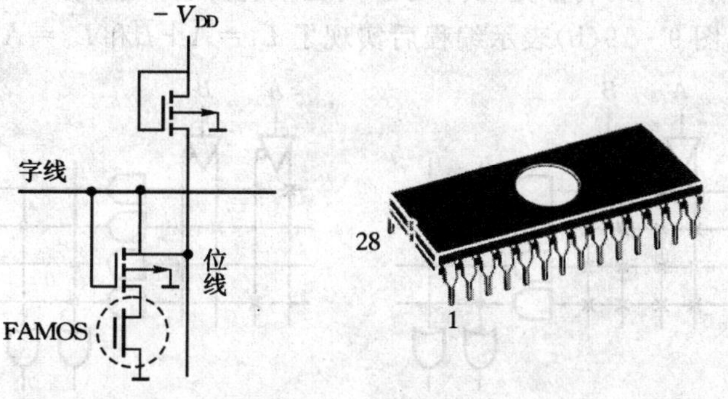

(a)　　　　(b)

图 9-17　EPROM 单元结构及其封装

(a)EPROM 单元结构；(b)EPROM 封装图

3. EEPROM

对用户来讲，以上介绍的存储器件实际上已经不常使用。目前最常采用的是以双层栅介质的新型 MOS 管作为存储单元构成电可擦除可编程 ROM(Electrically Erasable Programmable Read-Only Memory，简称 EEPROM 或 E^2PROM。E^2PROM 不仅编程速度快，而且改写非常方便。若要改写某存储单元的内容，只要对该单元写入新的内容即可，且断电数据也不会丢失。

9.3.4　ROM 的应用

例 9-1　画出由二极管组成的 ROM 实现半加器的电路结构图。

解　(1)写出真值表，见表 9-2。

(2)根据真值表，画出逻辑电路图，如图 9-18 所示。其中地址译码输入端分别接入两个 1 位二进制数 A、B，按照图示可以看出，输出 $S=W_1+W_2$，$C=W_3$，即完成半加器的功能。

表 9-2　半加器真值表

EN	A	B	S	C
0	×	×	Z	Z
1	0	0	0	0
1	0	1	1	0
1	1	0	1	0
1	1	1	0	1

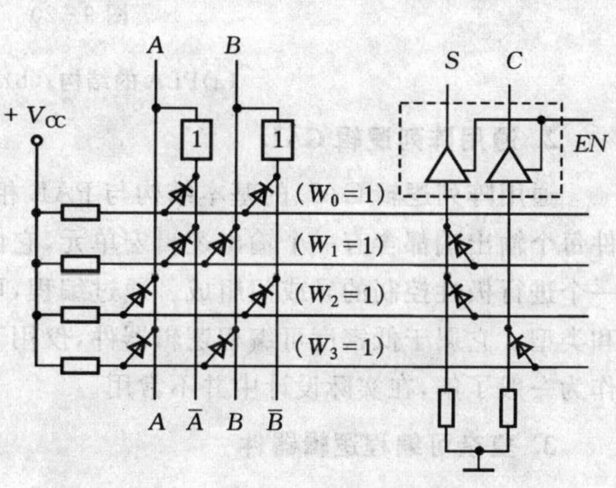

图 9-18　二极管 ROM 电路构成的半加器

9.4　几种常见的可编程逻辑器件简介

1. 可编程阵列逻辑 PAL 和 PLA

可编程阵列逻辑 PAL 的特点是与阵列可编程，或阵列固定。图 9－19(a)表示出厂时的 PAL 器件的结构图，图 9－19(b)表示编程后实现了 $L_1=\overline{A}+\overline{B}$和 $L_0=A+B$ 功能的电路图。

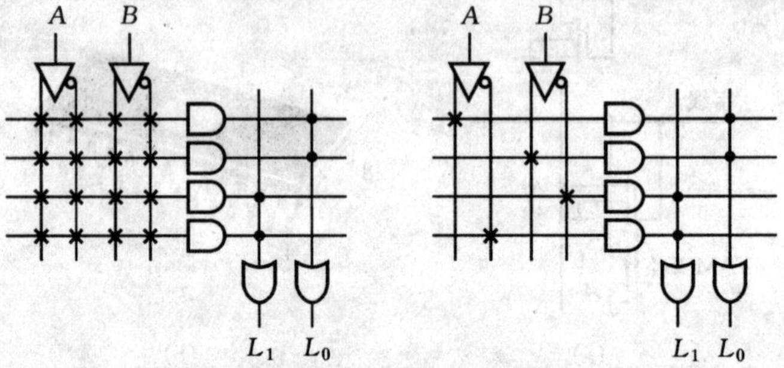

(a)　　　　　　　　(b)

图 9－19　PAL 的应用

(a)PAL 的结构；(b)PAL 实现的逻辑函数

可编程逻辑阵列 PLA 的特点是与阵列或阵列都可编程。图 9－20(a)表示出厂时的 PLA 器件结构图，图 9－20(b)表示编程后实现了 $L_1=\overline{A}\,\overline{B}+AB$ 和 $L_0=\overline{A}B+A\overline{B}$功能的电路图。

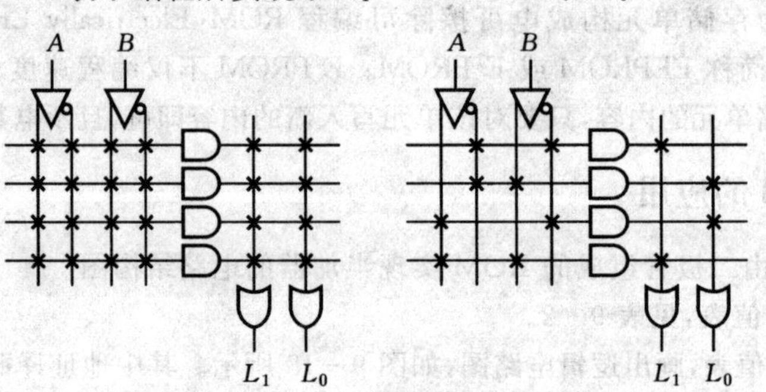

(a)　　　　　　　　(b)

图 9－20　PLA 的应用

(a)PLA 的结构；(b)PLA 的实现逻辑函数

2. 通用阵列逻辑 GAL

通用阵列逻辑 GAL 的基本结构与 PAL 相同，差别仅在于输出部分的结构不同。GAL 器件每个输出端都含有一个输出逻辑宏单元，它由一个或门、一个 D 触发器、4 个多路选择器和一个进行极性控制的异或门组成。通过编程，可使输出逻辑宏单元具有各种不同的工作方式和类型。它属于低密度可编程逻辑器件，仅用于一些简单的逻辑电路设计。本节以上内容仅作为一般了解，在实际设计中并不常用。

3. 复杂可编程逻辑器件

CPLD(Complex Programmable Logic Device)是复杂可编程逻辑器件的缩写，它的核心

是宏单元结构，即把具有逻辑存储功能的触发器单元和可编程阵列结合在一起。它可允许用户根据自己的需要定义逻辑功能，具有现场可编程的特性。它具有编程灵活、集成度高、设计开发周期短、适用范围宽、开发工具先进、设计制造成本低、对设计者的硬件经验要求低、标准产品无需测试、保密性强、价格大众化等特点，可实现较大规模的电路设计，因此被广泛应用于产品的原型设计和产品生产（一般容量在 10 000 件以下）之中。几乎所有用中小规模通用数字集成电路的场合均可使用 CPLD 器件。CPLD 器件已成为电子产品不可缺少的组成部分，它的设计和应用已成为电子工程师必备的一种技能。有关这部分内容的实践，我们将在课程设计中进行训练。

4. 现场可编程门阵列 FPGA

FPGA 是现场可编程芯片，采用静态 RAM 作为其实现逻辑功能的基本载体，其核心是查找表结构。购买到 FPGA 芯片后，设计者必须在装有软件开发平台的计算机上，通过硬件描述语言或者电路图等方式来对芯片的功能进行设计。由于 FPGA 具有非常丰富的资源，它可以被用来进行复杂数字系统的设计，例如可以用于设计 CPU 或其他专用集成电路 ASIC（Application Specific Integrated Circuits），在大规模数字集成电路设计初期，可以大大降低开发风险和成本，确保了后期流片的成功率。FPGA 的工作特点是在系统上电后，通过配置芯片快速建立事前设计好的系统功能。可见 FPGA 运行的系统是现场使用时才建立起来的，所以叫做现场可编程逻辑阵列。采用 FPGA 的设计有如下好处：

(1)设计的全过程均可验证，对于设计错误或缺陷可以及时发现并改正。

(2)基本上可以在计算机上实现研发的全过程，硬件需求极大减少。

(3)通过修改设计文件就可以在不改动硬件的情况下增添功能或纠错。

(4)设计文件为磁盘文件，在用户的产品中，只是烧写在存储器中的代码，因此保密性强。

目前国内使用的 FPGA 芯片主要是 Altera 公司和 Xilinx 公司的产品。

本章小结

学习本章，应重点了解以下几点：

1. 半导体存储器按读、写功能分类，分为只读存储器（ROM）和随机存取存储器（RAM）两大类。

2. RAM 按存储结构分为静态 RAM（SRAM）和动态 RAM（SRAM）两大类，其中，SRAM 在使用中必须定时刷新。

3. 在 ROM 中，一般地址译码器为固定的与门阵列，而存储矩阵是可编程的，因此，ROM 可分为固定 ROM（掩模 ROM）、PROM（可编程 ROM）、EPROM（可擦除可编程 ROM）和 EEPROM（电可擦除可编程 ROM）等类型。

4. 一片 RAM 容量不够时，可以将多片存储器采用字扩展和位扩展的方法组成较大容量的存储器。但在一般情况下，可直接购买到大容量的 RAM，而不必使用存储器扩展的方法来实现。

5. 在 PLD 器件中，可编程阵列逻辑 PAL 是与阵列可编程、或阵列固定的；PLA 是与阵列或阵列都可编程的；通用阵列逻辑 GAL 与 PAL 的差别仅在于输出部分的结构不同。上述器件都是因为容量太小，所以在应用设计中较少使用。

6. 复杂可编程逻辑器件 CPLD 的集成度较高，它的设计和应用成为电子工程师必备的一种技能。本章并未介绍此内容，而是放在附录中，通过课程设计实践解决。

习　题

9.1　若用容量为 256×4bit 的 RAM 构成 1024×8bit 的 RAM，需要用几片 256×4bit 的 RAM？所需地址输入端总数是多少？

9.2　用几片如图 9-21 所示的存储器可构成存储容量为 8×4bit 的 RAM？

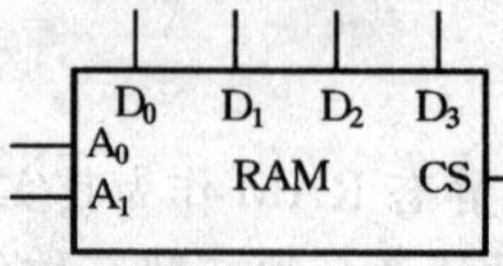

图 9-21

9.3　某系统的内存储器容量为 64K×16bit，存储器芯片采用 62256（32K×8bit 的 SRAM），画出存储器的扩展接线图。

9.4　已知 $Y=6X^2+3$，其中 X 为小于 4 的正整数。试画出实现该函数的 ROM 简化阵列图。

9.5　用 ROM 实现以下多输入、输出逻辑函数。

$$G_3(A,B,C,D)=\sum m(8,9,10,11,12,13,14,15)$$

$$G_2(A,B,C,D)=\sum m(4,5,6,7,8,9,10,11)$$

$$G_1(A,B,C,D)=\sum m(2,3,4,5,10,11,12,13)$$

$$G_0(A,B,C,D)=\sum m(1,2,5,6,9,10,13,14)$$

要求：

(1)画出简化点阵连接图；

(2)列出转换真值表；

(3)说明电路完成何种功能。

9.6　图 9-22 所示电路为用 PROM 实现的组合逻辑电路，试分析电路功能，写出函数 Y_1、Y_2 的逻辑表达式。

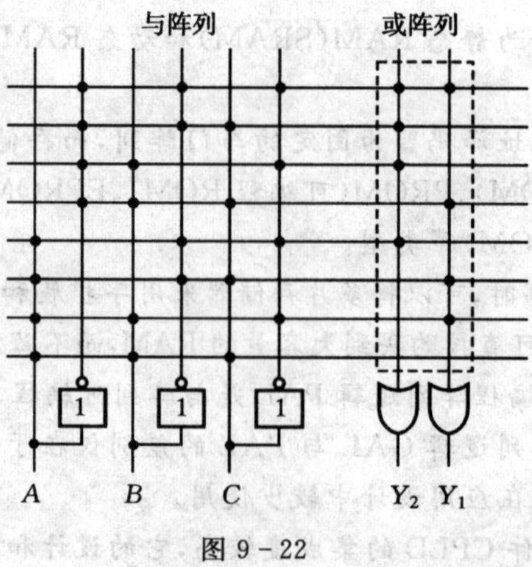

图 9-22

9.7　图 9-23 中的三个卡诺图，代表三个四变量的逻辑函数，试用 PROM 实现其逻辑电路并画出码点矩阵图。

AB \ CD	00	01	11	10
00	0	1	1	0
01	0	1	1	0
11	0	0	0	0
10	1	1	1	0

X

AB \ CD	00	01	11	10
00	1	0	0	1
01	1	1	1	0
11	1	0	0	0
10	1	0	1	1

Y

AB \ CD	00	01	11	10
00	0	1	1	1
01	0	1	1	0
11	1	1	1	1
10	0	0	0	1

Z

图 9-23

9.8　用 PLA 实现以下逻辑函数，画出简化点矩阵图。

$X=\overline{A}D+A\,\overline{B}\,\overline{C}+\overline{B}D$，$Y=\overline{C}\,\overline{D}+\overline{A}BD+A\overline{B}C+\overline{B}C\overline{D}$，$Z=AB+\overline{A}D+\overline{B}C\overline{D}$

9.9　PLA 阵列图如图 9-24 所示。

(1)分别写出 F_0、F_1、F_2 的函数表达式；

(2)列出电路真值表，指出该电路的逻辑功能。

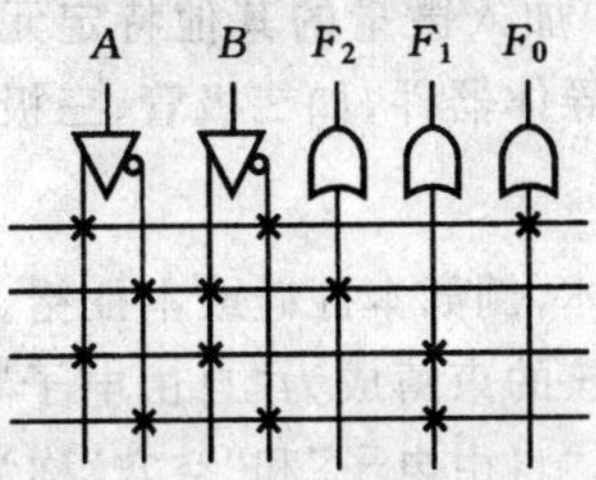

图 9-24

9.10　分析图 9-25 所示 PAL 构成的逻辑电路，试写出输出与输入的逻辑关系式。

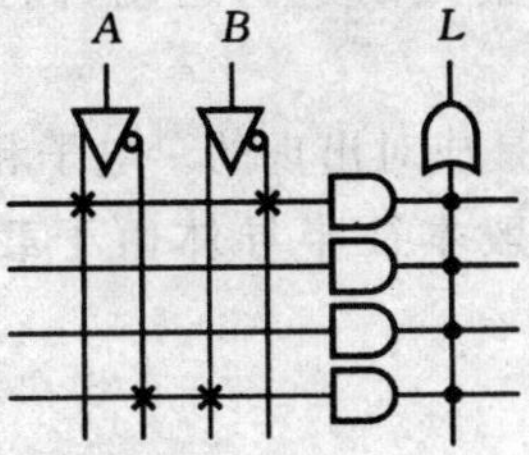

图 9-25

附录 A　半导体器件知识

A.1　半导体

自然界中的物质按照导电能力的强弱可分为以下三种：

导体：如导线中常用的铜、铝、银等，导电能力很强。

绝缘体：如橡皮、陶瓷、塑料等，为电的不良导体。

半导体：导电能力介于导体和绝缘体之间的物质，如硅(Si)和锗(Ge)。它之所以有非常广泛的应用，是因为具有以下特性：

(1)半导体物质具有光敏特性，利用该特性可制成光敏器件，如光敏管；

(2)半导体物质具有热敏特性，利用该特性可制成热敏器件，如热敏管；

(3)特别是给纯净的半导体中加入微量的其他特定元素时，它的导电能力会有显著的提高。利用该特性可以制成各种半导体器件，如二极管、三极管等。

1. 本征半导体

纯净的半导体称为本征半导体，例如本征硅或本征锗。在本征半导体中，硅(锗)的价电子在外部能量的作用下可挣脱原子核的束缚成为"自由电子"，同时价电子在脱离原子核后便在原来的共价键中留下一个"空穴"，"自由电子"和"空穴"称为两种载流子，即在电场作用下都可以移动形成电流。自由电子导电是容易理解的，而空穴导电的本质是：由共价键束缚的价电子与已激发形成的空穴复合，这样在原来的地方又会出现新的空穴，这种价电子从一种束缚状态变至另一种束缚状态的移动称为空穴的逆向运动，因此带正电荷的空穴也被认为能够参与导电。

在本征半导体中，电子和空穴是成对出现的。电子和空穴的浓度仅与温度有关，即温度愈高，浓度愈高，整体呈电中性。一般本征半导体由于载流子浓度很低，所以实际上是不能导电的。

2. N 型半导体

在本征半导体中掺入微量的 5 价元素磷或砷等，磷原子中的 4 个价电子与硅原子的 4 个价电子形成共价键，多余的另一个价电子由于不受共价键的束缚成为自由电子，此时的磷原子变为正离子。而原本征半导体中的自由电子和空穴是成对产生的，掺杂后的自由电子数远远大于空穴数，所以叫 N(Negative)型半导体。

在 N 型半导体中，自由电子属于"多数载流子"，简称"多子"，空穴属于"少数载流子"，简称"少子"。

3. P 型半导体

如果在本征半导体中掺入微量的 3 价元素硼或铝等，则在硼原子的 3 个价电子与硅原子的 4 个价电子形成共价键时，因少一个电子而产生一个空穴，此时的硼原子因得到一个电子而变为负离子，而原本征半导体中的自由电子和空穴是成对产生的，掺杂后的空穴数远远大于自由电子数，因为空穴带正电荷，所以叫 P(Positive)型半导体。

在 P 型半导体中，空穴为“多子”，自由电子为“少子”。

无论是 N 型半导体还是 P 型半导体，整体都呈电中性。另外，多子的浓度与掺杂有关，少子的浓度与温度有关。

A.2　半导体二极管

1. PN 结

若在一块本征 N 型半导体的一侧通过掺杂工艺形成 P 型半导体，如图 A-1(a)所示，那么在这两种半导体的交界处会产生如下运动。

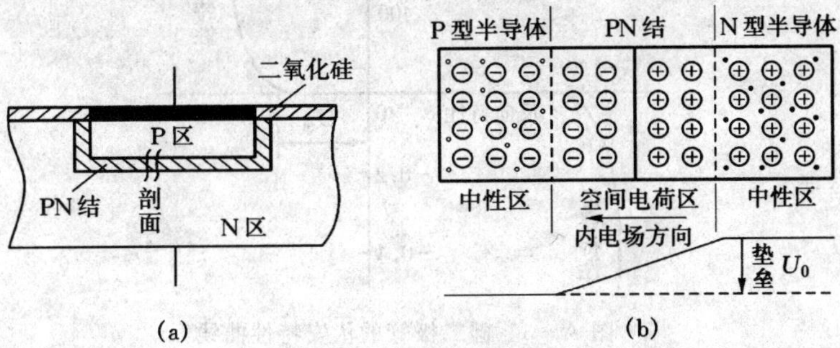

图 A-1　PN 结的结构

(a)PN 结的结构图；(b)空间电荷区的形成

(1)P 型半导体中的多子(空穴)向 N 区扩散变为少子，在 P 区侧剩下不能移动的负离子，同时 N 型半导体中的多子(自由电子)向 P 区扩散变为少子，在 N 区侧剩下不能移动的正离子，如图 A-1(b)所示，这个区域叫做“空间电荷区”，空间电荷区的正负离子建立了由 N 区指向 P 区的内电场。

(2)由于内电场的方向和多子的扩散方向相反，因此阻碍了 P 区和 N 区多子的扩散，但同时又有利于少子的漂移。

(3)当多子的扩散和少子的漂移达到动态平衡后，空间电荷区的宽度将不再变化，空间电荷区也称为 PN 结。

2. 二极管

从 PN 结引出引线并用玻璃或金属壳封装就构成了一个二极管，如图 A-2(d)所示。二极管按照所用的半导体材料不同可分为锗二极管(Ge 管)和硅二极管(Si 管)；按照其用途不同可分为检波二极管、整流二极管、稳压二极管、开关二极管等；按照管芯结构不同可分为点接触型二极管(如图 A-2(a)所示)和面接触型二极管(如图 A-2(b)所示)。点触型二极管由于是点接触，结电容小，所以工作频率高，但流过电流小，常用于检波等高频小电流场合，如收音机的检波等；面接触型二极管的“PN 结”面积较大，结电容大，但可流过电流也大，常用于整流等频率较低的场合。二极管的符号如图 A-2(c)所示，实物图如图 A-2(d)所示。

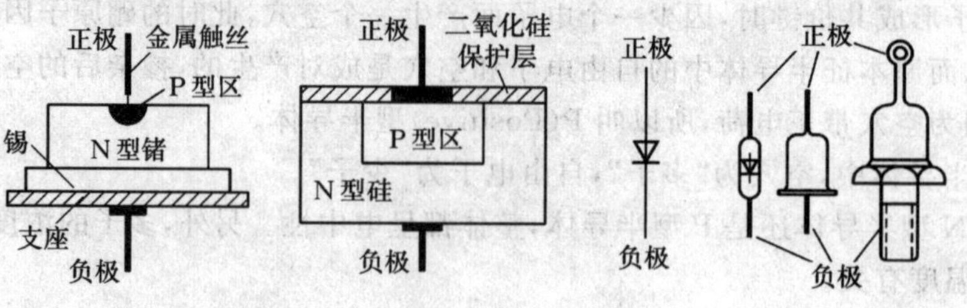

图 A-2 二极管的结构

(a)点接触;(b)面接触;(c)符号;(d)实物图

硅二极管的伏安特性曲线如图 A-3 所示。

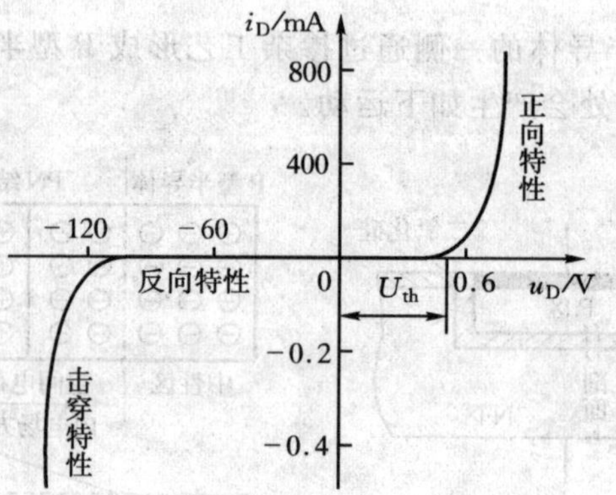

图 A-3 硅二极管的伏安特性曲线

正向特性:从图中可知,$u_D \leqslant 0.5$V 时,正向电流为零,这个阶段称为死区;当 $u_D \geqslant 0.5$V 且不断增加时,i_D 曲线按指数规律上升;

反向特性:当反向电压较小时,$i_D = -I_S$;当反向电压变得很大时会出现击穿现象,所以使用二极管时应防止反向击穿。

二极管加正向电压导通,加反向电压截止,表现出单向导电性。

3. 稳压管

(1)二极管的反向击穿原理。当二极管反向工作电压增大时,PN 结中的电场将增强,使少数载流子漂移加速而且能量增大,与半导体中的中性原子相碰撞后又很容易产生新的载流子,从而使漂移电流继续增大。当二极管反向工作电压过大时,反向电流会急剧增大。对掺杂浓度较低的 PN 结,碰撞会形成连锁反应,造成反向击穿,称为雪崩击穿;对掺杂浓度较高的 PN 结,由于空间电荷区很薄,所以在较低的反向电压下,就可以在空间电荷区得到较强的电场,从而造成反向击穿,称为齐纳击穿。击穿电压高于 6V 时,一般属于雪崩击穿;击穿电压低于 4V 时,一般属于齐纳击穿;而在 4～6V 之间,两种击穿均有可能出现。

(2)稳压管。从硅二极管的反向特性中可以看出,击穿部分虽然电流变化很大,但电压几乎恒定不变。利用这种特性,人们制造了专门用来稳定电压的二极管,称为稳压管。使用稳压管时应注意以下几点:

①当稳压管工作在反向击穿时,由于电流过大而烧毁,称为热击穿;当稳压管工作在反向击穿时,由于在回路中串入合适的限流电阻,使得稳压管不被烧毁,且当反向电压撤除后又得

到恢复，称为电击穿。所以在稳压管稳压电路中，必须串入合适的限流电阻。

②稳压管的工作原理是利用它的反向击穿特性，所以在应用稳压管时，必须将其负极串入合适的限流电阻后接至正电源端，而正极接至地端。

③由于少子的浓度与温度关系极大，所以当温度升高时，齐纳击穿电压降低，即有利于击穿，具有正的温度系数；由于碰撞要消耗能量，所以雪崩击穿具有负的温度系数。

A.3　双极型晶体三极管

1. 三极管的构成

半导体三极管也称为晶体管，从结构上来说，三极管由具有不同掺杂类型和浓度的三个区即发射区、基区、集电区组成，在这些区的交界处便会形成两个"PN 结"即集电结和发射结。若将这两个 PN 结封装起来，并从每个区引出一根引线便构成了一个三极管。这三根引线分别叫做三极管的发射极 e、基极 b、集电极 c，如图 A-4 所示。其中，基区掺杂浓度最低且很薄，发射区掺杂浓度最高，集电区次之。

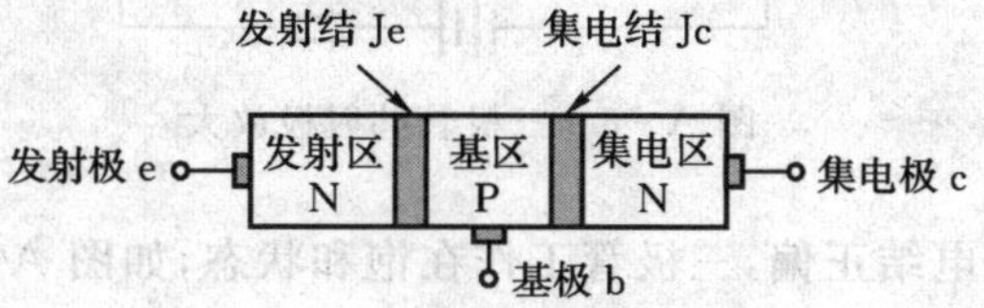

(a)

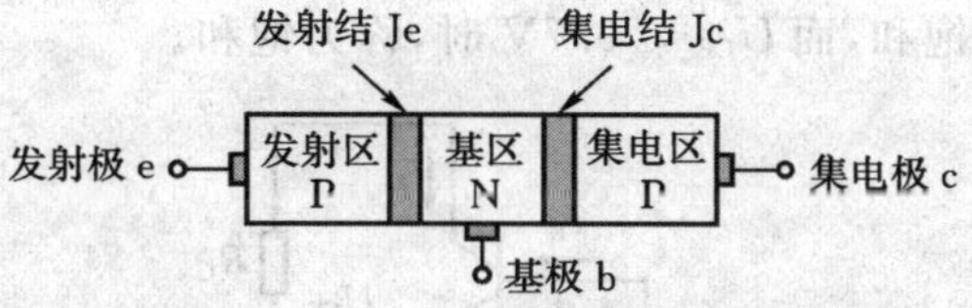

(b)

图 A-4　三极管的结构示意图

(a)NPN；(b)PNP

三极管有 NPN 和 PNP 型之分，如图 A-5 所示为三极管的符号图。在图 A-5 所示的三极管符号中，发射极都有一个箭头，箭头朝外的是 NPN 型三极管，如图 A-5(a)所示，而箭头朝内的是 PNP 型，如图 A-5(b)所示，箭头所指的方向实际上是电流的方向。

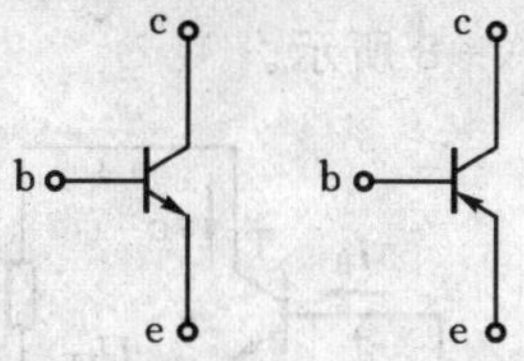

(a)　(b)

图 A-5　三极管的符号图

(a)NPN 符号；(b)PNP 符号

三极管按材料材料不同常分为两种：锗管和硅管，而每一种又有 NPN 和 PNP 两种结构形式，它们的工作原理基本相同，所以本节相关内容均以硅 NPN 管为例来介绍。

2. 三极管的四种工作状态

(1)发射结正向偏置，集电结反向偏置时，三极管工作在放大状态，如图 A-6 所示。当三极管的发射结加正偏电压时，PN 结变窄，有利于多子的扩散，即发射区的大量多子(电子)向基区扩散变为少子。由于基区的掺杂浓度最低且很薄，所以与 P 区的空穴复合所形成的基极电流 I_B 很小，而大部分电子继续向集电结边缘扩散，但由于集电结加反偏电压，它有利于少子的漂移，所以大部分电子在电场的作用下形成集电极电流 I_C，若 β 为三极管共射极的电流放大系数，则 $\beta=\frac{I_C}{I_B}$，$I_E=I_B+I_C$。

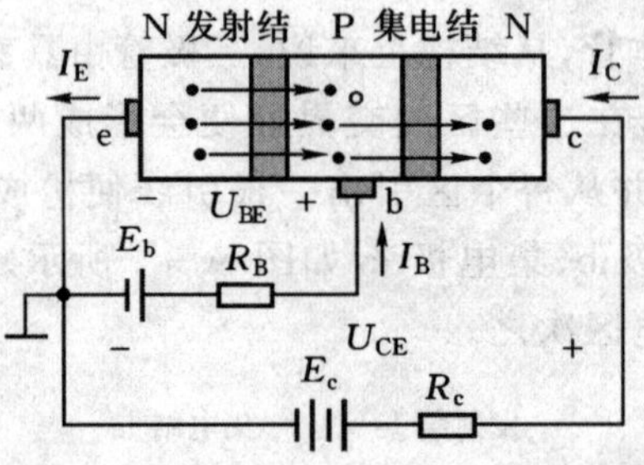

图 A-6　三极管共射极放大

(2)发射结正偏且集电结正偏，三极管工作在饱和状态，如图 A-7 所示的电路，$I_B=\frac{V_{BB}}{R_B}$，$U_{CE}=V_{CC}-I_CR_C$。当 R_C 较大而 R_B 较小时，由于 $I_C=\beta I_B$，I_CR_C 项增大；当 I_CR_C 增大到使得 $U_{CE}=0.7V$ 时称为临界饱和，而 $U_{CE}<0.7V$ 时，称为饱和。

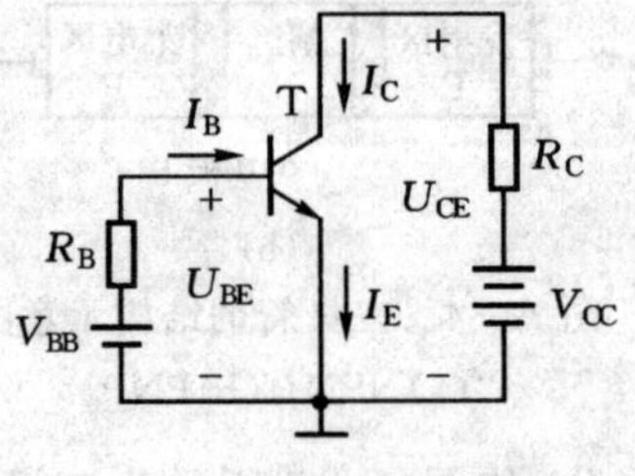

图 A-7　三极管饱和状态电路图

(3)发射结反偏且集电结反偏，三极管工作在截止状态。根据 PN 结的单向导电性可知，当三极管的发射结反偏而集电结也反偏时，漂移运动形成的电流很小，几乎为零，所以将此时三极管的状态叫做截止状态，如图 A-8 所示。

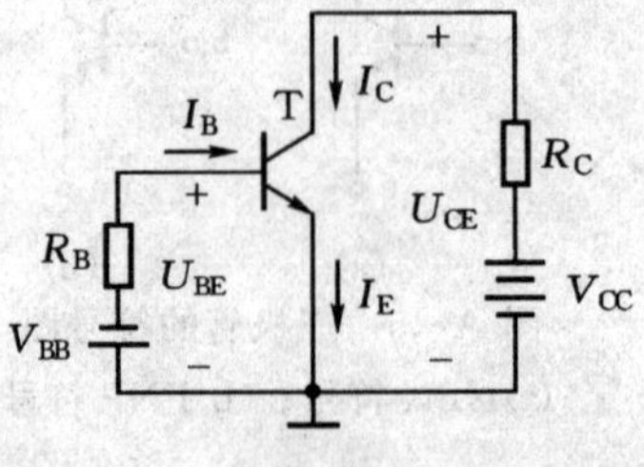

图 A-8　三极管截止状态电路图

(4)发射结反偏而集电结正偏(相当于将三极管在放大状态下,将集电极和发射极调换),三极管工作在倒置状态。当发射结反偏而集电结正偏时,由于集电区掺杂浓度较低,发射能力有限,使得此时的放大倍数很小,与放大状态相对应,这种状态叫做"倒置"状态。

3. 共射极接法下三极管的特性曲线

以共发射极电路为例,描述三极管特性的曲线分为输入特性曲线和输出特性曲线两种。共射极接法下三极管的特性测试电路如图 A-9 所示。

(1)在三极管共射极连接的情况下,当集电极与发射极之间的电压 U_{CE} 维持不同的定值时,u_{BE} 和 i_B 之间的一簇关系曲线称为共射极输入特性曲线,如图 A-10 所示。输入特性曲线可以用函数表达式表示为

$$i_B = f(u_{BE})\big|_{U_{CE}=C(\text{常数})}$$

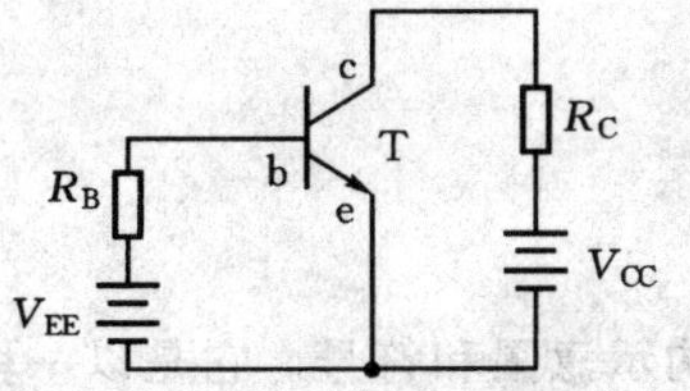

图 A-9　三极管特性曲线测试电路

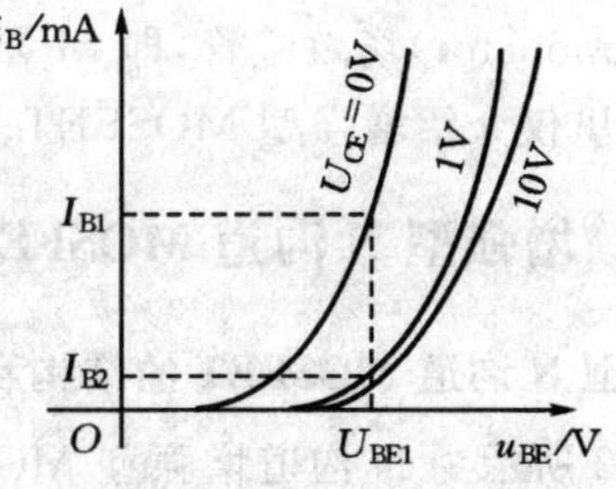

图 A-10　三极管输入特性曲线

由图 A-10 可以看出:

①当 $U_{CE}=0$ 时,集电极与发射极短路,相当于两个二极管并联,这时 I_B 与 U_{BE} 的关系就相当于两个并联二极管的伏安特性。

②当 U_{CE} 由零开始逐渐增大时输入特性曲线将向右移动,而且当 $U_{CE}\geqslant 1V$ 以后,各曲线几乎重合,所以在分析时可近似地认为几乎重合的曲线为一条曲线。

(2)在三极管共射极连接的情况下,当 I_B 维持不同的定值时,U_{CE} 和 I_C 之间的一组关系曲线称为共射极输出特性曲线,如图 A-11 所示。输出特性曲线可以用数学表达式表示为

$$i_C = f(u_{CE})\big|_{I_B=C(\text{常数})}$$

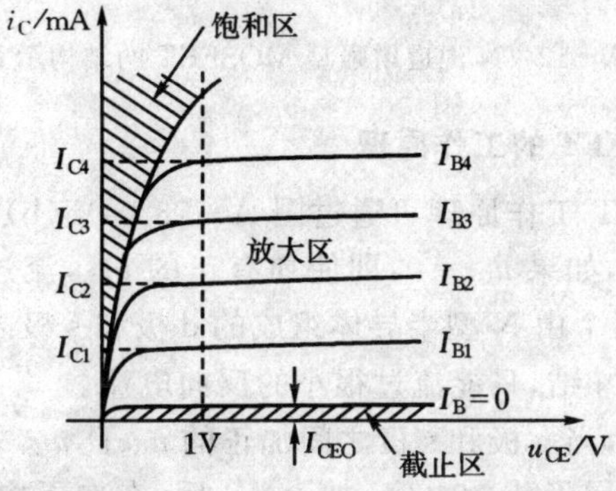

图 A-11　三极管输出特性曲线

从三极管的输出特性曲线中可以更加直观地看出它工作在不同状态时所对应的不同区域。

①放大区:在此区域内,特性曲线近似于一组平行等距的水平线,I_C 的变化与 U_{CE} 无关,而

只与 I_B 有关，且基本保持线性关系，与电流的放大关系式 $I_C=\beta I_B$ 对应，进一步验证了三极管的电流放大作用，因此该区域称为“放大区”。

②截止区：在此区域内，$I_B=0$，集电极只有微小的穿透电流 I_{CEO}。

③饱和区：在此区域内，$I_B>0$，所对应的 U_{CE} 的值较小($U_{CE}<0.7V$)，并且当 I_B 增加时，I_C 变化不大，即 I_B 失去了对 I_C 的控制能力，该区域称为“饱和区”。此时三极管集电极与发射极间的电压称为饱和电压，用 U_{CES} 表示。

A.4 绝缘栅场效应管

场效应管(Field Effect Transistor，简称 FET)也称为单极型晶体管。按结构可分为结型和绝缘栅两大类，其中绝缘栅又分为增强型和耗尽型。绝缘栅场效应管也称为 MOS(Metal Oxide Semiconductor)场效应管，即 MOSFET，由于在数字电路中，大多数采用增强型 MOSFET，所以这里仅介绍增强型 MOSFET。

A.4.1 增强型 N 沟道 MOSFET

1. 增强型 N 沟道 MOSFET 的结构和符号

图 A-12 所示为 N 沟道增强型 MOSFET 的结构示意图和符号。它是以一块 P 型半导体为衬底，在衬底上面左右两边制成两个高掺杂的 N^+ 区作为源极 s 和漏极 d 引出，再在这两个 N^+ 区中间的硅表面制成一层很薄的二氧化硅(SiO_2)绝缘层，此层之上喷一层金属铝作为栅极引出。管子的衬底 b 通常与源极相连(有的可以单独引出)。

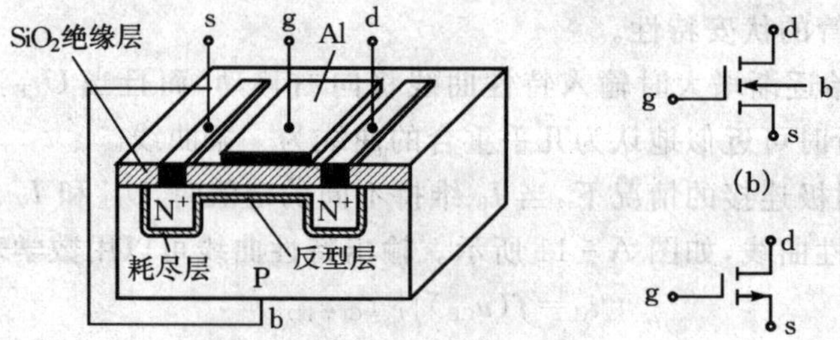

图 A-12 N 沟道增强型 MOSFET 的结构示意图

2. 增强型 N 沟道 MOSFET 的工作原理

增强型 N 沟道 MOSFET 工作原理可通过图 A-13 (a)、(b)、(c)分以下几步进行分析。

(1)如图 A-13(a)所示，如果 $u_{GS}=0$，即使加有正的 u_{DS}，流过管子漏极的电流 i_D 仍然很小，接近于 0。这是因为在两个由 N 型半导体组成的 d 极和 s 极之间被一个 P 型的衬底隔开，形成两个“背靠背”串联的 PN 结，只能流过很小的反向电流。

(2)如图 A-13(b)所示，当 g 极和 s 极之间加正的 u_{GS} 且 $u_{GS}>U_{GS(th)}$、$u_{DS}=0$ 时，由于 g 极与衬底之间有二氧化硅绝缘层形成的电容，加上 u_{GS} 后，在向下电场的作用下，衬底中的电子将被吸引到与二氧化硅层的交界面处，而空穴则被排斥离开交界面而下移。因此若 u_{GS} 大到一定值时，交界面附件的衬底将累积许多电子，形成一个 N 型层，使 s 和 d 之间出现了 N 沟道，这种在 P 型衬底中形成的 N 型层(或在 N 型衬底中形成 P 型层)称为反型层。沟道开始

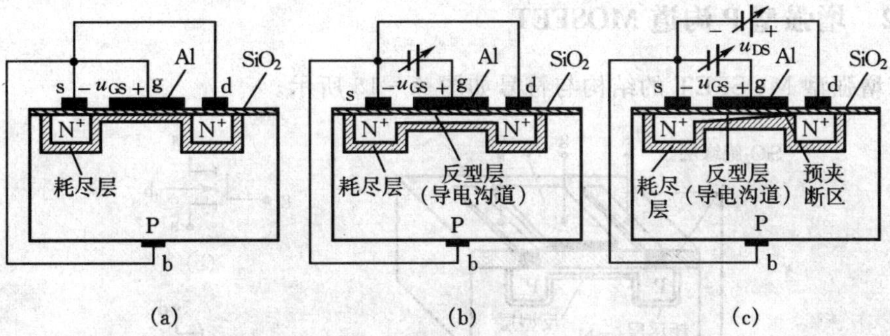

图 A-13 N 沟道增强型 MOSFET 的工作原理图

(a)$u_{GS}=0$；(b)$u_{GS}>U_{GS(th)}$；(c)$u_{GS}>U_{GS(th)}$、$u_{DS}>0$

形成时的 u_{GS} 称为开启电压，记作 $U_{GS(th)}$。u_{GS} 达到 $U_{GS(th)}$ 后再增加则反型层加宽，即沟道变宽，这样我们就可以用 u_{GS} 的大小来控制导电沟道的宽度。另外，由于空穴的下移使沟道与 P 型衬底之间形成了耗尽层(空间电荷层也就是 PN 结)，使得沟道与型衬绝缘。

(3)如图 A-13(c)所示，当 $u_{GS}>U_{GS(th)}$、$u_{DS}>0$ 时，就会有漏极电流 I_D；由于正向 u_{DS} 的存在使沟道各处电位并不相等，所以各处沟道宽度并不一样，越靠近漏极越窄。当 u_{DS} 增大到使 $u_{GD}=U_{GS(th)}$，即 $u_{GS}-u_{DS}=U_{GS(th)}$ 时，沟道在漏极附近出现预夹断，这时流过漏极的电流称为漏极饱和电流，用 I_{DS} 表示。如果继续增大 u_{DS}，使 $u_{GS}-u_{DS}<U_{GS(th)}$ 即 $u_{GD}<U_{GS(th)}$ 时夹断区向左延伸，而沟道电流基本上保持预夹断时的数值。

3. 增强型 N 沟道 MOSFET 的特性曲线

(1)输出特性。输出特性曲线是描述 i_D 与 u_{DE} 之间的关系曲线，其中，u_{GS} 为常量，其函数表达式为 $i_D=f(u_{DS})|_{u_{GS}=C(常数)}$。图 A-14(a)为 N 沟道增强型 MOSFET 的输出特性曲线，可以看出它分为可变电阻区、放大区(饱和区)、击穿区、截止区四部分，u_{GS} 均为正值，由大到小，最后一条曲线对应于开启电压 $U_{GS(th)}$。

(2)转移特性。转移特性曲线是以 u_{DS} 为参变量，描述 i_D 与 u_{GS} 之间的关系曲线，即 u_{GS} 对 i_D 的控制作用，其函数表达式为 $i_D=f(u_{GS})|_{u_{DS}=C(常数)}$。图 A-14(b)为某一 N 沟道增强型 MOSFET 管当 $u_{DS}=10V$ 时的转移特性，从图中可知，当 $i_D=0$ 时，$u_{GS}=U_{GS(th)}$。

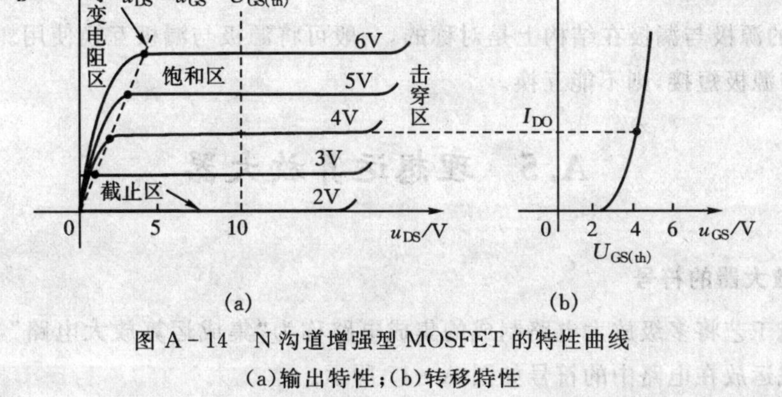

图 A-14 N 沟道增强型 MOSFET 的特性曲线

(a)输出特性；(b)转移特性

A.4.2　增强型 P 沟道 MOSFET

P 沟道增强型 MOSFET 的结构与符号如图 A－15 所示。

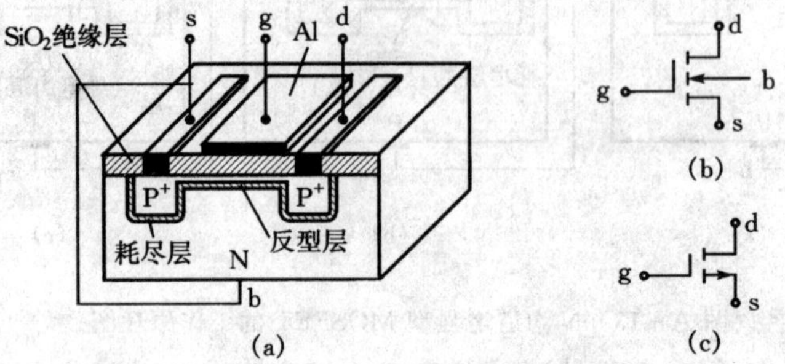

图 A－15　P 沟道增强型 MOSFET 的结构与符号

(a)结构图;(b)符号;(c)简化符号

P 沟道增强型 MOSFET 的结构与 N 沟道增强型 MOSFET 的结构相似。它是以一块 N 型半导体为衬底,在衬底上面左右两边制成两个高掺杂的 P^+ 区作为源极 s 和漏极 d 引出,再在这两个 P^+ 区中间的硅表面制成一层很薄的二氧化硅(SiO_2)绝缘层,此层之上喷一层金属铝作为栅极引出。管子的衬底 b 通常与源极相连(有的可以单独引出)。由于 P 沟道 u_{DS} 为负电压,u_{GS} 也是负电压,所以它的特性如图 A－16 所示。

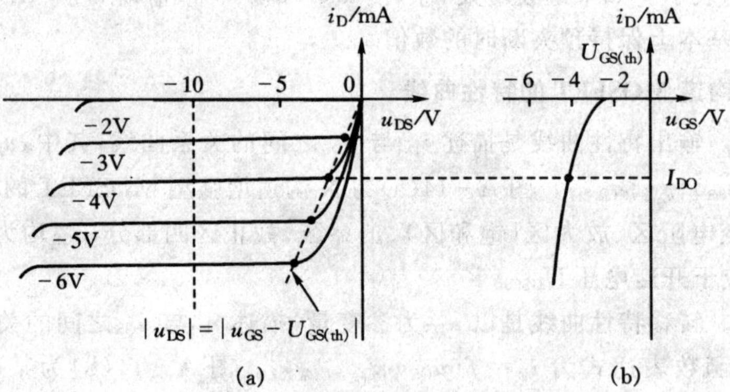

图 A－16　P 沟道增强型 MOSFET 的特性曲线

(a)输出特性;(b)转移特性

MOS 管的源极与漏极在结构上是对称的,一般可将源极与漏极互换使用。但如果管子内部已将衬底与源极短接,则不能互换。

A.5　理想运算放大器

1. 运算放大器的符号

通过集成工艺将多级放大电路制成的集成电路称为“集成运算放大电路”,简称集成运放或运放。集成运放在电路中的符号如图 A－17 所示。

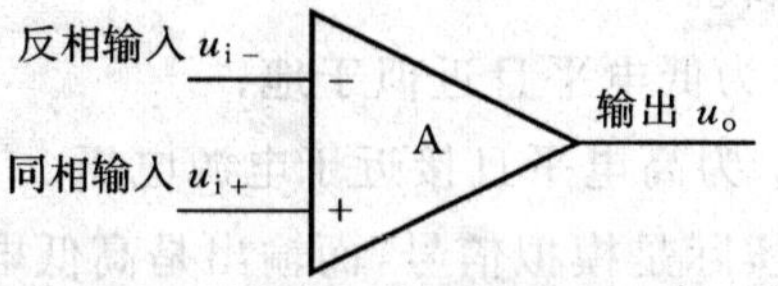

图 A-17 集成运放的电路符号

2. 分析理想集成运算放大器的两个概念

理想集成运算放大器是指放大倍数 $A_{od}\to\infty$，输入阻抗 $r_{id}\to\infty$，输出阻抗 $r_{od}=0$ 的运放。在分析理想运算放大器构成的电路时，常用到虚短和虚断的概念。

(1)虚短：由于理想集成运放的 $A_{od}\to\infty$，而在线性放大电路中输出电压是有限的，则相当于两个输入端之间的电压 $\Delta u_i\to 0$，即运放的两个输入端相当于短路，但又不是真正的短路，所以称为"虚短"，即 $u_{i+}=u_{i-}$。

(2)虚断：由于理想集成运放的 $r_{id}\to\infty$，则两个输入端几乎没有电流($i_i\approx 0$)，即运放的两个输入端相当于断开，但又不是真正的断开，所以称为"虚断"。例如在分析图 A-18(a)所示的由理想运算放大器构成的反相比例放大电路时，由于 u_{i+} 经 R_2 接地，而 u_{i+} 端又没有电流流入，所以 $u_{i+}=0\text{V}$，根据虚短 $u_{i-}=u_{i+}$ 可知，$u_{i-}=0\text{V}$；根据虚断的定义可知，u_{i-} 端没有电流流入，所以$\dfrac{u_i}{R_1}=-\dfrac{u_o}{R_f}$，即 $A_{od}=\dfrac{u_o}{u_i}=-\dfrac{R_f}{R_1}$。同理，图 A-18(b)所示为同相比例放大电路，在该电路中由于 $u_{i-}=u_i$(虚短)，所以 $i_{R_f}=\dfrac{u_o-u_i}{R_f}$，$i_{R_1}=\dfrac{u_i}{R_1}$，又因为虚断，所以 $i_{R_f}=i_{R_1}$，$A_{od}=\dfrac{u_o}{u_i}=1+\dfrac{R_f}{R_1}$。在图 A-18(c)所示电路中，由于虚短，所以 $u_o=u_i$，该电路称为电压跟随器。

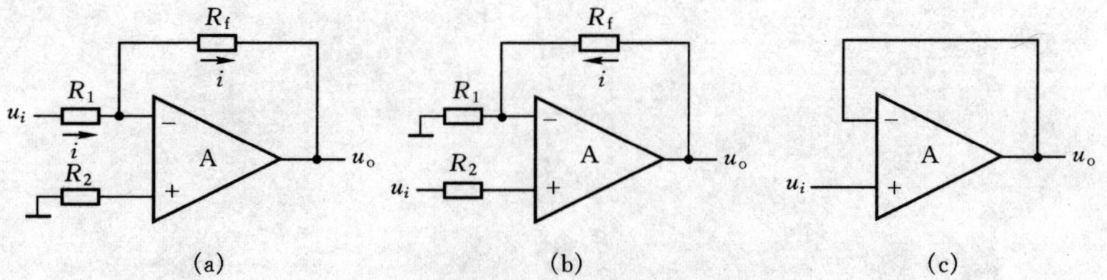

图 A-18 几种简单的集成运算放大电路

(a)反相比例放大电路；(b)同相比例放大电路；(c)电压跟随器

A.6 电压比较器

运算放大器在非线性电路中可以当做比较器使用。电压比较器一般分为单门限电压比较器和多门限电压比较器，在此仅介绍单门限比较器。单门限比较器又分为零电平电压比较器和非零电平电压比较器。

1. 零电平电压比较器

零电平电压比较器的电路如图 A-19(a)所示。该电路是将由反相端输入的电压与由同相端输入的零参考电压进行比较。

(1)当 $u_i > 0V$ 时,输出 u_o 为低电平且近似于地;

(2)当 $u_i < 0V$ 时,输出 u_o 为高电平且接近于电源电压。

由此可见,比较器的输入实际是模拟信号,而输出是高低电平的数字信号。

2. 非零电平电压比较器

由集成运放构成的反相输入非零电平电压比较器的电路如图 A-19(b)所示。该电路是将由反相端输入的电压与由同相端输入的参考电压 U_R 进行比较。

(1)当 $u_i > U_R$ 时,输出 u_o 为低电平且接近于地;

(2)当 $u_i < U_R$ 时,输出 u_o 为高电平且接近于电源电压。

在实际中,比较器有专门的集成芯片,但它的分析方法以及电路图与运算放大器构成的比较器是一致的。

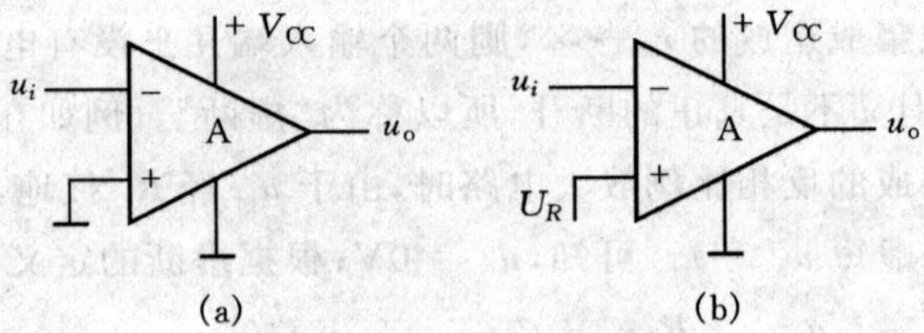

图 A-19　单门限比较器

(a)零电平比较器;(b)非零电平比较器

附录 B　硬件描述语言 VHDL 简介

B.1　概述

在电子设计领域中，速度快、性能高、容量大、体积小和微功耗已成为集成电路设计的主要发展方向，传统的硬件电路设计方法已经不能满足需要，因此，大规模高密度可编程逻辑器件和硬件描述语言 VHDL 就成为解决问题的关键。

VHDL 的英文全称为 Very High Speed Integrated Circuit Hardware Description Language，是符合美国电气和电子工程师协会标准(IEEE－1076)的“超高速集成电路硬件描述语言”，它以用一种形象化的方法来描述数字电路和设计数字逻辑系统。随着各种 EDA 工具和集成电路厂商的普遍认同和推广，VHDL 已广泛应用于电子系统设计领域。VHDL 语言的主要优点是：

(1)功能强大、设计灵活；

(2)具有强大的硬件系统描述能力；

(3)移植能力强；

(4)VHDL 语法规范、标准，易于共享和复用；

(5)支持广泛，易于修改。

B.2　VHDL 的基本结构

一个完整的 VHDL 程序包括库、实体和结构体 3 部分。下面用一个简单的例子来介绍 VHDL 的基本结构。输入为 a，b，输出为 c 的二输入与门的程序设计如下：

例 1　二输入与门的程序设计。

```
library ieee;                 //调用 ieee 库，library 为调用指令，ieee 是按国际 ieee
                              组织制定的工业标准进行编写的标准资源库。所有
                              VHDL 程序都以调用库指令开始
use ieee.std_logic_1164.all;  //调用 ieee 库中的 std_logic_1164.all 程序包，包含常
                              用的数据类型和函数的定义、各种类型转换函数及
                              逻辑运算
                              //以上两句属于库部分
entity and_gate is            //首先描述元件的外形，相当于绘制元件符号，元件名
                              称即实体名为 and_gate，实体描述指令为 entity，该
                              VHDL 的存储文件名为 and_gate.vhd
```

```
port(a:in std_logic;           //此与门共有3个端口:a,b,c;a,b的端口方式为输入
     b:in std_logic;             in,q的端口方式为输出out;a,b,c的端口类型都是
     c:out std_logic);           std_logic数据类型
end and_gate;                  //元件符号绘制完成,结束实体描述
                               //以上三句属于实体部分
architecture behave of and_gate is //实体and_gate的行为描述,即说明此二输入与门的
                                   功能,结构体描述的指令为architecture
begin                          //结构体描述开始
c<=a and b;                    //输入a和b相与得到c,信号赋值使用"<=",表示
                                 有一定延迟才生效
end behave;                    //结束结构体的行为描述
                               //以上四句属于结构体部分
```

下面对本例进行说明,通过说明介绍VHDL程序的一般结构。

(1)程序的开始使用指令 **library** 调用ieee库中的std_logic_1164.all程序包。库的语法格式为:

library 库名;

use 库名.程序包名.项目名;

库(library)是用VHDL语言编写的源程序及其通过编译的数据集合,它存放的是实体、结构体、程序包和配置说明等,包括用于分析、仿真和综合的中间文件。设计者使用VHDL设计硬件电路可以引用相关的库,共享已经编译过的信息。VHDL的库大致可分为五种:ieee库、std库、面向asic的库、work库和用户自定义库。

①ieee库。ieee库是按ieee标准进行编写的标准资源库,也是最常用的资源库,其中常用的程序包有:

std_logic_1164程序包:包含常用的数据类型和函数的定义、各种类型转换函数及逻辑运算;

std_logic_arith程序包:在std_logic_1164程序包的基础上定义了无符号数(unsigned)、有符号数(signed)数据类型,并为其定义了相应的算术运算、比较,以及它们与整数(integer)之间的转换函数;

std_logic_unsigned程序包和std_logic_signed程序包:定义了不同数据类型混合运算的运算符。

一般基于FPGA/CPLD的开发,ieee库中的这4个程序包已经足够使用。

②std库。std库是标准库,主要包含两个程序包:

standard标准程序包:定义了基本数据类型、子类型和函数及各种类型的转换函数等,实际应用中已隐性打开,不需要 **use** 语句另作说明;

textio文本程序包:定义了支持文本文件操作的许多类型和子类型等。

③面向asic的库——vital库,为门级时序仿真而提供的面向asic设计的逻辑门库,一般在VHDL程序进行时序仿真时使用,用vital库可以提高仿真精度。主要包含两个程序包:

vital_timing程序包:时序仿真程序包;

vital_primitives程序包:基本单元程序包。

④work 库。在没有特别说明的情况下,设计人员设计的 VHDL 程序的编译结果都存放在 work 库中。

⑤自定义库。设计者自己定义的库。

(2)VHDL 程序的第二部分是实体。实体主要用来说明实体的外部特征,描述一个设计单元的外部接口及连接信号的类型和方向,在电路原理图上相当于元件符号。实体语句的语法格式为:

```
entity 实体名 is
  port(端口名称 1:端口方式 1 端口类型 1;
       端口名称 2:端口方式 2 端口类型 2;……);
end 实体名;
```

这部分的语句格式固定,书写起来比较简单。例如,2 输入的与门和 2 输入的或门在程序中除了实体名不一样外,其他实体描述部分完全一样。

例 2 2 输入或门的实体说明程序。

```
entity or_gate is              //实体名为 or_gate 的 2 输入或门
port(a:in std_logic;
     b:in std_logic;
     c:out std_logic);         //a,b 为输入端,c 为输出端
end or_gate;                   //实体说明结束
```

(3)VHDL 程序的第三部分是结构体。结构体是设计实体的具体描述,包括实体硬件的结构、硬件的类型和功能、元件的连接关系、信号的传输和变换及动态行为。结构体语句的语法格式为:

```
architecture 结构体名 of 实体名 is
begin
  结构体并行语句部分;
end 结构体名;
```

结构体定义了实体的功能,因此应跟在实体之后。每个实体可以有多个结构体,每个结构体代表该硬件结构的某一方面特性,例如,行为特性或结构特性。结构体语法中的实体名必须与前面实体说明里给出的名称相同,而结构体名一般采用 behave(行为描述),dataflow(数据流描述),rtl(寄存器传输描述)和 structure(结构描述)。

在例 1 中,描述 2 输入与门输入信号相与的语句使用了逻辑运算符 and,也可以直接用语句描述其逻辑关系。

例 3 2 输入与门的结构体说明程序(利用逻辑关系描述)。

```
architecture behave of and_gate is   //实体 and_gate 的行为描述
begin
  if(a='0' or b='0')then
    c<='0';                          //输入 a 和 b 有一个为"0"时,输出 c 就为"0"
  else
    c<='1';                          //输入全为"1"时,输出为"1"
  end if;
```

```
end behave;
```

例 4　2 输入或门完整的 VHDL 程序。

```
library ieee;
use ieee.std_logic_1164.all;

entity or_gate is
port(a:in std_logic;
        b:in std_logic;
        c:out std_logic);
end or_gate;

architecture behave of or_gate is
begin
   if(a='1' or b='1')then
      c<='1';
   else
      c<='0';
   end if;
end behave;
```

由例 4 可以看出，VHDL 的一般结构框架比较固定，需要设计者编写的主要部分是结构体。

B.3　VHDL 的语言要素

B.3.1　VHDL 的数据对象

VHDL 中承载数据的载体叫做 VHDL 的数据对象，主要有三类：常量(constant)、变量(variable)和信号(signal)。

(1)常量是一种固定量，对它赋值后在整个程序运行过程中保持该值不变。常量的功能可以在电路中代表电源、地线等。常量定义的格式为：

constant 常量名：数据类型：=表达式；

例 5　常量赋值。

```
constant width:integer:=8;  //常量名 width,数据类型是 integer(整数),赋初始值为 8
constant Vcc:real:=5.0;     //常量名 Vcc,数据类型是 real(实数),赋初始值为 5.0
```

(2)变量可对暂时数据进行局部存储，只能在进程和子程序中定义和使用。变量一旦赋值立即生效。变量定义的格式为：

variable 变量名：数据类型：=初始值或表达式；

例 6　变量赋值。

```
variable y: std_logic:='0';
variable a,b: bit_vector(0 to 7);  //变量名 a,b,数据类型是 bit_vector(0 to 7)(位矢量)
```

(3)信号是电子电路内部硬件连接的抽象,程序中的信号将结构体中分离的并行语句连接起来,对应硬件中的元件连接。信号值可以随着时间改变,不像变量赋值那样立即生效,允许产生延时。信号通常在实体、结构体和程序包中说明,但不能在进程中说明,只能在进程中使用。信号是一个全局量。

对信号赋值可以使用"<=",允许产生延时(一般用 δ 表示延时时间),这和实际元件的传输延时特征吻合。信号定义的格式为:

signal 信号名:数据类型:=初始值;

例 7 信号赋值。

signal A: std_logic:='1'; //信号名 A,数据类型是 std_logic(标准逻辑位),赋初始值为 1

signal c: integer ranger 0 to 15; //信号名 c,数据类型是 integer(整数),整数范围 0~15

signal y,x: integer; //定义信号 y、x 数据类型是实数

y<=x; //经过 δ 延时后将 x 值赋给 y

B.3.2 VHDL 的数据类型

VHDL 中的每一个数据对象都必须具有确定的数据类型定义,相同数据类型的数据对象之间可以进行数据交换。VHDL 的数据类型分为标量型和复合型。标量型只有单一的值,复合型是由标量组成的数组或记录,因此下面只介绍几种标量数据类型。

1. 整数数据类型(integer)

与 C 语言中的整型 int 类似,整数类型的数有正整数、负整数和零,其取值范围是:$-(2^{31}-1)\sim+(2^{31}-1)$。

2. 实数数据类型(real)

VHDL 的实数与数学中的实数或 C 语言中的浮点数相似,范围被限定为:$-10^{38}\sim+10^{38}$。

3. 位数据类型(bit)

信号经常用位数据类型表示,位数据类型属于枚举类型,其值用带单引号的'1'和'0'表示。

4. 位矢量数据类型(bit _vector)

位矢量是用双引号括起来的一组位数据,通常用来表示数据总线,例如"010101"。

5. 布尔量数据类型(boolean)

布尔量数据类型也属于枚举类型,通常用来表示关系运算和关系运算结果,其值只有"true"和"false"两种。

6. 字符数据类型(character)

VHDL 的字符数据类型表示 ASCII 码的 128 个字符,书写时用单引号括起来,区分大小写,例如:'A'、'a'等。

7. 字符串数据类型(string)

字符串是双引号括起来的一串字符。例如:"START"。

8. ieee 标量数据类型(std_logic 和 std_logic_vector)

(1)std_logic 数据类型也属于枚举类型,但它的取值有下面的九种:

①'U'(初始值);②'X'(不定);③'0';④'1';⑤'Z'(高阻);⑥'W'(弱信号不定);⑦'L'(弱信号 0);⑧'H'(弱信号 1);⑨'—'(不可能情况)。

(2)std_logic_vector 数据是用双引号括起来的一组 std_logic 数据，通常用来表示数据总线。

数据类型转换函数由 3 种 VHDL 程序包提供：std_logic_1164、std_logic _arith 和 std_logic _unsigned。表 B-1 列举了几种转换函数。

表 B-1　数据类型转换

函数名	功能
STD_LOGIC_1164 程序包	
TO_STD_LOGIC_VECTOR(A)	由 BIT_VECTOR 转换成 STD_LOGIC_VECTOR
TO_BIT_VECTOR(A)	由 STD_LOGIC_VECTOR 转换成 BIT_VECTOR
TO_STD_LOGIC(A)	由 BIT 转换成 STD_LOGIC
TO_BIT(A)	由 STD_LOGIC 转换成 BIT
STD_LOGIC_ARITH 程序包	
CONV_STD_LOGIC_VECTOR(A)	由 INTEGER,UNSIGNED 和 SIGNED 转换成 STD_LOGIC_VECTOR
CONV_INTEGER(A)	由 UNSIGNED 和 SIGNED 转换成 INTEGER
STD_LOGIC_UNSIGNED 程序包	
CONV_INTEGER(A)	STD_LOGIC_VECTOR 转换成 INTEGER(A)

B.4　VHDL 的运算

VHDL 的操作符有四种类型：逻辑运算符、算术运算符、关系运算符和并置运算符，如表 B-2所示。被运算符所操作的对象的数据类型必须与运算符所要求的数据类型保持一致，否则编译会出错。

表 B-2　VHDL 的操作符

逻辑运算符		算述运算符		关系运算符	
and	逻辑与	+	加	=	等于
or	逻辑或	−	减	/=	不等于
nand	逻辑与非	*	乘	<	小于
nor	逻辑或非	/	除	<=	小于等于
xor	逻辑异或	**	乘方	>	大于
xnor	逻辑同或	mod	求模	=>	大于等于
not	逻辑非	rem	求余		
		abs	绝对值		

1. 逻辑运算符

逻辑运算符适用的变量为 std_logic、bit、std_logic_vector 类型，这 3 种类型的数据进行逻辑运算时，逻辑运算符的左右两边和代入信号的数据类型必须相同。在 7 种逻辑运算符中，not 的优先级最高，其他 6 个逻辑运算符优先级相同。在一个 VHDL 语句中存在两个或两个以上逻辑表达式时，左右没有优先级差别。一个逻辑式中，应先进行括号里的运算，后进行括号外的运算。

例 8　逻辑运算。

q<=a and b or (not c and d)；//将 $ab+\bar{c}d$ 赋值给 q

2. 算术运算符

+、-两个运算的操作数必须类型相同；mod、rem、abs 的操作数必须是同一整数类型的数据。

3. 关系运算符

关系运算符用于相同数据类型数据对象间的比较，关系表达式的结果是布尔类型。

4. 并置运算符

VHDL 的并置运算符是"&"，主要用来将普通操作数或数组组合起来，形成新的操作数。例如"HE"&"LLO"的结果为"HELLO"；'0'&'1'&"010110" 的结果为"01010110"。并置运算符"&"用于位连接。

B.5　VHDL 的顺序描述语句

VHDL 提供了一系列顺序语句，它们只能出现在进程、过程和函数中，用以定义在进程、过程和函数中所执行的算法。所谓"顺序"是指完全按照程序语句中语句出现的顺序来执行各条语句，而且在语言结构层次中，前面语句的执行结果可能直接影响后面语句的结果。在 VHDL 中，主要的顺序语句有：信号赋值语句和变量赋值语句，**if** 语句，**case** 语句，**loop** 语句，**next** 语句，**exit** 语句和 **null** 语句等，以下将通过实例分别予以介绍。

B.5.1　信号赋值语句和变量赋值语句

VHDL 提供了两种类型的赋值语句：信号赋值语句和变量赋值语句。

例 9　信号赋值和变量赋值。

```
variable a,b:bit;              //定义变量 a,b 为位数据类型
signal c:bit_vector(1 to 4);   //定义信号 c 为位矢量数据类型
a:='1';
b:='0';                        //给变量 a,b 赋值(立即赋值)
c<="1100";                     //信号 c,经过 δ(纳秒级)延时后被赋值,在此之前保持
                                 原值。
```

信号赋值语句的书写格式为：

目标信号<=表达式；

变量赋值语句的书写格式为：

目标变量:=表达式；

在 VHDL 语言中，信号的说明只能在 VHDL 语言程序的并行部分进行说明(如在结构体

的说明部分)，但可以在 VHDL 语言程序的并行部分和顺序部分同时使用。而变量的说明只能在 VHDL 程序的顺序部分进行说明和使用，即只能出现在进程、过程和函数中。这说明信号是全局量，变量是局部量。

B.5.2 if 语句

VHDL 语言中的 **if** 语句和 C 语言中的 **if** 语句类似，需要注意的是在 VHDL 程序中 **if** 语句结束时，要有结束语句 **end if**。下面以 D 触发器为例说明 **if** 语句。

例 10 D 触发器。

```
library ieee;
use ieee.std_logic_1164.all;                         //库说明

entity dff is                                        //实体说明，实体名 dff
port(d,cp,r,s:in std_logic;q,qb:out std_logic);      //d,cp,r,s 为输入端，q,qb 为输出端
end dff;                                             //结束实体说明

architecture rtl of dff is                           //结构体说明，结构体名 rtl
signal q_temp,qb_temp:std_logic;                     //定义信号 q_temp,qb_temp 为 std_
                                                       logic 数据类型
begin                                                //开始描述结构体
  process(cp)                                        //当 CP 脉冲到来时，开始执行以下
                                                       操作
  begin                                              //先说明内部的 RS 触发器
    if(r='0'and s='1')then
       q_temp<='0';
       qb_temp<='1';                                 //R=0,S=1 时，Q^(n+1)=0，¬Q^(n+1)=1
    elsif (r='1'and s='0')then
         q_temp<='1';
         qb_temp<='0';                               //R=1,S=0 时，Q^(n+1)=1，¬Q^(n+1)=0
    elsif (r='0'and s='0')then
         q_temp<=q_temp;
         qb_temp<=qb_temp;                           //R=0,S=0 时，Q^(n+1)=Q^n，
                                                       ¬Q^(n+1)=¬Q^n
    elsif (cp'event and cp='1')then
         q_temp<=d;
         qb_temp<=not d;                              //R=S=1 且 CP 上升沿来临时，
                                                        Q^(n+1)=D
   end if;
   end process;                                      //D 触发器功能描述结束
   q <=q_temp;
```

```
    qb <=qb_temp;                                   //将最终的信号值赋给信号 q,qb
end rtl;                                            //结束结构体说明
```

if 语句的语法格式为：

```
if (条件)then
   顺序语句;
elsif (条件)then
     顺序语句;
     ⋮
else
    顺序语句;
end if;
```

B.5.3 case 语句

VHDL 中的 case 语句与 C 语言中的 swith 语句在编程思想上是一致的，但在书写上有些不同，要在 case 语句下加 when 语句。

例 11　4 输入与非门电路。

```
library ieee;
use ieee.std_logic_1164.all;                        //库说明

entity nand4 is                                     //实体说明
port(a,b,c,d:in std_logic;
     y:out std_logic);
end nand4;

architecture behave of nand4 is                     //开始结构体说明
begin
   process(a,b,c,d)                                 //当输入 a,b,c,d 有变化时，程序开
                                                      始执行
     variable tmp:std_logic_vector(3 down to 0);    //定义一个 std_logic_vector 数据类
                                                      型的变量 tmp
   begin
     tmp:=a&b&c&d;                                  //将 a,b,c,d 这 4 个输入量并置后赋
                                                      给变量 tmp
     case tmp is                                    //用 case 语句说明不同的输入状态
                                                      下，得到不同的输出
         when "0000"=>y<='1';
         when "0001"=>y<='1';
         when "0010"=>y<='1';
```

```
            when "0011"=>y<='1';
            when "0100"=>y<='1';
            when "0101"=>y<='1';
            when "0110"=>y<='1';
            when "0111"=>y<='1';
            when "1000"=>y<='1';
            when "1001"=>y<='1';
            when "1010"=>y<='1';
            when "1011"=>y<='1';
            when "1100"=>y<='1';
            when "1101"=>y<='1';
            when "1110"=>y<='1';
            when "1111"=>y<='0';
            when others=>y<='X';        //除以上16种状态以外的其他状态
                                          均为无效状态
        end case;                       //结束case语句
    end process;
end behave;                             //结束结构体说明
```

由本例可看出 **case** 语句是根据条件表达式的值执行由符号"=>"所指的一组顺序语句，其语法格式如下：

```
case 条件表达式 is
when 条件表达式的值=>一组顺序语句;
 ⋮        ⋮        ⋮
when 条件表达式的值=>一组顺序语句;
end case;
```

if 语句是有序的，先处理最起始、最优先的条件，后处理次优先的条件。**case** 语句是无序的，所有条件表达式的值并行处理。**case** 语句中条件表达式的值必须一一列举，且不能重复，不能穷尽的条件表达式的值用 others 表示。

B.5.4 loop 语句

VHDL 语言中，**loop** 语句也是一种十分重要的具有条件控制功能的语句。**loop** 语句使程序进行有规则的循环，循环次数由迭代算法或其他语句控制。它和 C 语言中的 **for**、**while** 语句类似，分为 **for loop** 循环语句和 **while loop** 循环语句。

例 12 8 位奇偶校验电路(**for loop** 循环语句)。当输入信号 d 为奇数时，输出信号 q 为 1；输入信号 d 为偶数时，输出信号 q 为 0。

```
library ieee;
use ieee.std_logic_1164.all;            //库说明

entity jojy is                          //实体说明
```

```
port(d:in std_logic_vector(7 down to 0);   //输入信号 d 为 8 为位矢量数据类型;
     q:out std_logic);
end jojy;

architecture rtl of jojy is                //开始结构体说明
begin
  process(d)                               //当输入 d 发生变化时,程序开始执行
    variable tmp:std_logic;                //定义一个 std_logic 数据类型的变量 tmp
  begin
    tmp:='0';                              //给 tmp 赋初值
    for j in 0 to 7 loop                   //j 从 0 到 7 循环
        tmp:=tmp xor d(j);                 //将 tmp 与 d(j)异或的值赋于 tmp,然后 j 加 1,
                                             再执行一次 tmp 与 d(j)异或,直到 j 大于 7
    end loop;                              //结束 loop 循环
    q<=tmp;                                //将异或了 7 次的 tmp 值赋于 q,最后输出
  end process;
end rtl;                                   //结束结构体说明
```

例 12 是一个 **for loop** 循环语句的范例,总结其语法格式如下:

```
循环标号:for 循环变量 in 范围 loop
          顺序处理语句;
     end loop 循环标号;
```

其中,循环标号是 **for loop** 循环语句的标示符(本例中省略),循环变量是整数变量,无需另加说明。**for loop** 循坏语句执行时,该循环变量从指定范围内每取一个值进行一次循环,取完范围内全部指定值,结束循环。

例 13 8 位奇偶校验电路(**while loop** 循环语句)。

```
library ieee;
use ieee.std_logic_1164.all;             //库说明

entity jojy is                           //实体说明
port(d:in std_logic_vector(7downto 0);   //输入信号 d 为 8 位 std_logic_vector 型数据
     q:out std_logic);
end jojy;

architecture rtl of jojy is              //开始结构体说明
begin
  process(d)                             //当输入 d 发生变化时,程序开始执行
    variable tmp:std_logic;              //定义一个 std_logic 类型的变量 tmp
    variable i:integer;                  //定义一个整数类型的变量 i
```

```
    begin
      tmp:='0';                             //给 tmp,i 赋初值
      i:=0;
      loop 1:while i<8 loop                 //i 从 0 到 7 循环
            tmp:=tmp xor d(i);              //将 tmp 与 d(i)异或的值赋于 tmp,然后 i 加 1,再执
                                              行一次 tmp 与 d(i)异或,直到 i 等于 8,退出循环
            i=i+1;
      end loop loop1;                       //结束 loop 循环
      q<=tmp;                               //将异或了 7 次的 tmp 值赋于 q,最后输出
    end process;
  end rtl;                                  //结束结构体说明
```

while loop 循环语句的语法格式如下:

```
循环标号:while 条件表达式 loop
          顺序处理语句;
     end loop 循环标号;
```

例 13 中,loop1 即为循环标号。**while** 后面的条件表达式是布尔表达式。**while loop** 循环语句在每次执行前要先检查条件表达式的值,当其值为 true 时,执行循环体中的顺序处理语句,执行完毕后返回到该循环开始,再次检查条件表达式的值,如果此时值为 false,就结束循环转而执行 **while loop** 循环后面的其他语句。

B.5.5 next 语句

在 **loop** 语句中,**next** 语句在循环体内用来描述跳出本次循环,但还继续在本轮循环中,只是转入下一次循环并重新开始。与 C 语言中的 **continue** 异曲同工。

例 14 含有 **next** 语句的应用程序。

编写一段程序描述这样一个逻辑功能:对输入 *a*、*b* 的 8 位位矢量进行有选择的逻辑与操作。当 *mask* 的某一位的值为"1"时,输入 *a*、*b* 的 8 位位矢量的相应位不进行逻辑与。

```
library ieee;
use ieee.std_logic_1164.all;                  //库说明

entity logic_and is                           //实体说明
 port(a:in std_logic_vector(7 down to 0);
      b:in std_logic_vector(7 down to 0);
      mask:in std_logic_vector(7 down to 0);
      q:out std_logic_vector(7 down to 0));   //输入信号 a,b,mask 和输出信号 q 均为
                                                8 位 std_logic_vector 数据类型
end logic_and;

architecture rtl of logic_and is              //开始结构体说明
begin
```

```
    process(a,b,mask)                      //当输入 a,b,mask 发生变化时,程序开始执行
    begin
        for i in 7 down to 0 loop
            if mask(i)='1'then
                next;                      //当 mask 某一位为"1"时,跳出本次循环
            else
                q(i)<=a(i)and b(i);        //若不为"1",则 a、b 的对应位进行逻辑与
            end if;
        end loop;
    end process;
end rtl;
```

next 跳出循环语句的语法格式为：

next 循环标号 **when** 条件表达式；

其中,循环标号用来表明结束本次循环后下一次循环的起始位置;条件表达式的值为布尔量,是跳出本次循环的条件,其值为真时跳出本次循环。循环标号和条件表达式是可选项。当 **next** 后面无循环标号和条件表达式时,只要执行到该语句就立即无条件跳出本次循环,从 **loop** 语句的起始位置进入下一次循环,本例就是这种情况。

B.5.6　exit 语句

在 **loop** 语句中,**exit** 语句在循环体内用来描述退出循环并结束循环这一功能。它与 C 语言中的 **break** 功能相同。

例 15　含有 **exit** 语句的应用程序。

```
process
    variable a:integer:=0;
    variable b:integer:=1;
begin
    L1:loop                        //循环标号为 L1 的循环体
        a:=a+1;                    //a≤10 时,循环体执行
        b=20;
      L2:loop                      //循环标号为 L2 的循环体
          if b<(a*a) then
            exit L2;               //如果 b<a², 则退出 L2 循环体
          end if;
          b:=b-a;                  //如果 b≥a², 则将 b-a 的差赋于 b
      end loop L2;
      exit L1 when a>10;           //当 a>10 时,退出 L1 循环体
    end loop L1;
end process;
```

exit 语句的语法格式为：

exit 循环标号 **when** 条件表达式；

其中，循环标号和条件表达式也是可选项，如果缺少这两项，表示无条件退出循环语句。

B.5.7 null 语句

在 VHDL 语言中，**null** 语句用来表示一种只占位置的空操作，不发生任何动作，执行该语句只是为了使程序运行到下一个语句。

null 语句常用在 **case** 语句中，利用保留字 **null** 来表示剩余的条件选择值下的操作行为，从而满足 case 语句对条件选择值全部列举的要求。

例 16 四选一电路。

```
library ieee;
use ieee.std_logic_1164.all;                       //库说明

entity mux4 is                                     //实体说明
port(d0:in std_logic_vector(3 downto 0);
     d1:in std_logic_vector(3 downto 0);
     d2:in std_logic_vector(3 downto 0);
     d3:in std_logic_vector(3 downto 0);
     sel:in std_logic_vector(1 downto 0);
     q:out std_logic_vector(3 downto 0));          //输入信号 d0,d1,d2,d3,sel 和输出信号
                                                     q 均为 8 位 std_logic_vector 数据类型
end mux4;
architecture rtl of mux4 is                        //结构体说明
begin
  process(d0,d1,d2,d3,sel)                         //输入信号 d0,d1,d2,d3,sel 发生变化,
                                                     则开始执行进程
  begin
    case sel is
        when"00"=>q<=d0;
        when"01"=>q<=d1;
        when"10"=>q<=d2;
        when"11"=>q<=d3;
        when others=>null;                         //列举四选一的条件,若 sel 为以上四值
                                                     以外的其他值,就执行 null 语句(执行
                                                     一个空操作),然后执行下一条语句
    end case;
  end process;
end rtl;
```

B.6　VHDL 的进程描述语句

VHDL 程序的结构体是由一个或多个并行语句构成的，互相之间异步执行。并行语句的执行顺序与顺序语句不同，并不按照书写顺序执行，而是由它们的触发时间来决定的。在 VHDL 中，主要的并行语句有：进程(**process**)语句，并行信号赋值语句，条件信号赋值语句，选择信号赋值语句，元件例化语句和生成语句等，以下将通过实例分别给予介绍。

B.6.1　process 语句

process 语句是 VHDL 中最常用的语句。一个结构体可以有多个进程语句，多个进程语句间是并行的，可访问结构体或实体中定义的信号。进程语句结构内部所有语句都是顺序执行的。

例 17　2 输入或非门电路。

```
library ieee;
use ieee.std_logic_1164.all;                      //库说明

entity nor2 is                                    //实体说明
port(a,b:in std_logic;
     y:out std_logic);
end nor2;

architecture behave of nor2 is                    //开始结构体说明
begin
  p1:process(a,b)                                 //当输入 a,b 发生变化时，开始执
                                                    行进程语句
    variable tmp:std_logic_vector(1 downto 0);    //定义一个 std_logic_vector 类型
                                                    的变量 tmp
  begin
    tmp:=a&b;                                     //将 a,b,c,d 这 4 个输入量并置后
                                                    赋给变量 tmp
    case tmp is                                   //用 case 语句说明不同的输入状
                                                    态下，得到不同的输出
      when "00"=>y<='1';
      when "01"=>y<='0';
      when "10"=>y<='0';
      when "11"=>y<='0';
      when others=>y<='X';                        //除以上 4 种状态以外的其他状态
                                                    均为无效状态
    end case;                                     //结束 case 语句
```

```
    end process p1;                      //结束进程语句
  end behave;                            //结束结构体
```

process 语句的语法格式为：

```
进程名:process(敏感信号表)
     进程语句说明;
begin
     顺序语句说明;
end process 进程名;
```

敏感信号表所列出的信号是用来启动进程的，其中的任何一个信号发生变化都将启动进程。进程启动以后，**begin** 和 **end process** 之间的语句将从上到下顺序执行一次。当最后一个语句执行完后，就返回进程语句的开始，等待下一次敏感信号表中的信号变化。

在 VHDL 程序中，同一个结构体中的多个进程之间可以同步。通常是结构体中的几个进程共用同一个时钟信号来进行激励，以启动进程。

例 18 进程语句中的同步。

```
library ieee;
use ieee.std_logic_1164.all;
use ieee.std_logic_unsigned.all;                 //库说明

entity time1 is
port(clk:in std_logic;
     irp:out std_logic);
end time1;                                       //实体说明

architecture rtl of time1 is                     //开始结构体说明
  signal counter:std_logic_vector(3 downto 0);
begin
   p1:process(clk)                               //clk 发生变化 p1 和 p2 同时开
      begin                                        始执行进程
         if(clk'event and clk='1')then           //时钟脉冲上升沿有效时,count-
         counter<=counter+1;                       er 加 1,再赋于 counter
         end if;
      end process p1;
   p2:process(clk)                               //clk 发生变化 p1 和 p2 同时开
     begin                                         始执行进程
       if(clk'event and clk='1')then             //时钟脉冲上升沿有效
       if counter="1111"then                     //counter 计满 16 个周期,将 irp
          irp<='0';                                置 0
       else
```

```
            irp<='1';
        end if;
        end if;
    end process p2;
end rtl;
```

B.6.2 并发信号赋值语句

信号赋值语句在 VHDL 程序中的使用方法有两种：一种是信号赋值语句在结构体的进程内使用，此时它作为一种顺序语句出现，称为顺序信号赋值语句；另一种是信号赋值语句在结构体的进程之外使用，此时他是一种并行语句，称为并行信号赋值语句。

并行信号赋值语句有 3 中形式：并发信号赋值语句、条件信号赋值语句和选择信号赋值语句。下面通过两个例子来首先说明并发信号赋值语句。

例 19 并发信号赋值语句示例。

```
library ieee;
use ieee.std_logic_1164.all;                //库说明

entity gate is
port(a,b:in std_logic;
     x,y,z:out std_logic);
end gate;                                   //实体说明

architecture behave of gate is              //开始结构体说明
begin
   x<=a and b;                              //a,b 逻辑与的值赋于 x
   y<=a or b;                               //a,b 逻辑或的值赋于 y
   z<=a xor b;                              //a,b 异或的值赋于 z
end behave;                                 //结束结构体说明
```

本例中的 3 条并发信号语句可以任意颠倒顺序，不会对执行结果造成任何影响。一般说来，一条并行信号语句与一个含有信号赋值语句的进程是等价的，因此可以将一条并行信号赋值语句改写成等价的进程语句。这样，例 19 可以写成另外一种形式的程序。

例 20 并发信号赋值语句改写成等价的进程语句示例。

```
library ieee;
use ieee.std_logic_1164.all;                //库说明

entity gate is
port(a,b:in std_logic;
     x,y,z:out std_logic);
end gate;                                   //实体说明
```

```
architecture behave of gate is                //开始结构体说明
begin
   p1:process(a,b)                            //当 a,b 发生变化时,进程 p1,p2,p3 同时
     begin                                      执行
        x<=a and b;                           //a,b 逻辑与的值赋于 x
     end process p1;
   p2:process(a,b)
     begin
        y<=a or b;                            //a,b 逻辑或的值赋于 y
     end process p2;
   p3:process(a,b)
     begin
        z<=a xor b;                           //a,b 异或的值赋于 z
     end process p3;
end behave;                                   //结束结构体说明
```

从例 19 和例 20 可以看出,一条并发信号赋值语句等价于一个进程语句,多个并发信号赋值语句等价于多个进程语句。多个并发信号赋值语句是并行执行的,而多个进程语句也是并行执行的。

B.6.3 条件信号赋值语句

条件信号赋值语句也是一种并行信号赋值语句,可以根据不同的条件将不同的表达式的值赋给目标信号。

例 21 四选一数据选择电路程序示例。

```
library ieee;
use ieee.std_logic_1164.all;                  //库说明

entity mux4 is
port(d0,d1,d2,d3:in std_logic;
   s0,s1:in std_logic;
    q:out std_logic);
end mux4;                                     //实体说明

architecture rtl of mux4 is                   //开始结构体说明
begin
   q<=d0 when s1='0' and s0='0' else
         d1 when s1='0' and s0='1' else
         d2 when s1='1' and s0='0' else
         d3 when s1='1' and s0='1' else
         'Z';
```

```
end rtl;
```

由以上可看出条件信号赋值语句的语法格式为：

```
目标信号<=表达式 1 when 条件 1 else
          表达式 2 when 条件 2 else
          表达式 3 when 条件 3 else
              ⋮
          表达式 n-1 when 条件 n-1 else
          表达式 n;
```

当VHDL程序执行到该语句时，首先要进行条件判断，才可以进行信号赋值操作。如果满足该条件，就将该条件前面那个表达式的值赋给目标信号；如果不满足该条件，就判断下一个；若所有的条件都不满足，就将最后一个表达式的值赋于目标信号。

B.6.4 选择信号赋值语句

选择信号赋值语句也是一种并行信号赋值语句，可以根据选择条件的不同将不同的表达式的值赋给目标信号。下面仍以四选一数据选择电路为例，介绍选择信号赋值语句的应用。

例22 四选一数据选择电路程序示例。

```
library ieee;
use ieee.std_logic_1164.all;                        //库说明

entity mux4 is
port(d0,d1,d2,d3:in std_logic;
    s0,s1:in std_logic;
    q:out std_logic);
end mux4;                                           //实体说明

architecture rtl of mux4 is                         //开始结构体说明
    signal comb:std_logic_vector(1 downto 0);
begin
    comb<=s1&s0;
    with comb select
         q<=d0 when "00",
            d1 when "01",
            d2 when "10",
            d3 when "11",
            'Z' when others;
end rtl;
```

由上例可看出选择信号赋值语句的语法格式为：

```
with 选择条件表达式 select
    目标信号<= 信号表达式 1 when 选择条件 1,
```

信号表达式 2 **when** 选择条件 2,

信号表达式 3 **when** 选择条件 3,

⋮

信号表达式 *n* **when** 选择条件 *n*;

执行该语句时,首先对选择条件表达式进行判断,当选择条件表达式的值符合某一选择条件时,就将该选择条件前面的信号表达式赋给目标信号。

B.6.5　元件例化语句

在用 VHDL 实现一个大的数字系统设计时,设计员常常采用层次化设计方法,即在设计过程中,通过调用库中的原件或者已经设计好的模块来完成设计实体功能的描述。这种描述由元件说明语句和元件例化语句联合使用最能体现结构体描述中层次化设计的思想。

例 23　设计一个串行输入并行输出的移位寄存器。

1. 设计 *D* 触发器

```
library ieee;
use ieee.std_logic_1164.all;                         //库说明

entity dff is                                        //实体说明,实体名 dff
port(d,cp,r,s:in std_logic;q,qb:out std_logic);      //d,cp,r,s 为输入端,q,qb 为输出端
end dff;                                             //结束实体说明

architecture rtl of dff is                           //结构体说明,结构体名 rtl
siganl q_temp,qb_temp:std_logic;                     //定义信号 q_temp,qb_temp 为 std_
                                                       logic 数据类型
begin                                                //开始描述结构体
  process(cp)                                        //当 CP 脉冲到来时,开始执行
  begin                                              //先说明内部的 RS 触发器
    if(r='0'and s='1')then
      q_temp<='0';
      qb_temp<='1';                                  //R=0,S=1 时,Q^(n+1)=0 ,/Q^(n+1)=1
    elsif (r='1'and s='0')then
       q_temp<='1';
       qb_temp<='0';                                 //R=1,S=0 时,Q^(n+1)=1,/Q^(n+1)=0
    elsif (r='0'and s='0')then
       q_temp<=q_temp;
       qb_temp<=qb_temp;                             //R=0,S=0 时,Q^(n+1)=Q^n ,/Q^(n+1)=/Q^n
    elsif (cp'event and cp='1')then
       q_temp<=d;                                    //R=S=1 且 CP 上升沿来临时,
       qb_temp<=not d;                                 Q^(n+1)=D
    end if;
```

```
    end process;                          //D 触发器功能描述结束
    q <=q_temp;
    qb <=qb_temp;                         //将最终的信号值赋给信号 q,qb
end rtl;                                  //结束结构体说明
```

2. 设计移位寄存器

```
library ieee;
use ieee.std_logic_1164.all;              //库说明

entity ywjcq is
port(a,clk:in std_logic;
    b: out std_logic);
end ywjcq;                                //实体说明

architecture behave of ywjcq is           //开始结构体说明
component dff                             //引用 D 触发器 dff
port(d,clk:in std_logic;                  //说明 dff 的输入输出端口情况
     q: out std_logic);
end component;                            //引用元件说明结束

begin                                     //开始描述引用元件之间的连线关系
 q(0)<=a;                                 //dff1 的 q 端为输入端
 dff1:dff port map(q(0),clk,q(1));        //将结构体说明中对 D 触发器各端口的介绍与
                                            这里的端口对应起来,可以看出 dff1 的输入 d
                                            端即为整个寄存器的输入端,输出端 q 接到 q
                                            (1)端,时钟脉冲端不变
 dff2:dff port map(q(1),clk,q(2));        //dff2 的 d 端也接到 q(1)端,即 dff2 的 d 端与
                                            dff1 的输出端 q 连接在一起,同理 dff2 的输出
                                            端 q 与 dff3 的输入端 d 相连
 dff3:dff port map(q(2),clk,q(3));        //dff3 的输出端 q 与 dff4 的输入端 d 相连
 dff4:dff port map(q(3),clk,q(4));        //dff4 的输出端 q 与 q(4)端相连
 b<= q(4);                                //q(4)端的值赋给 b,即 q(4)端为寄存器的输
                                            出端
end behave;                               //结束结构体说明
```

现在分析例 23 中的元件说明语句和元件例化语句。

①元件说明语句的语法格式为：

```
  component 引用的元件名
      generic 参数说明;
      port 端口说明;
```

“引用的元件名”是将一个设计现成的实体定义为一个元件，是已经设计好的。元件说明语句在 **architecture** 和 **begin** 之间。

②采用 **component** 语句对要引用的元件进行说明以后，要把被引用的元件端口信号与结构体中相应端口信号正确地连接起来，这就是元件例化语句要实现的功能。元件例化语句的语法格式为：

标号名：元件名

generic map（参数映射）

port map（端口映射）；

B.6.6 生成语句

有些电子电路某部分是由同类元件组成的阵列，这些同类元件叫规则结构。例如，随机存储器 RAM、只读存储器 ROM、移位寄存器等。这些规则结构在 VHDL 中，一般用生成语句来描述。

生成语句有两种形式：**for_generate** 语句和 **if_generate** 语句。其中，**for_generate** 语句主要进行规则结构的描述；**if_generate** 语句主要用来描述规则结构在其端部表现出的不规则性。

1. for_generate 语句

例 24 设计一个串行输入并行输出的移位寄存器。

```
library ieee;
use ieee.std_logic_1164.all;                    //库说明

entity ywjc is
port(a,clk:in std_logic;
     b: out std_logic);
end ywjc;                                       //实体说明

architecture behave of ywjc is                  //开始结构体说明
component dff                                   //引用 D 触发器 dff
port(d,clk:in std_logic;                        //说明 dff 的输入输出端口情况
     q: out std_logic);
end component;                                  //结束引用元件说明
signal q: std_logic_vector(0 to 4);
begin
   q(0)<=a;
   g1:for i in 0 to 3 generate                  //四个 dff 均以前级的输出为输入端，本级
        dffx:dff port map (q(i),clk,q(i+1))     的输出为下一级的输入端，依次连接
   end generate g1;
   b<=q(4);
 end behave;
```

在例中利用**for_generate**语句代替了例 23 中的四条元件例化语句，程序变得更简洁。**for_generate**语句的语法格式为：

标号：**for** 循环变量 **in** 范围 **generate**

　　并行处理语句；

end generate 标号；

2. if_generate 语句

if_generate 语句的语法格式为：

标号：**if** 条件 **generate**

　　并行处理语句；

end generate 标号；

B.7　时钟信号的 VHDL 描述方法

时序电路只有在时钟信号的边沿到来时其状态才发生改变，因此，在 VHDL 语言中，时钟信号通常是描述时序电路程序的执行条件。

1. 时钟信号上升沿的描述

时钟信号上升沿及其属性关系如图B-1所示。时钟上升沿到来的条件可写为

clk='1' and clk'last_value='0'and clk'event

简写成：

clk'event and clk='1'

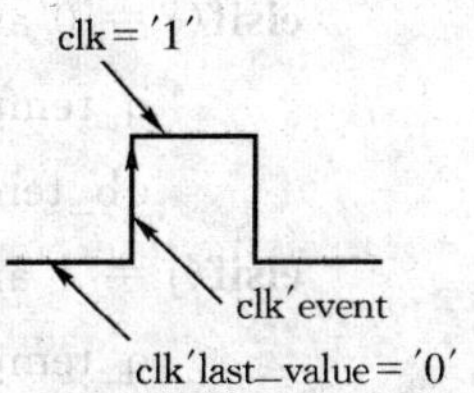

图 B-1　时钟上升沿及其属性关系

2. 时钟信号下降沿的描述

时钟信号下降沿及其属性关系如图B-2所示。时钟下降沿到来的条件可写为

clk='0' and clk'last_value='1'and clk'event

简写成：

clk'event and clk='0'

图 B-2　时钟下降沿及其属性关系

例 25　主从 *JK* 触发器程序示例。

```
library ieee;
use ieee.std_logic_1164.all;                    //库说明

entity jkff is
port(j,k,cp,r,s:in std_logic;q,qb:out std_logic);
end jkff;                                       //实体说明

architecture rtl of jkff is                     //开始结构体说明
signal q_temp,qb_temp:std_logic;
begin
```

```
  process(j,k,cp)
    begin
    if(r='0'and s='1')then                        //R=0,S=1时,Q^(n+1)=0,Q^(n+1)非=1
        q_temp<='0';
        qb_temp<='1';
    elsif(r='1'and s='0')then                     //R=1,S=0时,Q^(n+1)=1,Q^(n+1)非=0
          q_temp<='1';
          qb_temp<='0';
    elsif(r='0'and s='0')then                     //R=0,S=0时,Q^(n+1)=Q^n,Q^(n+1)非=Q^n非
          q_temp<=q_temp;
          qb_temp<=qb_temp;
    elsif(cp'event and cp='0')then                //R=S=1且CP下降沿来临时
      if(j ='0'and k='0')then                     //J=K=0时,Q^(n+1)=Q^n,Q^(n+1)非=Q^n非
         q_temp<=q_temp;
         qb_temp<=qb_temp;
      elsif(j ='0'and k='1')then                  //J=0,K=1时,Q^(n+1)=0,Q^(n+1)非=1
           q_temp<='0';
           qb_temp<='1';
      elsif(j ='1'and k='0')then                  //J=1,K=0时,Q^(n+1)=1,Q^(n+1)非=0
           q_temp<='1';
           qb_temp<='0';
      elsif(j ='1'and k='1')then                  //J=K=1时,Q^(n+1)=Q^n非
           q_temp<=not q_temp;
           qb_temp<=not qb_temp;
      end if;
    end if
    q<=q_temp;
    qb<=qb_temp;
  end process;
end rtl;
```

B.8 时序电路中复位信号的 VHDL 描述方法

时序电路中的复位信号分为同步复位信号和异步复位信号。同步复位信号是当复位信号有效且在给定的时钟边沿到来时，触发器复位；而异步复位无需等待时钟边沿，一旦复位信号有效，触发器就被复位。

1. 同步复位

在 VHDL 语言中，同步复位一定在以时钟为敏感信号的进程中定义，且用 **if** 语句来描述

必要的复位条件。

例 26 具有同步复位信号的 D 触发器的程序示例。

```
library ieee;
use ieee.std_logic_1164.all;                //库说明

entity dff1 is
port(clk,clr,d:in std_logic;
     q:out std_logic);
end dff1;                                   //实体说明

architecture rtl of dff1 is
  begin
    process(clk)                            //当 clk 时钟脉冲发生变化时,执行该进程语句
    begin
      if(clk'event and clk='1')then         //在进程语句中加入 if 语句,当同步复位信号有
        if(clr='1')then                     效时,如果时钟上升沿到来,触发器复位
          q<='0';
        else
          q<=d;                             //当时钟上升沿到来时,如果同步复位信号无
                                            效,则 Q^{n+1}=D
        end if;
      end if;
  end process;
end rtl;
```

2. 异步复位

例 27 具有异步复位信号的 D 触发器程序示例。

```
library ieee;
use ieee.std_logic_1164.all;                //库说明

entity dff2 is
port(clk,clr,d:in std_logic;
     q:out std_logic);
end dff2;                                   //实体说明

architecture rtl of dff1 is
  begin
```

```
        process(clk,clr)                    //当clk,clr任意一个信号发生变化,执行该进程语句
        begin
          if(clr='1')then                   //一旦复位信号有效,不管时钟脉冲是否到来,触发器立即复位
                q<='0';
          elsif(clk'event and clk='1')then
              q<=d;                         //如果异步复位信号有无效,当时钟上升沿到来时,Q^{n+1}=D
          end if;
        end process;
      end rtl;
```

异步复位在描述时与同步复位方式不同。首先,在进程的敏感信号中除了时钟信号外,还应加上复位信号;其次,用 **if** 描述复位条件;最后,在 **elsif** 段描述时钟信号边沿的条件。

B.9 数字电路系统设计举例

本文使用的 VHDL 的编译设计环境为 Quartus II,它是 Altera 公司推出的新一代 FPGA/CPLD 集成开发开发环境。Quartus II 支持原理图、VHDL、VerilogHDL 以及 AHDL(Altera Hardware Description Language)等多种设计输入形式,内嵌自有的综合器及仿真器,可以完成从设计输入到硬件配置的完整设计流程。下面通过一个例子来说明使用 Quartus II 编译文件的过程。

例 15 设计一个同步 4 位二进制加法电路。

(1)双击图标,启动 Quartus II,打开如图 B-3 所示的工作窗口。

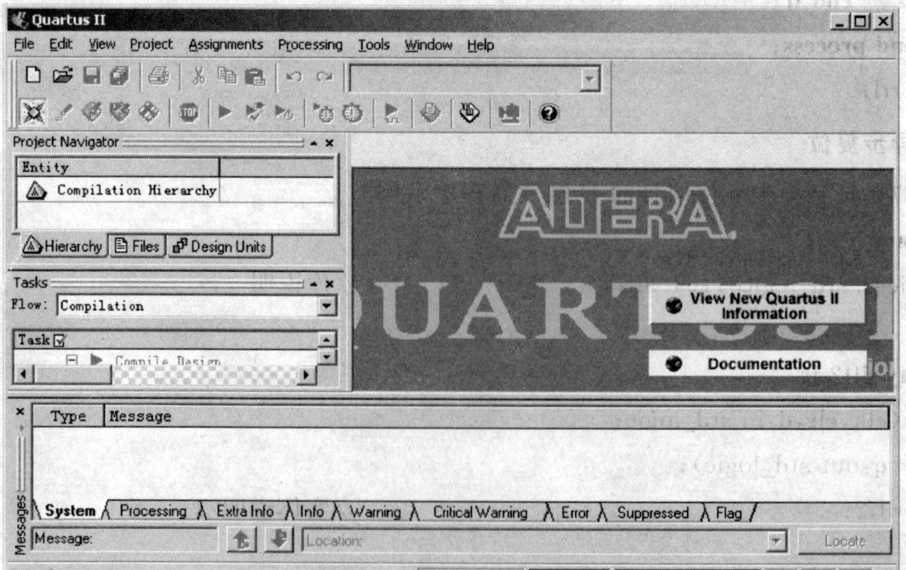

图 B-3 Quartus II 工作窗口

(2)建立一个新的工程。选择 File|New Project Wizard,如图 B-4 所示。

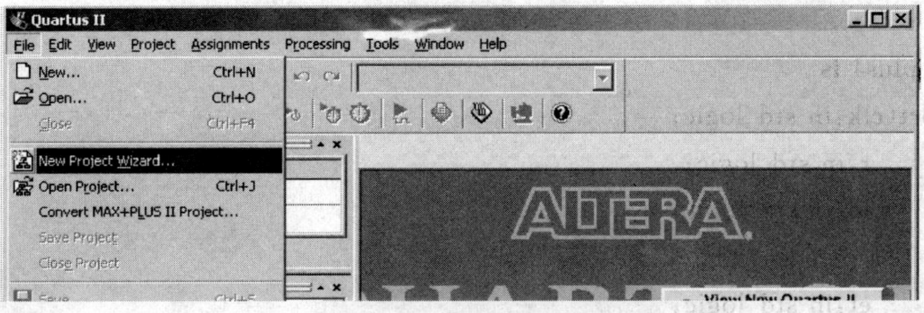

图 B-4　建立一个新工程

(3)在向导第一页中输入工程保存的路径、工程名及顶层实体名称,如本例为 plus4,点击 finish 完成设置,如图 B-5 所示。

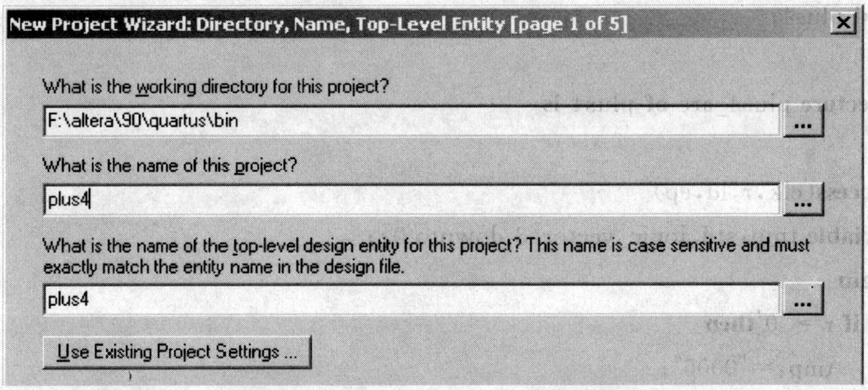

图 B-5　为新工程命名并选择存放地址

(4)建立一个新的 VHDL 文件:选择 File|New,出现如图 B-6 所示的窗口,选择 VHDL file。

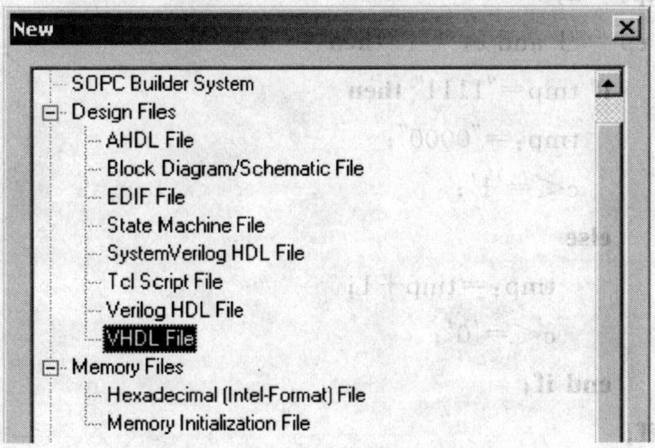

图 B-6　建立一个新的 VHDL 文件

(5)编写程序。

library ieee;

use ieee. std_logic_1164. all;

```
use ieee.std_logic_unsigned.all;

entity plus4 is
    port(clk:in std_logic;
            r:in std_logic;
            ld:in std_logic;
            ep:in std_logic;
            et:in std_logic;
            d:in std_logic_vector(3 downto 0);
            c:out std_logic;
            q:out std_logic_vector(3 downto 0));
    end plus4;

architecture plus4_arc of plus4 is
begin
    process(clk,r,ld,ep)
    variable tmp:std_logic_vector(3 downto 0);
    begin
        if r= '0'then
          tmp:="0000";
        elsif clk'event and clk='1' then
            if ld='0' then
              tmp:=d;
            elsif ep ='1'and et='1' then
                if tmp="1111" then
                  tmp:="0000";
                  c<='1';
                else
                  tmp:=tmp+1;
                  c<='0';
                end if;
            end if;
        end if;
        q<=tmp;
    end process;
end plus4_arc;
```

(6)程序编写完成后，选择选择 Assignments|Device，在弹出的对话框中选择所用的

CPLD 或 FPGA 芯片。本例中在 Device family 中选择 MAX7000S，器件选择 EPM7064STC44-10，如图 B-7 所示。因为所使用的管脚有限，要避免未使用的管脚对其他元器件造成影响，保证本系统可靠工作，需要将未使用的管脚设置成三态输入。具体方法为：在 Device and pin options 中打开 Unused Pins 属性页，将 Reserve all unused pins 设为 As input tri-stated。

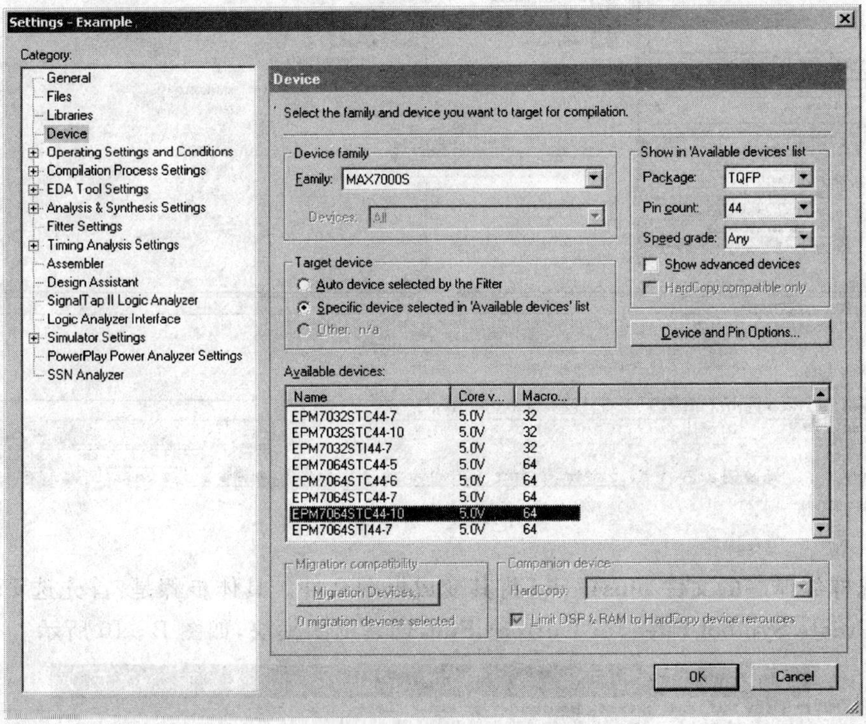

图 B-7 芯片选择

(7)如图 B-8 所示，选择 Processing|Start Compilation 对当前的 VHDL 文件进行编译。

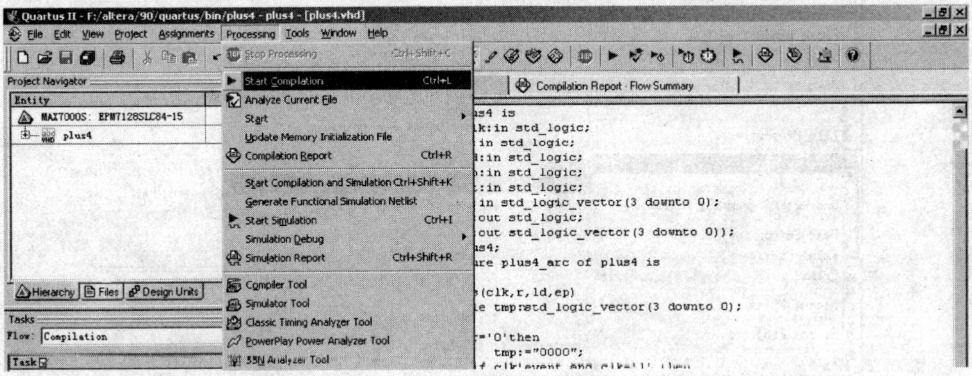

图 B-8 编译 VHDL 文件

(8)编译完成，出现对话框，如图 B-9 所示。框中显示：Full compilation was successful，说明全面汇编通过。若出现编译失败则应根据提示信息进行修改，直到编译通过。

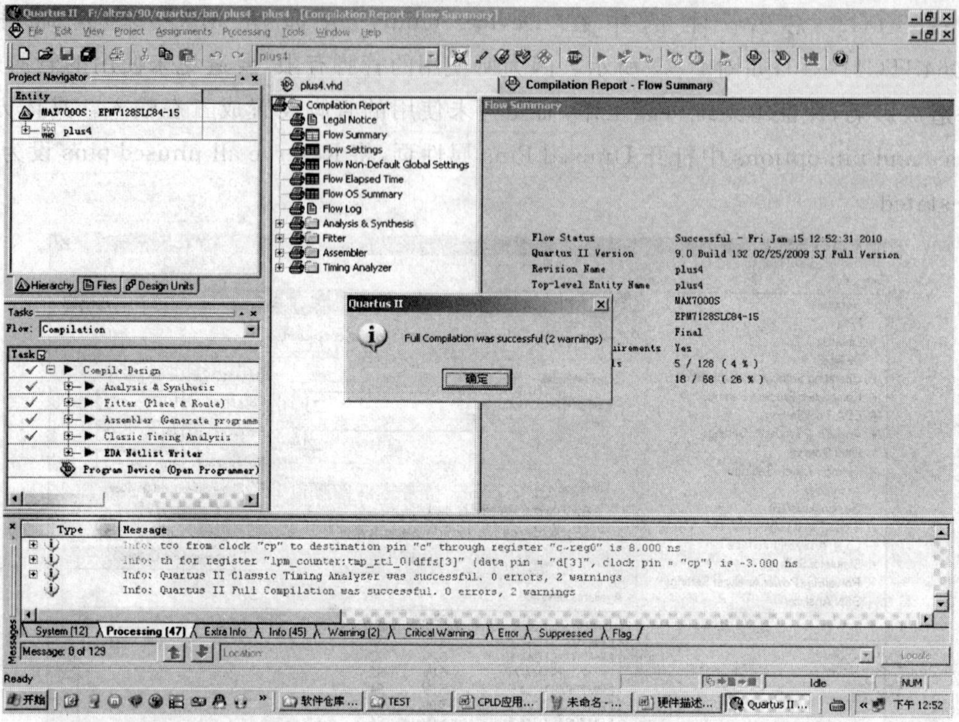

图 B-9　编译成功

(9) 选择编译好的文件 plus4. vhd 将其变成框图文件。具体步骤是:首先选 File→Creat/Update→Create Symbol Files for Current File,创建框图模块,如图 B-10 所示。

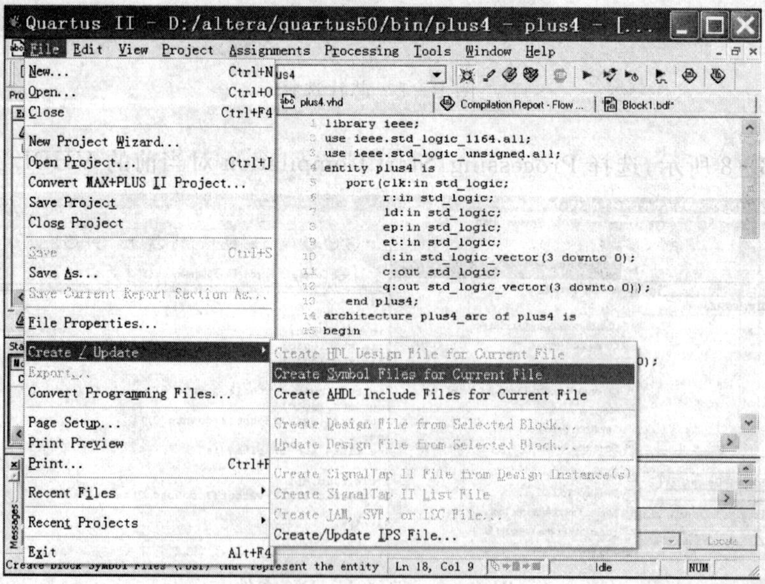

图 B-10　创建. vhd 文件对应的框图文件

然后选 File→New,在 Device Design Files 下选 Block Diagram/Schematic File,新建一个框图文件,打开后在空白处双击,选择刚刚建立的符号名 plus4 即可看到已生成的框图模块,如图 B－11。生成的框图文件经过管脚分配之后就可以下载到 CPLD 中了。

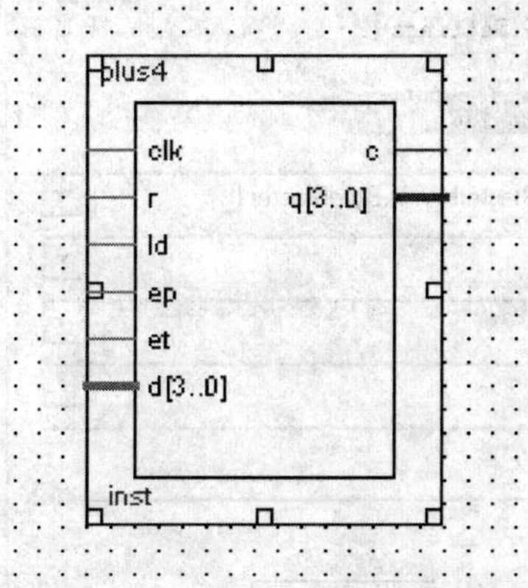

图 B－11　plus4. vhd 生成的框图模块

(10)将生成模块的输入输出管脚与实际器件的管脚相对应，即分配管脚。点击菜单 Assignments|Pins，弹出管脚分配页面，点击每个输入输出管脚对应行的 Location 位置，会弹出下拉菜单，选择器件上对应的引脚，如图 B－12 所示。

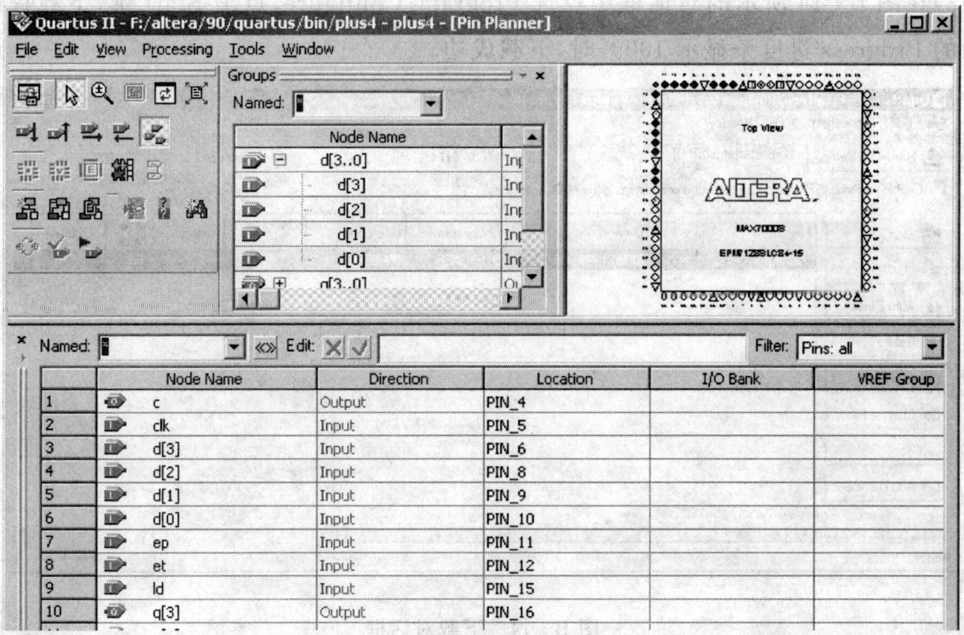

图 B－12　管脚分配工具

(11)管脚分配完毕就可以把程序下载到 CPLD 中进行调试。用下载电缆连接 PC 机和目标板，然后点击工具栏上的下载按钮 。在弹出的对话框中，先在 Hardware Setup 中选择下载电缆，如果使用的是并口下载电缆，则单击 Add Hardware 按钮，添加“ByteBlasterMV or ByteBlaster II”，单击 OK 键，如图 B－13 所示。在 Currently selected Hardware 下拉菜单中选中所用并口或 USB 下载电缆。

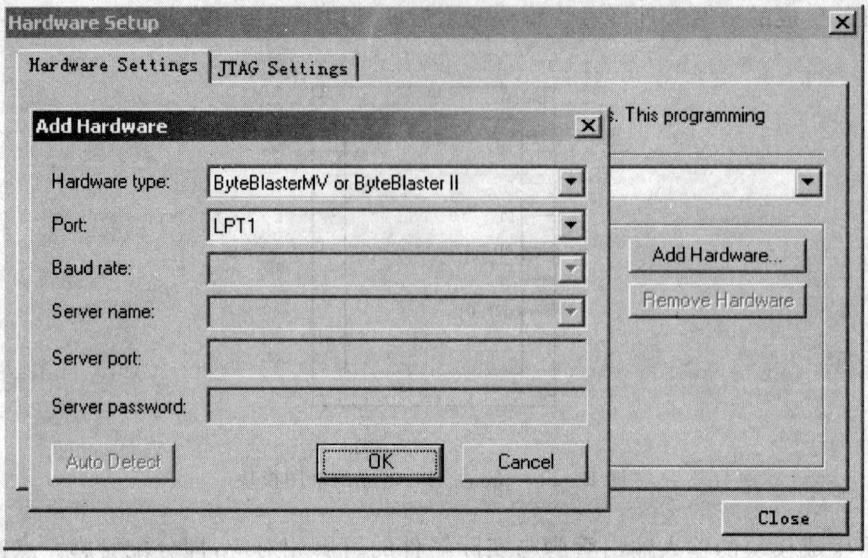

图 B-13　添加下载线

(12)在图 B-14 所示的对话框中点选 Program|Configure，点击 Start 键，下载程序。当右上角的 Progress 进度条显示 100%时，下载成功。

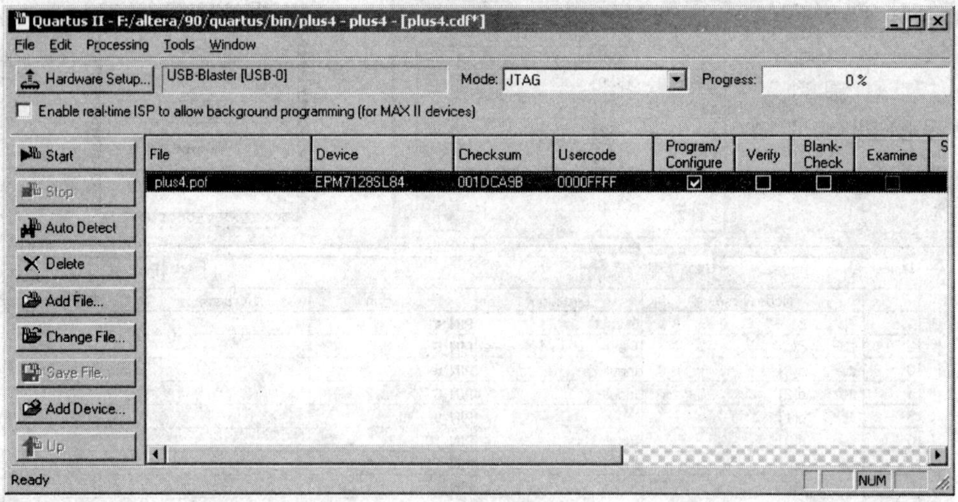

图 B-14　下载对话框

参考文献

[1] 张克农. 数字电子技术基础[M]. 北京:高等教育出版社,2003.4.

[2] 康华光. 电子技术基础 数字部分(第 5 版)[M]. 北京:高等教育出版社,2008.1.

[3] 清华大学电子学教研组,阎石. 数字电子技术基础[M]. 北京:高等教育出版社,2006.5

[4] 蔡良伟. 数字电路与逻辑设计(第 2 版)[M]. 西安:西安电子科技大学出版社,2009.5.

[5] 候建军 数字电子技术基础(第 2 版) 高等教育出版社,2007.12.

[6] 王振红. VHDL 数字电路设计与应用实践教程(第 2 版)[M]. 北京:机械工业出版社,2006.1.

[7] 姜雪松,刘东升. 硬件描述语言 VHDL 教程(基础篇提高篇)[M]. 西安:西安交通大学出版社,2005.6.

[8] 中国集成电路大全编委会. 中国集成电路大全——TTL 集成电路. 北京:国防工业出版社,1985.

[9] 中国集成电路大全编委会. 中国集成电路大全——COMS 集成电路. 北京:国防工业出版社,1985.

[10] 电子工程手册编委会,集成电路手册编委会. 中外集成电路简明速查手册. ——TTL、COMS 电路. 北京:电子工业出版社,1991.